"十五"·国·家·重·点·图·书

现代生物化学工程丛书

现代生物工艺学

（下册）

储　炬
李友荣 /主编

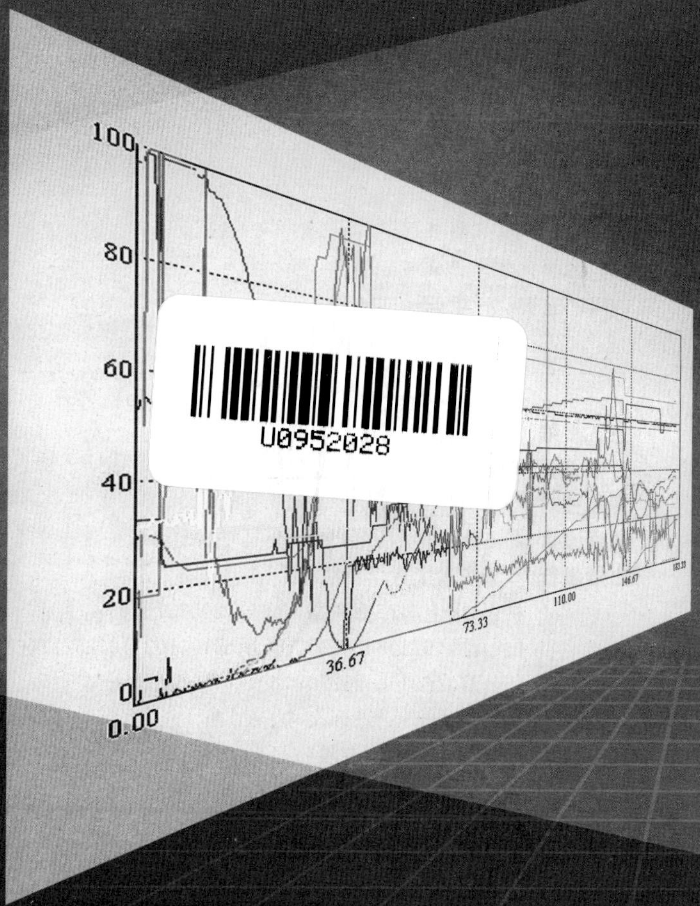

華東理工大學出版社
EAST CHINA UNIVERSITY OF SCIENCE AND TECHNOLOGY PRESS

图书在版编目(CIP)数据

现代生物工艺学:下册/储炬,李友荣主编.—上海:
华东理工大学出版社,2008.3
(现代生物化学工程丛书)
ISBN 978-7-5628-2252-3

Ⅰ.现… Ⅱ.①储…②李… Ⅲ.生物技术 Ⅳ.Q81

中国版本图书馆 CIP 数据核字(2008)第 00412 号

“十五”国家重点图书
现代生物化学工程丛书
现代生物工艺学(下册)

主　　编 / 储　炬　李友荣
责任编辑 / 胡　景
责任校对 / 李　晔
封面设计 / 王晓迪
出版发行 / 华东理工大学出版社
社　址:上海市梅陇路 130 号,200237
电　话:(021)64250306(营销部)　(021)64252174(编辑室)
传　真:(021)64252707
网　址:www.hdlgpress.com.cn
印　　刷 / 常熟华顺印刷有限公司
开　　本 / 787mm×1092mm　1/16
印　　张 / 17.75
字　　数 / 454 千字
版　　次 / 2008 年 3 月第 1 版
印　　次 / 2008 年 3 月第 1 次
印　　数 / 1—4050 册
书　　号 / ISBN 978-7-5628-2252-3/Q·9
定　　价 / 35.00 元

本书编委会

主编　储　炬　华东理工大学生物工程学院　教授　博导

李友荣　华东理工大学生物工程学院　教授　硕导

编委（按章节顺序）

夏　杰　华东理工大学生物工程学院　副教授　硕导

范代娣　西北大学化工学院　教授　博导

张　立　华东理工大学生物工程学院　副教授　硕导

许　平　山东大学生命科学学院　教授　博导

张伟国　江南大学生物工程学院　教授　博导

储　炬　华东理工大学生物工程学院　教授　博导

王　普　浙江工业大学药学院　教授　硕导

袁勤生　华东理工大学生物工程学院　教授　博导

郭美锦　华东理工大学生物工程学院　副教授　硕导

陈　坚　江南大学生物工程学院　教授　博导

华兆哲　江南大学生物工程学院　教授　博导

李友荣　华东理工大学生物工程学院　教授　硕导

前　言

生物工艺学，又称生物技术，近年来发展迅猛，新技术、新概念、新思维层出不穷。基因工程问世后，代谢工程、组合生物化学、系统生物技术、关联分析、工业规模发酵过程的多尺度理论等相继出现。我校俞俊棠等在1991年编撰的《生物工艺学》，由于内容系统全面，理论联系实际，受到普遍欢迎。为适应新的形势在2003年又改编成《新编生物工艺学》，由化学工业出版社出版。

这几年，组学的兴起，基因组、转录体组、蛋白组、代谢物组等组学的研究与应用使生物技术又上了一个新的台阶。为了及时反映生物技术新的发展，编者觉得有必要在前两本书的基础上，重新改编成《现代生物工艺学》。此书有两个特点：其一，参编人员不像前两本那样仅由本校的教师执笔，而是广泛邀请外校教授和科研生产单位的学者、专家参与编撰。他们大多数从事生物技术的教学、科研和生产第一线的工作，具有多年丰富的教学与生产实践经验，因而富集了多种学术观点和思维，达到集思广益的目的。其二，本书多数章节除了继承传统的理论密切联系实际，还反映了现代生物工艺学的最新成就，涉及的范围更广，且兼顾在校学生与研究生系统理论学习和从事这方面工作科技人员进修的需要。

本书分为上、下两册共四篇，上下册各含两篇，分别为生物过程原理与生物物质分离和纯化原理；生化工程原理和实际生产技术范例研究。在每章的最后列举了大量新近的有关文献，便于读者进一步了解相关内容。

本书得以完成，全靠参编的所有作者，在百忙之中抽出宝贵的时间。尽管我们努力使本书尽可能满足读者的需求，但还未免会有顾此失彼，错漏之处，敬请同行、读者批评指正。

编　者

2007年2月

目录

CONTENTS

第三篇

生化工程原理

25 生物反应器及其操作特性

25.1 概述

生物反应器是利用各种生物反应体系进行生物反应或某些生物处理过程的设备。20世纪40年代,在青霉素的工业发酵过程开发中,首次采用深层培养技术,使青霉素的产量大幅增加,过程成本急剧下降,从此生物反应器的概念得以明确,其基本操作手段和性能的研究得到充分重视,高效能的各类反应器的研究开发逐渐成为由此诞生的生化工程学的中心研究课题。几十年来,生物反应器不但在微生物发酵过程上的应用得到飞速发展;而且在动植物细胞和组织培养过程等生物技术新领域中,各种新型适用的动植物细胞反应器系统也得以建立。生物反应器已经在生物过程中起到中心桥梁的作用,生物技术的不断成功与发展与其有着密切的关系。

生物反应器的操作与设计实质上是细胞生理学和反应动力学、化学工程、机械工程、电子学和过程控制等学科的综合应用,其中生化工程学的研究占核心地位,以下从过程工程角度概述生物反应器操作与设计的基本原理。

25.1.1 基本功能与配置

生物反应器操作与设计的主要目的是为生物反应过程提供最优反应条件和高效的控制,为实验获得的优良性能的细胞株创造良好的物理和化学环境。生物反应器应具有的基本功能包括:为反应系统提供无菌条件,输入氧等气态反应物和碳源等液态反应物,去除二氧化碳等气态反应产物,具有温度、pH、流体剪切强度等生化和物理参数的检测与控制功能,以及为细胞、空气和微载体等物质在培养液中的悬浮和分散提供流体力学条件。典型的微生物反应器系统的大致功能配置如图25-1所示。从整体上讲,上述基本功能常相互关联。例如,温度的控制、细胞的悬浮、气泡的分散和氧的传递都与机械搅拌作用有关。因此,上述基本功能实质上是通过各种措施,最终落实在反应器的传质、传热和混合效率上,提高反应器的操作性能。

生物反应器设计的基础根据是生物催化剂的反应动力学和它的催化能力,在此基础上选择合理的传递过程特性的反应器类型。反应器设计中需考虑的问题主要有以下三种。

(1) 流体流动和混合　其主要涉及反应器型式与操作方式,造成反应器内底物、细胞和产物的浓度分布,也与反应器中流体的速度分布和培养液的流变性质有关。近年来对反应器内流体力学性质的变化对细胞生理学性质影响的研究结果表明,生物反应器放大的主要问题之一是反应器内环境与生长参数的不均匀分布与梯度,这与流动速度分布有关。对动物细胞,流体剪切力会导致细胞形态变化与细胞死亡,这是动物细胞反应器设计的核心问题;对丝状真菌和植物细胞,流体剪切力会引起细胞形态和聚集状态的变化。但较高的流体剪切力是良好的传氧效率的条件,对有些高黏度培养介质体系的混合也有效,故反应器的流动状况具

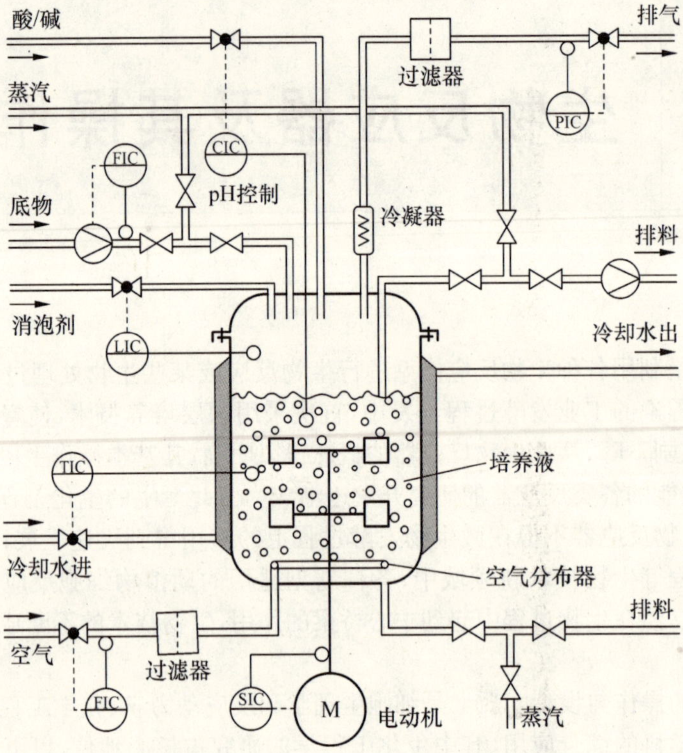

图 25-1 生物反应器系统的基本配置

有多重效应。

(2) 热量传递过程 此过程关系到温度控制的有效性、反应器内温度梯度状况、能量的有效利用和反应器系统的高效灭菌，主要取决于热交换方式与传热面积。对小规模微生物反应器，一般用反应器壁面夹套基本能达到设计要求，但大型反应器设计时问题较突出，原因是反应热在反应器放大时随反应器体积线性增加，可是几何放大中传热面与反应器容积之比却依 2/3 次幂增加，这时应设置内部排管或特殊设备。500 L 以上的重组大肠杆菌或酵母菌的高密度培养，在细胞增殖阶段系统放热量很大，而在外源基因诱导表达时，有时需采用极端的低温控制，因此这类过程的换热系统配置较困难。

(3) 质量传递过程 细胞与环境的物质交换主要有细胞对胞外营养物的吸收和代谢产物的释放，而细胞反应体系是气-液-固、细胞团、固定化细胞颗粒的多相系统，因此物质传递方式的选择的主要意图在于有效达到一定的对流与扩散速率，克服各步骤的传质阻力。大多数微生物反应和细胞培养是需氧过程，而氧在水中的溶解度很小，为此氧传递方式设计主要通过空气在培养液中的分散，保持一定的溶氧浓度，实现传氧速率与细胞耗氧速率间的平衡。这可以通过设计合理的空气分布器与气流分布方式，选择能量输入方式和单位培养液体积的搅拌功率输入解决。有些种类的动物细胞培养，还要避免气泡与细胞直接接触，必须选用无泡通气搅拌的系统配置。

总之，设计优良的生物反应器应满足良好的流动与混合性能、较高的传热与传质效率、严密的机械结构和良好的无菌条件、有效的参数检测与控制系统等基本原则。表 25-1 提供了一些常见过程的生物反应器设计参数的数值与范围。

表 25-1　生物反应器的性能参数

	生物反应过程类型		
	霉菌发酵	细菌或酵母发酵	多菌混合废水处理
生物质含量/($kg \cdot m^{-3}$)	10～50	10～50	5
培养液黏度/($Pa \cdot s$)	高	低	低
	0.1～1.5	<0.1	<0.1
耗氧速率/($10^{-3} \cdot kg \cdot m^{-3} \cdot s^{-1}$)	高	高	低
	0.2～1	0.2～1	2×10^{-3}～10×10^{-3}
传质系数 K_La/(s^{-1})	低	高	较低
	10^{-2}	10^{-1}	3×10^{-4}～3×10^{-3}
液体循环时间/min	1～2	<0.1(高径比<3)	1～10
产热速率/($kW \cdot m^{-3}$)	3～15	3～15	0.03～0.14
传热系数/($kW \cdot m^{-2} \cdot ℃^{-1}$)	3～5	3～15	无关
功率消耗/($kW \cdot m^{-3}$)	3～15	1～5	0.02～0.05

25.1.2　反应器类型与操作方式

25.1.2.1　反应器类型

由于对生物反应器特性考察的角度不同,生物反应器有不同的分类方法。从反应器操作方式和生物催化剂的基本形式看,生物反应器主要有间歇、半连续和连续三种操作方式;而生物催化剂有酶和细胞两大类,并且还可对其进行进一步的划分,如可将它们分为游离酶和固定化酶、游离细胞和固定化细胞等。一般的分类方式首先按生物催化剂的种类,其次按反应器的操作方式和反应器的结构特征等进行分类。图 25-2 显示了一种典型的生物反应器分类方法。

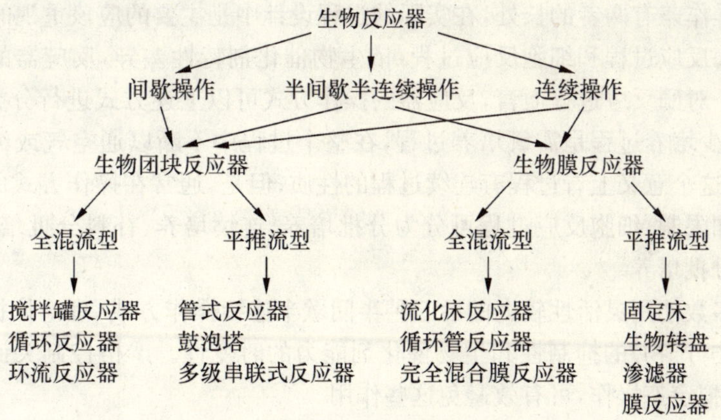

图 25-2　生物反应器的分类

对特定的生物催化剂的种类,相应的生物反应器分类的主要依据是:①生物催化剂在反应器中的分布方式;②反应器的操作方式;③反应器的结构特征;④流动和混合状态。另外也有根据反应器的能量输入方式分类的。

根据生物催化剂在反应器中的分布方式,生物反应器可以分为生物团块(酶和细胞)反应器和生物膜反应器。生物团块反应器指常用的细胞或其聚集体和菌丝体悬浮培养反应器。生物膜反应器按催化剂的运动状态又可分为填充床、流化床、生物转盘等多种型式。在反应器中生物催化剂又有均相和非均相之分，按生物催化剂的相态，生物反应器可分为均相酶反应器、固定化酶反应器和固定化细胞反应器等类型。

根据反应器的操作方式，生物反应器可分为间歇式、连续式和半间歇式等类型。

根据反应器的结构特征，生物反应器可以分成罐式、管式、塔式、膜式等类型。

根据反应物系在反应器内的流动和混合状态进行分类，典型的如全混流型和平推流型两种极端流动形态的生物反应器。

根据反应器所需的能量的输入方式，生物反应器可以分为：通过机械搅拌输入能量的机械搅拌式、利用气体喷射动能的气升式和利用泵对液体的喷射作用而使液体循环的生物反应器等。

25.1.2.2 操作方式

分析生物反应器的基本特性一般从反应器型式、操作方式和操作条件方面进行。反应器的操作方式一般有间歇操作、连续操作和半连续操作。

(1) 间歇操作　对于酶反应过程，间歇操作是将反应物和催化剂（底物和酶）一次性投入反应器，在适当的操作条件下反应一定时间后，将反应液全部排出进行处理。在反应期间，反应器内外没有物料交换，反应器是封闭系统，反应器内物系的组成仅随时间而变化。在该类反应器内进行的反应过程是非定态过程。多数生物反应过程的速率较慢，一般采用大容量反应器，用间歇操作方式进行。间歇式生物反应器在生物反应器中占有重要位置，适合于多品种、小批量和反应速率较慢的过程。

(2) 连续操作　它是一边不断向反应器供给反应物，一边连续排出反应产物的操作方式。连续操作中反应器操作条件、系统的状态处于定态过程，反应器内每一部位的操作参数（如温度、压力和浓度等）均不随时间发生变化。

(3) 半连续操作　或称为半间歇操作，它是上述两种操作方式的结合。反应过程中部分物料一次加入或取出，而另一部分物料分批或连续地加入和取出。介于间歇操作和连续操作之间的半连续操作兼有两者的长处，在实际的过程设计中是主要的应该重视的操作方式。

对实际的酶反应过程和细胞反应过程，依生物催化剂特性差异，反应器的操作方式有不同的表达方式。对酶反应过程而言，反应器的操作方式可以上述方式进行分类。对于细胞反应过程，由于不少培养过程是需氧培养过程，在整个过程中不断以通空气或纯氧的方式给培养系统供氧，从这个意义上看过程有连续过程的性质；但是，通常在操作方式的分类上对氧的连续供应则不加限制，细胞反应过程可分为分批培养、连续培养、补料分批培养、反复分批培养和反复补料分批培养。

细胞反应多数使用灵活性较大的后三种半间歇半连续操作方式，理论依据是其反应动力学大多具有底物（产物）的抑制性和生物催化剂能力的时变性。严格控制关键组分的加料与出料速率，采用拟定态操作，可有效避免这些作用。

25.2 生物反应器设计原理与目标

25.2.1 生物反应器的设计目标

生物反应器设计的主要目标是使产品的质量高，成本低。反应器操作与设计所指的成本分为设备投资成本和反应器操作成本。生产过程中，在设备成本不变的假定下，降低操作成本即成为主要目的。生物反应器设计与操作的目标是使产物的反应器单位体积生成速率和反应器中的产物浓度最大，前者主要与反应器的设备成本和操作成本有关，后者则与产品质量和下游纯化过程的成本有关。

（1）体积产物生成速率（volumetric productivity）体积产物生成速率是单位时间、单位反应器体积的产物生成量，也称为产物的空时得率，mol/(m³·s)。

体积产物生成速率既受反应器传质和传热效率等物理条件的限制，又受生物催化剂的浓度 X 和以底物消耗速率 r_S 表示的生物催化剂活性的限制，如图 25－3 所示。传质和传热效率等物理限制作用通过生物反应的化学计量关系与产物的形成速率关联。

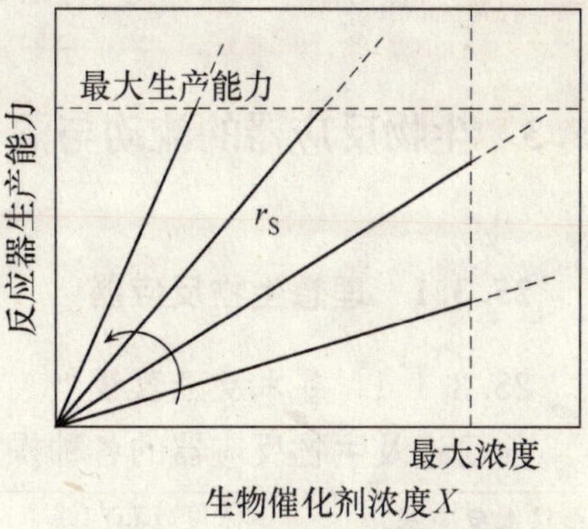

图 25－3 生物反应器生产能力的限制因素

在生物反应过程中，生物催化剂的内在特性可通过反应环境的作用而表现，其与环境之间的相互关系构成反应器的操作状态或操作条件。如在对酶反应器进行优化时，我们可以设想通过提高反应器中的酶浓度和底物浓度使反应速率增大。但是，如果酶浓度和活性都已很高，这时反应速率主要受到传质与传热速率的限制。又如在好氧微生物的发酵过程中，产物的生成速率与细胞密度关联，这时应解决的主要问题是如何提高反应器的供氧能力。因此，在生物反应器设计与过程优化时，既要提高生物催化剂能力，又要合理选择反应器的型式与操作方式以确立它的优化操作条件。

（2）产物浓度　产物浓度是下游纯化过程中所要求的重要质量指标，一般要求产物浓度越高越好，从而影响下游纯化过程的工艺过程及其操作成本。因此，只有把生物反应器和下游产物纯化过程相联系，考虑整个过程的合理性才有意义。

25.2.2 基本设计方程

反应器设计的基本内容有：①选择合适的反应器型式，即根据反应物料的特性和生产过程特征确定反应器的操作方式、结构类型、传递和流动的方式等；②确定最佳操作条件及操作方式，如温度、压力、pH、通气量、物料流量等；③计算所需的反应器体积，设计各种结构等参数。

反应器设计以基本的反应动力学关系、热力学关系和各种传递过程参数的计算式为设计基础。

（1）物料衡算式　物料衡算的基础为质量守恒定律。对生物反应，衡算的组分可根据考察问题的角度不同，选择底物、产物或细胞。衡算的时间基准可取某一段时间，也可取某一瞬时的微分时间。衡算的控制体可以是某一微元体积，也可为整个反应系统；前者称为微分物料衡算，后者称为总物料衡算。

反应底物和产物或细胞的物料衡算基本关系式分别为：

$$\begin{bmatrix}\text{组分进入该体}\\\text{积单元的量}\end{bmatrix}=\begin{bmatrix}\text{组分流出该}\\\text{体积单元的量}\end{bmatrix}+\begin{bmatrix}\text{体积单元内组分}\\\text{的转化或生成量}\end{bmatrix}+\begin{bmatrix}\text{体积单元内组}\\\text{分的累积量}\end{bmatrix}\quad(25-1)$$

$$\begin{bmatrix}\text{细胞进入该体}\\\text{积单元的量}\end{bmatrix}=\begin{bmatrix}\text{细胞流出该}\\\text{体积单元的量}\end{bmatrix}+\begin{bmatrix}\text{体积单元内细}\\\text{胞的生长量}\end{bmatrix}+\begin{bmatrix}\text{体积单元内细}\\\text{胞的累积量}\end{bmatrix}\quad(25-2)$$

(2) 能量衡算式　大多数反应器的能量衡算是热量衡算。在一定的时间范围内，热量衡算式可表示为：

$$\begin{bmatrix}\text{单位时间内}\\\text{输入的热量}\end{bmatrix}=\begin{bmatrix}\text{单位时间内}\\\text{输出的热量}\end{bmatrix}+\begin{bmatrix}\text{单位时间内}\\\text{的反应热}\end{bmatrix}+\begin{bmatrix}\text{单位时间内}\\\text{的热量积累}\end{bmatrix}\qquad(25-3)$$

25.3　生物反应器的流动与混合模型

25.3.1　理想生物反应器

25.3.1.1　基本反应器模型

前已述及生物反应器的各种操作方式，而主要的反应器型式均有罐式或管式特征，因此根据反应器的宏观流动和混合状况，可概括出几种典型的反应器模型，如图 25-4 所示。

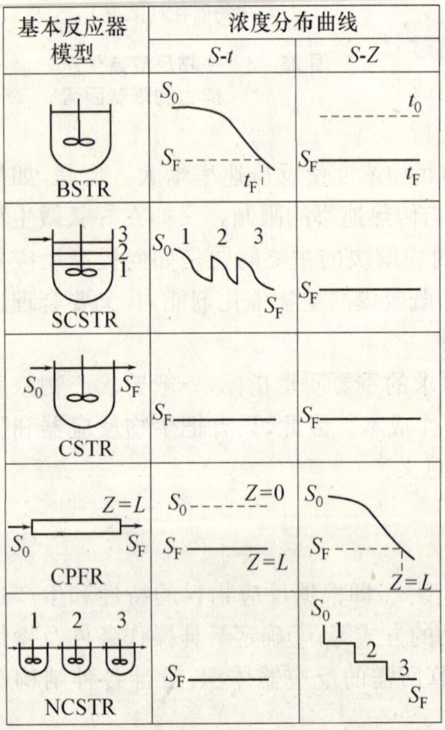

图 25-4　基本反应器浓度分布图

(1) 理想间歇反应器(BSTR)　它是指间歇操作的机械搅拌反应器，在搅拌充分时，反应器内物料呈理想混合状态，所有空间各部分没有操作参数分布，但因反应程度随时间变化，所以存在底物的组分浓度-时间分布(以 $S-t$ 表示)。

(2) 半间歇半连续操作的搅拌反应器(SCSTR)　由于其操作时不出料，分批或连续加料，结果在空间上不存在浓度-空间分布(以 $S-Z$ 表示)，但组分浓度与时间有关，因而其浓度-时间关系与 BSTR 近似。

(3) 全混流反应器(CSTR)　它是指连续操作达到理想混合的机械搅拌反应器，其浓度-时间和浓度-空间关系为定值，反应器出口与反应器内的组分浓度相同。

(4) 平推流反应器(CPFR)　它实际上是连续操作的管式反应器，在假定稳定态时反应器任一管截面上浓度相同，这样流体沿流动方向呈理想排挤或活塞式流动。CPFR 的浓度-时间关系为定值，沿管长 L 的空间位置有浓度梯度。

(5) 多级全混流反应器(NCSTR)　其为多个 CSTR 串联，其中每个反应器的浓度-时间和浓度-空间曲线与单个 CSTR 相同，但在流动方向上有阶梯式的浓度变化。当串联反应器数 N 大于 5 时，其操作性能本质上接近于 CPFR。

上述模型中 BSTR、CPFR 和 CSTR 是最基本的理想模型，其他各种反应器类型均可认为是它们的组合与变化形式。

25.3.1.2　理想间歇反应器

根据底物的物料衡算式，物料的进入量和流出量都为零，并且假设反应液总体积在反应过程中不变化，则有

$$0 = 0 + r_S V + \frac{dS}{dt}V \tag{25-4}$$

式中，V 为反应器有效体积，m^3；S 为反应液中的底物浓度，mol/m^3；t 为反应时间，s；r_S 为底物的体积反应速率，$mol/(m^3 \cdot s)$。

有效反应器体积是指反应物料在反应器中所占的体积，它与单位生产时间所处理的物料量 v_0 和每批生产所需的周期时间 t_T 有下述关系

$$V = v_0 t_T \tag{25-5}$$

每批物料的操作时间含反应时间 t 与辅助时间 t_b（装料、灭菌、升温、卸料和清洗时间的总和），因此实际的周期时间为

$$t_T = t + t_b \tag{25-6}$$

底物浓度由 S_0 转化 S_F 的间断时间内积分求取反应时间，由式(25-4)可得

$$t = \int_{S_F}^{S_0} \frac{dS}{r_S} \tag{25-7}$$

此式即为理想间歇反应器的基本方程，它的图解积分关系如图 25-5 所示。图中 A 点代表反应器中物料的状态，斜线部分面积等于反应时间。由图可见，对特定的反应处理要求，在给定的反应动力学关系下，反应速率的快慢可由反应时间的长短来反映。

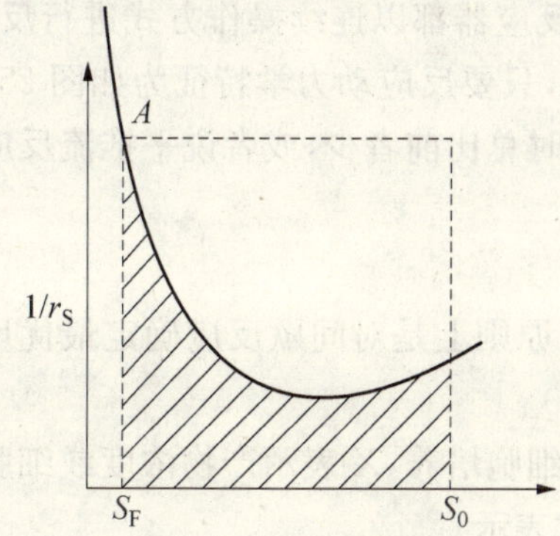

图 25-5　理想反应器的反应时间或空时

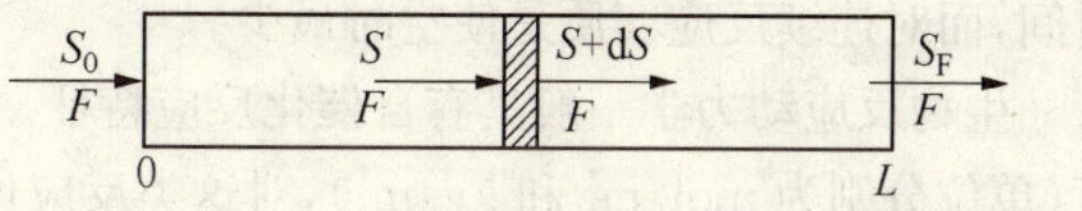

图 25-6　平推流反应器的物料衡算

25.3.1.3　平推流反应器

根据平推流反应器的基本假定与特征，现沿反应器轴向位置取长度为 dl 的一个微元管段作为体积微元对底物作物料衡算，如图 25-6 所示，可得

$$FS = F(S + dS) + r_S dV + \frac{dS}{dt}dV \tag{25-8}$$

在连续定态操作时，$\frac{dS}{dt} = 0$，对其整理并积分可得

$$\tau = \frac{V}{F} = \int_{S_F}^{S_0} \frac{dS}{r_S} \tag{25-9}$$

式中，F 为反应器进口底物溶液的体积流量，m^3/s；V 为反应器的有效体积，m^3；τ 称为空时，s。式(25-9)为平推流反应器的基本方程，它的图解积分关系与图 25-5 相同，但是图中的间歇

反应时间 t 应该换为平推流反应器空时 τ。

空时 τ 也称为空间时间，等于物料在反应器中的平均停留时间，空时的倒数称为空速，在连续培养时空速也称为稀释率。

显然，平推流反应器中进行的连续反应操作，反应速率的快慢表现为空时 τ 的大小，或反应器的体积大小，或特定截面积反应器的管长 L。对一定的反应与所要求的反应结果，理想间歇反应器与平推流反应器进行的反应结果等效。它们的差别是，平推流反应器与理想间歇反应器的反应器型式不同，操作方式和流动状况也不同。

25.3.1.4 全混流反应器

对底物作物料衡算(图 25－7)，全混流模型的数学关系为

$$FS_0 = FS_F + r_S V + \frac{dS}{dt}V \qquad (25-10)$$

连续定态反应时，$\frac{dS}{dt} = 0$，则

$$\tau = \frac{V}{F} = \frac{S_0 - S_F}{r_S} \qquad (25-11)$$

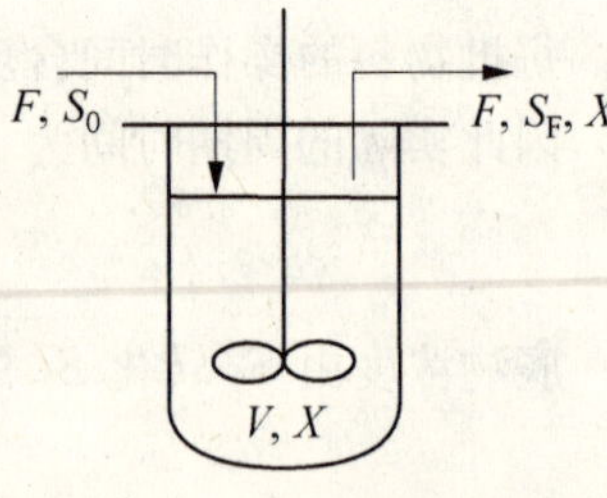

图 25－7 全混流反应器的物料衡算

式(25－11)的图解积分关系如图 25－5 所示，图中虚线内的矩形面积为全混流反应器的空时 τ，斜线部分面积为平推流反应器的空时。比较这两个面积的大小可见，对特定的反应动力学规律和反应处理任务，虽然全混流反应器与平推流反应器都以连续操作方式进行反应，但由于它们的反应器型式不同而造成流动状况完全不同，只要反应动力学特征为如图 25－5 所示的上凹曲线，则在同样的操作条件下，后者所需的空时总比前者少，或者说平推流反应器所需的体积总是要比全混流反应器的小。

25.3.1.5 理想反应器的组合

反应器优化设计时，一般对特定的反应动力学特征，原则上是对间歇反应确定最优反应时间，而对连续反应实质是使空时最少。

生物反应动力学一般具有自催化反应特征。例如对细胞培养，X 表示产物浓度或细胞密度(单位分别为 mol/m^3 和 kg/m^3)，对这类反应可用下式表示

$$S + X \rightarrow X + X \qquad (25-12)$$

上式的细胞生长速率方程为

$$r_X = kS(X)X \qquad (25-13)$$

式中，k 为动力学常数。由于 S 可表示为 X 的函数，式(25－13)的动力学可由图 25－8 中的 $1/r_X \sim X$ 曲线表示。

按此规律的细胞培养过程在开始时，由于细胞浓度较低，因而生长速率较小；然而随着细胞浓度逐渐增加，营养物浓度逐渐减少，因此生长速率经历由最大逐步减小的过程。

对此过程，若选用 CSTR 或 CPFR(或 BSTR)设计组合操作系统，按理想反应器操作特性方程

对 CSTR：

$$\tau = \frac{X_F - X_0}{r_X} \qquad (25-14)$$

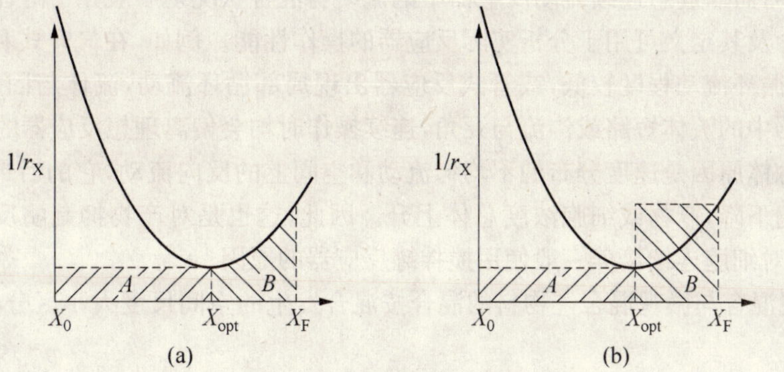

图 25－8　理想反应器组合系统的空时计算

对 CPFR：
$$\tau = \int_{X_0}^{X_F} \frac{dX}{r_X} \tag{25-15}$$

式中，X_0 和 X_F 分别表示进料和出料中的细胞浓度，kg/m³。

因此，如果采用单个 CSTR，以达到最大生长速率为目标函数，反应器中细胞浓度必须为最优浓度 X_{opt}，对应的空时由图 25－8(a)中的阴影面积 A 表示，此情况的空时或反应器体积最小；若要达到特定细胞浓度 X_F，则采用图 25－9(a)的 CSTR 与 CPFR 串联系统的空时较小，为图 25－8(a)中面积 A 与 B 之和；采用图 25－9(b)的两个 CSTR 串联系统的空时最大，为图 25－9(b)的面积 A 与 B 之和。

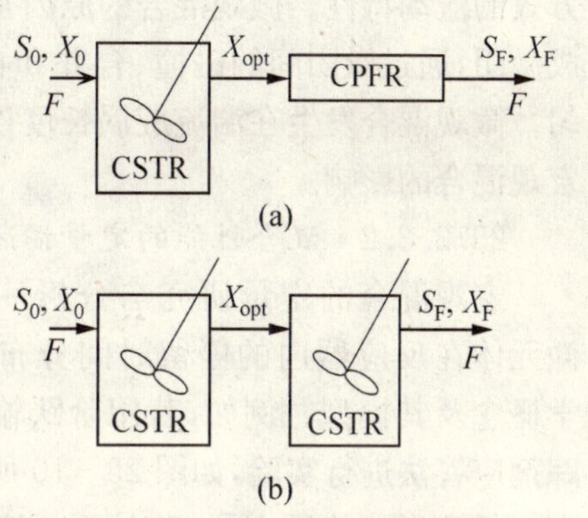

图 25－9　理想反应器的组合

(a)CSTR 串联 CPFR；(b)两个 CSTR 串联

上述设计主要目的是使反应器的宏观流动状况有利于系统中保持较高的平均细胞浓度，这样体积生长速率较大，这也是利用细胞回流方式的循环反应器的设计思想。

总之，上述理想生物反应器的操作性能实质上受到反应器型式、操作方式和操作条件的影响，其本质的原因是反应器的宏观流动和混合性质。

25.3.2　流动与混合特性

25.3.2.1　概念与原理

一般从多方面对流动混合性能作分析，因此有下述的概念与定义。

(1) 理想流动与非理想流动　理想流动指全混流反应器和平推流反应器的流动形态，而非理想流动则是偏离这两种流型的流动。它们均相对连续操作反应器的流动与混合状况而言。

连续流动反应器中混合实际上是不同停留时间流体微元体之间的混合，亦即时间概念上的混合，称为返混。对全混流反应器，由于搅拌在空间上的充分混合作用，新进入的流体微元体与反应器中各种停留时间的微元体完全可能接触，不同停留时间的微元体之间达到最大混合；对平推流反应器，在流动方向上不同停留时间的流体微元体之间完全隔离或离析，故在反应器中不存在停留时间不同的物料混合。因此，从返混程度上讲，全混流和平推流的返混分别为最大和零;而非理想连续流动反应器中的流动与混合状况则一般介于两者之间。

上述概念及其定义可用于分析实际反应器的操作性能。例如,在气升式和机械搅拌反应器中,若内部循环流动程度较低,或管式反应器出现局部循环流动,流体与固体之间的摩擦,固定床反应器中的流体短路或沟流与死角,连续操作时均会偏离理想反应器的操作性能。

返混的总体原因是速度分布的不均匀流动和空间上的反向流动,它的后果是使反应器内底物浓度普遍下降,产物或细胞浓度总体上升。因此,这也是对产物抑制酶反应使用管式固定床反应器,对细胞连续培养一般使用搅拌罐反应器的原因。

(2) 宏观混合与微观混合　物料的混合按混合发生的空间尺度大小区分,则有宏观混合与微观混合。

宏观混合是指设备尺度上的混合现象,其为以体积单元水平为尺度的混合。该体积单元虽然与反应器体积相比很小,但却含有足够多的细胞和底物分子,而它们的宏观反应动力学特性以体积单元为分析基准。宏观混合也是指前述停留时间概念上的混合,即流型偏离或接近理想流动状态的程度,它主要受到反应器中主体流动、对流和湍流的影响。

微观混合指物料分子或细胞尺度上的混合,是指反应器内物料的聚集状态、交换和接触方式的流动特性。微观混合的原因是分子扩散,混合过程依赖小尺度的湍流脉动将流体破碎成微团,通过微团间的碰撞、合并和再分散,最终通过分子扩散使反应物系达到分子尺度均匀。微观混合发生在湍流旋涡长度以下,而宏观混合依赖湍流强度,因此微观混合间接受到宏观混合的影响。

25.3.2.2　混合性能的定量描述

宏观混合的定量研究与分析一般用流体微元体在反应器内的停留时间分布(RTD)数学概念及其模型。例如,若用阶跃输入法的示踪剂应答法进行实验,如图 25-10 所示。假设有一任意形状的反应器,其处于恒定的流动状态,进出口摩尔流量为 F,在 $t>0$ 时,开启阀门 D 在其进口通过切换,阶跃输入同样流量的浓度为 c_0 的示踪剂,并测定出口示踪剂的浓度。这时反应器的示踪剂阶跃输入为

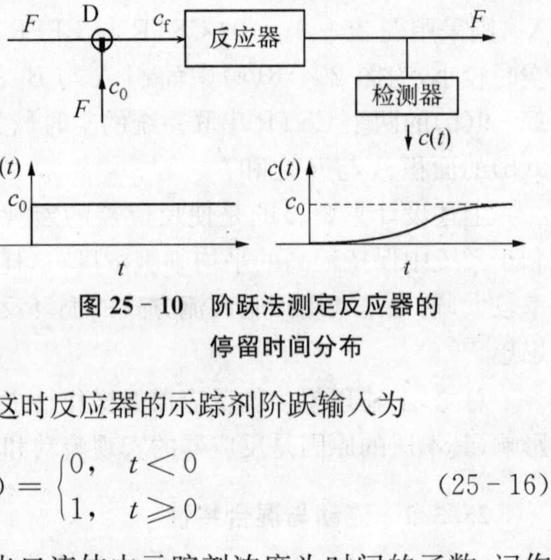

图 25-10　阶跃法测定反应器的停留时间分布

$$c_f(t)=c_0H(t),\ H(t)=\begin{cases}0, & t<0\\ 1, & t\geqslant 0\end{cases} \tag{25-16}$$

同时在出口测定示踪剂浓度随时间的变化,出口流体中示踪剂浓度为时间的函数,记作 $c(t)$。

由实验数据计算的 RTD,也就是停留时间密度函数 $E(t)$,即

$$E(t)=\frac{c(t)}{c_0\tau}=\frac{c(t)}{\int_0^{\infty}c(t)\,dt} \tag{25-17}$$

式中,τ 为平均停留时间,即

$$\tau=\frac{\int_0^{\infty}tE(t)\,dt}{\int_0^{\infty}E(t)\,dt} \tag{25-18}$$

由于$E(t)$定义为在同时进入系统的溶质中微元时间段$\mathrm{d}t$内停留时间介于t和$t+\mathrm{d}t$的溶质的分率，故

$$\int_0^{\infty} E(t)\mathrm{d}t = 1 \tag{25-19}$$

则

$$\tau = \int_0^{\infty} tE(t)\mathrm{d}t \tag{25-20}$$

停留时间分布的研究多应用于通气搅拌反应器和气升式反应器等反应器的性能评估，实际反应器的流动模型也依赖停留时间分布数据，典型的有多级串联全混流模型和轴向扩散模型等，它们均在用停留时间分布确定模型参数的条件下得以建立。

物料的交换和接触混合的描述主要是混合程度和混合时间等参数。混合程度m是指在一定的混合时间t_m下，系统需达到的特定值。在用系统浓度对最终浓度的渐近值表示时，系统浓度偏离最终浓度的百分率的混合程度由下式加以定义

$$m = \frac{c - c_0}{c_{\infty} - c_0} \tag{25-21}$$

式中，c为t_m时的浓度，c_0为系统的初始浓度，c_{∞}为时间趋于∞时的浓度。一定的混合程度对应一定的混合时间t_m。图25－11是混合程度随混合时间变化的典型曲线，图中的混合时间用混合程度为95%的混合时间$t_{m,95}$加以规范化。

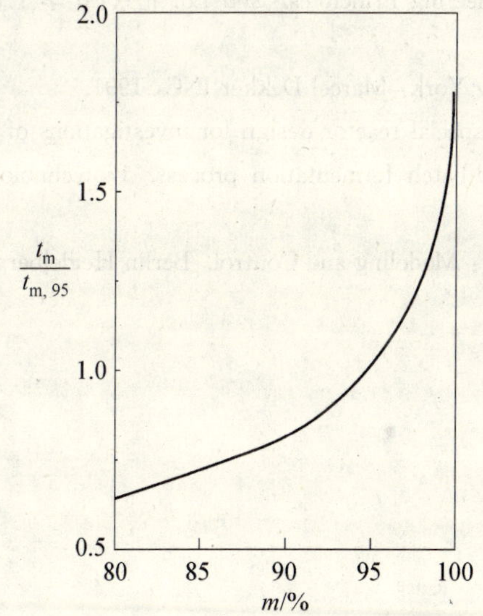

图 25－11 混合程度随混合时间的变化

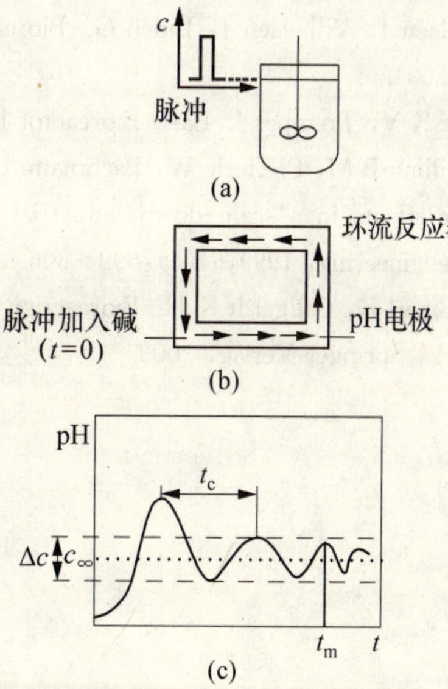

图 25－12 混合程度与混合时间的关系

混合时间t_m的测定按上述原理进行。测定实验的典型结果见图25－12(c)，反应器上装有对某些参数变化灵敏的检测装置。这些参数有电导率、pH、颜色、光密度、溶氧、温度、无线电小球、荧光和放射性物质等，测得的响应函数常有图25－12所示的典型曲线。

混合时间t_m主要在间歇操作的搅拌罐反应器中测定，但也可应用于循环反应器，见图25－12(b)。图中循环周期时间t_c为物料每一次循环所需的时间。在循环反应器中，当$t=0$时，脉冲加入酸性示踪物，同时用pH电极测定pH变化，经过每一循环而进行的混合，pH变

化曲线逐渐变得平坦,混合程度可由下式求出

$$m=\frac{c_{\infty}-0.5\Delta c}{c_{\infty}}\times 100\% \tag{25-22}$$

25.3.2.3 混合对生物反应的影响

混合的宏观效应主要是反应器内的速度分布、循环流动和热量传递,而微观混合效应主要涉及流体的剪切作用、质量传递效率。混合的影响在总体上的表现是反应器内温度、pH 和底物浓度的水平及其分布,影响细胞的生长与死亡的生理变化、代谢过程的调节和生物反应的控制机理、目标产物和细胞的得率。

(夏 杰)

参考文献

[1] 俞俊棠,唐孝宣. 生物工艺学(下册). 上海:华东化工学院出版社,1992.

[2] 戚以政,夏杰. 生物反应工程. 北京:化学工业出版社,2004.

[3] Enfors S O, Jahic M, Rozkov A, et al. Physiological responses to mixing in large scale bioreactors. Journal of Biotechnology, 2001,85:175-185.

[4] Leib T M, Pereira C J, Villadsen J. Bioreactor: A chemical engineering perspective. Chemical Engineering Science, 2001,56:5485-5497.

[5] Lidén G. Understanding the bioreactor. Bioprocess and Biosystems Engineering, 2002,24:2725-2729.

[6] Nielsen J, Villadsen J, Lidén G. Bioreaction Engineering Principles. 2nd Ed. 北京:化学工业出版社,2004.

[7] Riet K V, Tramper J. Basic Bioreactor Design. New York: Marcel Dekker INC, 1991.

[8] Schilling B M, Pfefferle W, Bachmann B, et al. A special reactor design for investigations of mixing time effects in a scale-down industrial L-lysine fed-batch fermentation process. Biotechnology and Bioengineering, 1999,64(5):599-606.

[9] Schügerl K, Bellgardt K H. Bioreaction Engineering: Modeling and Control. Berlin Heidelberg, New York: Springer-Verlag, 2000.

26 培养基灭菌与空气除菌

绝大多数微生物发酵过程要求具备完善的无菌条件，为此培养基的灭菌、发酵装置的灭菌与空气系统的除菌是关键过程。培养基和发酵系统的灭菌方法分为化学和物理两大类。前者采用能杀死微生物的化学药剂如甲醛、次氯酸钠、高锰酸钾、环氧乙烷、季铵盐（如新洁尔灭）等进行灭菌；后者主要包括射线灭菌、加热灭菌和过滤除菌法。以下主要介绍加热灭菌和过滤除菌两种方法。

26.1 过滤法培养基灭菌

过滤法除菌是利用能截留微生物而透过液体或空气的过滤介质的除菌方法。选择适当的过滤介质，既能过滤空气以制备无菌空气供给好氧微生物发酵过程，又能对液态培养基进行澄清与灭菌，或制备液态无菌产品。过滤除菌的优点是不但能去除微生物，而且不影响溶液中各种热敏性组分的活性。

26.1.1 过滤除菌的原理

用于过滤除菌的过滤介质多为有机高分子、金属或陶瓷材料，例如聚偏二氟乙烯膜、带正电荷的尼龙 66 强化膜、不带电荷的尼龙 66 双层膜、非对称结构的乙酸乙酯膜、聚醚砜膜、烧结金属膜等，它们的内部是一组由多层次的网状的孔径约为 0.22 μm 的微孔紧密连接而成的坚硬构造，故这种结构的介质可准确地分离各种不同大小的颗粒或细菌，从而达到除菌的目的。因此，这种除菌技术主要利用了微滤膜的筛分机理，其实质是绝对过滤。对带电荷的滤膜，它不但利用了筛分机理，而且利用了正负电荷相互作用的机理进一步去除更微小和带电荷的杂质微粒（如肉毒素等）。

26.1.2 微滤膜的选择与使用

作为具有除菌过滤作用的微滤膜，应该具备如下特性。

（1）确定性或可靠性　选择的微滤膜应当对杂质颗粒和细菌有 100%的绝对截留率。

（2）化学稳定性　膜材料应能耐受较高的加热灭菌温度，释出物越少越好，且必须无毒；材料必须具有紧密的内部结构，绝对无纤维成分的脱落。

（3）微孔孔径分布　微孔孔径分布必须均匀，对过滤液的表面阻力极小，过滤速度快。

（4）微孔内表面性质　微孔内表面必须具有不结合和不改变物料中组分的物理化学性质。例如，在有些工艺研究过程中，经常发现料液中的蛋白质会与膜结合，造成溶液中蛋白质流失或含量下降；有些膜的表面电荷会与蛋白质的表面电荷结合，造成蛋白质、酶的失活。

（5）对膜产品系列的要求　选择各膜产品供应商时，要求其各种产品系列可进行完整性测试，并提供各种孔径范围。

在上述各项中，第(1)项比较重要，原因是微滤属于绝对过滤，因此除菌过滤能否达到预期效果，其对杂质颗粒或微生物的绝对截留性是选择除菌过滤膜的主要考虑因素。

目前，在滤膜制造业中比较有名的企业主要有美国的 Millipore、Cuno、Pall、Gelman 公司，英国的 Domnick Hunter 公司，德国的 Sartorius 公司等。各公司的膜产品均有差异与相似之处，应根据工艺要求进行选择。小规模过程常选用平板膜。图 26-1 为较典型的 Sartorius 公司的一种平板膜及其不锈钢组件。这种过滤器常用于对中等体积液体进行灭菌、除颗粒或澄清过滤。圆盘直径为 142 mm 的过滤器处理量高达 50 L，它由 AISI 316 不锈钢组件、带 PTFE 涂层的不锈钢滤膜支撑筛网和背压筛网、硅胶 O 形圈、带有 Viton O 形圈的不锈钢阀门和滤膜组成，使用时需配备压力源(或蠕动泵)、PTFE 耐压软管、贮液罐等附件。

图 26-1 不锈钢平板式过滤器

图 26-2 圆盘式塑料过滤器

实验室和小规模过程还常使用图 26-2 所示的圆盘式塑料过滤器。图中过滤器是 Millipore 的 50 mm Millex 过滤器(Millex-GP50)。这种过滤器采用低蛋白吸附的高流速的 Millipore Express PES 滤膜，特别适合过滤大体积组织培养液，并能保持很高的蛋白质回收率，可以在 15 min 内过滤 2 L 10%的血清溶液，最大处理量为 4 L。

工艺过程中使用过滤除菌法应遵循《药品生产质量管理规范》(GMP)的有关要求。在实际生产中，在终端除菌过滤器前一般应加装预过滤器，以去除过滤液中的粗大杂质。这样，不但能使除菌效果满足 GMP 的要求，更可保护后续的微滤膜，延长其使用寿命。终端除菌滤膜应能耐受灭菌温度，且其孔径一般不宜大于 0.22 μm。对于含血清的培养基，则应选用 0.1 μm的滤膜以去除支原体等杂质。过滤系统在投入使用前，必须预先经过蒸馏水冲洗和灭菌。为使灭菌效果保持稳定，还应设有在位清洗(CIP)和在位灭菌(SIP)设施。

26.2 加热法灭菌

加热灭菌有干热灭菌和湿热灭菌两种。干热灭菌一般是对被灭菌的系统在 160℃下保温 1 h 左右，使微生物主要由于氧化作用而死亡。这种方法的特点是可保持物料干燥，但是灭菌效果不如湿热灭菌，适用于一些要求保持干燥的材料，例如培养皿、接种针、固定化细胞所用的载体等。湿热灭菌使用饱和蒸汽进行灭菌，利用它的穿透力和在冷凝时放出的冷凝热使蛋白质凝固从而杀灭各种微生物。通常湿热灭菌的条件是在 120℃下保持 20～30 min。无论干热灭菌还是湿热灭菌，所选择的温度与灭菌时间是影响灭菌效果的关键因素，而灭菌效果表现在微生物的受热死亡速率和残留微生物数量这两个参数上。

26.2.1 分批灭菌

分批灭菌也称为实罐灭菌，是将培养基和所有设备一起通入蒸汽进行加温灭菌的过程。其特点是，采用分批操作方式，灵活性较大，灭菌结果可靠，并且不需要专门的灭菌设备，投资较小，适用于中小规模的微生物发酵过程。

26.2.1.1 分批灭菌的操作

微生物反应器系统通常采用图 26－3 所示的管路布置方式。反应器上装有空气和排气管路、取样管路、接种管路、消泡剂加入管路、补料管路、调节 pH 的加酸或加碱管路、控温系统的冷却水进出管路。冷却水进出管路与反应器壁面上的夹套或反应器内部的蛇管连接，与反应器内部空间不连通。

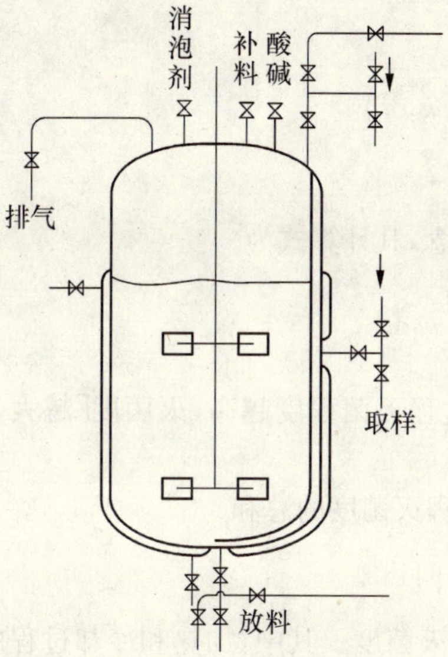

图 26－3 微生物反应器管路布置图

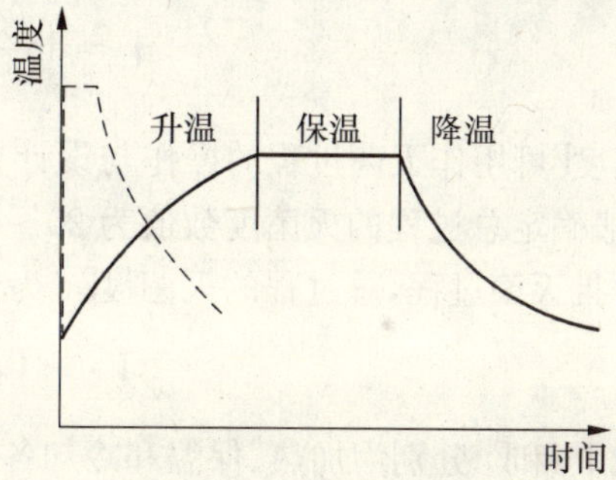

图 26－4 分批灭菌过程中温度的变化

——分批灭菌 ------连续灭菌

在灭菌开始或进行过程中，对空气过滤器系统同时通入蒸汽灭菌，蒸汽通过空气管路进入反应器。在灭菌完毕后，由空气过滤器系统向反应器内通入无菌空气。反应器实罐灭菌时，首先放掉夹套或蛇管中的水，然后开启排气管阀，通过空气管路向反应器内的培养基直接通入蒸汽加热，同时，也可向夹套或蛇管内通入蒸汽进行间接加热。当培养基温度上升至 70℃～100℃时，再从取样管和放料管向反应器内通入蒸汽，直至培养基温度达到 120℃或罐压(表压)为 1×10^{5} Pa，保持此状态近 30 min，并且对反应器封头上的接种、补料、消泡剂、酸和碱管路排汽。在保温阶段，凡进口在培养基液面下的管路以及冲视镜管都应通入蒸汽，在液面上的各管路应排放蒸汽，以保证灭菌彻底，不留死角。保温结束后，依次关闭各排汽和进汽阀门，待反应器内压力低于空气压力后，向反应器内通入无菌空气，并向夹套或蛇管中通冷却水，使培养基温度降到所需的温度。

分批灭菌过程包括升温、保温和冷却三个阶段，如图 26－4 所示。灭菌过程主要在保温阶段完成，保温时间是决定灭菌效果的关键因素。

26.2.1.2　分批灭菌的计算

微生物受热致死的速率符合一级动力学模型，即

$$\frac{\mathrm{d}N}{\mathrm{d}t} = -k_{\mathrm{d}}N \tag{26-1}$$

式中，N 为存活微生物的数目；t 为加热持续时间，s；k_{d} 为比死亡速率，1/s。

比死亡速率 k_{d} 的数值取决于微生物的种类和生理状态。例如，细菌芽孢在 121℃时，其值为 1 min^{-1}；而对营养体，其值为 10～10^{10} min^{-1}。影响比死亡速率的环境因素主要是温度，并且符合 Arrhenius 方程

$$k_{\mathrm{d}} = A\exp\left(-\frac{E_{\mathrm{d}}}{RT}\right) \tag{26-2}$$

式中，E_{d} 称为活化能，J/mol，其数值与微生物种类有关；A 称为指前因子，为模型常数。

将式(26-2)积分并整理可得

$$N = N_0\exp\left(-\int_0^t k_{\mathrm{d}}\mathrm{d}t\right) \tag{26-3}$$

式中，N_0 为加温开始时的存活微生物数目。

Deindoerfer 和 Humphrey 定义了灭菌度∇的概念，其计算式为

$$\nabla = \ln\frac{N_0}{N} = \int_0^t k_{\mathrm{d}}\mathrm{d}t \tag{26-4}$$

灭菌度∇可用作灭菌过程的操作与设计判据，过程灭菌程度越高，灭菌度∇越大。过程设计时，一般确定总过程的灭菌度数值为 20～40。

对分批灭菌过程，总过程的灭菌度∇_{T} 为各个过程灭菌度的总和

$$\nabla_{\mathrm{T}} = \nabla_{\mathrm{H}} + \nabla_{\mathrm{M}} + \nabla_{\mathrm{C}} \tag{26-5}$$

式中，∇_{H}、∇_{M}和∇_{C}分别为加热、保温和冷却各阶段的灭菌度。其中，加热和冷却过程的灭菌度取决于采用的加热和冷却方式，而保温过程的灭菌度取决于保温的持续时间。由于对一般过程均按设计要求确定总灭菌度和保温过程灭菌度的数值，因此需分别确定加热和冷却过程的灭菌度，才能得出保温时间的数值。

对各种加热和冷却方式，已有如下加热和冷却时间的计算式。在得出时间 t 后，由式(26-4)可计算相应的灭菌度。

对直接向反应器内通入蒸汽的加热过程，培养基温度可表示为

$$T = T_0 + \frac{Hm_{\mathrm{S}}t}{c(M + m_{\mathrm{S}}t)} \tag{26-6}$$

式中，T 为加热过程中对应加热时间 t 时的培养基温度，K；T_0 为升温开始时的培养基温度，K；m_{S} 为蒸汽的质量流量，kg/s；H 为蒸汽的热焓，J/kg；M 为加热开始时的培养基质量，kg；c 为培养基的比热容，J/(kg·K)。

对有稳定热流输入的加热（例如电加热或蛇管加热），有

$$T = T_0 + \frac{qTt}{cM} \tag{26-7}$$

式中，q 为传热速率，J/s。

对夹套蒸汽的加热过程，培养基温度为

$$T = T_{H} + (T_{0} - T_{H})\exp\left(-\frac{UAt}{cM}\right) \tag{26-8}$$

式中，T_{H} 为蒸汽温度，K；U 为总传热系数，W/(m^{2} · K)；A 为夹套传热面积，m^{2}。

对使用冷却水的夹套冷却过程，培养基温度为

$$T = T_{C_0} + (T_{0} - T_{C_0})\exp\left\{\left[1 - \exp\left(-\frac{UA}{m_{C}c}\right)\right]\frac{m_{C}t}{M}\right\} \tag{26-9}$$

式中，T_{C_0} 为冷却水的温度，K；m_{C} 为冷却水的质量流量，kg/s。

在由时间 t 计算出 ∇_{H} 和 ∇_{C} 的条件下，保温时间 t_{M} 的计算式为

$$t_{M} = \frac{\nabla_{M}}{k_{d}} = \frac{\nabla_{T} - \nabla_{H} - \nabla_{C}}{k_{d}} \tag{26-10}$$

26.2.2　连续灭菌

连续灭菌就是将配制好的培养基在向反应器输送的同时完成加热、保温和冷却过程的灭菌方式。图 26-5 为一种工业上常用的连续灭菌流程。连续灭菌方式有很多优点：比分批操作简单，装置的利用率或周转率较高，可以提供可重复的操作条件，可进行自动控制，劳动力成本较低，适合大规模产品的稳定生产。连续灭菌允许 140℃的高温加热，保温时间可缩短至 1～2 min，因此灭菌效率较高，而且培养基不容易被破坏。由于利用了灭过菌的培养基的余热，故使用的蒸汽量较少，并且冷却水的消耗量也较小。但是，连续灭菌的设备比较复杂，投资较大。连续灭菌分如下几步过程。

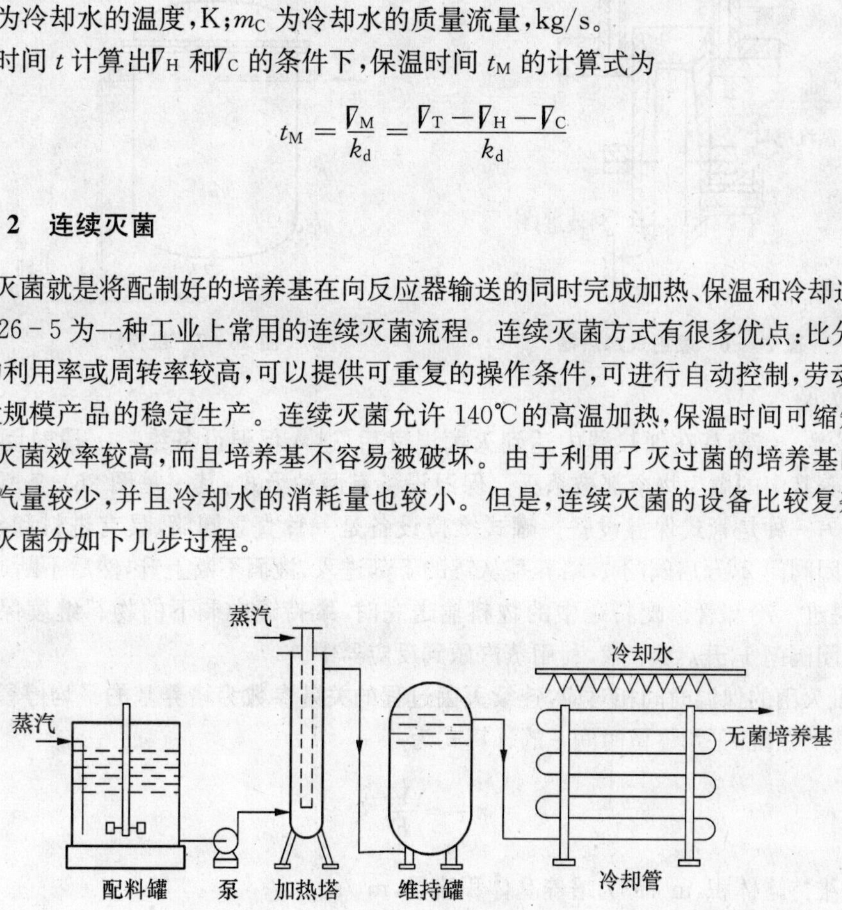

图 26-5　连续灭菌流程示意图

(1) 预热　预热过程在配料罐内进行，使培养基升温至 70℃左右。预热的主要目的是使不溶性淀粉等物料糊化而不发生沉淀，并且使培养基在后续蒸汽加热过程中产生的震动和噪声减小。

(2) 加热　加热过程在加热塔中通过向培养基连续直接喷射蒸汽完成。一般加温至 130℃～140℃。在工业上也使用图 26-6 所示的喷射式加热器。使用这种加热器时，培养基从下方喷嘴的内管进入，蒸汽则从环隙部分进入而与培养基混合。加热器中的挡板起混合作用。加热后的培养基从上部流出。这种加热器结构简单，体积较小，操

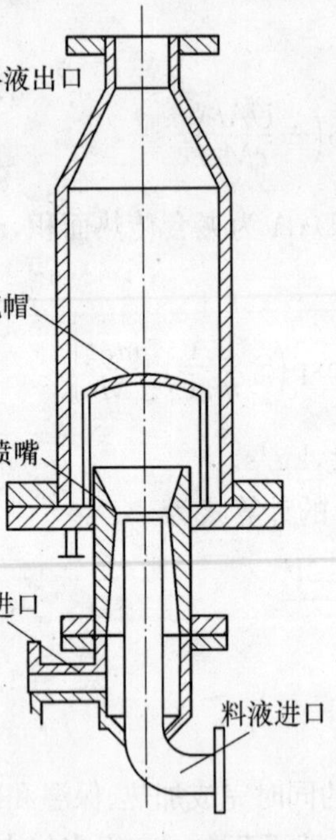

图 26-6 喷射式加热器

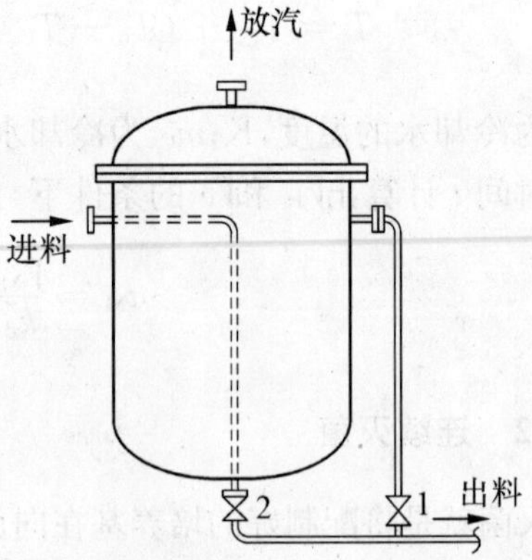

图 26-7 维持罐

作时噪声较小。

(3) 保温 培养基在加热器中达到灭菌温度后，进入保温设备维持一段时间的高温状态，以使培养基中的微生物全部被杀灭。保温设备有两种形式：其一是图 26-7 所示的罐式维持设备，另一种是管式保温设备。罐式维持设备是一种直立圆筒，具有进料和出料管路。操作时，关闭阀门 2，开启阀门 1，培养基从罐的下部进入，液面不断上升，然后不断通过阀门 1 离开维持罐进入冷却管。配料罐中的物料输送完时，维持罐中剩下的物料继续保温一段时间，然后关闭阀门 1，开启阀门 2，利用蒸汽压到反应器中。

与分批灭菌的保温时间相对应，连续灭菌过程的关键参数为培养基的平均停留时间。对使用维持罐的系统，平均停留时间 τ 的计算式为

$$\tau = \frac{V}{F} \tag{26-11}$$

式中，V 为维持罐体积，m^3；F 为培养基体积流量，m^3/s。

对保温系统使用罐式维持设备，平均停留时间在灭菌温度为 130℃时可取 10 min，在 140℃时可取 3～4 min。使用管式保温设备，若假定培养基在管内的流动状态为平推流，则按下式计算平均停留时间

$$\frac{1}{V_M} = -k_d\tau \tag{26-12}$$

若已得到平均停留时间的数值，可根据管路的内径和培养基的流量求出管子的长度。实际培养基的流动不呈平推流，因此在实际工程设计时，应进行校核。

(4) 冷却 培养基的冷却系统常采用喷淋冷却器、板式冷却器、螺旋板冷却器、真空闪冷器等设备。

26.3 空气过滤除菌

大多数好氧微生物反应过程一般需要每分钟连续向每立方米发酵液通入 0.5～1.0 m^3 空气,并且要求通入的空气为无菌,具有一定的压力与温度。对此,工业上几乎都采用以纤维层为介质的过滤和膜过滤方法处理来自空气压缩机的空气以达到这种要求。前者称为深层过滤,后者称为绝对过滤。这两种方法均以用过滤介质拦截空气中所含的微生物作为它们的工作机制。

26.3.1 空气过滤除菌的方法与介质

26.3.1.1 深层过滤除菌法

深层过滤分为两种:一种是用棉花、玻璃纤维或尼龙等纤维状介质和活性炭等颗粒状介质为过滤层,这种过滤的介质层比较深,其内部空隙一般大于 50 μm,远大于细菌的尺寸;另一种是用相对较浅的介质层截留微生物,所用的介质有超细玻璃纤维和金属丝等,其孔隙仍大于 0.5 μm,故这种过滤仍属深层过滤。深层过滤截留微生物有如下各种作用机理。

(1) 布朗扩散截留作用　微小颗粒在气流速度很慢时在气体中呈布朗扩散状态。但纤维间隙很小,气流速度很慢时,微粒与纤维接触的机会较大,纤维对颗粒有一定程度的截留。

(2) 拦截截留作用　介质的截留作用机理中,利用气流运动惯性的截留称为惯性截留。空气流速是影响惯性截留效率的重要参数。当气流速度很慢时,截留作用接近于零,此时的气流速度成为临界气流速度。但是,在临界气流速度下,纤维对微粒仍有一定的截留,原因是纤维附近的滞流区对颗粒有黏附作用。滞流区的气流速度很慢,由于微生物直径和质量很小,因此当气流速度很慢时,进入滞流区的微粒会慢慢靠近,接触纤维。影响这种拦截截留效率的主要因素是气流的雷诺数和微粒直径与纤维直径的比值。

(3) 惯性撞击截留作用　过滤介质层呈纤维状的网络结构,其中纤维间的间隙很小。当气流通过滤层时,气流仅能经间隙通过,并且不断改变它的运动方向和速度。由于微生物颗粒的惯性大于空气,因而当气流遇阻,绕道而行时,微生物颗粒未能同时改变它的运动方向,结果便会撞击纤维并截留于纤维表面。惯性撞击截留的效率取决于颗粒的动能、纤维层的阻力和气流的速度。其中气流的速度较重要,原因是惯性力与气流速度成正比,空气流速较大时,惯性撞击截留作用起主导作用。

以上所述为深层过滤除菌的主要机理,其他还有重力沉降和静电吸引作用等。在这些作用机理中,各种机理之间有着复杂的关系。一般认为,上述三种机理的作用较大。

深层过滤的过滤介质起着十分关键的作用,对介质的选用不仅直接影响除菌效果,而且还影响动力消耗、设备尺寸和设备运转的可靠性等。以下概述各种常用的过滤介质。

(1) 棉花和活性炭　传统的微生物发酵过程多使用棉花-活性炭过滤器。以棉花和活性炭作为过滤介质的主要优点是成本小,若操作得当,可有效控制发酵过程的染菌率。但是,由于效率不高,这种介质目前逐渐被一些新过滤介质替代。

使用棉花作为过滤介质时,一般使用具有细长纤维且疏松的新棉花,棉花纤维的直径为 16～21 μm 左右,装填密度以 150～200 kg/m^3 为宜,装填时必须保持均匀。

活性炭作为过滤介质的优点是其具有非常大的比表面积,能通过吸附作用搜集微生物。

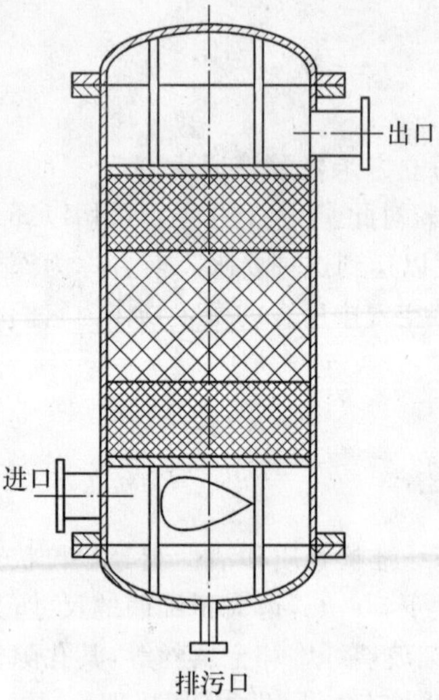

图 26-8 棉花-活性炭过滤器装置示意图

通常采用直径为 3 mm,长为 5～10 mm 的圆柱状活性炭。因其粒子间空隙很大,故阻力很小,仅为棉花的 1/12,但它的过滤效率很低。目前活性炭常与棉花联合使用,即在两层棉花中夹一层活性炭,以降低滤层的阻力。图 26-8 为工业上典型的棉花-活性炭过滤器装置示意图。它是一个圆筒形容器,内有两层多孔板将过滤介质压紧并加以固定。

(2) 玻璃纤维　深层过滤使用的玻璃纤维的直径一般为 8～19 μm,过滤器中的填充系数一般为 6%～10%。这种过滤介质的优点是阻力损失比棉花小;缺点是更换介质时碎末飞扬,影响操作人员的身体健康。

(3) 超细玻璃纤维纸　这种纤维用无碱玻璃制成,做成 0.25～1 mm 厚的纤维纸,其纤维直径仅为 1～2 μm,纤维间的空隙为 0.5～5 μm,是棉花的 0.06～0.1。超细玻璃纤维纸适用于高速过滤,气速愈快,过滤效率愈高。

26.3.1.2　绝对过滤除菌法

绝对过滤除菌法使用醋酸纤维素、纤维素酯、聚四氟乙烯、聚砜等微孔膜过滤除菌。一般这类膜的有效除菌的孔径必须小于 0.5 μm。经测定发现,孔径为0.45 μm的微孔滤膜对细菌的过滤效率可达 100%。在实际应用时,通常使用孔径为 0.22 μm 的膜。由于处于这种孔径范围,微孔滤膜对细菌达到绝对拦截。微孔滤膜除菌时,不但利用膜的拦截作用,还利用静电吸附作用等除菌机制。这种除菌法的特点是能控制过滤后空气的质量,节约能量和时间,操作简便。绝对过滤法的过滤介质主要有以下两种。

(1) 烧结材料过滤介质　工业上常用的烧结材料过滤介质主要是烧结金属。制造这种材料时,用金属粉末加压成形,令其处于熔点温度下黏结固定。由于只是表面粉末熔融黏结,内部粒子间的间隙仍然得以保持,故形成的介质具有微孔通道,能起到微孔过滤的作用。

目前国内主要使用蒙乃尔合金粉末制成的烧结管,它是由钛锰合金粉末烧结而成的,孔径随粉末的粒度和烧结条件而异,一般为 5～15 μm。这种介质具有强度高、寿命长、耐高温、使用方便等优点。

(2) 超滤膜　发酵工业上使用的超滤膜空气过滤器的主要型式是折叠筒式膜过滤器,图 26-9 所示为其滤芯。折叠筒式膜过滤器的主要优点是由于滤芯采用折叠式,增大了单位体积的过滤面积,提高了过滤效率。它具有聚砜膜的双层结构,经久耐用,特别是密集的微孔结构提高了过滤效率,延长了最终过滤器的寿命。微孔独特的几何形状,提高了过滤难度较大的溶液的过滤量。这类产品出厂前都经过 100%完整性测试,保证了使用的安全可靠。

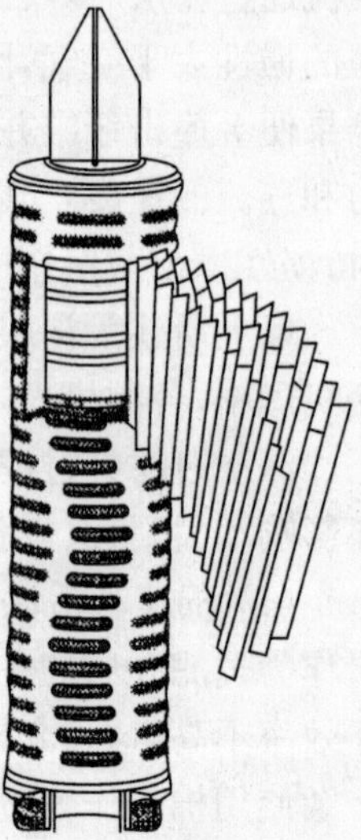

图 26-9　折叠筒式膜过滤器的滤芯

26.3.2　空气过滤的流程

空气过滤除菌流程的最基本要求是具备空气压缩系统。一般无菌空气制备时在空气预处理、过滤除菌过程中和有关设备、管道、阀门上有压力损失,因此需将空气加压至一定压力。其次,必须配备高效的过滤除菌介质及其设备。还要根据生产地点的地理、气候环境,设备条件和发酵过程的要求,配置过滤前的空气预处理系统。典型的空气过滤除菌流程是空气预过滤、空气在压缩机中的压缩、冷却和去除油水、再加热、空气过滤器中的过滤。

空气的预处理。空气前过滤的目的是提高压缩前空气的洁净度,以达到滤去空气中颗粒较大的尘埃,减小灰尘对压缩机的磨损作用,减轻主过滤器的负荷等。空气预过滤前的关键步骤是空气采集。由于空气中的微生物依附于尘埃颗粒上,空气吸气口每上升 10 m,空气中的微生物数量下降一个数量级,因此设置空气吸气口位置时,一般尽量提高吸气口的高度。空气预过滤在粗过滤器或前置高效过滤器中完成。选择前置过滤器时,要求其介质的过滤效率高、对空气阻力小、不增加压缩机的吸入负荷和降低其排气量。常用的前置过滤器有布袋过滤器和填料过滤器等。

空气的压缩。空气压缩的目的是使空气达到一定的压力,以克服输送过程中过滤介质和管件的阻力,并保证发酵罐有一定的空气压力。目前常用的空气压缩机有涡轮式和往复式两种,分别适用于不同的用气量和压力要求。

空气的冷却。空气经压缩后温度会明显上升,压缩比愈高,温度也愈高。若将高温空气通入过滤器,会引起过滤介质的炭化和燃烧,通入发酵罐后会增加降温负荷,不利于温度控制,因此要将压缩空气冷却。用于空气冷却的设备一般使用列管式换热器和翅板式换热器两种,它们的传热系数分别为 60～120 $J/(m^2 \cdot s \cdot K)$和 350 $J/(m^2 \cdot s \cdot K)$左右。

压缩空气的除水除油。压缩空气在冷却后,相对湿度增大,会析出水来,同时也不可避免地会夹带润滑油。因此,为保证过滤器的不失效,需要对压缩空气进行除水和除油的处理。除水除油过程通常使用两类油水分离器,即利用离心力进行沉降的旋风分离器和利用惯性进行拦截(如金属丝网介质)的过滤器。

空气的加热和贮存。压缩空气冷却至一定温度,除水除油后,空气的相对湿度仍为100%,若不加热升温,只要温度略有下降,便会再度析出水分,使过滤介质受潮,降低甚至丧失过滤效能。压缩空气加热的关键是加热温度的选择。一般是使升温前后的温差为10℃～15℃。空气加热设备一般选用列管式换热器。加热过程结束后,压缩空气进入与发酵罐连接的空气贮罐,以缓冲空气压力的脉冲式波动而使压力稳定,并使部分液滴在罐内沉降。

以下介绍三种常见的空气除菌流程。

(1) 空气压缩冷却过滤除菌　此过程由空气压缩机、贮罐、空气冷却器和过滤器组成,依次完成空气压缩、冷却和过滤步骤。这种流程的工艺和设备简单,适用于气候寒冷、相对湿度很小的地区,也常用于小规模的实验性研究与生产过程。

对这种流程,应该选用涡轮式空气压缩机或无油润滑空气压缩机。选用普通空气压缩机时,应加装丝网分离器以除水除油。

(2) 两级冷却、分离、加热的空气除菌流程　图 26－10 所示为这种流程的示意图。这种流程的特点是由于采用二次冷却、二次分离油水和加热工艺,因此油水的去除比较完全,流程较完善。空气经压缩后,在第一次冷却时,大部分的水、油凝结成较大的雾粒,且雾粒浓度比较大,故使用旋风分离器即可分离油水。在第二次冷却时,析出较小的雾粒,采用丝网分离器可以有效分离这些直径较小的雾粒。

(3) 前置高效过滤的除菌流程　这种流程如图 26－11 所示。由于使用高效的前置过滤器,因此可保证稳定的无菌条件。经前置高效过滤后,空气的无菌程度可达 99.99%,再经后续处理,空气的无菌程度更高。前置过滤器一般使用泡沫塑料和超细玻璃纤维纸串联作为过滤介质。

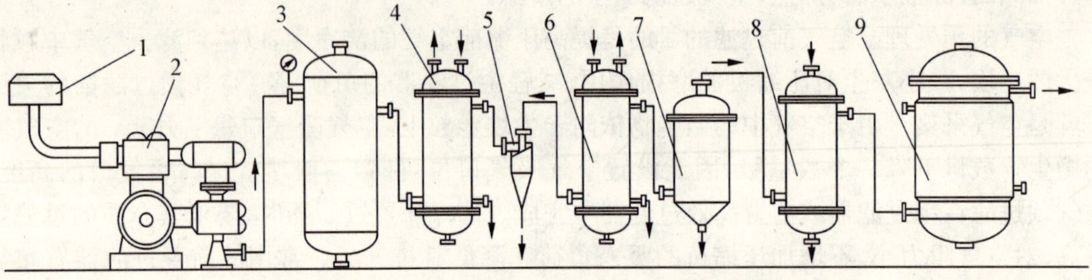

图 26-10 两级冷却、分离、加热的空气过滤除菌流程

1—粗过滤器;2—空气压缩机;3—贮罐;4、6—冷却器;5—旋风分离器;7—丝网分离器;8—加热器;9—过滤器

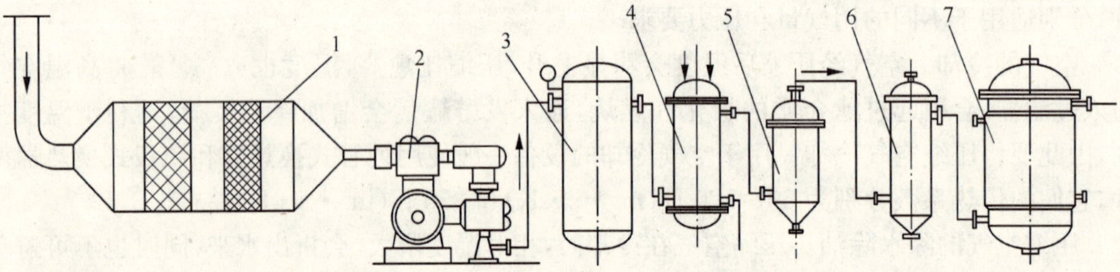

图 26-11 前置高效过滤空气除菌流程

1—高效过滤器;2—空气压缩机;3—贮罐;4—冷却器;5—丝网分离器;6—加热器;7—过滤器

(夏 杰)

参考文献

[1] Lee J M. Biochemical Engineering. New Jersey: Prentice-Hall INC, 1992.

[2] 俞俊棠,唐孝宣. 生物工艺学(下册). 上海:华东化工学院出版社,1992.

[3] 梁世中. 生物工程设备. 北京:中国轻工业出版社,2002.

[4] 陈坚,堵国成,李寅,等. 发酵工程实验技术. 北京:化学工业出版社,2003.

27 氧的传递与混合

27.1 氧的传递

对大多数发酵过程来说，氧的不足会造成代谢异常，产量降低。发酵中氧的供需容易变成主要矛盾。

氧从气泡传递到细胞内要克服一系列的阻力，见图 27－1。图中第 9 项反应阻力是指氧须通过气膜──→气-液界面液膜──→液体主流──→菌体界面──→菌体液膜──→细胞膜──→原生质体──→线粒体(对真核细胞而言)进行传递。第 1～4 项是供氧方面的阻力，当细胞以游离态存在时，阻力 7 消失；当细胞吸附于气-液界面时，阻力 4，5，6，7 消失。由以上分析可知，来自细胞本身的阻力用增强机械搅拌等方法是无法克服的，只有通过改变菌株特性来改善其氧传递。一般情况下，通过加大通气量或加大摇床转速的手段仅仅是为了减小供氧方面的阻力，增大其传质。

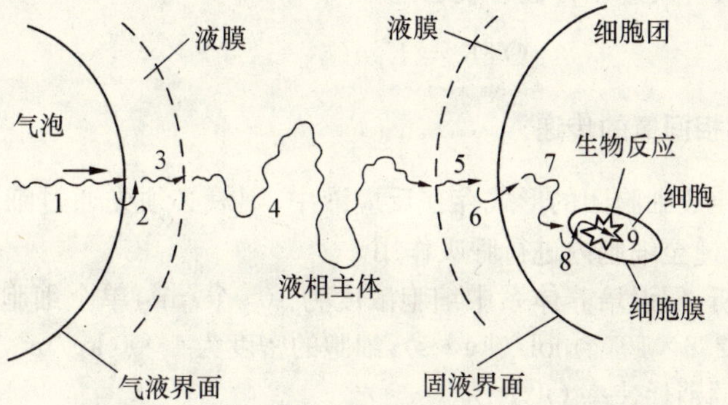

图 27－1　氧从气泡到细胞的传递过程示意图

1—从气相主体到气-液界面的气膜传递阻力 $1/k_G$；2—气-液界面的传递阻力 $1/k_I$；
3—从气-液界面通过液膜的传递阻力 $1/k_L$；4—液相主体的传递阻力 $1/k_{LB}$；
5—细胞或细胞团表面的液膜阻力 $1/k_{LC}$；6—固-液界面的传递阻力 $1/k_{LS}$；
7—细胞团内的传递阻力 $1/k_A$；8—细胞壁的阻力 $1/k_W$；9—反应阻力 $1/k_R$

27.1.1 气-液相间氧的传递

图 27－2 表示气-液界面附近的氧分压和溶解氧浓度的变化。在气-液界面的气相一侧，传质阻力存在于气膜；与此相对的液体一侧，传质阻力存在于液膜。当过程处于稳定态时，通过气膜和液膜的传质速率应相等，则有

$$N_{O_2} = \frac{p - p_I}{1/k_G} = \frac{c_I - c_L}{1/k_L} \qquad (27-1)$$

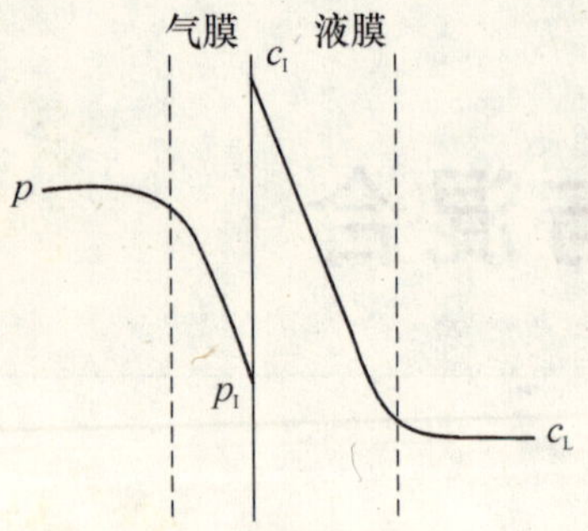

图 27-2　气-液界面附近氧分压和溶解氧浓度的变化

式中，p 为气-液主体的氧分压，Pa；p_I 为气-液界面的氧分压，Pa；c_I 为气-液界面的氧浓度，mol/m^3；c_L 为液相主体的氧浓度，mol/m^3；k_G 为气膜传质系数，mol/(m^2·s·Pa)；k_L 为液膜传质系数，m/s。

若对总传质过程定义 K_G[mol/(m^2·s·Pa)]为以氧分压为推动力的总传质系数，K_L(m/s)为以氧浓度为推动力的总传质系数，则各项阻力之间有如下关系

$$\frac{1}{K_G}=\frac{1}{k_G}+\frac{H}{k_L} \tag{27-2}$$

$$\frac{1}{K_L}=\frac{1}{k_L}+\frac{1}{Hk_G} \tag{27-3}$$

式中，H 为亨利系数。

对于难溶的气体氧，存在

$$\frac{1}{Hk_G}\ll\frac{1}{k_L} \tag{27-4}$$

所以

$$K_L\approx k_L \tag{27-5}$$

即总传质系数 K_L 等于液膜传质系数 k_L。

因此，氧的气-液传质速率方程可表示为

$$\mathrm{OTR}=K_La(c_{OL}^*-c_{OL}) \tag{27-6}$$

27.1.2　液-固相间氧的传递

如果细胞以聚集成细胞团的形式存在反应液中，则氧必须先通过细胞团的固-液相界面进入细胞团内，再传递至细胞内进行呼吸作用。

从需氧方面分析，假设培养体系中细胞浓度为 10^{15} 个/m^3，单个细胞的体积为 10^{-16} m^3，细胞的呼吸强度为 2.6×10^{-3} mol/(kg·s)，细胞的密度为 1 000 kg/m^3，含水量为 80%，则每立方米培养液中氧的消耗速率 OUR 为

$$\mathrm{OUR}=2.6\times10^{-3}\times10^{-16}\times10^{15}\times1\,000\times(1-80\%)=0.052\ \mathrm{mol/(m^3\cdot s)}$$

稳态时，氧通过细胞或细胞团外液膜的传质速率为

$$\mathrm{OTR}=k_{LS}a_{LS}(c_{OL}-c_{OS}) \tag{27-7}$$

式中，k_{LS}为液-固相间的传质系数；a_{LS}为液-固比表面积；c_{OL}为液相主体的溶解氧浓度；c_{OS}为细胞或细胞团外表面的氧浓度。

假定细胞或细胞团为球形，在细胞密度与液体密度非常接近的条件下，有

$$k_{LS}=2D_L/d_P \tag{27-8}$$

式中，d_P 为细胞或细胞团的直径；D_L 为氧在液相中的分子扩散系数。

当 c_{OS}为零时，可求出液体和细胞间的最大传质速率

$$\mathrm{OTR}_{max}=k_{LS}n\bar{a}_{LS}c_{OL}=2\frac{D_L}{d_P}n\bar{a}_{LS}c_{OL} \tag{27-9}$$

若取 $D_L = 10^{-9}\ m^2/s$，$d_P = 5.8\times10^{-6}$ m，$n = 10^{15}$ 个 /m^3，$\bar{a}_{LS} = 6.6\times10^{-9}$，$c_{OL} = 2\times10^{-3}\ kg/m^3$，则求出

$$OTR_{max} = 2.28\ mol/(m^3\cdot s)$$

从上述计算结果可看出，培养液的氧消耗速率小于液-固相间氧的传递速率，这表明细胞周围液膜传质阻力较小。

27.1.3　细胞团内氧的传递

在细胞团内，氧的扩散过程和反应过程同时进行。如果将细胞团理想化为一个均匀的球体，设其半径为 R，密度为 ρ_0，与固定化酶的内扩散反应过程模型化方法类似，可得

$$D_e\left(\frac{dc_O}{dr^2}+\frac{2}{r}\times\frac{dc_O}{dr}\right)=\rho_0 q_{O_2,\,max}\frac{c_O}{K_{O_2}+c_O} \tag{27-10}$$

式中，D_e 为氧在细胞团内的有效扩散系数；c_O 为离球心 r 处氧的浓度；$q_{O_2,\,max}$ 为氧的最大呼吸强度；K_{O_2} 为氧的饱和系数。

式(27-10)的边界条件为

$$\begin{cases} r=R,\ c_O=c_{OL} \\ r=0,\ \dfrac{dc_O}{dr}=0 \end{cases} \tag{27-11}$$

假定细胞团半径 $R = 2\times10^{-4}$ m，$D_e = 1.9\times10^{-9}\ m^2/s$，$\rho_0 = 75\ kg/m^3$，$q_{O_2,\,max} = 3.5\times10^{-3}\ mol/(kg\cdot s)$，$K_{O_2} = 4.47\times10^{-5}\ mol/m^3$，对式(27-10)和式(27-11)用数值法求解，结果见图 27-3。可见，细胞团内的葡萄糖浓度变化很小，而氧的浓度随半径减小而迅速下降，表明在细胞团的中央，细胞呼吸受到限制。

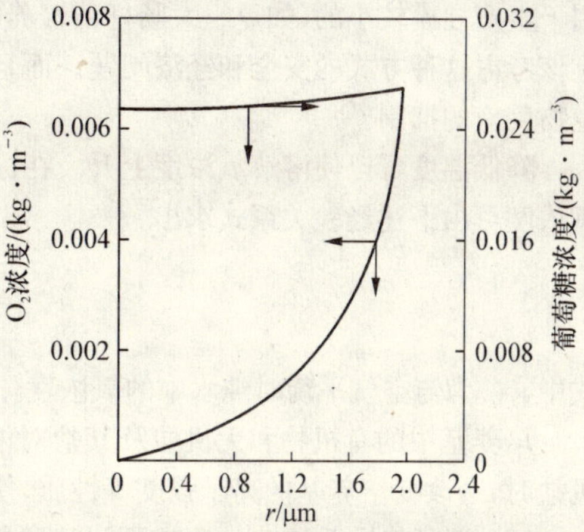

图 27-3　细胞团内氧和葡萄糖的浓度分布

27.1.4　影响氧传递的因素

根据氧传递的速率方程

$$OTR = K_L a(c_{OL}^* - c_{OL}) \tag{27-12}$$

可知氧的传递速率取决于传质推动力($c_{OL}^* - c_{OL}$)和体积传质系数 $K_L a$，各种影响因素的作用通过改变液膜传质系数 k_L、气-液比表面积 a 及饱和溶解氧浓度 c_{OL}^* 来实现。由于氧在水中的溶解度很小，并且通常溶解氧浓度水平 c_{OL} 由工艺条件决定，对特定的细胞反应过程有确定的数值，故一般推动力($c_{OL}^* - c_{OL}$)值较小。因此氧传递速率主要取决于体积传质系数 $K_L a$ 的大小，$K_L a$ 主要受到反应器的几何形状、搅拌桨类型和搅拌速度、气体线速度、输入功率、培养基黏度和表面张力等因素的影响，可表示为

$$K_L a = f(d,\ n,\ u_S,\ D_L,\ \mu,\ \rho,\ \sigma,\ g) \tag{27-13}$$

式中，d 为搅拌桨的直径；n 为搅拌速度；u_S 为气体的表观线速度；D_L，μ，ρ，σ 分别为液膜扩散系数，培养基的黏度，培养基的密度，表面张力；g 为重力加速度。

这些因素可归纳为物系性质、反应器的操作条件和反应器的结构因素。

(1) 饱和溶解氧浓度 c_{OL}^*　培养液中饱和溶解氧浓度 c_{OL}^* 主要与操作温度、操作压力及培养基组成有关。

根据 Henry 定律，有

$$c_{OL}^* = \frac{1}{H}p = \frac{1}{H}y_O p_T \tag{27-14}$$

式中，p，p_T 分别为气体中的氧分压，反应器的操作气压；y_O 为气体中氧的摩尔分数。

由于亨利系数是温度的函数，所以式(27-14)表明，与气相的氧分压平衡的饱和溶解氧浓度是温度与压力的函数。

在操作时，为了提高气相的氧分压，一般是提高反应器的操作气压 p_T。但是对于某些细胞反应过程，这种方法不适用，原因是压力 p_T 的提高会使气相中二氧化碳的分压提高，这对细胞的生长和代谢过程不利，会抑制产物生成。对于动物细胞培养过程，它会使培养液的 pH 发生变化。也可以通纯氧或纯氧与空气的混合气体的方式提高氧传递推动力，但是其一般适用于生产规模较小的(如重组大肠杆菌培养等)培养周期较短的过程。对大规模的培养过程，应该考虑这种方式的安全和经济问题。而且向反应器通纯氧时，也必须考虑过高的氧浓度对生物反应的抑制。

降低温度可以使溶解氧浓度上升。在标准大气压下，温度在 4℃～33℃波动时，纯水中的氧浓度可由下述经验关系式求出

$$c_W^* = \frac{14.6}{t+31.6} \tag{27-15}$$

式中，c_W^* 为与空气平衡时纯水中的氧浓度，mol/m^3；t 为温度，℃。

培养基中的有机物和无机酸及其盐对溶解氧浓度也有影响。如在培养基中加入酸或无机盐时，会改变培养基的离子强度等性质，使氧的溶解度减小。

(2) 液膜传质系数 k_L　由前面讨论可知，氧的传递阻力主要存在于气-液界面附近的液膜中，故必须了解液膜传质系数 k_L 的性质及其影响因素。

一般对液膜传质系数 k_L 的分析有双膜理论等方法。双膜理论认为，在气-液界面两侧的气膜和液膜中，氧主要通过分子扩散的方式传递，故在液膜中氧分子的扩散服从 Fick 第一定律，可得

$$k_L = \frac{D_L}{\delta_L} \tag{27-16}$$

式中，D_L 为氧在液膜中的扩散系数；δ_L 为液膜厚度。

根据式(27-16)可知：k_L 与 D_L 成正比，与 δ_L 成反比。由于增加 D_L 时 k_L 亦增加，因此必须对扩散系数 D_L 进行估算。

一般在水溶液中，小分子溶质的 D_L 为 $0.5\times10^{-5}\sim2.0\times10^{-5}$ cm^2/s。对非黏性流体，由 Stokes-Einstein 方程计算 D_L 的数值为

$$D_L = \frac{KT}{6\pi r_0 \mu} \tag{27-17}$$

式中，r_0 为溶质球形半径；μ 为溶剂的黏度；K 为 Boltzmann 常数；T 为绝对温度，K。

式(27－17)也说明,扩散系数或传质系数与绝对温度成正比。

式(27－16)中的液膜厚度决定于反应器的流体力学条件,一般难以直接计算,故实际情况下传质系数 k_L 需由试验测定。实验表明,对不同尺寸的机械搅拌反应器,k_L 主要与搅拌的功率有关,即

$$k_L = KD_L^{0.5}\left(\frac{P/V_R}{\mu}\right)^{0.25} \tag{27-18}$$

式中,K 为系数;μ 为液体黏度;P 为搅拌功率;V_R 为反应器的有效容积。

(3) 气-液比表面积 a　假设在体积为 V_L 的液体中截留的气体体积为 V_G,气泡直径为 d_B,则气-液比表面积 a 为

$$a = \frac{6V_G}{d_B V_L} \tag{27-19}$$

如果定义培养液的气含率 ε_G 为

$$\varepsilon_G = \frac{V_G}{V_G + V_L} \tag{27-20}$$

则有

$$a = \frac{6}{d_B} \times \frac{\varepsilon_G}{1-\varepsilon_G} \tag{27-21}$$

一般气泡在上升过程中,随液体静压力的减小,气泡会发生凝并,如果有搅拌作用,气泡又会被分散,故存在气泡大小的分布。对此分布下的平均气泡直径 d_m 可作如下计算

$$d_m = \frac{\sum m_j d_{Bj}^3}{\sum m_j d_{Bj}^2} \tag{27-22}$$

所以

$$a = \frac{6}{d_m} \times \frac{\varepsilon_G}{1-\varepsilon_G} \tag{27-23}$$

由式(27－23)可见,培养液中气含率越大,气-液比表面积 a 越大。气-液比表面积 a 与气泡直径 d_B 的关系说明,较大的比表面积要求有较小的气泡直径。为此,操作时可增大通气速率,并提高搅拌速度。总之,氧传递速率的增大依赖于通气和搅拌条件的选择。

(4) 反应体系的流变特性　已经了解,细胞反应体系的流变特性受到培养基的组成、细胞的种类及其代谢产物、细胞的形态和浓度的影响。培养体系的流变特性显然也会影响氧传递速率。研究表明,在丝状真菌和链霉菌的发酵过程中,随着反应过程的进行,培养液黏度会增大,氧的传递速率在下降,为解决此问题而提高搅拌速度又会增加搅拌功率消耗和操作成本,并且还会增加流体剪切力,使产物生成速率下降。详情请参阅本书第 28 章。

27.1.5 改善供氧条件的新措施

在深层发酵中,提高溶解氧浓度与提高发酵产物密切相关。目前,为了提高氧在液相的溶解度,除了增加搅拌强度和加大供气程度外,也可在菌体内引入与氧有亲和力的载体,使得呼吸细胞器容易获得足够的氧,这主要是指在菌体内导入编码与氧有亲和力的血红蛋白的基因;另外,也可在液相中加入氧载体。

(1) 氧载体　氧载体一般指不溶于培养基但具有吸附或包裹溶解氧的物质。可作为氧

载体的液体有烷烃和全氟化碳(perfluorocarbons，PFCs)。烷烃可作为氧载体的作用较早在石油发酵中发现，最近有人报道在产气气杆菌培养中，加入20%的烷烃(十一烷到十七烷的混合物)，氧的传质系数可提高4.6倍，从而提高菌体生长。在不改变搅拌及通气条件，即不增加能量输入的情况下，加入正烷烃可增加溶解氧系数。这一结果很多人已证实，而且烷烃价格低廉，易于与水相分离，可重复使用，不失为一种提高溶解氧的好办法。

另一类氧载体为全氟化碳，化学性质稳定，多种气体在其中有很大的溶解度，见表27-1。

气体在PFCs中的高溶解度是由于PFCs易形成能容纳小溶质分子的小洞穴，而不是由于任何相互作用，因此PFCs可以作为代血浆。

表27-1 气体在PFCs和其他溶剂中的溶解度(25℃，0.098 MPa)

溶解介质	气体的溶解度/(mmol·L^{-1})				
	O_2	CO_2	N_2	H_2	He
H_2O	1.3	33.8	0.6	0.8	0.4
乙醇	9.2	100.0	5.6	3.2	1.2
苯	8.4	100.3	4.6	2.7	0.8
F-苯	19.5	174.1	14.2	—	1.7
F-丁基四氟呋喃	21.9(16.8倍于水)	78.5	13.4	—	—
Bis-(F-丁基)-乙烯	19.7(15.2倍于水)	97.0	—	—	—

(2) 基因重组血红蛋白　在多种工业发酵过程中，氧的限制问题尤为突出，在混合不足区域，溶解氧浓度很低，影响细胞代谢，导致酵母菌发酵产生乙醇，大肠杆菌发酵产生乙酸，影响青霉素发酵产物合成。为了克服这一情况，Kbosla和Bailey开始将一种丝状细菌叫*Vitreoscilla*(透明颤菌)的血红蛋白基因克隆到大肠杆菌和放线菌中，即可促进有氧代谢、菌体生长和抗生素的合成。

透明颤菌为一专性好氧细菌，生存于有机物腐烂的死水池塘，在氧的限量下，有一血红蛋白(VHb)受到诱导，其合成可扩大几倍之多，这一血红蛋白已经纯化，证明含有2个亚基和146个氨基酸残基，相对分子质量为15 775 D。该基因已经在大肠杆菌中得到克隆，其核苷酸序列与血红蛋白基因有较高的同源性。细胞内定位研究证明，大量的VHb存在于细胞间区，并认为其功能是为细胞提供更多传递到细胞呼吸器的氧。应用多拷贝质粒载体，VHb成为重组细胞主要蛋白，且受氧供应限量的调节，在氧限量条件下，VHb能促进有氧代谢和菌体生长。

抗生素的合成一般对氧的供应较为敏感，在大生产上，溶解氧常成为限制因素，有人将VHb基因克隆到天蓝色链霉菌(*Streptomyces coeiicolor*)和变青链霉菌(*S. lividans*)中。血红蛋白可在这类链霉菌中表达，在氧限量条件下，VHb基因在天蓝色链霉菌中的表达可提高放线红素的产量达10倍之多，而且此抗生素的生产在重组体中对氧较不敏感，在低氧条件下，VHb基因在变青链霉菌中获得表达，提高了菌体耗氧，并获得了高产菌株。

27.1.6 体积传质系数 K_La 的测定

(1) 亚硫酸氧化法　亚硫酸氧化法一般适用于在非培养情况下测定反应器的氧传质系数。其基本原理为，在反应器中加入含有铜离子或钴离子为催化剂的亚硫酸钠溶液，进行通气搅拌,亚硫酸钠与溶解氧反应生成硫酸钠。由于反应进行很快,反应速率由气-液相的氧传质速率控制,而与亚硫酸钠的浓度无关,并且由于氧化反应速率很快,液相中氧浓度 $c_{OL}=0$,因此,氧的传质速率可表示为

$$\mathrm{OTR}=K_{L}ac_{OL}^{*}=K_{G}ap \tag{27-24}$$

据式(27-24)可求出 $K_{L}a$。但由于亚硫酸钠溶液与实际的培养液在物化性质上有很大差别,故不能很好地模拟实际培养液的情况。而且还有一个问题,就是亚硫酸钠溶液的 c_{OL}^{*} 无法测出,由于氮气在 0.5 mol/L 的亚硫酸钠溶液中的溶解度与在 0.5 mol/L 的硫酸钠溶液中的溶解度相等,Zlokarnik 建议氧气在亚硫酸钠溶液中的溶解度可用氧气在同样浓度的硫酸钠溶液中的溶解度代替。

(2) 动态法 测定方法如图 27-4 所示。首先暂停向培养液中通气(图中 A 点),当溶解氧浓度下降至一定的水平,并且不低于最小溶解氧浓度时,恢复通气(图中 B 点),随后让溶解氧浓度逐渐增大,直至达到新的稳态(图中 C 点)。过程中氧的物料平衡式为

$$\frac{\mathrm{d}c_{OL}}{\mathrm{d}t}=K_{L}a(c_{OL}^{*}-c_{OL})-r_{O_2} \tag{27-25}$$

当停止通气后,$K_{L}a(c_{OL}^{*}-c_{OL})=0$,并且溶解氧的下降速率等于氧的消耗速率,故求得的 AB 线的斜率等于摄氧率 r_{O_2}。

式(27-25)可改写为

$$c_{OL}=\left(-\frac{1}{K_{L}a}\right)\left(\frac{\mathrm{d}c_{OL}}{\mathrm{d}t}+r_{O_2}\right)+c_{OL}^{*} \tag{27-26}$$

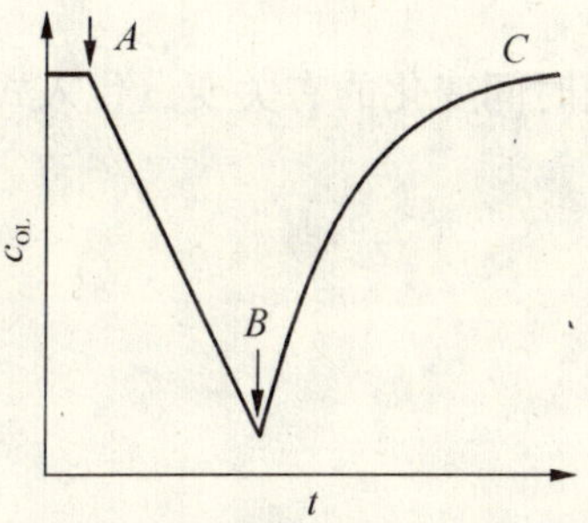

图 27-4 动态法测量时溶解氧浓度随时间的变化

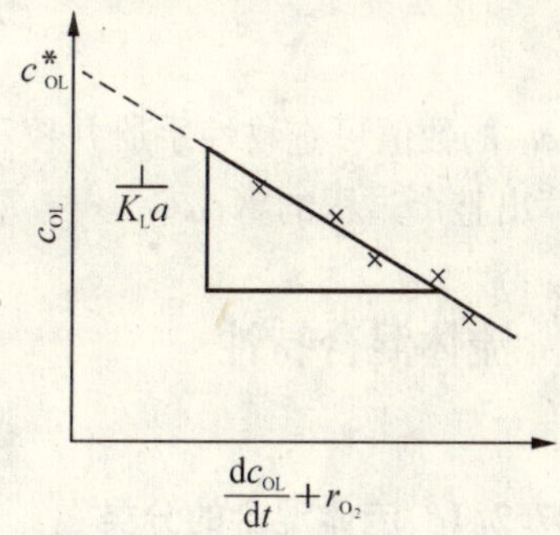

图 27-5 利用动态法求取 $K_{L}a$ 和 c_{OL}^{*}

根据恢复通气后溶解氧变化的曲线,求出一定的溶解氧浓度对应的$\frac{\mathrm{d}c_{OL}}{\mathrm{d}t}$(即曲线的斜率),将 c_{OL} 对$\left(\frac{\mathrm{d}c_{OL}}{\mathrm{d}t}+r_{O_2}\right)$作图可以得一直线,其斜率为$-\frac{1}{K_{L}a}$,在 c_{OL} 轴上的截距为 c_{OL}^{*}(图 27-5)。

对于非培养系统,先用氮气赶去液体中的溶解氧,然后通入空气,记录溶解氧浓度随时间的变化,由于此时的

$$\mathrm{OUR}=0,\ \frac{\mathrm{d}c_{L}}{\mathrm{d}t}=K_{L}a(c^{*}-c_{L}) \tag{27-27}$$

当 $t=0$ 时,$c_{L}=0$,上式积分得

$$\ln\frac{(c^{*}-c_{L})}{c^{*}}=-K_{L}a\cdot t \qquad (27-28)$$

以 $\ln[(c^{*}-c_{L})/c^{*}]$ 对时间 t 作图，可得一斜率为 $(-K_{L}a)$ 的直线。

动态法的优点是只需要用复膜氧电极测定培养液中溶解氧浓度随时间的变化这一个参数，就可简单地求出 $K_{L}a$，缺点是存在电极响应滞后问题。Dang 和 Van leeuwen 用矩分析法消除氧电极滞后的影响，提高了测定结果的准确性。但是，此法在培养过程中为了测定而暂停通气势必影响发酵进程。

(3) 物料衡算法　物料衡算法通过用质谱仪或者顺磁氧分析仪检测反应器进气和排气中的氧含量，根据氧的物料衡算，计算出 $K_{L}a$。

在培养过程中，稳态时，由式(27-25)可求得摄氧率 r_{O_2}，即

$$r_{O_2}=K_{L}a(c_{OL}^{*}-c_{OL}) \qquad (27-29)$$

由稳态过程物料平衡可得

$$\begin{aligned}r_{O_2}&=\frac{1}{V_R}(\text{单位时间进气中氧含量}-\text{单位时间排气中氧含量})\\&=\frac{1}{V_R}V_g\times 60\times\frac{1}{22.4}\times 10^{3}(y_{O,\,in}-y_{O,\,out}) \qquad (27-30)\end{aligned}$$

式中，V_R 为反应器有效体积，L；V_g 为通气速率，L/min；$y_{O,\,in}$、$y_{O,\,out}$ 分别为进气、排气中氧的摩尔分数。

由式(27-30)得出的摄氧率 r_{O_2} 结合式(27-29)，可求出

$$K_{L}a=\frac{r_{O_2}}{c_{OL}^{*}-c_{OL}}(h^{-1}) \qquad (27-31)$$

式中，c_{OL}^{*} 的数值可查物性手册并校正得到，并且将随时间变化的有关变量代入式(27-31)后可计算出整个过程的 $K_{L}a$。

27.2 流体混合特性

27.2.1 流体混合的分类

要进行生物反应，物料之间首先要能够进行接触，并达到充分的混合。无论是在间歇式还是在连续式机械搅拌反应器中，搅拌的目的都是为了把反应器内的物料混合均匀，搅拌是达到混合的一种手段。然而，混合只是一种总称，依考察角度不同，可有多种分类。

如果按混合对象的年龄，可把混合分为下述两种。

(1) 相同年龄物料之间的混合，或者说是具有相同停留时间的物料之间的混合，称为同龄混合。这里所说的物料的年龄就是物料在反应器中已停留的时间。例如，在间歇反应过程中，如果物料是一次性加入的，则在反应进行的任何时刻，所有物料都具有相同的停留时间，此时搅拌引起的混合就是同龄混合。

(2) 不同年龄物料之间的混合，或者说是具有不同停留时间的物料之间的混合，称为返混。在连续式搅拌反应器中，搅拌的结果使反应器中原来的物料与刚进入的物料相混合，这

种不同时刻进入反应器的物料，即不同年龄物料之间的混合称为返混。

如果按混合发生的空间尺度，可以把混合分为下述两种。

(1) 宏观混合　宏观混合是指设备尺度上的混合现象。如在连续操作搅拌反应器中，由于机械搅拌的作用，使反应器内的物料达到设备尺度上的混合。如果搅拌的作用足以使物料达到充分的混合，就会使反应器内的物料在设备尺度上达到均一，这就是全混流状态。相反，如果物料在设备尺度上无任何混合作用，如在平推流反应器中，物料进入反应器后，在流动方向上互不相混，这是另外一种极端的状态，即平推流。因此，全混流和平推流是宏观混合的两种极端的流动状态，它们由停留时间分布来表征。

(2) 微观混合　微观混合是指物料微团尺度上的混合，反映了反应器内物料聚集状态的特性。微观混合的流体特性有两个极端状态，分别称为宏观流体和微观流体。

所谓宏观流体，是指流体中聚集成团块的流体。这些流体粒子间不发生任何物质交换，各个粒子都是孤立、互不相干的，它们之间不会产生混合。这种状态又称为完全离析状态。在实际流体中，不聚集的液滴、固体粒子及非常黏稠的液体等均可认为是宏观流体。

所谓微观流体，是指流体中的分子不与邻近的分子附着而独立流动，此时物料粒子之间所发生的混合是在分子尺度上进行的。如果反应器中完全不存在宏观流体，则称此状态为微观混合达到最大，或称最大微观混合。

综上所述，微观混合有两种极端状态，一种是不存在微观混合、完全离析，相应的流体成为宏观流体；另一种是完全不存在离析，达到最大微观混合，相应的流体称为微观流体。介于上述两者之间的称为部分离析或不完全微观混合，两者并存于体系之中。

对于多相体系，固相物料均表现为宏观流体，而气体与液体则根据其接触方式可以是宏观流体，也可以是微观流体。例如在鼓泡式反应器中，气泡在液体中，则气体可视为宏观流体，液体为微观流体；而在喷雾式反应器中，液滴在气体中，则气体为微观流体而液体为宏观流体。

对于单相体系，一般介于宏观流体与微观流体之间，这取决于反应时间 t_r 与流体中邻近微元体相互混合的特性时间 t_m 之比值。当反应速率较慢时，即 $t_r \gg t_m$，则按微观流体处理可以达到较好的近似。当反应速率非常快时，即 $t_r \ll t_m$，则为中间状况，处理比较困难。

需要指出的是，流体的宏观混合特性，即返混现象，在微观流体与宏观流体中均存在。它与表征流体分散均匀尺度的微观混合特性是两个不同的概念。

27.2.2 生物反应器中混合时间的测定

混合时间的测定有多种方法，多数要加入某种示踪剂。示踪剂必须具有与反应器中液体相似的物理性质，比如黏度和相对密度要相同，混合热要小，加入的示踪剂的体积不大。示踪剂不应与培养液发生相互作用，无毒，不会引起相变化，没有消泡、抗泡性质；示踪剂不能很快消失，如挥发至气相或吸附到微生物上；检测器不应干扰测定系统；在小型装置中，电极不应干扰流场；在大型发酵罐上，要装有传感器和取样口。

测定的方法主要有：电导法、热法、pH 法、放射性示踪法、染色或脱色法、流动跟踪法和化学反应法。

27.2.3 微观混合特性的描述

微观混合的定量描述方法可用混合时间 t_m 和混合程度 m 两个参数表示。

对于液相体系，其混合程度定义为

$$m=\frac{c_S-c_{S_0}}{c_{S_\infty}-c_{S_0}} \tag{27-32}$$

式中，c_S 为 t_m 时的浓度；c_{S_0} 为初始浓度；c_{S_∞} 为时间趋于∞时的浓度。

而混合时间 t_m 则为达到一定混合程度 m 时所需要的时间。

从理论上分析，要达到完全混合，时间需要无限长。从实际应用考虑，采用下述方法来解决，如图 27-6 所示。在一循环流中，当 $t=0$ 时，脉冲加入酸性示踪物，同时用 pH 电极测定 pH 的变化，经过每一循环而进行的混合，使 pH 变化曲线逐渐变得平缓，则混合程度可由式(27-33)求出

$$m=\frac{c(\infty)-0.5\Delta c}{c(\infty)}\times 100\% \tag{27-33}$$

图 27-6 中 t_c 为物料每一循环所需时间；t_m 为达到一定混合程度所需要的时间，并且成为混合过程的特征参数之一。

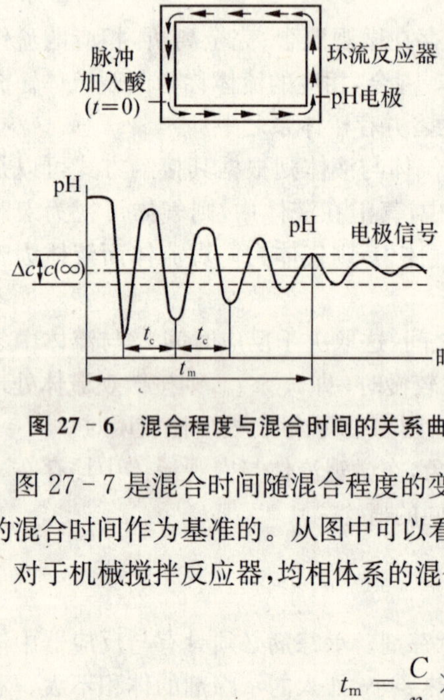

图 27-6 混合程度与混合时间的关系曲线

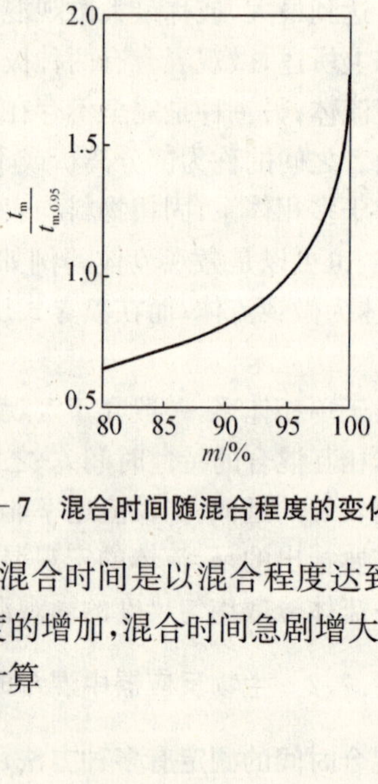

图 27-7 混合时间随混合程度的变化曲线

图 27-7 是混合时间随混合程度的变化曲线。图中的混合时间是以混合程度达到 95% 时的混合时间作为基准的。从图中可以看出，随着混合程度的增加，混合时间急剧增大。

对于机械搅拌反应器，均相体系的混合时间可用下式计算

$$t_m=\frac{C}{n}\times\frac{\left(\frac{D}{d}\right)^3\left(\frac{H_L}{D}\right)}{\left[N_P\left(\frac{H_S}{d}\right)^2\right]^{0.33}} \tag{27-34}$$

式中，N_P 为功率特征数；H_S 为桨叶高度；C 为参数。

当 $Re>10\,000$ 时，对于均相体系，试验测定关系式表示为

$$t_m=\frac{3\times\left(\frac{D}{d}\right)^3}{nN_P^{0.33}} \tag{27-35}$$

对于气-液两相体系，液体混合时间可由下式求出

$$t_m = \frac{6}{n} \times \frac{\left(\frac{D}{d}\right)^3}{nN_P^{0.33}} \quad (Re > 10\,000) \tag{27-36}$$

对于气升式反应器，计算比较复杂。先求出液体循环速度后，确定 t_c 值，混合程度达到95%时的混合时间为

$$t_m = (4 \sim 7)t_c \tag{27-37}$$

27.2.4　微观混合对反应结果的影响

前面已讨论了实际反应器的物料混合现象按尺寸大小可分为宏观混合与微观混合，宏观混合是指设备尺度上的混合现象；微观混合是指物料微团尺度上的混合。不同的返混程度与不同的微观混合状态的反应结果不同。本部分只讨论在不同返混情况下，微团尺度上完全不混（宏观流体）与微团尺度上不完全混合（或称部分离析）物料系统的反应结果。

对于宏观流体，由于流体粒子之间不存在任何形式的物质交换，流体粒子就像一个有边界的个体，从反应器的进口向出口运动，也就像一个小间歇反应器一样进行反应，其反应程度取决于该粒子在反应器内的停留时间。

假定进口流体中底物浓度为 c_{S_0}，当反应时间为 t 时，其浓度为 $c_S(t)$。根据停留时间分布可知，停留时间在 $t+dt$ 间的流体粒子所占的分数为 $E(t)dt$，则该部分流体对反应器出口流体中底物浓度 c_S 的贡献应为 $c_S(t)E(t)dt$，将所有这些粒子的贡献相加，即得到反应器出口处底物的平均浓度 $\overline{c}_S$，即

$$\overline{c}_S = \int_0^{\infty} c_S(t)E(t)dt \tag{27-38}$$

这是由于不同停留时间流体粒子的出口 $c_S(t)$ 值是不同的，而反应器出口值实质上是一平均值。式中 $c_S(t)$ 是底物浓度随时间 t 变化的关系式，即为动力学方程式，也就是底物在间歇操作的反应器内所表现的动力学行为。因此，只要知道反应的动力学方程及其停留时间分布，便可预测反应的结果；这也是一种描述非理想流动的模型，可称之为凝析流模型，又称为停留时间分布模型。若以转化率表示，可写为

$$\overline{X}_S = \int_0^{\infty} X_S(t)E(t)dt \tag{27-39}$$

对一连续操作的反应器，总是包括流动过程和反应过程。若两者都符合线性关系，则整个系统亦为线性系统。若有一个为非线性的，则整个系统也为非线性的。对于线性系统，它的总结果可以通过分别研究个别过程，然后进行某种叠加而得。而非线性系统则不具叠加性。

对一级反应，若反应过程总物料无体积变化，其积分式可表示为

$$\frac{c_S}{c_{S_0}} = e^{-kt} \tag{27-40}$$

式(27-40)中，当 c_{S_0} 增加时，c_S 亦增加，c_{S_0} 与 c_S 呈线性关系，其流动过程也为线性相关，因此两者可以叠加。反应器出口平均浓度可由停留时间分布密度的积分平均值表示，即

$$\frac{\overline{c}_S}{c_{S_0}} = \int_0^{\infty} \frac{c_S}{c_{S_0}} E(t) \mathrm{d}t \tag{27-41}$$

将式(27－40)代入式(27－41)，可得

$$\frac{\overline{c}_S}{c_{S_0}} = \int_0^{\infty} \mathrm{e}^{-kt} E(t) \mathrm{d}t \tag{27-42}$$

或

$$\frac{\overline{c}_S}{c_{S_0}} = \sum_0^{\infty} \mathrm{e}^{-kt} E(t) \Delta t \tag{27-43}$$

对于非线性反应，即反应级数不为 1 的反应，反应的结果不但与动力学和停留时间有关，还与微观混合的程度有关，一般不可将反应和流动进行简单的叠加，不能直接用式(27－42)计算。

对于宏观流体，由于不同浓度的物料之间不存在微元间的混合、凝聚和扩散，故它们在反应器中以各自的停留时间进行反应，出口的总反应速率为各部分流体反应速率的平均值。

假定物料中两微元的底物浓度分别为 c_{S_1} 和 c_{S_2}，动力学符合 M－M 方程，则宏观流体的总反应速率 r_G 可表示为

$$r_G = \frac{1}{2}\left(\frac{r_{\max} c_{S_1}}{K_m + c_{S_1}} + \frac{r_{\max} c_{S_2}}{K_m + c_{S_2}}\right) \tag{27-44}$$

若为微观流体，各不同浓度的微元则达到完全混合，c_{S_1} 和 c_{S_2} 混合后变为 $(c_{S_1}+c_{S_2})/2$，则其总反应速率 r_M 为

$$r_M = \frac{r_{\max}(c_{S_1} + c_{S_2})}{2K_m + c_{S_1} + c_{S_2}} \tag{27-45}$$

显然上述两个速率是不相同的，其原因是微观混合产生了影响。

为了简单说明，用 n 表示反应级数，对于相同的停留时间分布，反应速率之比等于反应转化率之比，即

$$\frac{X_M}{X_G} = \frac{r_M}{r_G} = \frac{[(c_{S_1} + c_{S_2})/2]^n}{(c_{S_1}^n + c_{S_2}^n)/2} \tag{27-46}$$

式中，X_M，X_G 分别为反应速率 r_M，r_G 对应的转化率。

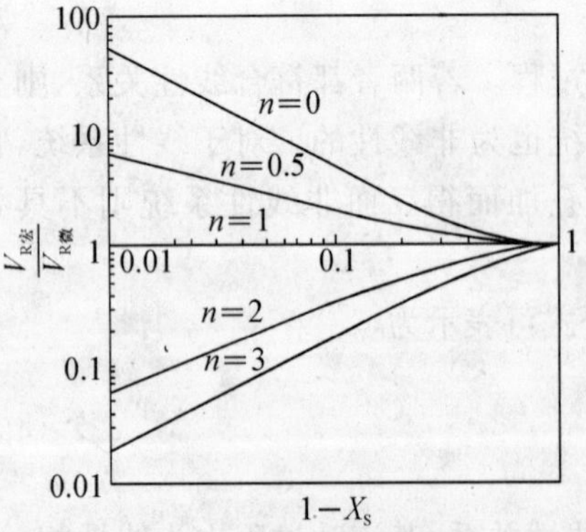

图 27－8 全混流反应器中微观混合程度的影响

对于不同的 n 值，计算式(27－46)，可得

$n=1$ 时，$X_M = X_G$；

$n<1$ 时，$X_M > X_G$；

$n>1$ 时，$X_M < X_G$

由此可见，对一级反应，转化率与微观混合无关；对 $n<1$ 的反应，微观混合有利于反应过程；对 $n>1$ 的反应，采用宏观混合的反应器有利。均相酶反应的级数一般为 0～1，显然采用微观混合的反应器有利。图 27－8 表示了在全混流反应器中微观混合程度的影响。

从上述讨论可知：

① 只有在返混存在的情况下，微观混合才会对反

应结果产生影响。

② 对一级反应，微观混合对反应速率无影响；对 $n>1$ 的反应，微观混合对反应速率不利；反之，对级数小于一级的反应则有利；而且反应级数偏离一级愈远，其影响愈大。

③ 反应转化率愈高，它的影响程度愈大。

（范代娣、马晓轩）

参考文献

[1] Henzler H J, Obernosterer G M. Effect of mixing behavior on gas-liquid mass transfer in highly viscous stirred non-Newtonian liquids. Chem Eng Technol, 1991, 14: 1 - 10.

[2] Mayr B, Horvat P, Moser A. Engineering approach to mixing quantification in bioreactor. Bioprocess Eng, 1992, 8: 137 - 143.

[3] Fowler J D, Dunlop E H. Effects of reactant heterogeneity and mixing on catabolite repression in cultures of *Saccharomyces cerevisiae*. Biotechnol Bioeng, 1989, 33: 1039 - 1046.

[4] 范代娣. 细胞培养与蛋白质工程. 北京：化学工业出版社，2000：126 - 183.

[5] 俞俊棠，唐孝宣. 生物工艺学（下册）. 上海：华东化工学院出版社，1992：34 - 59.

[6] 戚以政，夏杰. 生物反应工程. 北京：化学工业出版社，2004：221 - 223.

[7] 张元兴，许学书. 生物反应器工程. 上海：华东理工大学出版社，2001：138 - 144.

28 培养液的流变特性

流变特性是指流体混合时的流动特性，它的变化将直接影响流体的混合状态及其传质和传热的速率，从而影响微生物反应的周期和产出，影响传感器的响应时间和可靠性，同时也使产物的分离纯化更加困难。

通常，接种前培养基的流变学性质类似于水，随着发酵过程的进行，培养液变为由液相和固相(细胞以及不溶性的培养基组分)构成的多相系统，在通气培养时还有气相存在。细菌或酵母菌的培养液，一般来说黏度较小，流动性好，进行深层培养时动量、热量和质量的传递较容易，培养液的流体力学性质变化不大。而采用高密度培养技术得到的高浓度细胞培养液，则会因为黏度大大增加而使动量、热量和质量的传递变得困难。多种抗生素以及一些酶、有机酸等发酵产品是利用丝状菌生产的，特别是在采用丰富培养基时，培养液中大量的菌丝体或菌团以及尚未被利用的不溶性的培养基成分，使培养液十分稠厚，呈现非牛顿流动特性。另外，在采用细菌生产微生物多糖时，由于微生物分泌的高分子物质的存在，培养液成为非常黏稠的非牛顿流体。这些黏稠的非牛顿流体流动性差，进行好气沉没培养时极易发生因混合不充分，气、液及固相间的质量传递和热量传递不良而影响目的产物生产的现象。

一般以描述流体剪切力与速度梯度关系的模型来表示流体的流变特性。

28.1 牛顿型流体与非牛顿型流体

在一般情况下，流体流动时，相邻的具有不同速度的流体单元互相施加剪切力。对此过程可用图 28-1 所示的理想实验进行说明。在层流状态下，两块相互靠近的平板之间充满流体，其中下板固定不动，在上板施加一作用力 F，使上板以一定的速度 u 运动。与上板接触的流体层以相同的速度随上板一起运动，与下板接触的流体则保持静止，中间各层因流体的内摩擦而产生速度梯度。

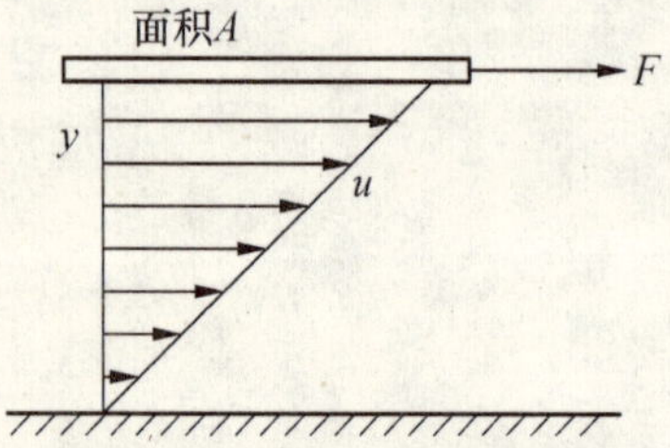

图 28-1　在切向力作用下平板内流体的速度分布

若定义单位流体面积上的剪切力(F/A)为剪切力 τ，同时定义速度梯度为 $\mathrm{d}u/\mathrm{d}y$，则流体的流动特性可根据剪切力 τ 与剪切速度梯度 $\mathrm{d}u/\mathrm{d}y$ 之间的关系加以区分，一般有如下几种类型。

(1) 牛顿型流体　速度梯度与剪切力服从正比关系的流体称为牛顿型流体，其流动特性符合下述关系式，即

$$\tau = \mu \frac{\mathrm{d}u}{\mathrm{d}y} = u\dot{\gamma} \qquad (28-1)$$

式中，τ 为流体剪切力，N/m^2 或 Pa；μ 为流体的黏度，Pa·s；$\mathrm{d}u/\mathrm{d}y$ 为速度梯度，s^{-1}；$\dot{\gamma}$为切变

率，s^{-1}。

将剪切力 τ 对切变率进行标绘，得到一条通过原点的直线，其斜率为黏度，如图 28－2 的曲线 1 所示。

式(28－1)也称牛顿黏性定律。流变特性符合此定律的流体称为牛顿型流体，例如气体、小分子的液体等。不服从牛顿黏性定律的流体为非牛顿型流体，其剪切力与切变率的比值不是常数，而是随切变率在变化，因而没有确定的黏度值。

以下几种均为非牛顿型流体。

(2) 宾汉(Bingham)塑性流体　它的流动特性可用下式表示，即

$$\tau = \tau_0 + \eta \dot{\gamma} \tag{28-2}$$

式中，τ_0 为屈服应力，N/m^2；η 为刚度系数，Pa·s。

其特点是，当剪切力 τ 小于屈服应力 τ_0 时，流体不发生流动；只有当剪切力超过屈服应力 τ_0 时，流体才发生流动。它的流动曲线是不通过原点的直线，见图 28－2 的曲线 2，纵轴上的截距是屈服应力 τ_0。属于宾汉塑性流体的有黑曲霉、灰色链霉菌等丝状菌的反应液等。

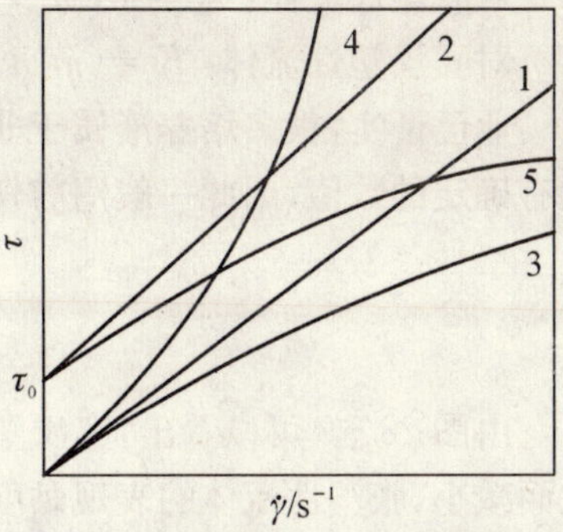

图 28－2　牛顿型流体与非牛顿型流体剪切力与切变率的关系

1—牛顿型流体；2—宾汉塑性流体；3—拟塑性流体；4—胀塑性流体；5—凯松流体

(3) 拟塑性(Pseudoplastic)流体　它的流动特性可用下式表示，即

$$\tau = K \dot{\gamma}^n \quad (0 < n < 1) \tag{28-3}$$

式中，K 为稠度系数；n 为流动特性指数。

它的特点是 K 越大，流体就越稠厚；n 越小，流体的非牛顿特性越明显。拟塑性流体的流动曲线见图 28－2 的曲线 3。属于拟塑性流体的有丝状真菌(如青霉菌、曲霉菌、链霉菌)和生产多糖的细胞反应液等。

(4) 胀塑性(Dilatant)流体　其流动模型也具有指数规律，即

$$\tau = K \dot{\gamma}^n \quad (n > 1) \tag{28-4}$$

它的流动特性指数 n 大于 1。n 的数值越大，流体的非牛顿特性就越明显，见图 28－2 的曲线 4。属于胀塑性流体的有链霉菌、四环素和庆大霉素的前期发酵液，细胞浓度很低的酵母悬浮液等。

(5) 凯松(Casson)流体　其流体模型为

$$\sqrt{\tau} = \sqrt{\tau_0} + K_c \sqrt{\dot{\gamma}} \tag{28-5}$$

式中，τ_0 为屈服应力，N/m^2；K_c 为凯松黏度，$Pa^{1/2} \cdot s^{1/2}$。

其流变特性如图 28－2 的曲线 5 所示。具有凯松流体特性的有产黄青霉发酵液、血清和含红细胞聚集体的培养液等。一般它们的表观黏度随剪切力的增加而降低。

综合上述各种流变模型，对流体的流变特性可用一个总表达式表示，即

$$\tau = \tau_0 + K \dot{\gamma}^n \tag{28-6}$$

此方程称为幂定律方程。

对牛顿型流体：$\tau_0 = 0$，$n = 1$，$K = \mu$；

对拟塑性流体：$\tau_0 = 0$，$0 < n < 1$；

对胀塑性流体：$\tau_0 = 0$，$n > 1$；

对宾汉塑性流体：$K = \eta$，$n = 1$

业已证实，很多培养液属于非牛顿型流体。由上述分析可见，对于这种流体，它们的黏度没有确定的数值，因此一般用剪切力与切变率的比值来表示其流动性质，称为表观黏度，即

$$\mu_a = \frac{\tau}{\dot{\gamma}} \tag{28-7}$$

由图 28-2 可以看出，宾汉塑性流体、拟塑性流体和凯松流体的表观黏度随切变率的增大而减小，胀塑性流体的表观黏度则随切变率的增大而增大。

28.2　影响流变特性的因素

在培养过程中随着细胞浓度和形态的变化，以及培养液里底物的消耗和代谢产物的积累，培养液的流动性质和类型会发生明显的变化，表现出时变性。图 28-3 是泡盛曲霉（*Aspergillus awamori*）培养液的稠度系数 K 和流动特性指数 n 随发酵时间变化的情况。

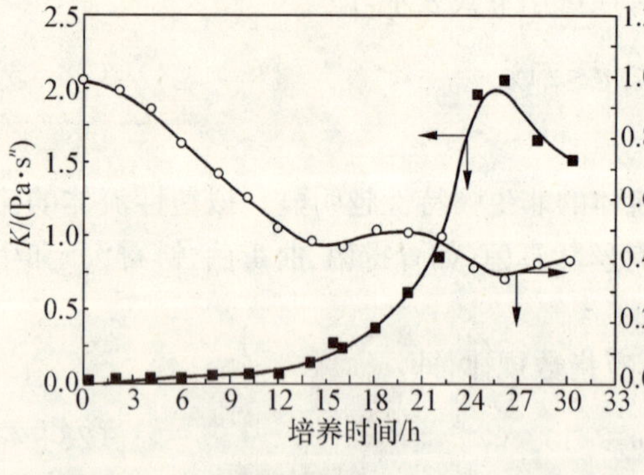

图 28-3　泡盛曲霉培养液的稠度系数 *K* 和流动特性指数 *n* 随培养时间的变化

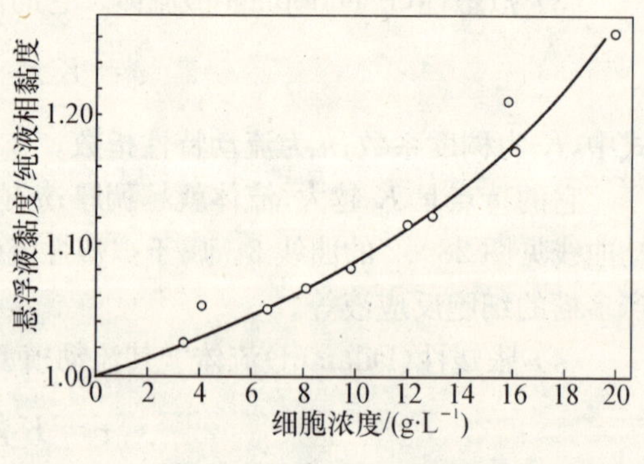

图 28-4　多形汉逊酵母悬浮液黏度与纯液相黏度之比同细胞浓度的关系

培养液的组成十分复杂，其中水所占的比例最大。除了溶解于水的各种营养成分及细胞的代谢产物外，还有大量的细胞及培养基中存在的不溶性固相物等物质。一般在培养液中液相部分黏度较小，但是随着细胞浓度的增加，培养液的黏度也相应增大。图 28-4 是多形汉逊酵母培养液的黏度与液相黏度之比同培养液中细胞浓度的关系。

影响培养液流变学性质的因素主要有以下几个方面。

(1) 细胞浓度　当培养介质中的细胞浓度较低、细胞的形态为球形和含有小颗粒悬浮物时，培养液通常为牛顿型流体，酵母和细菌培养液具有这种特性，其黏度可根据 Einstein 公式计算，即

$$\mu_a = \mu_L(1 + 2.5\phi) \tag{28-8}$$

式中，μ_a 为培养液或悬浮液的表观黏度，Pa·s；μ_L 为培养液中纯液相的黏度，Pa·s；ϕ 为细胞

或颗粒的体积分数。

当细胞浓度很高时，如体积分数大于40%时，上述线性关系不再成立。Vand提出以下关系式，即

$$\mu_a = \mu_L(1 + 2.5\phi + 7.25\phi^2) \tag{28-9}$$

还有很多其他经验关联式。例如，当培养液黏度与细胞浓度的关系明确时，可以通过测定培养液的黏度来确定细胞浓度。

(2) 细胞形态　细胞的形态对培养液的流动特性也有很大的影响。细菌和酵母菌等球状、杆状及小颗粒状细胞的培养液通常呈牛顿型流体，而霉菌、放线菌等菌丝体培养液一般呈非牛顿型流体。

(3) 细胞代谢产物　影响培养液流变特性的另一因素为胞外产物。对于一些高分子化合物(如羧甲基纤维素、聚丙烯酸钠)及多糖发酵体系，例如对野油菜黄单孢菌培养液，拟塑性主要是由黄单孢菌分泌的胞外多糖黄原胶引起的，而细胞的存在则对培养液流变特性的影响很小，此时决定培养液流变特性的主要因素是多糖的浓度。随着多糖浓度的增加，培养液的表观黏度大大增加。

(4) 工艺参数　温度、pH、搅拌转速等发酵工艺参数都对培养液流变学性质有较大影响。一般情况下，在合适的范围内，随着温度的上升、pH的下降，发酵液的表观黏度有所下降。

搅拌转速直接影响流体所受到的剪切力。对具有拟塑性的丝状真菌悬浮液，当切变率较小时，由于菌丝体的互相牵制，因而表观黏度较高；随着切变率的增大，菌丝体被拉直，甚至发生断裂，导致其表观黏度下降(图28-5)。

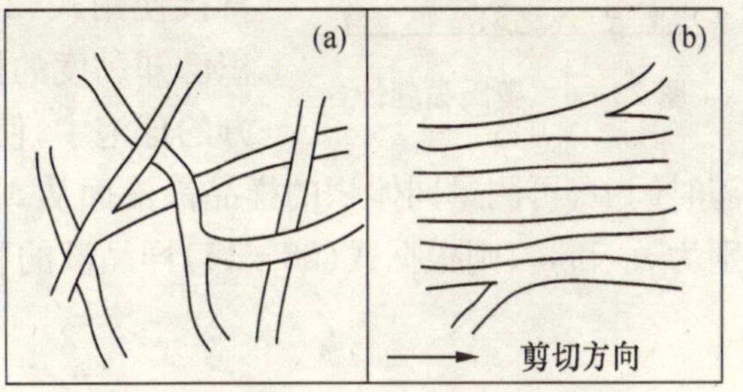

图28-5　切变率对表观黏度的影响

(a)低切变率时菌丝互相缠绕；
(b)高切变率下菌丝被拉直

例如，被认为属于凯松流体的青霉素培养液，它的屈服应力和凯松黏度与青霉素的浓度和形态有关，可表示为

$$\tau_0 \propto c_X^{2.5} L_e^{0.8} \tag{28-10}$$

$$K_c \propto c_X L_h^{0.6} \tag{28-11}$$

式中，c_X为细胞浓度；L_e为主干菌丝长度与其直径之比；L_h为菌丝总长度与菌丝生长端总数之比。

28.3 培养液流变特性的监测

发酵液的流变特性直接影响生物反应器的整体混合行为。随着发酵过程的进行，培养液的流体力学性质会发生变化，对其进行有效监测，可改善工艺参数，进而缩短反应周期，提高产出。对培养液流变学性质进行测定的方法有以下几种。

(1) 毛细管黏度计法　当牛顿型流体在毛细管中的流动处于滞流状态时，流体的流量与压力差的关系符合Hagen-Poiseuille方程

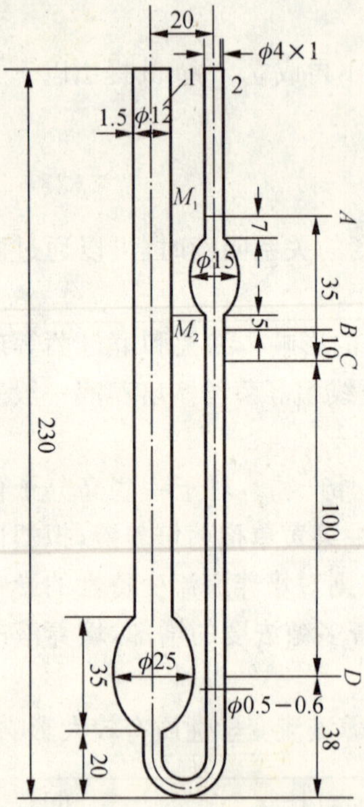

图 28-6 奥氏黏度计

$$Q=\frac{\pi\Delta pR^4}{8\mu L} \tag{28-12}$$

式中，Q 为液体流量，m^3/s；Δp 为压力差，Pa；R 为毛细管内半径，m；L 为毛细管长度，m。

这时液体的剪应力、切变率和黏度分别为

$$\tau=\frac{R\Delta p}{2L} \tag{28-13}$$

$$\dot{\gamma}=\frac{4Q}{\pi R^3} \tag{28-14}$$

$$\mu=\frac{\pi\Delta pR^4}{8QL} \tag{28-15}$$

最简单的毛细管黏度计是奥氏(Ostwald)黏度计(图 28-6)，在毛细管上方有一球形泡，泡的上下 A、B 处刻有标线 M_1 和 M_2。毛细管下部与另一球泡相通，用以储存测定样品。由于液体通过毛细管时，推动力因液面位置变化而变化，所以不能直接使用式(28-15)来求出黏度值。在黏度计中加入一定体积已知黏度的标准液(如水)，用吸球将此标准液吸入毛细管上方的球泡中，使其液面超过标线 M_1，测定液体从 M_1 降到 M_2 所需时间 t_1，再测量同体积的样品液液面从 M_1 降到 M_2 所需时间 t_2，若标准液的黏度和密度分别为 μ_1 和 ρ_1，则根据式(28-15)样品液的黏度 μ_2 和密度 ρ_2 为

$$\mu_2=\mu_1\frac{\rho_2 t_2}{\rho_1 t_1} \tag{28-16}$$

液体的黏度随温度变化很大，所以在测定时要使液体温度保持恒定。对于非牛顿型流体，式(28-14)不能适用，这时其切变率为

$$\dot{\gamma}=\frac{Q}{\pi R^3}\left(3+\frac{\mathrm{dlg}\,Q/\pi R^3}{\mathrm{dlg}\,\Delta pR/2L}\right) \tag{28-17}$$

(2) 同心圆筒黏度计法　这种黏度计由一组同心圆组成，外筒为杯，内筒为棒，被测液体装于杯和棒之间的环隙中(图 28-7)。外筒以角速度 ω 旋转时，测定内筒受到的扭矩 M。对于牛顿型流体，内筒壁处的剪应力和切变率分别为

$$\tau=\frac{M}{2\pi R_i^2 H} \tag{28-18}$$

$$\dot{\gamma}=\frac{2\omega}{1-(R_i/R_o)^2} \tag{28-19}$$

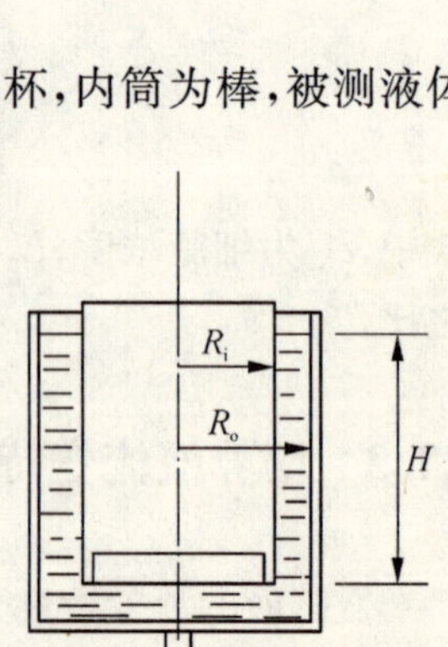

图 28-7 同心圆筒黏度计示意图

式中，M 为扭矩，J；ω 为角速度，s^{-1}；R_i 为内筒外半径，m；R_o 为外筒内半径，m；H 为内筒浸没深度，m。

对于非牛顿型流体，要测定不同角度下的扭矩，但式(28-19)不

能适用。这时，内筒壁处的液体切变率为

$$\dot{\gamma}=\tau\phi_s\left[1+k_1\frac{\mathrm{dlg}\,\phi_s}{\mathrm{dlg}\,\tau}+k_2\left(\frac{\mathrm{dlg}\,\phi_s}{\mathrm{dlg}\,\tau}\right)^2\right] \tag{28-20}$$

其中

$$\phi_s=\frac{4\pi R_i^2R_o^2}{M(R_o^2-R_i^2)} \tag{28-21}$$

$$k_1=\frac{1}{2}\left(1-\frac{R_i^2}{R_o^2}\right)\left(1+\frac{2}{3}\ln\frac{R_o}{R_i}\right) \tag{28-22}$$

$$k_2=\frac{1}{6}\left(1-\frac{R_i^2}{R_o^2}\right)\ln\frac{R_o}{R_i} \tag{28-23}$$

(3) B 型黏度计法　B 型(Brookfield)黏度计的外形见图 28-8，它的测定原理与同心圆筒黏度计相似，但是杯不动，棒旋转，杯的直径比转子直径大很多。这种黏度计一般有 4～7 种转速，并配有多种不同形状的转子供选用。测定时，把转子与黏度计相接，使它在被测液体中浸入规定的深度，以一定速度旋转，扭矩在刻度盘上指示出来。如果使用棒状转子，并且拆去保护支架，这时很接近同心圆筒黏度计 $R_o/R_i=\infty$ 的情况。对于牛顿型流体，剪应力和切变率分别为

$$\tau=\frac{M}{2\pi HR^2} \tag{28-24}$$

$$\dot{\gamma}=2\omega \tag{28-25}$$

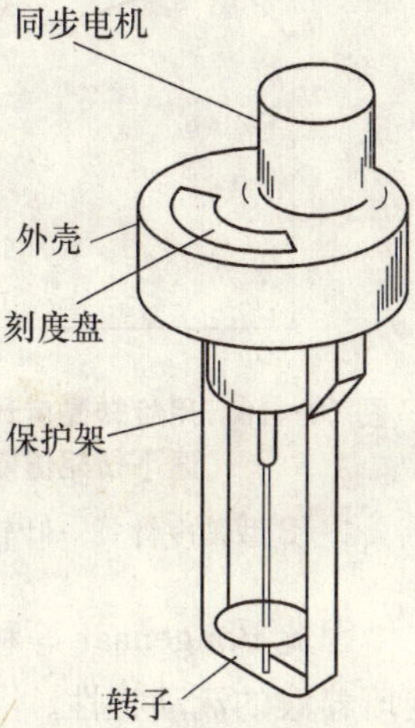

图 28-8　B 型黏度计

式中，R 为转子半径。在非牛顿型流体中，切变率则为

$$\dot{\gamma}=2\frac{\mathrm{d}\omega}{\mathrm{dln}\,\tau} \tag{28-26}$$

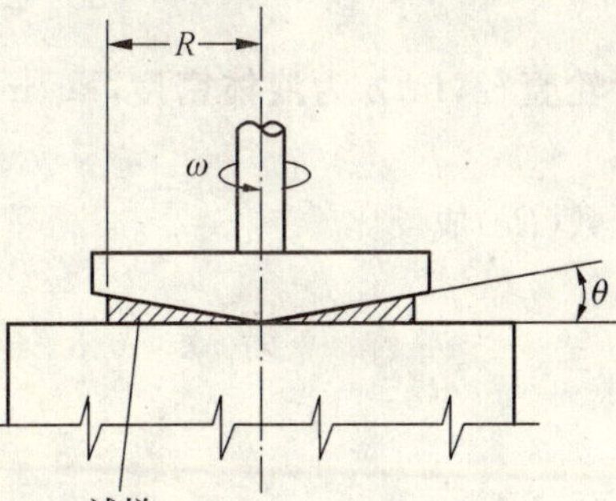

图 28-9　锥板式黏度计原理图

(4) 锥板式黏度计法　锥板式黏度计由一对圆锥和平板组成，试样充于锥、板之间的空隙(图 28-9)。当圆锥以角速度 ω 旋转时，根据平板部分受到的扭矩 M 可以求出剪切力。一般圆锥母线与平板的夹角 θ 小于 3°。液体中的切变率相同，为

$$\dot{\gamma}=\omega/\theta \tag{28-27}$$

其中 θ 的单位是弧度。平板受到的剪应力为

$$\tau=\frac{3M}{2\pi R^3} \tag{28-28}$$

因此用锥板式黏度计很容易求出非牛顿型流体的流动曲线，不需进行繁复的计算。与前两种旋转式黏度计相比，锥板式黏度计需要样品的量少。锥板式黏度计广泛被用来研究非牛顿型流体的流动特性，但很少用来测定培养液的流变特性。

(5) 叶轮黏度计法　前面介绍的几种黏度计均适用于澄清液体流变特性的测定，当液体中含有丝状或成团块的细胞或细胞团时，它们就不太适用。这是因为：①细胞或颗粒的大小

往往与毛细管内径或旋转黏度计的缝隙相近，因而影响测定结果，测定中也可导致颗粒的破坏而使液体的流动特性改变；②在测定中易发生液相与固相的分离，在毛细管壁或旋转黏度计的杯棒或锥板表面生成一层清液层，影响测定结果；③测定中因颗粒沉降或颗粒间的相互作用发生固相不均匀分布的现象。

以上原因使培养液流动特性的测量发生困难。例如，用B型黏度计测定一定转速下的扭矩时，扭矩的读数值往往会随时间逐渐下降，因而无法确定在此转速下的扭矩值(图28－10)。

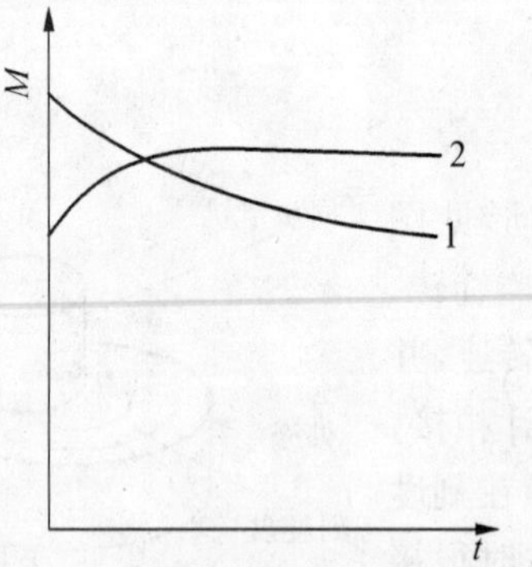

图28－10 用旋转黏度计测定一定转速下扭矩值随时间的变化

1—B型黏度计；2—叶轮式黏度计

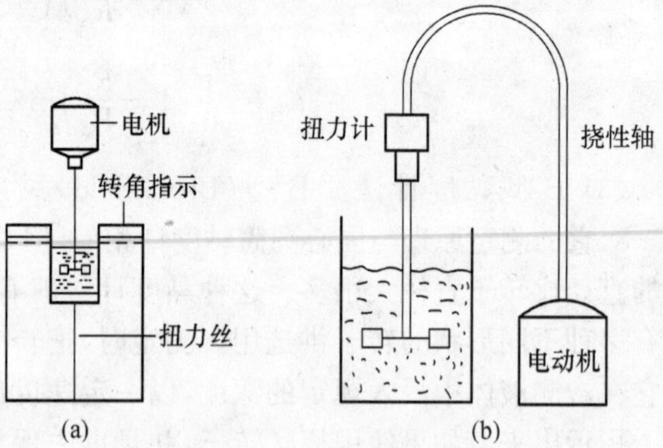

图28－11 叶轮式黏度计示意图

因此Bongenaar等和Roels等建议通过测定搅拌叶轮的功率消耗与搅拌转速的关系来确定培养液的流动特性。图28－11是测定装置的示意图，其中图28－11(a)是一个装满水的容器，水面浮有一个装有被测液体的小杯，杯底用一根金属丝拉紧。当杯中搅拌器以不同转速旋转时，小杯就会偏转不同角度。图28－11(b)则直接测量搅拌器的搅拌功率。

当搅拌叶轮在液体中转动时，搅拌功率

$$P = N_P N^3 D^5 \rho \tag{28-29}$$

式中，P为搅拌功率，W；N为搅拌转速，s^{-1}；D为搅拌叶轮直径，m；ρ为液体密度，kg/m^3；N_P为功率准数。

液体处于滞流状态($Re < 10$)时，功率准数与雷诺准数(Re)成反比

$$N_P = \frac{c}{Re} = \frac{c\mu_a}{ND^2\rho} \tag{28-30}$$

搅拌功率与搅拌轴受到的扭矩有以下关系

$$P = 2\pi NM \tag{28-31}$$

由式(28－29)、式(28－30)和式(28－31)可得

$$M = \frac{c}{2\pi}\mu_a ND^3 \tag{28-32}$$

由于液体的平均切变率与搅拌转速成正比

$$\bar{\gamma} = kN \tag{28-33}$$

合并式(28－31)和式(28－33)得

$$\tau = \mu_a \bar{\dot{\gamma}} = \frac{2\pi kM}{cD^3} \tag{28-34}$$

利用已知黏度的牛顿型流体，测定搅拌转速与扭矩的关系，根据式(28－30)可以确定搅拌叶轮的常数 c 值。再利用已知稠度系数 K 和流动特性指数 n 的拟塑性流体，测定不同转速下的扭矩，根据式(28－34)可以确定叶轮常数 k 的值(这时 $\mu_a = K(kN)^{n-1}$)。这样，利用已知 c，k 的搅拌叶轮，测定在培养液中不同转速下的扭矩，由式(28－33)和式(28－34)可以计算相应的切变率和剪应力，从而判断培养液的流动特性并确定有关参数。除了涡轮式搅拌器，近年来也有用螺旋带式搅拌器来测定发酵液流动特性的报道，其原理与上述方法相似，这里不再重复。

(范代娣、马晓轩)

参考文献

[1] Zhong J J, Seki T, Kinoshita S I, et al. Rheological characteristics of cell suspension of Perilla frutesceens. Biotechnol Bioeng, 1992, 40:1256－1262.

[2] Warren S J, Keshavarz M E, Shamlou P A, et al. Rheologies and morphologies of three actinomycetes in submerged culture. Biotechnol Bioeng, 1995, 45:80－85.

[3] Kim J H, Lebeault J M, Reuss M. Comparative study on rheological properties of mycelial broth in filamentous and pelleted forms. Eur J Appl Microbiol Biotech, 1983, 18:11－16.

[4] Mitard A, Riba J P. Rheological properties of Aspergillus niger pellet suspensions. Appl Microbiol Biotech, 1986, 25:245－249.

[5] 朱守一，陈静，施幽芬. 抗生素发酵液的流变特性. 抗生素，1981，6(4)：24－31.

[6] 俞俊棠，唐孝宣. 生物工艺学(下册). 上海：华东化工学院出版社，1992：64－72.

[7] 戚以政，夏杰. 生物反应工程. 北京：化学工业出版社，2004：126－129.

[8] 张元兴，许学书. 生物反应器工程. 上海：华东理工大学出版社，2001：82－91.

29 生物反应动力学

29.1 微生物生长动力学

单个生物是具体和实际的生命单元，但微生物反应体系的动力学描述易采用群体(population)来表示。这就是说，描述微生物动力学的方法不是指生物分离成为不连续的单个生物，而是指群体的存在。一般地，微生物在一定场所中的存在形式是大量聚集。

一般可将微生物群体变化过程分为生长、繁殖、维持、死亡、溶胞、能动性、形态变化及物理的群体变化等过程。生长是微生物群体吸收周围活性或非活性物料后，产生新的物质或将吸收的一部分物质转化为菌体自身组成成分的过程。群体中新个体生物的产生称为繁殖，对于单细胞微生物而言，繁殖主要是通过无性方式进行，如由一母细胞分裂成为两个子细胞；由一母细胞发育出一子细胞；或者由母细胞产生孢子(有时多于 2 个)等。生长和繁殖是相互关联的，但这种连接有时并不牢固。维持是指与生长和繁殖具有不同目的而消耗群体自身能量的过程，如细菌鞭毛的运动是典型的维持代谢过程。死亡是指将微生物群体置于适宜条件下，它仍无繁殖能力。溶胞是细胞的溶解或部分溶解。能动性是单个生物在空间中的自身推进。因生长引起的运动是没有动力的。许多微生物是不运动的，有一些仅在其生长的特定时期内运动。形态变化是微生物物理结构的重新组合，同时它的活性性质及生长速率发生变化，因此，菌体形态与菌体活性之间具有相关性。由一定细菌的种所形成的孢子和由一定原生动物的种所形成的孢囊是形态变化的实例。物理的群体变化过程包括生物依附在固体表面或其他生物体上，并随其运动而运动。生物的运动是由力场(电力、重力、离心力及黏性等)及其他因素所引起的。微生物反应是上述几种过程的综合表现。

29.1.1 生长速率

微生物生长速率是群体生物量的生产速率。一般地，菌体量是指微生物菌体的干重。深层培养中微生物群体的生长速率常以单位体积、单位时间里生长的菌体量表示。在表面上生长的群体，其生长速率以单位表面积计。

微生物生长中存在细胞大小的分布。由于单细胞的生长速率与细胞的大小直接相关，因此也存在生长速率分布。下面所讨论的微生物群体的生长速率，是指具有这种群体分布的平均值。微生物细胞的生长是其所有成分有秩序的增加。当然，细胞中一定储藏性物质的单纯性增加也是有的，但此时细胞质量的增加并不具有生长的实际意义。根据上述讨论，平衡生长条件下，微生物细胞的生长速率 γ_X 的定义式为

$$\gamma_X = \frac{dX}{dt} = \mu X \qquad (29-1)$$

式中，X 指微生物的浓度，μ 为微生物的比生长速率，其除受细胞自身遗传信息支配外，还受

环境因素等影响。

29.1.2 生长的非结构模型

自20世纪40年代至今，微生物生理学学者和生物化学工程学的工程师提出了许多关于微生物生长动力学的数学模型。这些生长模型根据Tsuchiya理论可分为以下四种：

① 确定论的非结构模型，是一种理想状况，不考虑细胞内部结构，每个细胞之间无差别，细胞群体作为一种溶质；

② 确定论的结构模型，每个细胞之间无差别，细胞内部有多个组分存在；

③ 概率论的非结构模型，不考虑细胞内部结构，每个细胞之间有差别；

④ 概率论的结构模型，细胞内部结构有差别，每个细胞之间也有差别。

一般人们提到的微生物生长动力学模型指的是确定论模型。在确定论模型的基础上，不考虑细胞内部结构的不同，即认为细胞为单一组分时，在这种理想状况下建立的动力学模型称为非结构模型。由于细胞的组成是复杂的，当微生物细胞内部所含的蛋白质、脂肪、碳水化合物、核酸、维生素等的含量随环境条件的变化而变化时，建立的动力学模型称为结构模型。从工程角度看，理想的微生物生长模型应具备下列4个条件：

① 要明确建立模型的目的。使用模型的目的，与其说是对微生物生长增殖的复杂现象有统一、深刻的理解，不如说是为了进行微生物反应器的设计，找到最佳操作条件和确定反应过程的合理管理方法。

② 明确地给出建立模型的假定条件，这样才能明确模型的适用范围。

③ 希望所含有的参数能够通过实验逐个确定。

④ 模型应尽可能简单。

目前，常使用确定论的非结构模型是Monod方程

$$\mu = \frac{\mu_{max}[S]}{K_S + [S]} \qquad (29-2)$$

式中，[S]是某限制性营养物的浓度，μ_{max}为最大比生长速率，K_S为常数，其值等于比生长速率恰为最大比生长速率的一半时的限制性基质浓度。Monod式子呈双曲线形，如图29-1所示。

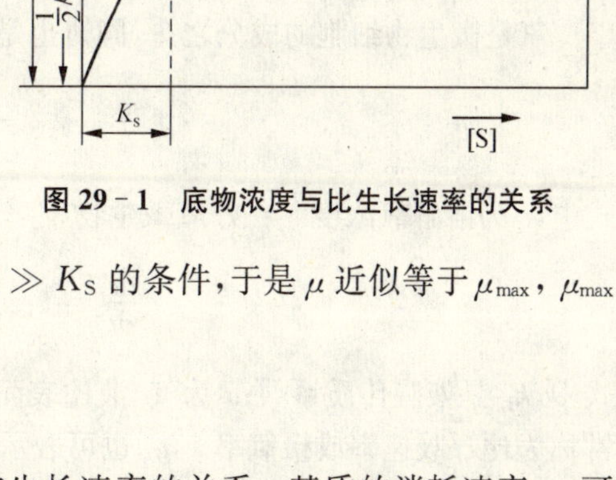

图29-1 底物浓度与比生长速率的关系

Monod模型的假设条件为：①细胞的生长为均衡生长，描述细胞生长的唯一变量是细胞的浓度；②培养基中只有一种基质是生长限制性基质，而其他组分均过量，不影响细胞的生长；③细胞的生长视为简单的单一反应，细胞得率为一常数。K_S值一般很小，故在发酵初期，均能满足$[S] \gg K_S$的条件，于是μ近似等于μ_{max}，μ_{max}为常数，可获得真正的指数生长。

29.1.3 基质消耗动力学

以菌体得率为媒介，可确定基质的消耗速率与生长速率的关系。基质的消耗速率γ_S可表示为

$$-\gamma_S = \frac{d[S]}{dt} = \frac{\gamma_X}{Y_{X/S}} \tag{29-3}$$

基质的比消耗速率指基质的消耗速率除以菌体的量，以 q_S 来表示，即

$$q_S = \frac{\gamma_S}{X} \tag{29-4}$$

根据式(29－1)、式(29－3)和式(29－4)，有

$$-q_S = \frac{\mu}{Y_{X/S}} \tag{29-5}$$

μ 由 Monod 方程表示时，式(29－5)变形为

$$-q_S = \frac{\mu_{max}}{Y_{X/S}} \cdot \frac{[S]}{K_S + [S]} = (-q_{S,\ max}) \frac{[S]}{K_S + [S]} \tag{29-6}$$

当以氮源、无机盐类、维生素等为基质时，由于这些成分只能组成菌体的构成成分，不能成为能源，$Y_{X/S}$近似一定，所以式(29－6)能够成立，但当基质既作为能源又是碳源时，就应考虑维持代谢所消耗的能量。此时

碳源总消耗速率＝用于生长的消耗速率＋用于维持代谢的消耗速率

$$-\gamma_S = \frac{\gamma_S}{Y_G} + mX \tag{29-7}$$

式(29－7)两边同除以 X，则

$$-q_S = \frac{\mu}{Y_G} + m \tag{29-8}$$

式(29－8)作为连接 q_S 和 μ 的关联式，也可看成是含有两个参数的线性模型，q_S 对 μ 的依赖关系可化为

$$-q_S = f(\mu) \tag{29-9}$$

由于 μ 是[S]的函数，因而 q_S 也是[S]的函数。式(29－9)也间接表明了 q_S 对环境的依赖关系。

氧是微生物细胞的成分之一，同时也是一种基质，氧的消耗速率与生长速率有如下关系

$$\gamma_{O_2} = \frac{dc}{dt} = \frac{\gamma_X}{Y_{X/O}} \tag{29-10}$$

式中，c 为溶解氧浓度。在好氧微生物发酵过程中对氧的衡算式为

$$\frac{dc}{dt} = k_L a(c^* - c) - q_{O_2} X \tag{29-11}$$

式中，k_L 是液膜传质系数；a 为气-液比表面积；c^* 为饱和溶解氧浓度；q_{O_2} 为氧的比消耗速率，常称为比呼吸速率或摄氧率。q_{O_2} 也可表示为

$$q_{O_2} = \frac{\mu}{Y_{GO}} + m_O \tag{29-12}$$

式中，Y_{GO}是相对氧的生长得率常数，g/mol(以菌体/O_2计)；m_O 为氧维持常数，h^{-1}。式(29-12)表明了氧的消耗与呼吸链反应生成 ATP 的量成比例关系。当细胞内 ATP 的生成占中心地位时，则

$$(\Delta ATP)_S = Y_{A/O}\Delta[O_2] \tag{29-13}$$

式中，$Y_{A/O}$是消耗氧的 ATP 得率常数，mol/mol(以 ATP/O_2 计)。在 Δt 时间内微生物细胞生成的 ATP 用于维持代谢$(\Delta ATP)_M$ 和生长代谢$(\Delta ATP)_G$，其相关的能量衡算式为

$$(\Delta ATP)_S = (\Delta ATP)_M + (\Delta ATP)_G \tag{29-14}$$

其中

$$(\Delta ATP)_M = m_A X\Delta t \tag{29-15}$$

式中，m_A 是 ATP 的维持常数，mol/(g·h)。

$$(\Delta ATP)_G = \frac{\Delta X}{Y_{ATP}} \tag{29-16}$$

式中，Y_{ATP}为 ATP 生长得率常数，对于能量偶联型生长来讲，其为最大生长得率。将式(29-13)、式(29-15)和式(29-16)代入式(29-14)，整理可得式(29-17)。相对氧消耗的菌体得率 $Y_{X/O}$的定义式为

$$Y_{X/O} = \frac{\Delta X}{\Delta[O_2]} + \frac{\mu}{q_{O_2}} \text{ 或 } Y_{X/O} - \frac{\Delta X}{\Delta[O_2]} = \frac{\mu}{q_{O_2}} \tag{29-17}$$

基于式(29-17)，式(29-12)可变形为

$$\frac{1}{Y_{X/O}} = \frac{m_O}{\mu} + \frac{1}{Y_{GO}} \tag{29-18}$$

29.1.4 代谢产物的生成动力学

利用微生物生产的代谢产物种类很多，并且微生物细胞内的生物合成途径与代谢调节机制各有特色，因此代谢产物的生成动力学很难用统一的式子表达。代谢产物有的分泌于培养液中，也有的保留在细胞内，因此，探讨产物生成速率的数学模型时有必要区分这两种情况。与生长速率和基质消耗速率相同，当以体积为基准时，称为代谢产物的生成速率，记为 γ_P；当以单位质量为基准时，称为产物的比生成速率，记为 q_P，相关式为

$$\gamma_P = \frac{d[P]}{dt} = Y_{P/X}\frac{dX}{dt} = -Y_{P/S}\frac{d[S]}{dt} \tag{29-19}$$

$$q_P = \frac{1}{X}\frac{d[P]}{dt} = Y_{P/X}\,\mu = Y_{P/S}\,q_S \tag{29-20}$$

生物反应器设计中，常用到 γ_P，但是，在底物转化为产物的过程中，微生物作为催化剂使用时，用 q_P 更为合理些。根据产物生成速率与细胞生成速率之间的关系，产物生成动力学模型可分成三种类型(图 29-2)。

(1) 相关模型(图 29-2(a)) 它是指产物生成与细胞生长呈相关的过程，产物是细胞能量代谢的结果。此时产物通常是基质的分解代谢产物，如乙醇、葡萄糖酸等。

(2) 部分相关模型(图 29-2(b)) 反应产物生成与基质消耗仅有间接的关系，产物是能

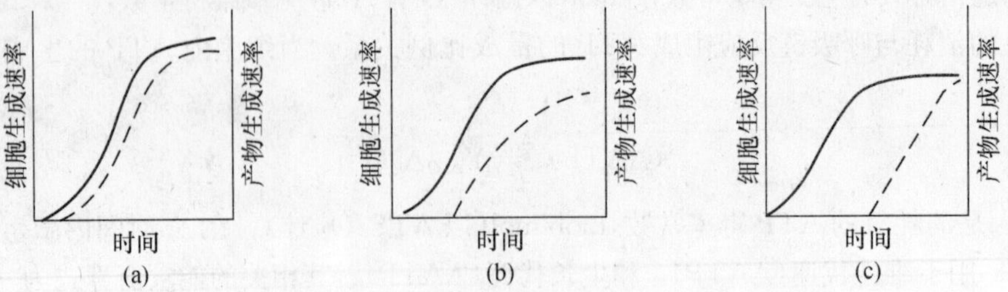

图 29-2 分批培养中菌体繁殖与产物生成的关系

实线表示细胞生成速率曲线;虚线表示产物生成速率曲线

量代谢的间接结果。在细胞生长期内,基本无产物生成。属于这类的有柠檬酸和氨基酸的生产等。

(3) 非相关模型(图 29-2(c)) 产物的生成与细胞的生长无直接关系。在微生物生长阶段,无产物积累;当细胞停止生长,产物却大量生成。属于这类的有青霉素等次级代谢产物的生产。

CO_2 不是目的代谢产物,但是,微生物反应中一般会产生 CO_2。CO_2 的比生成速率常用 q_{CO_2} 表示。由式(29-20)可知,q_P 是 μ 的函数

$$q_P = g(\mu) \tag{29-21}$$

考虑到一般情况,q_P 与 μ 的关系式可写成

$$q_P = A + B\mu \tag{29-22}$$

有时,产物生成动力学模型也可认为是二次方程式,即

$$q_P = A + B\mu + C\mu^2 \tag{29-23}$$

式中,A、B 和 C 为常数。某些酶和氨基酸的生物合成属于这种类型。

29.2 酶促反应动力学

酶促反应动力学是研究酶反应的速度规律,以及影响此速度的各项因素之间关系的一门学科,它是生化工程的基础,在研究酶反应器的设计、操作、性能以及了解产物的数量、质量等诸方面问题时,均缺少不了酶促反应动力学的知识。关于这部分的内容很多酶学书中都有详细的介绍,因此,这里只是概括性地叙述。

29.2.1 单底物酶促反应动力学

最简单的单底物酶促反应通常可用下式表示

$$E + S \rightarrow E + P \tag{29-24}$$

式中,E 为酶,S 为底物,P 为产物。对一般的非酶反应来说,反应的级数是恒定的,它不随反应物的浓度而异。但在酶反应系统中,动力学行为却表现得非常复杂;酶反应的反应级数随着反应的进行发生很大的变化。例如,在底物浓度[S]很低时,反应速度 γ 近似地与[S]成正比,表现为一级反应。如果底物浓度很大,则反应速度逐渐接近恒值,而与底物浓度[S]无关,

呈现为零级反应。

Brown和Henor在1902年首先发现了这一特殊的动力学规律,并提出了酶与底物之间存在一中间配合物的假设。该假设认为:酶与底物先结合成一配合物,然后该配合物又进一步分解成产物和游离酶。1913年Michaelis和Menten根据这一假设,作了大量的研究,积累了足够的实验数据,在此基础上,他们提出了酶促反应动力学的基本原理,并归纳出一个数学式。这就是著名的米氏方程,它是今天酶学研究中最基本,也是最重要的公式之一。

在实际场合下,很多酶反应均存在抑制作用。抑制酶在酶促反应中相当普遍,它是酶催化与非酶催化反应之间一个十分重要的区别。生物体内新陈代谢过程之所以能如此有条不紊地进行,均归功于酶的这一特性,它在生物体内起到了调节、控制代谢速率的作用。

降低酶促反应速率的原因可分为失活作用和抑制作用两类,失活作用是指物理或化学因素部分或全部破坏了酶的三维结构,引起酶的变性,导致酶部分或全部丧失活性。抑制作用是指在酶不变性的条件下,由于活性中心化学性质的改变而引起酶活性的降低或丧失,导致抑制作用产生的物质称为酶抑制剂。酶促反应中,较常见的抑制是底物或产物对酶促反应的抑制。

影响酶促反应动力学的因素很多,除上述抑制剂外,还有pH、温度、流体作用力(剪应力和表面张力)、化学试剂、照射(光、声、离子辐射)。其中以pH和温度的影响最大。

29.2.2 多底物酶促反应动力学

以上讨论了单底物反应生成单一产物的酶促反应,实际进行的酶促反应要复杂得多。一般的酶促反应可看成是

$$A+B+C+\cdots=P+Q+R+\cdots$$

由于式中包含有A、B、C等多种底物和P、Q、R等多种产物,反应动力学方程式很复杂,含有的速率参数也增加了。这里仅就双底物酶促反应生成两种产物的情况进行分析。设计两底物酶促反应动力学模型时会提出这样一个问题,即哪一个底物先与酶结合。两底物同时与酶结合的可能性可以排除,因为这要求在反应混合物中存在三体碰撞。假定两底物中的任何一个都可能先与酶结合,这样可提出两底物反应的分支机制或随机机制。“分支”意味着从底物到产物的路径是交变的,而“随机”意味着哪一个底物先与酶结合是不固定的。

实际上,多底物反应可看成是一组反应。类似这样的反应有多糖类或蛋白质等高分子化合物的酶促水解反应。这些反应中,最初,底物具有一定的聚合度分布,由于水解作用,生成一系列聚合度不同的化合物,此时,底物的种类(以相对分子质量计)甚多。一般地,高分子底物的聚合度越大,酶促反应速率越快。酶的催化水解反应是一个非常复杂的反应体系,关于此方面的研究成果并不多。国内学者采用多层次建模策略,构建了不同拟合精度与适用范围动力学模型的方法,从理论上进行了有益的探索。

29.2.3 酶的失活动力学

酶是一种不稳定的物质,常因温度、pH等因素的影响而产生不可逆的活性下降。一般地,胞外酶较为稳定,而胞内酶在外部环境中容易失活。酶在保存和参与反应时均可能失活。

在使用时酶的失活规律对于酶催化反应过程的设计和控制都是十分重要的。其中酶的热失活或称为热变形是最重要的一种酶失活形式。

29.2.3.1 未反应时酶的热失活动力学

了解未反应时酶的热稳定性关系对酶的保存有重要意义。测定酶在未反应时的热稳定的方法,是在一定条件下,使酶溶液恒温保持一定时间,然后再在最适宜的 pH 和温度下测定残存的酶活力,即残存酶活。在不同温度下反复测定,即可得到图 29-3 中所示的一条曲线。该曲线所表示的酶失活特性,称为酶的热稳定性。若改变酶的保存时间,会得到不同的稳定曲线。如要得到酶在未反应时的失活速率,可将残存的酶活性对其失活时间作图,可得到图 29-4 所示的曲线,该曲线称为失活曲线。这些曲线反映了酶的真正热稳定性。

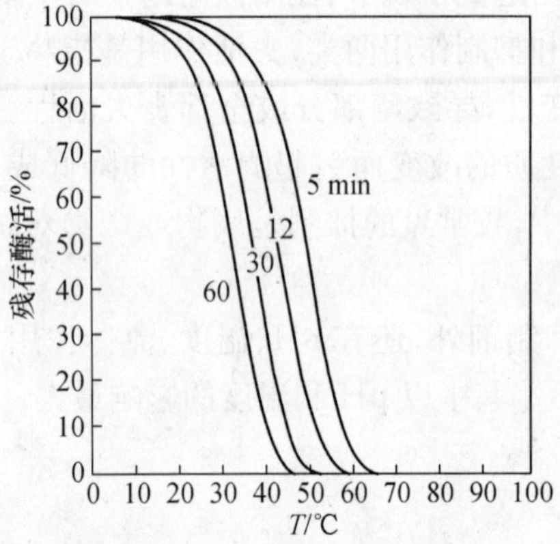

图 29-3 酶的热稳定性(图中数字为恒温失活时间)

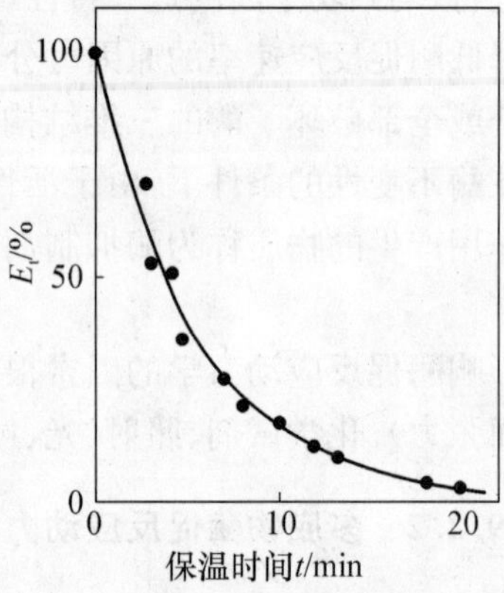

图 29-4 葡萄糖淀粉酶的失活曲线

酶的热变性失活很复杂,一般将其分为可逆失活与不可逆失活。蛋白质的失活活化能约在 125 kJ/mol 以上,比一般化学反应活化能大很多,这说明酶的失活速率受温度变化的影响程度较大。酶的失活速率还与酶的纯度有关,酶溶液越稀,越不稳定。

29.2.3.2 反应时酶的热失活动力学

反应时酶的稳定性将直接关系到酶的使用寿命,因而特别重要。酶在反应中的稳定性称为操作稳定性。在酶催化反应时,由于有底物和产物的存在,酶的稳定性或者得到了加强,或者又有所减弱。对于底物浓度的变化对酶稳定性的影响,可用如下模型表示:

$$\begin{array}{ccccc} E+S & \underset{k_{-1}}{\overset{k_{+1}}{\rightleftharpoons}} & [ES] & \xrightarrow{k_{+2}} & E+P \\ \downarrow k_d & & \downarrow \delta k_d & & \\ D & & D+S & & \end{array} \tag{29-25}$$

29.3 分批发酵动力学

29.3.1 反应速率的定义

如果在一间歇操作的反应器中进行某一细胞反应过程,则可得到细胞浓度(X, c_X)、基质浓度(S, c_S)、代谢产物浓度(P, c_P)、溶氧浓度(c_{O_2})和二氧化碳浓度(c_{CO_2})以及反应热效应

(H_V)等随反应时间的变化曲线，如图 29-5 所示。

从图中可以看出细胞的生长、基质的消耗和产物生成的变化情况，要描述这种变化，这里采用绝对速率和比速率两种方法。

(1) 绝对速率（又简称为速率） 表示为单位时间、单位反应体积某一组分的变化量。对于在图 29-5 中所表示的各种变量，可用下述表达式来表示其速率。

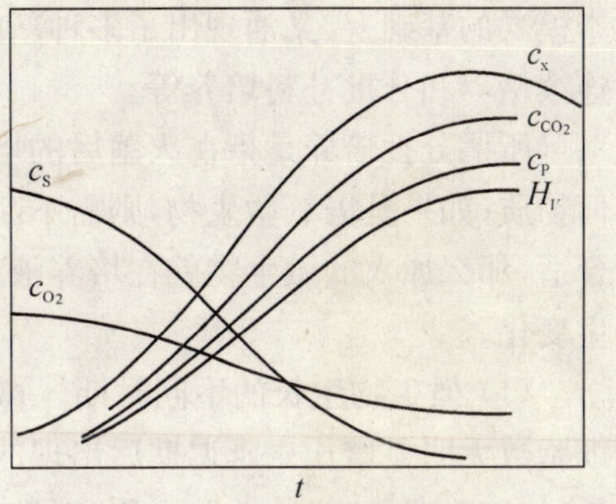

图 29-5 间歇反应过程中的典型浓度-时间曲线

细胞生长速率为：$\gamma_X = \dfrac{dX}{dt}$

X 为细胞的浓度，对于细胞，一般无法用物质的量的浓度表示，而是以质量表示，并且不考虑细胞中的大量水分，常用单位体积培养液中所含细胞（或称菌体）的干燥质量表示。

基质和氧的消耗速率 γ_S，γ_O 为

$$\gamma_S = \frac{-dS}{dt}$$

$$\gamma_O = \frac{-dc_{O_2}}{dt}$$

产物、CO_2 和反应热的生成速率 γ_P、γ_c、γ_{H_V} 为

$$\gamma_P = \frac{dP}{dt},\ \gamma_C = \frac{dc_{CO_2}}{dt},\ \gamma_{H_V} = \frac{dH_V}{dt}$$

这些速率的单位是 g/(L·h)或 kJ/(L·h)，表示在恒温（T 为常数）和恒容（V_R 为常数）的情况下，这些组分的生长、消耗和生成的绝对速率值。

(2) 比速率 该速率是以单位浓度细胞（或单位质量细胞）为基准而表示的各个组分变化速率。

细胞生长比速率：$\mu = \dfrac{1}{X}\dfrac{dX}{dt}$

基质消耗比速率：$q_S = \dfrac{1}{X}\dfrac{dS}{dt}$

氧消耗比速率：$q_O = \dfrac{1}{X}\dfrac{dc_{O_2}}{dt}$

产物生成比速率：$q_P = \dfrac{1}{X}\dfrac{dP}{dt}$

反应热生成比速率：$q_{H_V} = \dfrac{1}{X}\dfrac{dH_V}{dt}$

从上述各式可以看出，比速率与催化活性物质的量有关，因此比速率的大小反映了细胞活力的大小。

29.3.2 生长动力学

发酵的基本模式主要是分批培养和连续培养两种，但随着发酵工业的发展，在这两种基

本模式的基础上，又涌现出了多种新的培养模式，诸如带有细胞循环的连续培养、多罐串联的连续培养和分批补料培养等。

所谓分批培养是指在灭菌后的培养基中接种生产菌株，而不再向培养液中加入或移去任何物质（如果是需氧微生物，则需不断供入氧气）的培养模式，如果培养条件（如温度、pH 等）合适，那么加入的微生物就在培养液中不断地生长和繁殖，培养液中的活细胞数将随时间发生变化。

(1) 微生物生长的不同时期　微生物自接种后，首先出现的是“延迟期”。在该时期内，细胞数无明显增长。延迟期后出现的是细胞的快速生长，细胞数随时间的延续呈指数规律生长，故这时期称“指数期”，也称“对数期”。当然，在封闭的容器内，细胞不可能无限制地繁殖下去，因此，在指数期之后，紧接着就出现稳定期，在此期间，细胞群体达到最大值。最后，细胞数减少，出现“衰亡期”，这时活细胞数的减少也呈指数规律。

在设计发酵过程时，为了提高产量，总希望延迟期尽可能短一些，指数期的生长速率尽可能快一些，以及稳定期的出现尽可能迟一些。那么，如何实现“短一些”、“快一些”和“迟一些”呢？欲达到这些目的，必须了解影响分批培养各时期的诸因素，以及各时期的特点。

(2) 延迟期　当新鲜的培养液接种后，便可观察到延迟期的存在。延迟期的出现，是基于微生物对新环境的适应性造成的，也就是说，当微生物被转移至新的营养介质后，需要有一段时间来适应新的环境，这就形成了延迟期。例如，把处于指数期生长的微生物，从葡萄糖培养液转移至乳糖培养液时，细胞将在一段时间内不发生分裂。因为在这段时间内，细胞为了适应乳糖的代谢途径，需要合成某些必要的酶和辅酶。一旦这些酶和辅酶形成，细胞便又继续开始分裂和繁殖。同样，若改变营养物的浓度，也会出现延迟期。

接种菌的菌龄对延迟期的长短也有重大的影响。一般来说，处于指数生长期的青年菌种，活性大，适应性强，延迟期就短，老年菌种和幼龄菌种延迟期就要长一些。

此外，接种量的多少对延迟期的长短也有影响。当少量接种液转移至大量培养液时，细胞内部的某些维生素和辅酶等生长素，向周围培养液发生过多的扩散，导致严重损失，从而降低细胞的活性并延长延迟期。

通常在设计发酵过程时，要尽可能缩短生产的周期，包括缩短每批培养所耗用的延迟期。欲达此目的，一般应遵循下列规则：

① 接种菌应尽可能是有活力的，换言之，应该用处于指数生长期的青年菌种进行接种；

② 种子培养基和培养条件应尽可能接近生产上使用的发酵液组成和培养条件；

③ 建议采用较大体积量菌种接种，一般接种量是发酵液体积的 5%左右，以避免生长素和激活剂等因扩散而引起过大的损失。

(3) 指数生长期和 Monod 方程　在延迟期结束时，微生物已经调整至能适应新环境的条件，之后，微生物细胞就迅速增殖，并且细胞质量和活细胞数也随着时间而有规律地增加。此时，微生物的增长速率正比于原有的微生物数，故有

$$\frac{\mathrm{d}X}{\mathrm{d}t} = \mu X$$

积分后得

$$\ln \frac{X}{X_0} = \mu t, \quad \ln X = \ln X_0 + \mu t$$

$$X_t = X_0 e^{\mu t} \tag{29-26}$$

式中，X_0 是接种后培养液中的原有菌体浓度(g/L 或个菌体/L)；X_t 是培养时间为 t 时的菌体浓度；t 为培养时间；μ 为比生长速率，表示单位菌体浓度所引起的菌体增长速率，它反映了指数生长期细胞生长的快慢。

此外，当细胞群体增加一倍时，所需要的时间 t_d 为

$$t_d = \frac{\ln 2}{\mu} = \frac{0.693}{\mu} \tag{29-27}$$

t_d 称为细胞的倍增时间或世代时间。表 29-1 列举了某些微生物及培养细胞的世代时间。

表 29-1 某些微生物及培养细胞的世代时间

微生物或细胞	温度/℃	世代时间/min	微生物或细胞	温度/℃	世代时间/min
嗜热脂肪芽孢杆菌	60	8.4	片形螺旋藻	35	120
生氮假单孢菌	30	10	啤酒酵母	30	120～240
大肠杆菌	40	21	球形红极毛杆菌	30	132
枯草杆菌	40	26	绿色木霉	30	300
恶臭假单孢杆菌	30	45	海拉细胞	37	1 800～3 000
黑曲霉	30	120			

在指数生长期，μ 或 t_d 是代表微生物在该时期生长特性的两个重要参数，它们均可反映菌体生长的快慢。一般而言，μ 大或 t_d 小，都表明菌体生长迅速。但实际上，常用 μ 来表示某微生物的生长特性。例如，要提高指数期的生长速率，可考虑从提高 μ 值着手；环境对菌体生长的影响，也可用比生长速率与环境参数的关系来描述。对微生物生长有影响的环境因素有：营养物的浓度、温度、pH、产物(抑制)、溶解氧等。营养物浓度对微生物生长影响的关系式可由 Monod 公式(29-2)代表。表 29-2 和表 29-3 分别给出了若干发酵系统中的 μ_{max} 和 K_S 值。

表 29-2 几种不同微生物的 μ_{max} 值

微生物	培养温度/℃	μ_{max}/h^{-1}	微生物	培养温度/℃	μ_{max}/h^{-1}
细菌	37	0.6～1.0	霉菌	28	0.1～0.3
酵母	30	0.3～0.5			

表 29-3 Monod 公式中的一些 K_S 值

微生物	限制性营养物	$K_S/(mg \cdot L^{-1})$	微生物	限制性营养物	$K_S/(mg \cdot L^{-1})$
产气肠道菌	葡萄糖	1.0	产气肠道菌	氨	0.1
大肠杆菌	葡萄糖	2～4	产气肠道菌	镁	0.6
酿酒酵母	葡萄糖	25	产气肠道菌	硫酸盐	3
假单孢菌	甲醇	0.7			

(4) 稳定期和最大的微生物群体 X_m 当一些重要的因素，诸如营养物含量或有害物质

的浓度等已经达到不能再使生长继续保持最大速率的时候，生长就偏离指数规律而进入稳定期。微生物在指数生长期增长速度相当快，因而营养物的消耗也很迅速，到达某一时刻，系统中明显地出现某关键营养物被耗尽的情况，生长就偏离指数期而进入稳定期。微生物生长进入稳定期的另一个原因就是，在菌体培养过程中有害物质的积累(这些物质一般均是由微生物自身产生的)，微生物也将无法保持原有快速的增长速度而偏离指数生长规律，进入稳定期。如发生营养物抑制，则此时比生长速率与营养物浓度之间的关系将不遵循 Monod 公式，而由下式描述

$$\mu = \mu_{\max} \frac{S}{K_S + S + S^2/K_i} \tag{29-28}$$

式中，K_i 是抑制常数，其余同前。

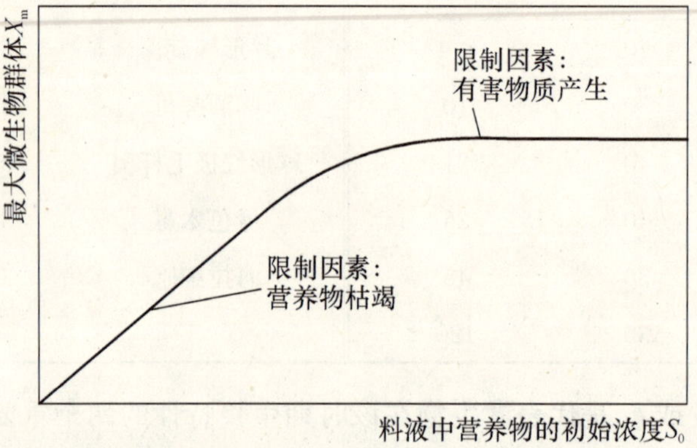

图 29-6 分批培养时，营养物的初始浓度与最大微生物群体之间的关系

在设计发酵过程时，总希望稳定期迟一些出现，指数期晚一点结束，以获得尽可能大的微生物群体。但是，必须根据造成稳定期出现的不同原因，来做出相应的措施。如果是关键营养物的枯竭造成稳定期的出现，那么，提高营养物的初始浓度可以推迟稳定期的出现，此时，所得到的最大微生物群体浓度将与营养物的初始浓度呈线性关系，见图 29-6。但是，如果稳定期的出现是因有害物质的积累所引起，那么提高营养物的初始浓度将无效果，如图中出现的水平线段所示。

(5) 衰亡期　微生物群体实际上并不是一个均一的体系，而是一个多种菌龄菌体的混合物。在某一时刻，群体内有些菌体在生长、壮大，另一些则已经死亡。随着营养物的进一步枯竭以及有害物质的大量积累，菌体死亡数增多，生长、壮大的菌体数减少，于是，整个微生物群体开始进入衰亡期。在微生物培养中，对衰亡期的研究一般较少，这可能是由于大多数分批培养的发酵生产均是在衰亡期开始之前就已经停止操作之故，所以衰亡期的研究对生产价值一般不大。通常，生物群体的死亡，也遵循指数规律衰减，即

$$X = X_m e^{-k_d t} \tag{29-29}$$

式中，X_m 指最大微生物群体浓度；k_d 指微生物的比死亡速率。

29.4 连续培养动力学

分批培养时，细胞浓度、限制性基质浓度和产物浓度随培养时间不断变化。由于营养物

质的耗尽或有害代谢物的积累，生物反应只能在一段有限的时间内进行，而不能维持很长时间。如果在分批培养的某一时刻，向生物反应器中以一定的流量不断加入新培养基，同时以相同流量不断排出培养液，由于不断有新培养基补充细胞的消耗，有害代谢物则不断被稀释排出，生物反应就可以长期进行下去了。这种培养方法就是连续培养。通常连续培养可以达到稳定状态，这时培养液的组成恒定，所以也称为恒化(chemostat)培养。

29.4.1 单级连续培养

单级连续培养是连续培养最简单的方式。假定在生物反应器中能充分混合，新鲜培养基的加入速率与培养液的抽出速率相等并保持恒定，则生物反应器中培养液各组分分布均匀，体积保持恒定。根据图 29-7，作出关于细胞的物料衡算

$$0+\mu XV-FX=V\frac{\mathrm{d}X}{\mathrm{d}t} \tag{29-30}$$

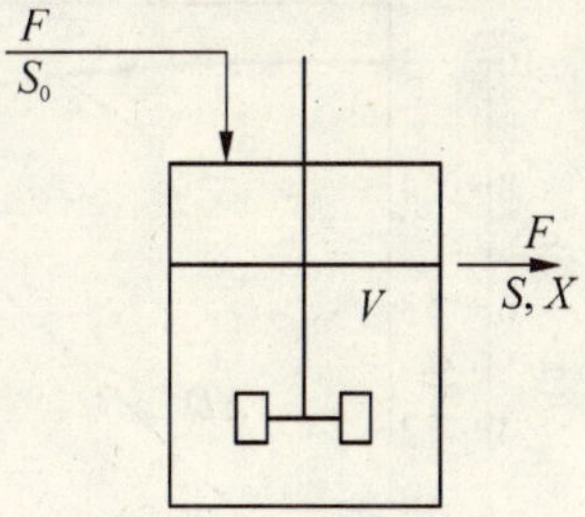

图 29-7 单级连续培养

式中，V 为反应器中的培养液体积，F 为培养基流加流量或培养液流出流量。由于在反应器中混合充分，培养基加入反应器后立即被分散均匀，流出液的组成与反应器中各处培养液的组成相同。连续培养达到稳定状态时，$\mathrm{d}X/\mathrm{d}t=0$，上式便成为

$$\mu=F/V=D \tag{29-31}$$

式中，D 为流量与培养液体积之比，称为稀释率。式(29-31)反映了单级连续培养的一个十分重要的特性，达到稳定状态时，细胞的比生长速率与稀释率相等。比生长速率是细胞的特性，在分批培养中无法加以控制，但在连续培养中则只要通过改变流量，就可以改变稀释率，从而改变细胞的比生长速率。限制性基质的物料衡算如下

$$FS_0-FS-\frac{\mu XV}{Y_{X/S}}=V\frac{\mathrm{d}S}{\mathrm{d}t} \tag{29-32}$$

式中，S_0 为加料中的限制性基质浓度，S 为反应器中的限制性基质浓度，$Y_{X/S}$ 是限制性基质的细胞得率系数。达到稳态时，培养液中限制性基质浓度不变，$\mathrm{d}S/\mathrm{d}t=0$，因此

$$D(S_0-S)=\frac{\mu X}{Y_{X/S}} \tag{29-33}$$

由于在稳态时 $\mu=D$，上式可简化为

$$Y_{X/S}(S_0-S)=X \tag{29-34}$$

在 Monod 方程适用的情况下，稀释率与流出液中限制性基质浓度有以下关系

$$D=\frac{\mu_m S}{K_S+S}$$

变换后得

$$S=\frac{DK_S}{\mu_m-D}$$

代入式(29－34)，可以求出当稀释率为 D 时流出液中的细胞浓度

$$X = Y_{X/S}\left(S_0 - \frac{DK_S}{\mu_m - D}\right) \tag{29-35}$$

单级连续培养的稀释率有一定的限制。当加料中限制性基质浓度为 S_0 时，细胞能达到的临界比生长速率为

$$\mu_c = \mu_m \frac{S_0}{KS + S_0} \tag{29-36}$$

所以单级连续培养的稀释率不可大于临界稀释率 D_c。如果 $D > D_c$，由于细胞的比生长速率低于稀释率，细胞不断地从反应器中被冲走，最终被洗出，培养液中的细胞浓度降到 0，而限制性基质浓度升为 S_0。图 29－8 是 $\mu_m = 0.1\,h^{-1}$，$Y_{X/S} = 0.5$，$S_0 = 10\,kg/m^3$，$K_S = 0.2\,kg/m^3$ 时，反应器中的细胞浓度和限制性基质浓度随稀释率变化的计算结果。

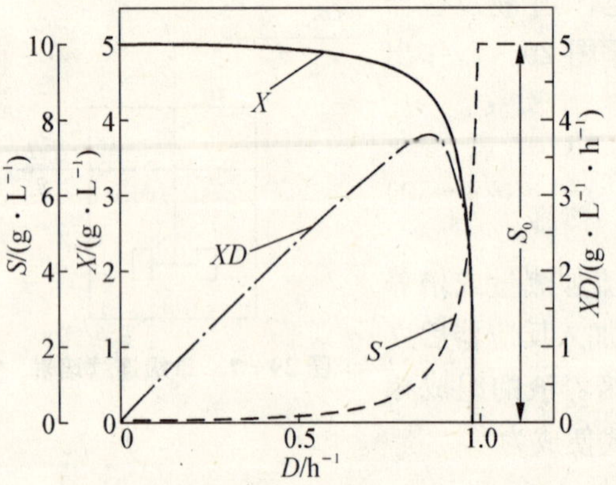

图 29－8　单级连续培养中 *X*，*S* 与 *D* 的关系

连续培养时细胞的生产率 P_c 为流出液中细胞浓度与稀释率之积

$$P_c = DX \tag{29-37}$$

将式(29－35)代入上式，得

$$P_c = DY_{X/S}\left(S_0 - \frac{DK_S}{\mu_m - D}\right)$$

由图 29－8 可知，P_c 存在一个极大值。当细胞的生产率 P_c 达到最大时，相应的稀释率

$$D_m = \mu_m\left(1 - \sqrt{\frac{K_S}{K_S + S_0}}\right) \tag{29-38}$$

这时反应器中的细胞浓度为

$$X_m = Y_{X/S}\left(S_0 + KS - \sqrt{K_S S_0 + K_S^2}\right) \tag{29-39}$$

细胞的最大生产率为

$$P_{cm} = Y_{X/S}\mu_m S_0\left(\sqrt{\frac{K_S + S_0}{S_0}} - \sqrt{\frac{K_S}{S_0}}\right) \tag{29-40}$$

若 $S_0 \gg K_S$，上式可简化为

$$P_{cm} = Y_{X/S}\mu_m S_0 \tag{29-41}$$

29.4.2　细胞回流时的单级连续培养

将单级连续培养流出液中的细胞加以浓缩，送回生物反应器中，就相当于不断对生物反应器接种，有利于提高连续培养的稀释率。图 29－9 为进行细胞回流的单级连续培养示

意图。

对生物反应器作关于细胞的物料平衡：

$$aF_C X-(1+a)FX+\mu XV=V\frac{\mathrm{d}X}{\mathrm{d}t} \tag{29-42}$$

式中，a 为回流比，C 为分离器中细胞的浓缩倍数。当处于稳定状态时，$\mathrm{d}X/\mathrm{d}t=0$

$$\mu=D(1+a-aC) \tag{29-43}$$

所以在进行细胞回流的连续培养时，生物反应器中的细胞在稳态下的比生长速率与稀释率不再相等。由于浓缩倍数 $C>1$，$1+a-aC$ 恒小于1，因此稀释率恒大于比生长速率。

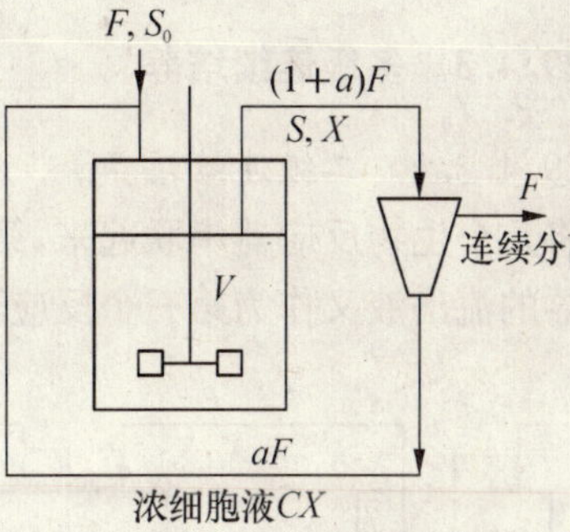

图 29-9 进行细胞回流的单级连续培养

限制性基质的物料平衡为

$$FS_0+aFS-(1+a)FS-\frac{\mu XV}{Y_{X/S}}=V\frac{\mathrm{d}S}{\mathrm{d}t} \tag{29-44}$$

在稳定状态下 $\frac{\mathrm{d}S}{\mathrm{d}t}=0$，上式成为

$$X=\frac{D}{\mu}Y_{X/S}(S_0-S)$$

将式(29-43)代入上式，得

$$X=\frac{Y_{X/S}(S_0-S)}{1+a-aC} \tag{29-45}$$

所以反应器中细胞的浓度为无回流时的 $1/(1+a-aC)$ 倍。

令 $W=1+a-aC$，结合 Monod 方程，可以得出

$$S=\frac{K_S WD}{\mu_m-WD} \tag{29-46}$$

$$X=\frac{Y_{X/S}}{W}\left(S_0-\frac{K_S WD}{\mu_m-WD}\right) \tag{29-47}$$

$$D_c=\frac{1}{W}\frac{\mu_m S_0}{K_S+S_0} \tag{29-48}$$

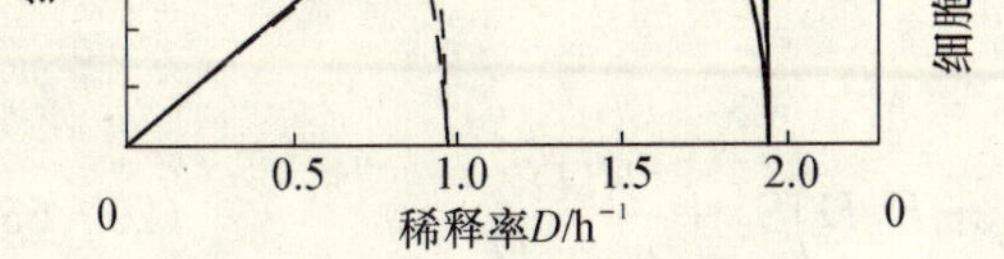

图 29-10 细胞回流(*A*, *B*, *C*)与不回流(*D*, *E*)的比较

($\mu_m=1.0\,\mathrm{h^{-1}}$；$Y_{X/S}=0.5$；$K_S=0.2\,\mathrm{g/L}$；$S_0=10\,\mathrm{g/L}$；$a=0.5$；$C=0.2$；$A$，$D$ 分别为反应器中的细胞浓度；B，E 分别为细胞生产率；C 为出口细胞浓度)

回流比越大，W 就越小，X 和 D_c 就越大，所以细胞回流有利于提高细胞的生产率。图 29-10 表明，进行细胞回流的连续培养，细胞的生产率比无回流时(虚线所示)大大提高。由于 D_c 增大，表明加料流量 F 可以增大。如果加料流量不变，则可减小反应器的体积。细胞回流连续培养被广泛地应用于废水的生化处理过程。

29.4.3 多级连续培养

29.4.3.1 二级连续培养

将几个生物反应器串联起来，第一个反应器的流出液作为第二个反应器的加料，第二个反应器的流出液又作为第三个反应器的加料，即成为多级连续培养。进行多级连续培养时也可向第二级以后的各反应器中同时加入新培养基。下面对二级连续培养进行分析，为简便起见，假定一、二级反应器内培养液体积相同，第二个反应器无新培养基加入（图 29－11）。

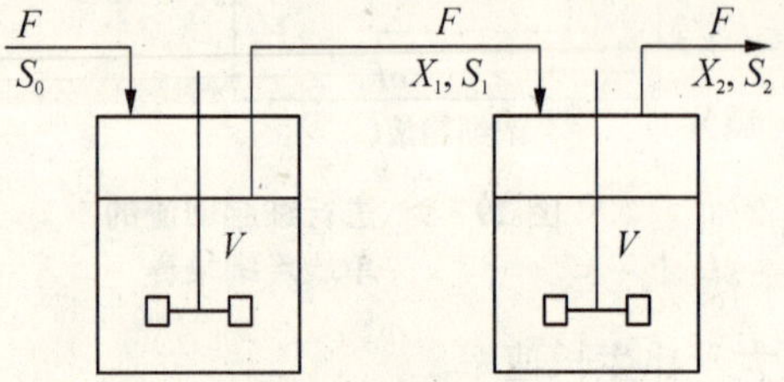

图 29－11 二级连续培养示意图

二级连续培养的第一级与单级连续培养相同，现对第二级进行物料衡算。对细胞而言

$$FX_1 - FX_2 + \mu_2 X_2 V = V\frac{\mathrm{d}X_2}{\mathrm{d}t} \tag{29-49}$$

对于限制性基质则有

$$FS_1 - FS_2 - \mu_2 X_2 V / Y_{X/S} = V\frac{\mathrm{d}S}{\mathrm{d}t} \tag{29-50}$$

达到稳定状态时，$\mathrm{d}X_2/\mathrm{d}t = 0$，$\mathrm{d}S_2/\mathrm{d}t = 0$，于是

$$\mu_2 = D\left(1 - \frac{X_1}{X_2}\right) \tag{29-51}$$

$$X_2 = \frac{D}{Y_{X/S}}(S_1 - S_2) \tag{29-52}$$

由于 $0 < X_1/X_2 < 1$，因此在第二级反应器中细胞的比生长速率小于稀释率。这是因为从第一级流出的培养液中限制性基质浓度一般很低，所以在第二级中细胞的生长很少。合并式(29－51)和式(29－52)，并经变化可得

$$X_2 = \frac{D}{Y_{X/S}}(S_0 - S_2) \tag{29-53}$$

根据 Monod 方程，在第二级中细胞的比生长速率

$$\mu_2 = \mu_m \frac{S_2}{K_S + S_2} \tag{29-54}$$

根据前面的推导公式，整理后为

$$(\mu_m - D)S_2^2 - \left(\mu_m S_0 - \frac{K_S D^2}{\mu_m - D} + K_S D\right)S_2 + \frac{K_S^2 D^2}{\mu_m - D} = 0 \tag{29-55}$$

解出此二次方程，可求出不同稀释率下第二级反应器中稳态 S_2，从而由式(29－53)确定 X_2。图 29－12 是二级连续培养时，各级的细胞浓度、限制性基质浓度和细胞生产率随稀释率变化的计算结果。可以看出，两级生物反应器在同样的 D_c 下被洗光。当稀释率小于 D_c 时，X_2 恒大于 X_1，即使在比较接近 D_c 时，S_2 也比 S_1 小得多，表明在二级连续培养时，基质的利用比较完全。不过在第二级中，细胞的生长要缓慢得多。

29.4.3.2 多级 CSTR 串联

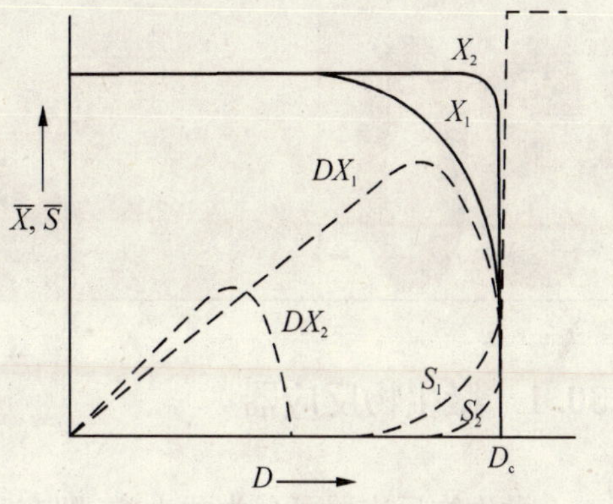

图 29-12 二级连续培养时各级细胞浓度、限制性基质浓度及细胞生产率与稀释率的关系

多级 CSTR 串联可分为三大类。

(1) 单流多级系统 指单股基质以恒速逐级流过串联系统。具有的特征是，第一级与 CSTR 相同；后面的级对前面的级没有影响；各级的稀释率仅仅依赖于该级反应器体积，若体积都相同，则各级稀释率亦都相同。

(2) 多流多级系统 指有多股基质输入。具有的特征是，第一级与 CSTR 相同；前面的级与后面的级无关；不同流入基质可独自改变流量，各级稀释率是独立变量。

(3) 带循环的多级系统 采用多级 CSTR 串联系统的主要优点有：基质利用充分、转化率高，这对价格昂贵的基质是很有意义的，对环保中废水处理也很重要；维持较长的停留时间，对使用复合基质而需要稳定生长期的生物过程很有好处。

在实际应用中，一般最多不超过三级，因为反应器级数越多，过程复杂性增加，而带来的效益并不明显。

（张 立）

参考文献

[1] 俞俊棠. 生物工艺学. 上海：华东化工学院出版社，1992.
[2] 俞俊棠，等. 新编生物工艺学. 北京：化学工业出版社，2003.
[3] 储炬，等. 现代工业发酵调控学. 北京：化学工业出版社，2002.
[4] 戚以政，等. 生化反应动力学与反应器. 2 版. 北京：化学工业出版社，1999.
[5] 贾士儒，等. 生物反应工程原理. 2 版. 北京：科学出版社，2003.
[6] 顾其丰，等. 生物化工原理. 上海：科学技术出版社，1997.

30 培养装置

30.1 微生物反应器

微生物反应器可分为两大类，即在实验规模研究微生物过程特性和小规模生产重组蛋白的高性能生物反应器，用于传统生化产品生产的工业生物反应器。前者反应器容积一般在500 L以下，配备各种过程参数检测与控制机构，多采用机械搅拌反应器的型式；后者容积一般为20～300 m^3，主要型式为通用式机械搅拌反应器、环流反应器或塔式反应器等。

30.1.1 高性能生物反应器

高性能生物反应器具备完善的参数检测与控制手段，并且它的流动与混合特性很接近于理想反应器，传质效率高、混合时间很小，因此适用在理想条件下研究细胞对培养环境变量的动态学，筛选发酵新菌种与培养基，确定工业微生物发酵过程的最优化条件，培养重组菌表达重组蛋白等。

生物反应器一般包括反应器罐体、无菌空气供氧系统、冷却水和温度控制管路、蒸汽管路与在位灭菌系统、进出料系统、控制单元和支架。在反应器设计上，绝大多数系统的反应器采用类似工业上通用发酵罐的机械搅拌反应器结构。它的不锈钢筒体高径比为(2∶1)～(3∶1)，在沿壁面平行的轴向均匀安装4块挡板，搅拌器用3层六平叶涡轮，搅拌轴有从罐顶伸入，也有从罐底伸入，驱动电机相应安装在罐顶或罐底。罐体上还设置能灭菌的取样阀、多个各种物料加料接口、压力安全阀、耐高温的温度、pH和溶解氧传感器。空气分布器设置在最底层的搅拌桨与罐底之间，其结构采用均匀开孔的圆盘，或仅为有单一喷嘴的细管。通入罐内的空气在罐外经过压缩、多级高效膜过滤器灭菌。有的罐底安装自动称重系统以计量罐内物料重量，控制注入罐内培养基溶液的流量。小型系统的加料采用能精确控制加料速度的多个蠕动泵，较大体积的系统也用能控制开启频率的气动阀。反应器灭菌过程由蒸汽管路对系统多路进蒸汽，也有的系统设计了自动控温的灭菌设备。传热系统均由冷却水和循环水的管路、循环水泵和阀件、管壁传热夹套组成。系统控制单元的控制由直接数字控制系统（DDS）及其执行机构完成，一般均配备上位微型计算机，可对在位传感器测得的酸、碱、消泡剂和其他流加物流量、温度、pH、溶解氧、排气CO_2和O_2含量、培养液中CO_2含量、搅拌速度等直接过程变量与参数实行多目标的高效控制。有的高级系统能基于在线测量参数，用软件计算得到过程间接变量，用数据驱动型控制策略与方法进行系统控制。整个系统安装在不锈钢支架上。

30.1.2 机械搅拌反应器与通用式发酵罐

制药工业的第一个大规模微生物过程即青霉素生产应用机械搅拌通气式反应器，目前此反应器型式仍为工业生物反应器的主要应用类型。工业上使用这种反应器的主要原因是它的操作比较灵活，对大多数微生物过程适用性强，传质与传热效率最高。由于生物反应器的投资较大，使用这种反应器结构时，若对搅拌器作适当改进，而不完全引入新的结构设计，就可满足大多数特殊的过程要求。这种反应器在工业上的规范应用形式常称为通用式发酵罐。图 30－1 为其基本结构示意图。典型的通用式发酵罐的结构与尺寸如图 30－2 所示。

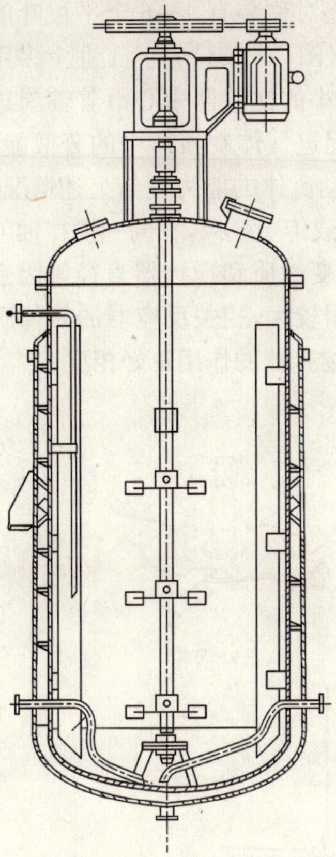

图 30－1　通用式发酵罐

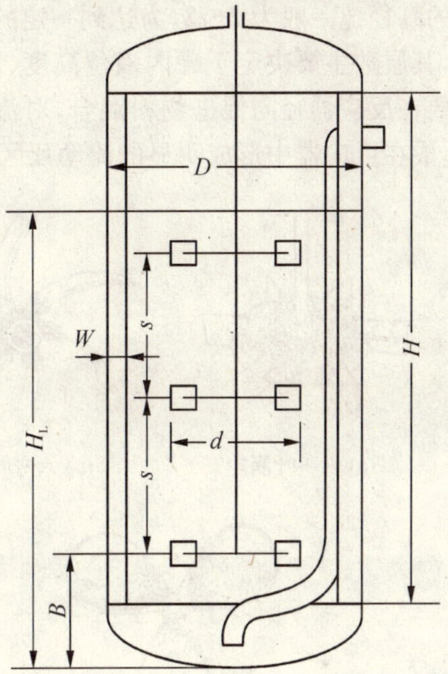

图 30－2　通用式发酵罐的几何尺寸比例

H—筒身高度；D—罐径；W—挡板宽度；H_L—液位高度；d—搅拌器直径；s—两搅拌器间距；B—下搅拌器距底间距

(1) 反应器主体　由圆筒和上下椭圆形封头组成。它的制造材料为不锈钢或碳钢，能耐受 130℃的温度和 0.25 MPa(绝压)的压力。在罐顶装有人孔或手孔、视镜及光照灯孔、进料管、排气管、取样管和压力表等。器壁上还开设冷却水进出管、取样管、进空气管和温度、pH、溶氧等检测仪表接口等，罐的结构尺寸数值如下。

$$\frac{H}{D}=1.7\sim 3;\ \frac{d}{D}=\frac{1}{2}\sim\frac{1}{3};\ \frac{W}{D}=\frac{1}{8}\sim\frac{1}{12};$$

$$\frac{B}{D}=0.8\sim 1.0;\ \left(\frac{s}{d}\right)_2=1.5\sim 2.5;\ \left(\frac{s}{d}\right)_3=1\sim 2$$

式中，s 为两搅拌器间距，m；B 为下搅拌器距底间距，m；d 为搅拌器直径，m；H_L 为液位高度，m；W 为挡板宽度，m；D 为反应器内径，m；H 为反应器筒身高度，m。

反应器的“公称容积 V_0”也是重要的结构参数，它是筒体容积 V_c 与底封头容积 V_b 之和。可用下式作近似计算

$$V_0=V_c+V_b=\frac{\pi}{4}\times D^2\times H+0.15D^3 \tag{30-1}$$

(2) 搅拌器和挡板　机械搅拌的作用是打碎空气气泡，增加气-液接触界面，获得较高的氧传递效率；其次是使培养液充分混合，让其中的固形物保持悬浮。搅拌器有多种结构，大致可分为两类，即涡轮搅拌器和轴向流搅拌器，如图 30-3 所示。图中(a)、(b)和(c)为涡轮搅拌器，(d)和(e)为轴向流搅拌器。涡轮搅拌器的中央圆盘上对称装有 4～6 个平板叶的六平叶涡轮。其他主要类型还有弯叶式(图 30-3(a))和箭叶式(图 30-3(b))。工业上多用六箭叶式。涡轮搅拌器上圆盘的作用是避免气泡在流动阻力较小的搅拌器中心沿着轴周边上升逸出。在相同的搅拌功率输入下，比较搅拌器粉碎气泡和促进气体在液体中的分散能力，平叶搅拌器大于弯叶搅拌器，后者大于箭叶式搅拌器；但其翻动流体的能力则与上述情况相反。由于反应器的高径比一般为 2～3，为达到一定的翻动和气-液传质效果，在同一搅拌轴上配置多层搅拌器，其层数主要决定于罐内液位高度、培养液的流变性质和搅拌器直径等因素。涡轮搅拌器主要在反应器径向促进物料混合，对流体剪切作用较大，相关反应器的氧传质系数较人，但会造成在反应器中形成明显的流动死区；而轴向流搅拌器的作用正好相反。

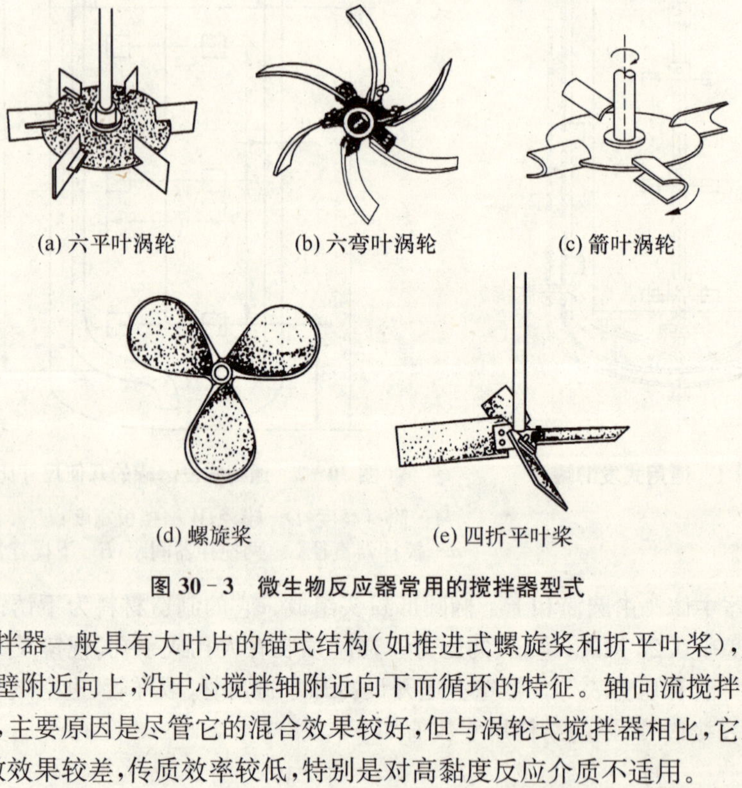

(a) 六平叶涡轮　(b) 六弯叶涡轮　(c) 箭叶涡轮

(d) 螺旋桨　(e) 四折平叶桨

图 30-3　微生物反应器常用的搅拌器型式

轴向流搅拌器一般具有大叶片的锚式结构(如推进式螺旋桨和折平叶桨)，其引起的流动具有流体沿罐壁附近向上，沿中心搅拌轴附近向下而循环的特征。轴向流搅拌器在生物反应器上应用较少，主要原因是尽管它的混合效果较好，但与涡轮式搅拌器相比，它对流体剪切力较小，气体分散效果较差，传质效率较低，特别是对高黏度反应介质不适用。

反应器内装设挡板的作用是防止在液面中央形成下凹的涡流流动，增加湍流强度和气-液接触机会。由于反应器内除挡板外，立式冷却水蛇管等构件也起一定的挡板作用，故通常沿壁面垂直安装 4 块挡板。理论上挡板的数目由所称的"全挡板条件"决定，它是指在搅拌反应器中增加挡板或附件时，搅拌功率不再增加，而涡流基本消失。满足此条件的挡板数及宽度可由下式计算

$$\frac{W}{D} \times m_b = 0.4 \qquad (30-2)$$

式中，W 为挡板宽度，m；D 为反应器直径，m；m_b 为挡板块数。

在安装4块挡板的条件下，挡板宽度为$\left(\frac{1}{8}\sim\frac{1}{12}\right)D$已足够满足全挡板条件。

(3) 空气分布器　它的理想作用是对反应器通气时形成小气泡。但是，由于气泡的粉碎主要依靠搅拌器的剪切破碎作用，同时为防止培养液中固形物堵塞其上孔道而增加染菌机会，工业反应器大多采用开口向下的单口管。若培养基为液体，或其中含有细度极小的固体，可以使用带许多小孔的环状空气分布管。

(4) 消泡装置　发酵过程有加入消泡剂和使用机械消泡装置两种消泡方式。机械消泡装置的作用是通过各种形式的机械力破碎泡沫。简单的消泡装置为耙式消泡桨(图30-4)，装于搅拌轴上，齿面略高于液面，其直径约为反应器直径的0.8～0.9，以不妨碍旋转为原则。还有一种半封闭式涡轮消泡器(图30-5)，使用时泡沫可直接被涡轮打碎或被涡轮撞击到器壁而破碎。由于消泡器多数装于搅拌轴上，往往因搅拌速度太低而效果不佳。因此，对于搅拌轴下伸入的反应器，顶部单独设置消泡器及驱动电机效果较好。这类消泡器的直径可为反应器直径的1/2，叶端速度为12～18 m/s。也有装于反应器顶部，单独用电机驱动的碟片式离心消泡器(图30-6)，但其结构复杂，仅用于不易染菌的过程。

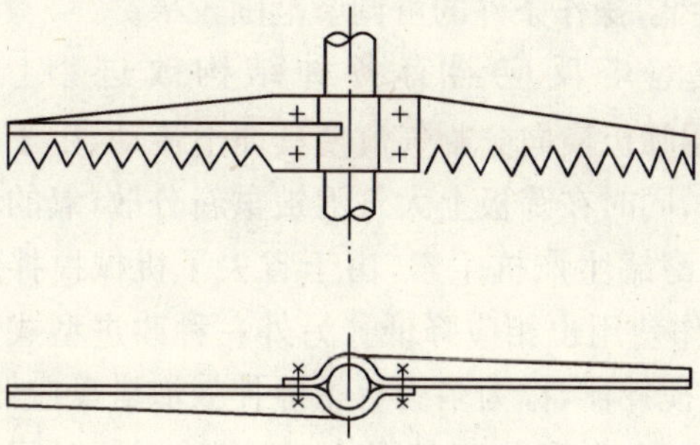

图30-4　耙式消泡桨

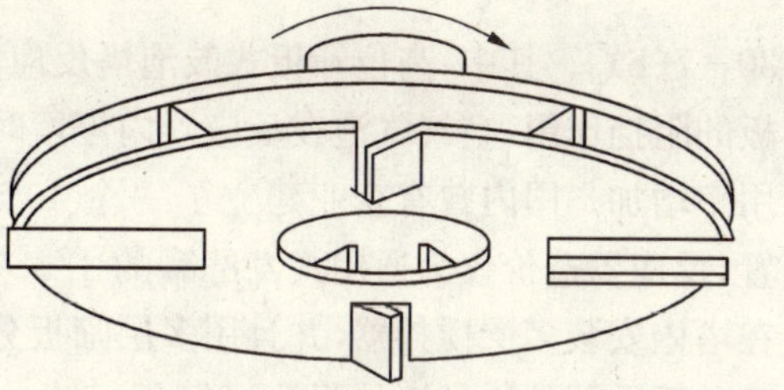

图30-5　半封闭式涡轮消泡器

(5) 换热系统　微生物氧化过程和搅拌产生的热量约为10 400～33 500 kJ/(m^3·h)，必须及时移去，才能控制发酵温度，这就是设置换热系统的目的。换热装置有夹套式和内部蛇管式两种。一般容积为5 m^3以下的反应器采用器壁外夹套。而对容积大于5 m^3的反应器，由于外夹套提供的换热面大小受到限制，故多采用反应器内部的立式蛇管换热；若仅采用外夹套，必须采用5℃～10℃的低温冷却水。夹套的传热系数一般为400～630 kJ/(m^2·h·℃)，蛇管则为1 200～1 890 kJ/(m^2·h·℃)。应特别注意，目前大型反应器也多采用把半圆形的型钢或角钢制成螺旋形焊于容器外壁而成的换热结构。

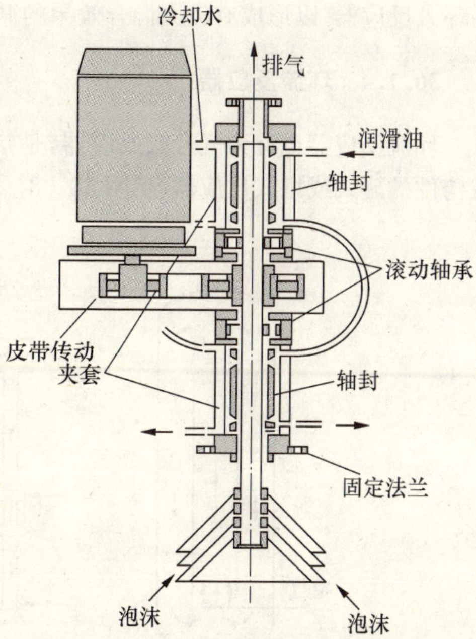

图30-6　碟片式离心消泡器

30.1.3　塔式反应器

塔式反应器是指高径比较大，完全依赖气流搅拌的作用达到混合与传质作用的生物反应器。

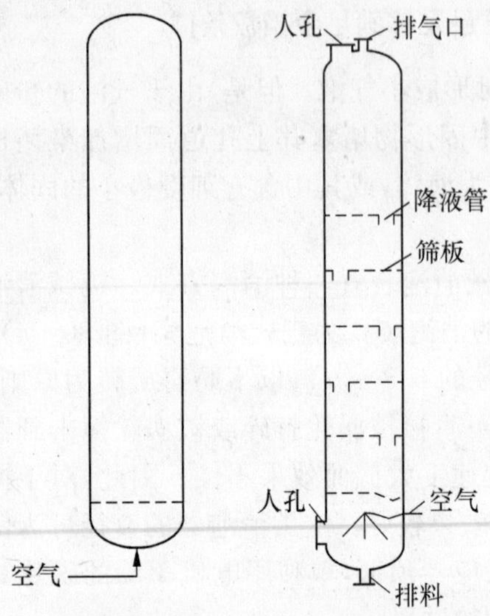

(a) 鼓泡塔反应器 (b) 筛板式鼓泡塔反应器

图 30－7 塔式反应器

最简单的塔式反应器即为化学工业上常用的鼓泡塔反应器[图 30－7(a)]。它的反应器主体仅为一空的圆柱体，高径比可以达到 7 左右，反应器底部装有空气分布器，空气经喷射进入。由于反应器内部没有运动部件，因此比较容易被放大，适合于大规模过程。塔式反应器的不足是，由于其仅用气流搅拌分散气体和翻动物料，故氧的体积传递系数仅为 40 h^{-1} 左右，并且有细胞和固形物在反应器中下部沉降使它们的密度沿底部逐渐增加的现象。因此，它不适合高耗氧的细胞高密度培养过程。对此，增加空气流量可部分解决问题，但是会引起泡沫增多和培养液气含量加大而造成反应器生产能力下降。还有，气泡在上升过程中的合并也使氧传递能力降低。总之，鼓泡塔反应器的灵活性低，操作条件的可调节范围较窄。

鼓泡塔反应器有各种结构改进型[图 30－7(b)]。其中，高位筛板式鼓泡塔反应器用多层筛板横向分割气流使其向上流动，由于筛板的阻挡作用，空气气泡在反应器内停留时间延长，同时在筛板上大气泡被重新分散，氧的利用率增加。国内曾有企业建立了一个 40 m^3 的发酵罐生产抗生素，由于省去了机械搅拌装置，反应器造价仅为通用式发酵罐的 1/3 左右，操作费用也相应降低。另外一种改进型式是在塔内安装多层搅拌器，并且用多层筛板分割各层搅拌器，称为多级机械搅拌鼓泡塔反应器。这种反应器的机械搅拌强化了筛板塔反应器的气体分散和物料的混合，气泡的停留时间更长，氧传递效率更高。另外，还可将各种塔式反应器中的培养液引出进入外部液体泵，加压后循环入反应器，以形成有较大混合效果的循环流动。

30.1.4 环流反应器

环流反应器也称为气升式反应器，是指主要依赖喷射空气流而输入机械能，含有液体环流构件的罐式或塔式反应器，见图 30－8。图中(a)与(c)为装有内部导流筒的内循环式反应

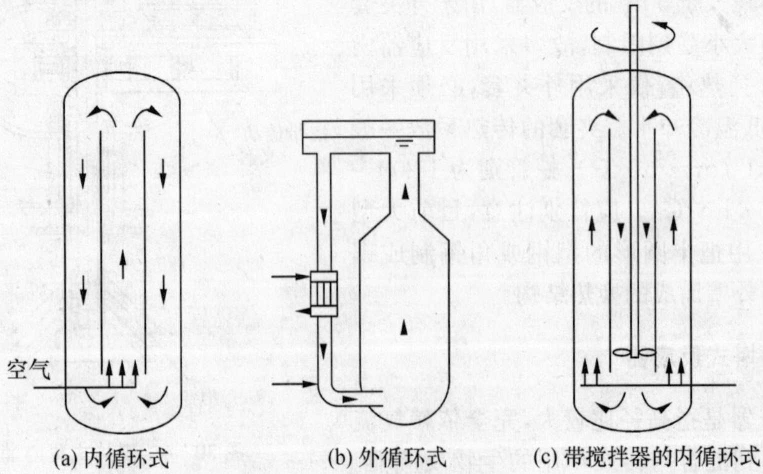

(a) 内循环式 (b) 外循环式 (c) 带搅拌器的内循环式

图 30－8 环流反应器

器,(b)为装有外部循环管的外循环式反应器。环流反应器的液体循环流动主要由流体的密度差驱动。由于空气分布器附近的气含量较高,流体密度相对其他部位小,因此发生流体对流流动在反应器内的循环。内循环式反应器有由导流筒中心底部进气和导流筒与反应器器壁间的环隙下方进气两种方式,因此,若观察环流方向,前者在导流筒中上升,后者则相反。故前者的导流筒称为升液管,环隙为降液管。对外循环式反应器,一般反应器筒体多作为升液管,外部循环管则作为降液管。内循环式反应器还有各种结构改进。例如,若将导流筒分割为多级,则在反应器整体存在循环流时,各级导流筒也将形成各自的次级循环流动。另有一种型式是在内循环式导流筒内部安装推进式螺旋桨,则可由搅拌器强化液体环流,使轴向循环更好,混合时间可小于1 s。但是,设置搅拌器却降低了气升式反应器的结构简单性,增加了能耗。

30.1.5 反应器设计与分析

生物反应器设计必须达到如下基本要求:①反应器必须具备良好的传质、传热和混合性能;②对培养液中各种理化和生物参数能作高精度、稳定的自动检测与控制;③可经受长期连续运转,这对长周期的酵母与动植物细胞培养过程特别重要;④制造反应器的材质必须对细胞无毒性,耐腐蚀,耐高温蒸汽灭菌;⑤容器内表面必须光滑、无死角;⑥装置的拆装、连接和清洗方便,便于操作与维修。

30.1.5.1 机械搅拌反应器的搅拌功率

机械搅拌反应器的搅拌器轴功率与下列因素有关:反应器直径、搅拌器型式与直径、液柱高度、搅拌器转速、液体黏度、液体密度以及挡板的有无等。由于反应器直径与液柱高度和搅拌器直径之间有一定的比例关系,故可用搅拌器直径来替代它们,于是

$$P = f(n,\ d,\ \rho,\ \mu,\ g) \tag{30-3}$$

式中,P 为搅拌功率,W;n 为搅拌器转速,r/s;ρ 为液体密度,kg/m^3;μ 为液体黏度,Pa·s;g 为重力加速度,m/s^2。

通过量纲分析与实验证实,对牛顿型流体,可得下述表达式

$$\frac{P}{n^3 d^5 \rho} = K\left(\frac{nd^2\rho}{\mu}\right)^x \left(\frac{n^2 d}{g}\right)^y \tag{30-4}$$

式中,$\frac{P}{n^3 d^5 \rho} = N_P$,称为功率准数;$\frac{nd^2\rho}{\mu} = Re_{\mathrm{M}}$,称为搅拌雷诺数;$\frac{n^2 d}{g} = Fr_{\mathrm{M}}$,称为在搅拌下的弗劳德准数;$K$ 为与搅拌器型式、反应器几何尺寸有关的常数。

式(30-4)也可写为

$$N_P = K(Re_{\mathrm{M}})^x (Fr_{\mathrm{M}})^y \tag{30-5}$$

一般在全挡板条件下,$Fr_{\mathrm{M}} = 1$。

当 $Re_{\mathrm{M}} < 10$ 时,液体处于层流状态,并且 $x = -1$,有

$$N_P = K(Re_{\mathrm{M}})^{-1} \tag{30-6}$$

当 $Re_{\mathrm{M}} > 10^4$ 时,液体处于湍流状态,并且 $x = 0$,有

$$N_P = K \tag{30-7}$$

$$P = Kn^3 d^5 \rho \tag{30-8}$$

可见，此时搅拌功率与液体黏度无关。对不同的搅拌器型式，在湍流情况下，六平叶涡轮的 $N_P = 6.0$，六弯叶涡轮的 $N_P = 4.7$，六箭叶涡轮的 $N_P = 3.7$。

由实验证实，全挡板条件下可得出图 30－9 的关联曲线。

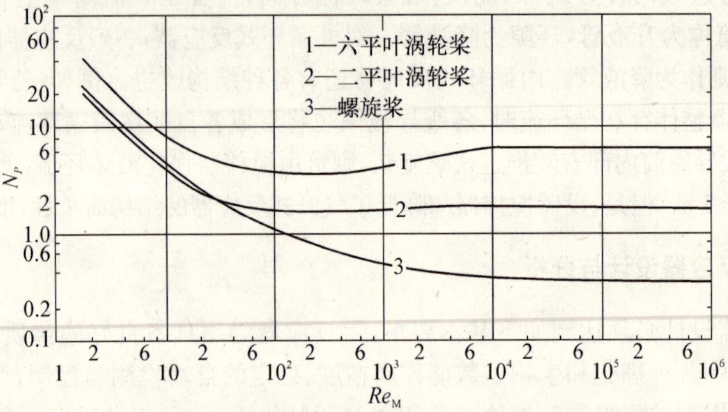

图 30－9　各种搅拌器的雷诺数与功率准数的关系

30.1.5.2　混合特性与参数

第 25 章已讨论了有关生物反应器混合特性的基本概念。实际设计反应器时，更需考虑搅拌器的层数、反应器实际结构、流动状况等因素的影响。

对有多层搅拌器的反应器，各层搅拌器均形成单独的循环流进行物质交换。因此，整个反应器的混合时间既依赖于循环流内的交换，也依赖于循环流相互间的物质交换速率。对单层搅拌，已知其混合时间 t_m 一般与循环时间 t_c 成正比，而循环时间 t_c 一般与 nd^3 成反比，因而单层搅拌的混合时间 t_m 在搅拌器直径一定时与搅拌速度成反比。而对多层搅拌系统，各层搅拌器的循环流之间的物质交换速率也与 nd^3 成比例关系，因此增大搅拌速度和搅拌器直径也为降低其混合时间的有效方法。研究已表明它的混合时间一般大于单层搅拌系统，原因是各循环流之间交换速率小于各循环流内部的交换速率，其为整个反应器混合过程的速率限制步骤。

对气升式反应器，其混合时间一般也与反应器结构参数，特别是升液管与降液管横截面积之比有关，即

$$t_m = 3.5\left(\frac{A_D}{A_R}\right)^{0.5} t_c \qquad (30-9)$$

式中，A_D 和 A_R 分别为降液管和升液管截面积，在间歇操作时循环时间 t_c 由下式计算

$$t_c = \frac{V_R}{\frac{\pi}{4}D_R^2 u_{LR}} \qquad (30-10)$$

式中，V_R 为反应器有效体积，m^3；D_R 为升液管直径，m；u_{LR} 为升液管内液体流动速度，m/s。

30.1.5.3　氧传递特性参数

基于氧传递过程基础理论与工业设计经验，生物反应器的氧的体积传递系数主要与多层搅拌器的搅拌器间的距离、搅拌器类型及其组合方式、培养液的物理化学性质、液体黏度和消泡剂等影响因素有关。

研究表明,氧的体积传质系数主要为单位液体搅拌功率消耗和表观通气线速度的函数,反应器结构因素的影响主要表现于关联式中的常数与指数的大小上,即

$$K_{L}a = C\left(\frac{P_{g}}{V_{L}}\right)^{\alpha} w_{S}^{\beta} \tag{30-11}$$

式中,w_S 为表观通气线速度,其值为通气速率与反应器截面积的比值,m/s;P_g 为通气时的搅拌功率,W;V_L 为液体体积,m^3。

(1) 搅拌器间距的影响 Machon 等(1988)曾对搅拌器之间的间距与传质系数间的关系作了研究。结果表明,在 $s/d = 1 \sim 3$ 内,搅拌器间的液体澄清区对传质系数有效应,有关的无量纲关联式为

$$\frac{K_{L}ad^{3}}{Q_{g}} = 3.22 \times 10^{-4}\left(\frac{P_{g}d^{3}}{Q_{g}^{3}\rho}\right)^{0.43}\left(\frac{\sigma d^{3}}{Q_{g}^{2}\rho}\right)^{-0.57}\left(\frac{s}{d}\right)^{0.14} \tag{30-12}$$

式中,σ 为液体表面张力,N/m;Q_g 为通气速率,m^3/s。

在体系物性和搅拌器直径一定时,式(30-12)可简化为下述变量间的关系

$$K_{L}a \propto Q_{g}^{0.57} P_{g}^{0.49} s^{0.14} \tag{30-13}$$

此研究结果表明搅拌器间距离增大时,K_La 增大,在 $s/d = 3$ 时结果最佳。原因是,间距增大时,各层搅拌器形成的流场受到相邻搅拌器的影响降低,故各层搅拌器单独发挥其作用,搅拌功率消耗增加,导致液体的气含率增大,因而提高传质系数。

(2) 搅拌器类型及其组合方式的影响 Arjunwadkar 等(1998)曾作了两种型式搅拌器的组合设计研究,即在上层安装圆盘涡轮搅拌器,下层安装对液体向下推进的折平叶涡轮搅拌器。将组合设计的实验结果与单一搅拌器的结果比较,发现由于气含率增大,气-液分散效果较好,前者能以相对较低的搅拌功率消耗达到较高的混合与传质性能。

(3) 培养液流变性质的影响 如青霉素发酵和黑曲霉培养等过程,培养液一般呈假塑性的非牛顿型流体,因此不少学者研究不同体系、不同条件下的实验结果,所建立的计算式多数均为培养液的表观黏度的函数。

一般假塑性非牛顿型流体体系的传质系数相对牛顿型流体体系较小。其原因是培养液的气含率较低,平均气泡直径增大。其次,培养液黏度增大后,气-液界面的界膜增厚,需要较强的湍流和搅拌功率消耗才能克服传质阻力。另外,与空气-水系统相反,当表观黏度较小时,在这种体系中由于气泡不合并,因而氧传递系数较大。

30.1.5.4 热量传递特性

微生物反应过程与氧化代谢和搅拌有关的产热速率,在数量上大致与耗氧速率成正比,即

$$\Delta Q = 3.107 \times 10^{-2} \Delta O_{2} \tag{30-14}$$

式中,ΔQ 为反应器产热速率,kJ/s;ΔO_2 为氧的传递速率,m^3/s。

为控制温度,对此产热用换热系统移除时,一般须明确主要克服培养液的传热阻力对传热速率的控制。但是,大多数工业生物反应器的容器外表面与反应器容积的比值较化学反应器的小,并且反应器放大时随反应器容积增大,此比值会逐渐变小,因此反应器设计时必须考虑换热系统的结构和换热效率。

机械搅拌反应器的传热效率的估计一般有下述传热系数的关联形式

$$Nu_{j,c} = CRe_{M}^{a}Pr^{b}\left(\frac{\mu}{\mu_{W}}\right)^{c} \qquad (30-15)$$

式中，$Nu_{j,c}=\frac{\alpha D}{\lambda}$，夹套或蛇管的努塞尔准数，下标 j 或 c 分别表示夹套或蛇管；μ、μ_W 为液体黏度和壁面温度下的液体黏度；$Pr=\frac{c_p\mu}{\lambda}$，普朗特准数；$C$，$a$，$b$，$c$ 为常数，与反应器的结构和操作条件有关。

机械搅拌反应器的传热系数数值主要与通气条件、气-液流动状况、搅拌器型式与结构、换热系统的种类与设置位置等因素有关。对通气和气-液流动状况的影响，多数研究均表明，在低表观通气线速度时，主要依赖搅拌作用以增大夹套传热系数。当表观通气线速度增大至搅拌器被气体过载时，夹套传热系数降低。其原因是，随着通气速率的增大，通气时的搅拌功率消耗下降而使搅拌作用降低，并且影响混合时间的因素也就是影响传热系数的因素。Karcz(1991)曾对轴向传热系数作过研究，发现搅拌器附近的局部传热系数最大。因此，夹套或蛇管的有效换热面设置在搅拌器位置附近较合理。此外编者还发现，对搅拌器层数的影响，在搅拌功率消耗相同时，多层搅拌器系统的传热系数均大于单层搅拌器系统，约增大50%，并且主要与通气速率有关。其增大的原因在于，下层搅拌器上部热交换因上方的搅拌器的作用而造成的一定的流体循环速度得到了强化。

30.2 动物细胞培养反应器

虽然动物细胞培养技术早已应用于人与动物疫苗、各种治疗性蛋白的生产，但是其培养过程的规模化仍面临多种问题。首先，由于动物细胞缺乏细胞壁，因此它比微生物细胞更容易受到喷射通气和机械搅拌剪切力的损伤。其次，多数动物细胞需要黏附于固体表面才能正常生长与扩增。还有，分批培养时营养物耗尽和代谢物生成对生长与目的产物生成的限制与抑制、因培养基的昂贵而对营养物的充分利用要求、细胞生长缓慢特性、产物分泌与细胞生长的弱关联性等，均造成动物细胞反应器设计及操作上的困难。动物细胞反应器设计与研制的主要问题是如何针对上述问题实现细胞高密度培养，获得高活性细胞和高产物得率，为细胞提供适宜的化学和流体力学环境和严格的无菌条件等。动物细胞培养依细胞种类分主要有悬浮培养和贴壁培养两种方式，本节简要介绍与之有关的反应器及其传质与流体力学特性。

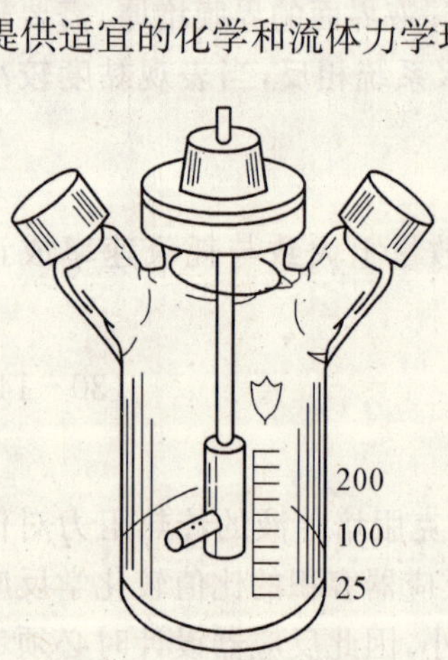

图 30-10 动物细胞悬浮培养的转瓶

30.2.1 机械搅拌反应器及其改进型

有些动物细胞如杂交瘤、肿瘤细胞可以像微生物一样在直接通气与搅拌的反应器内悬浮培养，因此机械搅拌通气式、气升式等生物反应器是这类过程的常用型式。

最简单的悬浮培养反应器为小规模培养常用的培养瓶（图30-10），一般容积为 0.1～0.2 L。它依靠磁力驱动的搅拌器低速搅拌，通过液面上的空气的曝气扩散供氧（表面通气），瓶内空气混有 5%的二氧化碳，作为调节培养液酸度用。据报道，此类培养瓶液体中的细胞浓度可达 5×10^6 个 /mL。

动物细胞培养使用微生物反应常用的机械搅拌反应器时，大多作结构改进。这些改进的关键在于改变搅拌器和通气装置。在对搅拌器进行改进时，多用对流体有低剪切力和形成轴向流的螺旋桨或折叶桨等代替涡轮搅拌桨，并且操作时搅拌速度很低，仅为每分钟数十转。在这样低的搅拌速度下，一般不存在涡流，因此不需要安装挡板。对通气方式而言，一般避免直接对培养液喷射通气，以免气泡破碎和脱离液面时对细胞造成较大的剪切损伤。小规模培养时使用表面通气方式就能达到供氧要求；若进行高密度培养，则用扩散渗透通气装置或微滤透析装置取代传统的通气管和空气分布器。目前有三种典型的改进型反应器，即笼式通气搅拌反应器(图 30－11)、锥形通气搅拌反应器图(图 30－12)和无泡通气搅拌反应器图(图 30－13)。

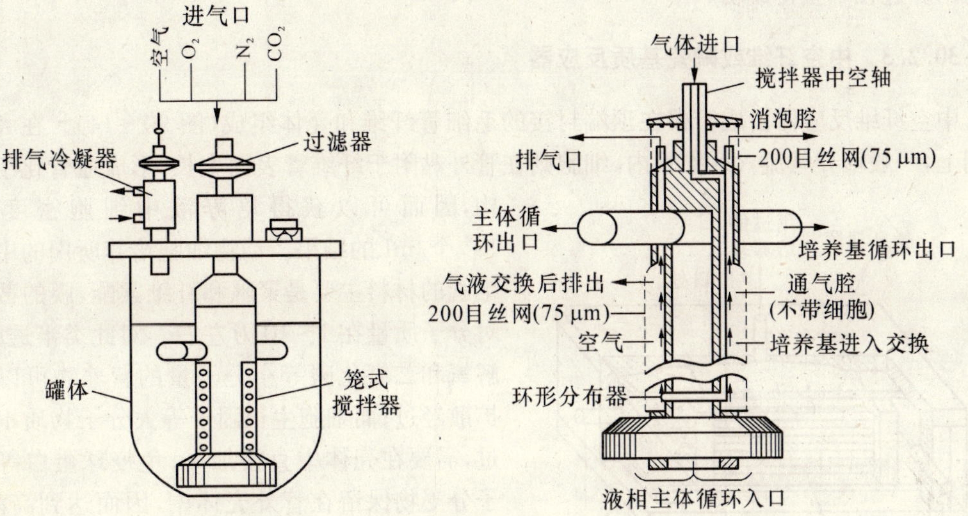

(a) 反应器主体　　(b) 笼式搅拌器结构

图 30－11　笼式通气搅拌反应器

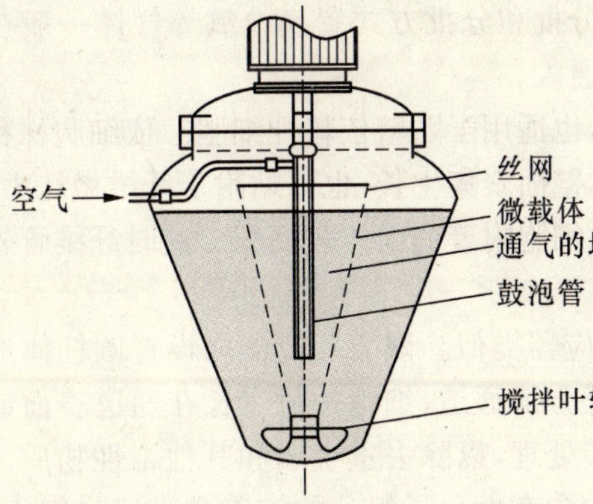

图 30－12　锥形通气搅拌反应器

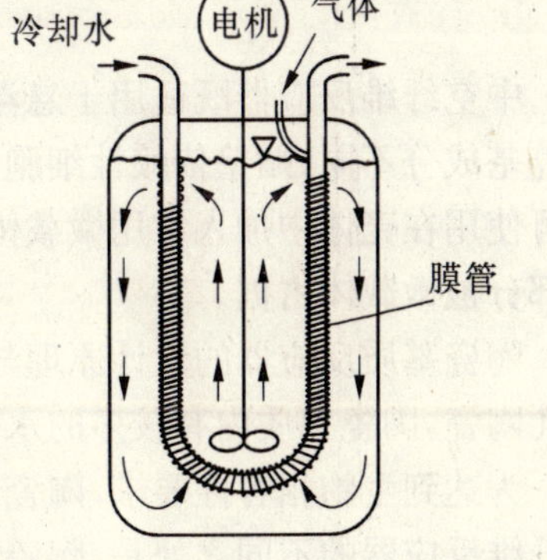

图 30－13　膜通气无泡搅拌反应器

30.2.2　气升式反应器

微生物反应所用的内循环式与外循环式气升式反应器也可用于动物细胞悬浮培养。动物细胞培养一般采用内循环式反应器，但也有用外循环式反应器的情况。反应器内一般装有环形管式的气体喷射器，分布器的开孔孔径能保证在控制气速范围内产生直径为1～20 mm的气泡，通气速率一般控制在0.01～0.06 VVM，反应器的高径比一般为(3∶1)～(12∶1)。

气升式反应器与机械搅拌反应器相比，反应器内没有运动部件，能避免机械搅拌造成的流体剪切力，并且对反应器直接喷射供氧，氧的传递效率较高，液体循环量较大，混合程度能达到动物细胞正常生长的要求。但是，近年来的理论与实验研究表明，与气泡破碎有关的流体剪切对细胞的损伤作用比机械搅拌更大，因此，这类反应器的使用对细胞株的种类范围有限定。对此，常用的措施是在培养液中加入Fluronic F-68一类的高分子醇类表面活性剂，以改变气-液界面性质的方式降低剪切力的影响。

气升式反应器已在BHK 21细胞、人的类淋巴母细胞、CHO细胞、杂交瘤细胞和昆虫细胞的培养过程中获得成功。

30.2.3 中空纤维或陶瓷基质反应器

中空纤维反应器由成千根在顶端封接的毛细管纤维和壳体组成(图30-14)。在大多数应用上，一般培养基流入纤维管内，细胞则在管外黏附于纤维管表面生长，形成血管化组织结构，因而可以获得培养液中细胞密度高达10^8个/mL的结果。动物细胞培养所用的中空纤维管的材料主要是聚砜和纤维素酯，膜的截留相对分子质量在1～10万左右。对此类半透膜，溶解氧和二氧化碳等小分子量的营养物可以双向扩散经过；而细胞生长因子等大分子物质不能透过，需要在壳体中直接加入；免疫球蛋白等大分子分泌物保留在管外壳体中，因而达到高浓度。反应器一般采用连续操作方式，所用的培养基来自系统外的贮罐，进入系统后循环返回贮罐。贮罐中经一定消耗的营养物用新鲜培养基以连续、半分批和分批方式置换。氧等气体一般在贮罐中通入。

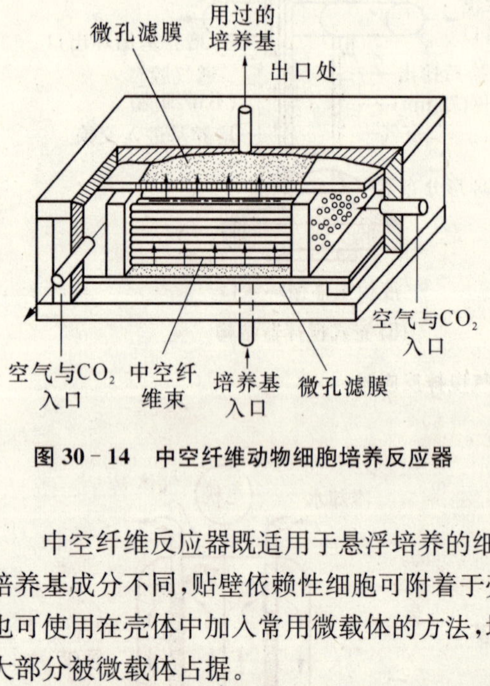

图30-14 中空纤维动物细胞培养反应器

中空纤维反应器既适用于悬浮培养的细胞，也适用于贴壁依赖性细胞。依细胞株种类和培养基成分不同，贴壁依赖性细胞可附着于壳体壁面聚集生长，也可贴附于纤维微孔中生长。也可使用在壳体中加入常用微载体的方法，增大细胞附着的固体表面积。这时纤维管外空间大部分被微载体占据。

陶瓷基质反应器的设计原理与中空纤维反应器类似。该类反应器内设置圆柱体形整块多孔陶瓷，陶瓷基质内有较多的水平方向上的正方形通道，细胞一般生长在通道表面或微孔中。为达到生物相容性要求，陶瓷基质经过硝酸处理，以除去重金属和其他毒性物质。与中空纤维反应器的不同之处是，陶瓷基质中流过的含有大分子组分的培养基直接与细胞接触，细胞受到培养基的浸浴。与中空纤维反应器一样，反应器组件也是整个连续操作的循环环路的一部分，培养基的加入与通气系统的配置方式相同。在反应器放大时，反应器长度选择也考虑沿轴向溶解氧浓度分布问题，但是还要考虑在径向流过培养基的均布，故反应器直径受到限制。

30.2.4 流化床反应器与固定床反应器

流化床反应器也是一种培养基在反应器外循环利用的连续操作动物细胞培养反应器。图 30-15 显示了常见流化床反应器的配置方式。此系统由循环管路、气体交换器、换热器和反应器主体组成。反应器上设置 pH、溶解氧和温度等传感器。溶解氧通过气体交换器控制，pH、温度控制与生物反应器相同。培养过程中约有 1%～5%的细胞悬浮在液体中，其余大部分细胞附着在多孔微载体上。操作时的主要问题是细胞过度生长，这导致微载体间的结团，并在循环液中含有过多的悬浮细胞。使用流化床反应器的主要优点是可以获得培养液中较高的微载体密度，微载体可占培养液总体积的 50%；而在机械搅拌反应器中，此密度为 25%左右（或 15 g/L）。

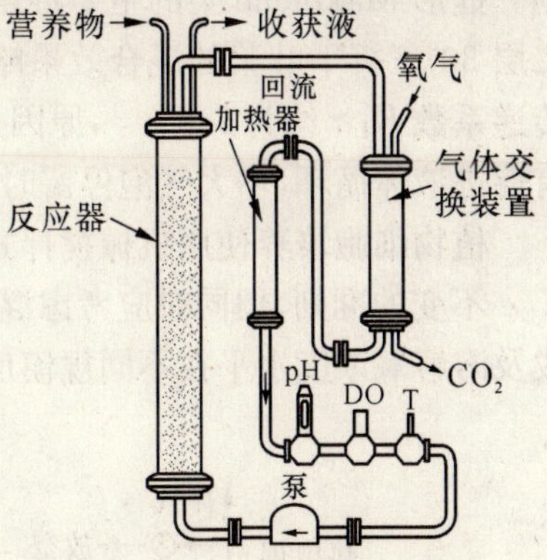

图 30-15 流化床动物细胞培养反应器

固定床反应器多用于贴壁依赖性细胞和固定化后能悬浮培养的细胞。此类反应器的操作系统配置与中空纤维反应器和陶瓷基质反应器类似，反应器组件也是整个连续操作的透析循环环路的一部分，培养基加入系统和通气方式基本相同。与流化床反应器相比，使用固定床反应器的主要优点是其在较大的加料流量范围内操作稳定；缺点是传质效率较低，床内存在流动死区。

30.3 植物细胞与组织培养反应器

30.3.1 植物细胞培养反应器

植物细胞的悬浮培养多数使用鼓泡反应器、气升式反应器和标准的机械搅拌式反应器及其改进型，而固定化培养则使用常用的固定床、流化床和膜反应器等类型。

（1）气升式反应器　植物细胞培养使用的气升式反应器主要有内循环式和外循环式，以内循环式为主。已有实践表明，气升式反应器很适合植物细胞培养，主要原因在于其具有无机械搅拌系统、结构简单、传氧效率高和流体切变率不高的特点。它的不足之处在于气流搅拌强度低下。为达到较高的传氧效率和培养物混合效果，必须通入大量空气以输入动量和能量。但是，过量的通空气也易于驱除培养液及气相中的 CO_2 和乙烯，这对细胞生长反而有阻碍作用。

（2）机械搅拌式反应器　常规的通用式机械搅拌生物反应器已成功地应用于大规模培养烟草细胞。在 20 m^3 反应器上进行分批或连续培养，连续培养时间持续 66 d 时，反应器生产能力达到 5.82 kg(干细胞)/(m^3·d)。

采用机械搅拌式反应器的主要优点是培养物混合均匀，能克服高黏度介质的传质阻力，氧传递系数较高。这类反应器的氧传递系数 K_La 大于 100 h^{-1}，能满足细胞高密度培养的需要。同时，相对于气升式反应器，为达到同样的传递过程效果，机械搅拌式反应器可降低通气速率，保持培养液和气相中 CO_2、乙烯的含量。这种反应器使用时的主要缺点是机械搅拌造成的流体剪切力问题。为此，有不少研究者对搅拌器的结构作改进，使其对各类培养过程的适用性增强。例如，黄世佑(2002)报道，在培养藜豆细胞生产 L－DOPA 时，分别使用单层六平叶涡轮桨、单层 30°三折平叶桨、大直径框形 Maxblend 桨和二层 30°三折平叶桨，相同操作条件下的比较实验表明，前两种搅拌器在各方面的效果较差，应当在反应器中主要安装后两种型式。框形 Maxblend 桨和二层 30°三折平叶桨在剪切力、传质效率和混合效果上仍有差别。框形 Maxblend 桨的主要特点是混合效果好，混合时间相对较小，对细胞的剪切作用低；二层 30°三折平叶桨的混合效果略差，对细胞剪切作用较大，但传质效率较高，达到反应器氧传递系数 K_La 约为 7.5 h^{-1}，原因是其下层搅拌桨能提供良好的气泡分散效果，而上层搅拌器有促进液体循环，增大气泡停留时间的作用。

植物细胞培养使用机械搅拌式反应器，在反应器放大设计时，一般可以使用氧传递系数 K_La 不变的准则，但同时应考虑混合效果和搅拌器对流体剪切作用。还应重视系统的气相组成及溶解氧浓度水平在不同规模反应器中的差别，为此需选择合适的通气量。

30.3.2 植物组织培养反应器

目前主要在生物反应器上进行人参等植物组织的发状根培养。

由于发状根培养的培养体系含有非均相的组织样的多细胞团，因此培养过程的主要问题是如何防止培养组织与搅拌器的缠绕，如何保持植物组织在液体中的悬浮和组分在固体组分中的传递等。目前已尝试应用了各种反应器型式，其中气升式反应器的效果最佳。例如，Furuya 等使用了 20 m^3 气升式反应器培养人参发状根，相关的产品已商业化。流化床反应器也较适合植物组织培养，图 30－16 所示为一种目前研究较频繁的锥形流化床反应器的结构及其相关流程。对机械搅拌反应器的使用也有报道，其应用的关键之处在于设置一定的装置阻隔发状根对搅拌器的缠绕。

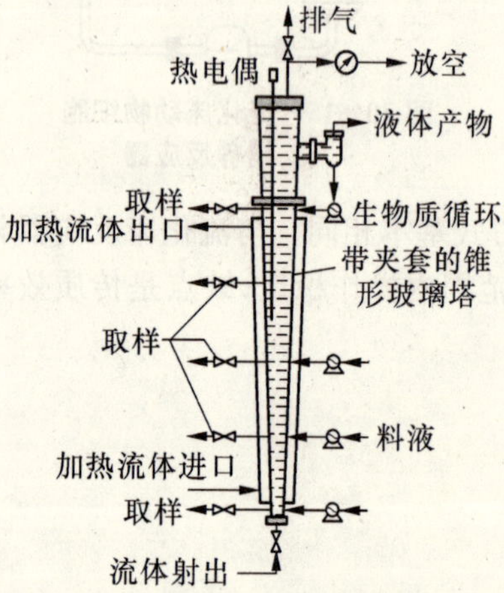

图 30－16 锥形流化床植物组织反应器

30.4 光照培养反应器

培养螺旋藻、小球藻等光能自养型微藻的培养装置称为光照培养反应器。

微藻培养对生物反应器在传质、混合和流体力学条件的要求与植物细胞培养差别并不大，但由于其培养工艺有特殊性，微藻培养反应器的配置有其特殊之处。微藻培养需要足够的光照，需要对系统通入 CO_2 气体并排除生成的 O_2，因此培养反应器设计时必须解决单位反应器体积的光照强度、气体交换系统的配置和反应器的混合与传质等问题。光照培养反应器主要有敞开式和封闭式两大类。

(1) 敞开式反应器系统　这类反应器实际是水塘、浅池和敞开的跑道式管状池等。其特征是培养物所在环境对自然的大气系统开放，在空气温度、自然光照和与大气进行气体交换的条件下培养微藻。其中，敞开跑道池目前已为国内外较多的生产厂家用于商业化生产。这种反应器一般在地面上设计成具有从进口至出口的坡度的管带，故连续操作时，盐水从进口加入反应器，培养液依坡度在重力作用下流出系统。可见，此反应器的优点是建造容易、成本小、操作简便和易于生产。但其缺点也很明显：其培养微藻的光合效率约为1%，而微藻的光合效率实际可达20%，故培养液中藻体浓度低，细胞收获的费用较高。它的培养条件易受外界环境的影响和杂藻、水生动物以及灰尘的污染，并且由于其水分向环境蒸发，容易使培养液中盐浓度上升，微藻的生长受到抑制。敞开跑道池的光照面为液面，光照面积与藻液体积比数值较低（$<10\ m^2/m^3$），因此光能利用率低，难以实现高密度培养。

(2) 封闭式反应器系统　微藻封闭式培养实际是采用常规生物反应器的无菌与纯种培养方式的过程。采用封闭式反应器系统可克服敞开式的缺点，具有光合效率高（可达16.6%）、培养条件易于控制、易于实现纯种培养和大规模长时间的连续操作的优点。目前已报道的封闭式反应器系统有管道式、圆筒形式、扁平箱式、浅层槽式和浅层溢流式等类型。内循环式和外循环式的气升式反应器也可用于小规模培养和过程研究。

图30-17为管道式反应器示意图。其反应器主体为一条透明管道，管道被弯曲成跑道等形状以充分利用光源的辐照。操作时，培养物通过泵或空气升液器的作用在管道内循环流动，循环时经过气体交换器释放培养物中的氧气。气体交换器也有培养基缓冲槽作用，可实现加料和培养物贮存作用。二氧化碳则由钢瓶的压力驱动进入管道与培养液接触并得到充分利用。这种结构的反应器多数采用小直径管，因此具有较大的培养物体积与光照表面积的比值。但是若培养螺旋藻一类的丝状微藻，由于培养物有较高的黏度，因此管内存在混合问题。此外，由于循环系统的剪切强度决定物料在管内的流动状况，故细胞容易收到循环系统的剪切损伤。

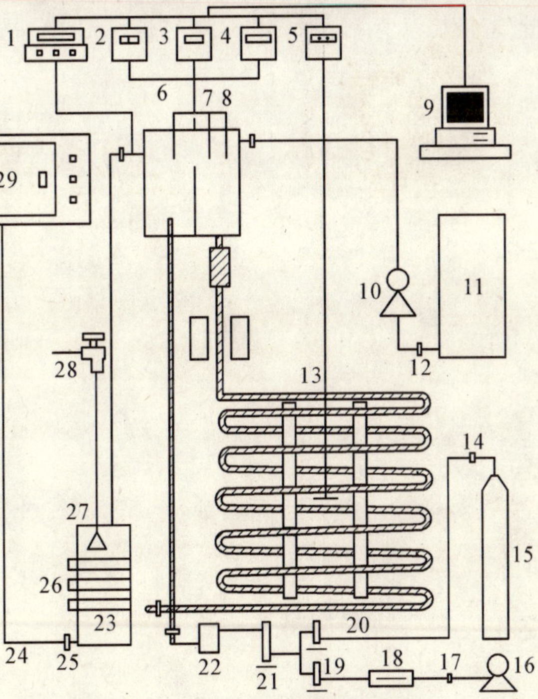

图30-17　管道光照生物反应器

1—分光光度计；2—温度测定仪；3—酸度计；4—溶解氧测定仪；5—光照度计；6—温度传感器；7—pH电极；8—溶解氧电极；9—计算机；10—蠕动泵；11—培养基罐；12、14、17、25—控制阀门；13—测光探头；15—CO_2钢瓶；16—空气泵；18—空气过滤器；19、20、21—气体流量计；22—安全瓶；23—收获罐；24—排液管；26—过滤网；27—喷头；28—水龙头；29—干燥箱

（夏　杰）

参考文献

［1］ 梁世中. 生物工程设备. 北京：中国轻工业出版社，2002.

［2］ 戚以政，夏杰. 生物反应工程. 北京：化学工业出版社，2004.

［3］ 俞俊棠，唐孝宣. 生物工艺学. 上海：华东化工学院出版社，1992.

［4］ Badino J A C，Facciotti M C R，Schmidell W. Volumetric oxygen transfer coefficients（$k_L a$）in batch cultivations involving non-Newtonian broths. Biochemical Engineering Journal，2001，8：111－119.

［5］ Gogate P R，Beenackers A A C M，Pandit A B. Multiple-impeller systems with a special emphasis on bioreactors：a critical review. Biochemical Engineering Journal，2004，6：109－144.

［6］ Huang S Y. Operation and scale-up strategies of bioreactors producing secondary metabolites in plant cell suspension culture. Bulletin of the College of Engineering，2002，84：21－31.

［7］ Lee J M. Biochemical Engineering. New Jersy：Prentice-Hall，1992.

［8］ Rehm H-J，Reed G. Biotechnology. Vol. 3. Weiheim：VCH，1993.

31 微生物过程放大

工业微生物过程的建立一般由实验装置中以不同于生产条件进行的菌种筛选开始，然后以逐步增大规模的一系列发酵实验，再经反应器容量为 50～3 000 L 的中试试验确定最终条件，最终将过程放大至工业反应器规模。工业反应器与实验反应器中的过程变化与结果保持相似，这是微生物过程放大的主要目的。实际上，在不同规模的生物反应器中进行的过程，由于不同规模反应器中物理过程特性存在差异，在大型反应器中有可能达不到实验反应器中的过程结果，因此，过程放大是一项具有不确定性的困难工作。成功的微生物过程放大的基本条件包括对微生物反应动力学和所选用反应器型式传递过程特性、模型及其原理的充分认识，还需要考虑细胞的生长和代谢过程以及物理过程整合时所出现的多重问题，并对放大反应器作合理的选择，对这些基本条件的研究也就是过程放大的基本任务。

31.1 微生物过程放大原理

31.1.1 微生物过程的多尺度特性

对复杂的微生物反应过程，依空间尺度和时间尺度的多尺度原理考察，可将其分解为具有不同行为的子系统。一般可对微生物反应过程做宏观反应器水平和微观细胞水平的研究。

(1) 宏观反应器尺度　此为以反应器为基准对系统作分析。微生物发酵过程中，在反应器规模上一般发生宏观的流动与混合过程、气-液-固多相体系的物质交换、细胞的生长与产物的生成、培养液的组成及流变性质的变化等，因此从表观上观察生物反应过程时，有上述各过程变化整合的性质。

(2) 微观细胞和分子尺度　可认为每个微生物细胞为一微型反应器，在其内部进行一系列复杂的同时进行的生化反应。细胞在环境中，基于环境参数和营养物的组成的变化，这些反应在代谢网络中受到细胞的内部控制机制调节，这些机制能强化细胞适应环境并控制各步反应速率。其次，生长过程中的细胞群体也有细胞间生长非同步性。在母细胞分裂后，每个细胞均必然处于从母代细胞至子代细胞的生长周期的各个阶段。对某些微生物种类，例如酵母，发芽中的细胞也会处于生长周期的某个不确定阶段。还有，某些重组微生物在培养过程中，细胞内部各组成会有不均衡变化，细胞群体在较长时间的培养后还会发生遗传结构的突变。因此，与宏观动力学观察不同，在细胞微尺度上，细胞群体内部实际有生长和代谢活性的差别，导致菌种丧失产物生产和目标蛋白正常表达的能力。微观尺度上，细胞还有在内部酶和基因组水平的纳尺度上的各种过程中特殊的系统响应和反应。

综上所述，生物反应过程的操作很复杂，反应体系在宏观和微观尺度上均有它们各自的一组复杂反应，而各种尺度的反应组之间还有相互影响，同时它们均受反应器内环境因素的影响。微生物反应过程各层次的多尺度关系如图 31－1 所示。

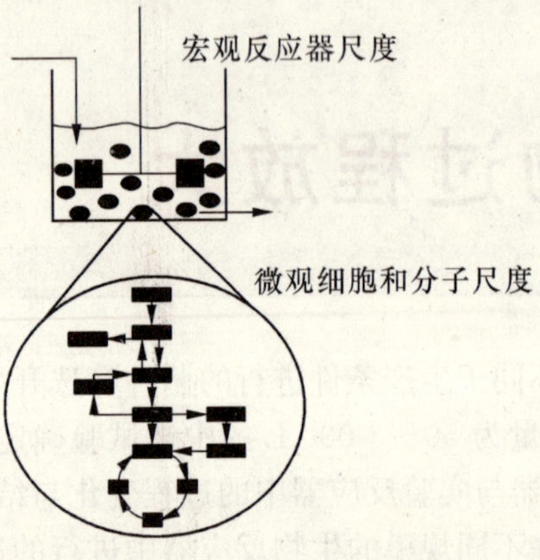

图 31－1 微生物反应过程各层次的多尺度关系

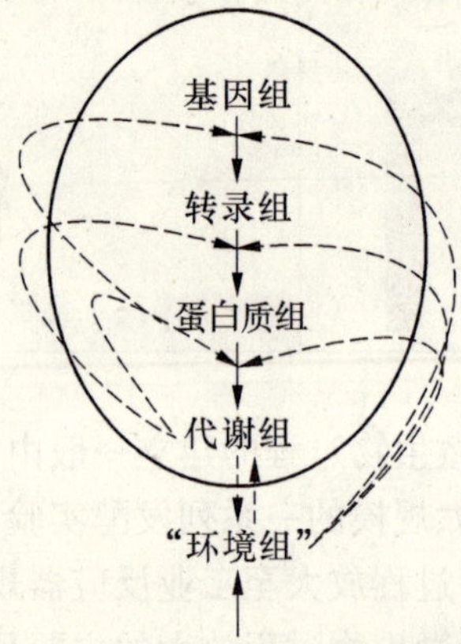

图 31－2 生物反应器的环境组与细胞生长及代谢间的关系

若可以用现代生物技术的表述方法说明微生物反应过程的多尺度特性，细胞的代谢反应可用基因组、转录组、蛋白质组和代谢组表示，而生物反应器的过程可用“环境组”表示。环境组的状态变量包括所有化合物的浓度，还包括温度、剪切速率、局部流动速度和湍流强度等物理变量。环境组与其他组的相互作用如图 31－2 所示。因此，生物反应器可被认为是环境组的发生器。生化工程师研究微生物过程时，实际上是意图通过控制少数受到严格条件约束的输入变量以控制环境组而达到过程最优化。

对生物反应过程的复杂性，从时间尺度上看，可用各传递过程速率和代谢网络中各步反应速率的比较来分析。从生物反应工程原理分析，整个过程的速率受最慢步骤的速率控制。其次，各子过程速率也可用相应的时间常数来衡量。

31.1.2 放大原理与主要方法

从现有理论看，微生物过程放大主要解决两个基本问题：其一是微生物反应过程动力学的研究；其二是选择与设计满足这些过程条件的反应器。过程动力学研究的目的是确定反应条件、反应器型式和操作方式。在解决这两类问题时，放大过程中所遵循的最基本原则是相似性。这种相似性可分为五类：①反应器结构的几何相似；②流体力学条件的相似；③热力学性质和换热条件的相似；④质量传递特性与组分浓度及其变化的相似；⑤生物反应过程动力学性质的相似。

按照上述次序，在放大过程中原则上依次满足上述条件，前一级是后一级的前提。因此，若全部满足上述条件，则放大前后的系统既具有相同的外形特征，也具有同一的行为方式，并且两个不同的系统能用相同的微分方程来描述。

生物反应器放大时保持上述相似条件的实质是使细胞的生长与代谢环境保持不变。为达到此目的，一方面应对微观动力学和热力学作分析，另一方面应对反应器的传递和混合特性的变化作出估计。对混合特性而言，主要是研究细胞环境的参数分布问题；而从传递特性上看，主要研究传递特性在反应器规模增大时的非线性变化。显然，过程微观动力学和热力学性质与反应器规模无关，而反应器的传递和混合特性受反应器规模的影响，反应器的传递和混合特性的研究是生物反应器及其过程放大的核心问题。以下用时间常数的分析说明反应器规模对过程传递特性的影响。

从时间尺度上分析放大时系统性质的变化，两种不同规模反应系统的相似等效于它们的各种时间常数保持一致。因此，对生物反应器的传递过程，由于其受对流和扩散两种机制控制，故反应器放大尺度的作用反映在两种控制机制的时间常数上。

对于对流传递过程，其时间常数 t_f 为

$$t_f = \frac{L}{u} \tag{31-1}$$

式中，L 为反应器特征尺寸，m；u 为流体对流流动速度，m/s。

上式表明，放大后反应器中的流动速度应随反应器尺寸的增大而增大，只有这样才能维持对流的时间常数不变。然而，由于系统的各时间常数相互间的比值也应当保持不变，因此应该维持反应器在放大前后的对流传递时间常数 t_f 与反应时间常数 t_r 的比值恒定不变，这时放大后的反应器操作性能维持不变。但遗憾的是，随着反应器尺寸 L 的增大，保持流动速度 u 不变是不可能的。以机械搅拌反应器为例，一般有 $u \propto nL$，n 为搅拌速度，故 t_f 不变时的搅拌速度必须恒定。另一方面，一般实际反应器放大时，多数情况下均保持单位液体的搅拌功率消耗 P/V_L 不变，而 $P/V_L \propto n^3 d^2$，因此 n 不变时，$P/V_L \propto d^2$ 或 $P/V_L \propto L^2$，这意味着单位液体的搅拌功率消耗与反应器直径的平方成正比增加，而这与实际情况不符合。

同样，对于扩散传递过程，其时间常数 t_D 为

$$t_D = \frac{L^2}{D_e} \tag{31-2}$$

式中，D_e 为有效扩散系数。

由式(31-2)可见，扩散传递的时间常数 t_D 与 L 的平方成正比，当扩散传递是宏观反应动力学速率的控制步骤时，反应器的规模对其影响明显。

从上述讨论可见，反应器放大后，时间常数 t_f 和 t_D 均明显增大，而反应时间常数 t_r 大致保持不变，因此，与小型反应器中过程速率由反应控制相反，大型反应器的过程动力学速率则受传递过程速率控制。即对小型反应器，$t_r > t_f$（或 t_D）；而对大型反应器，$t_r < t_f$（或 t_D）。

微生物过程放大时，反应器规模的增大还会引起其他变化。例如，对丝状真菌等剪切敏感性微生物，在高搅拌速度下，由反应器中存在速度分布引起的流体剪切力会造成培养时细胞的生理学响应。流体剪切作用引起的常见现象是，对机械搅拌式反应器，反应器平均剪切速率随反应器尺寸的增加而下降，而最大剪切速率通常增加。此外，微生物在反应器中循环时还会经历流动速度梯度和剪切力变化的“振荡环境”。还有，放大过程中还会遇到难以把握的与反应器规模增大有关的工艺问题。例如，大型反应器中存在菌种稳定性问题。虽然反应器中微生物的实际传代数依赖于接种密度，然而甚至在高接种量情况下，从接种瓶至最终收获时的传代数也会增大很多，生产菌种的遗传不稳定性因此比较严重。大型反应器中有时出现的泡沫现象也难以解释。泡沫产生的主要原因是细胞分泌物和细胞破碎时释放的表面活性组分。在实验反应器中，泡沫能得到控制，但在大规模反应器上则难以控制。

综上所述，微生物过程放大实际上是一个综合性较强的困难工作，它不但涉及对复杂的多参数的微生物发酵特性在理论和实践上的把握，也涉及化工过程的流体动力学、传质和传热等方面的知识，因此经长期研究和工业实践发现，虽然目前已建立了各种理论、半经验半理论和经验方法，但应用时均发现各种方法有其长处，也有它们所不能解决的问题。以下概述

各种常用方法的主要特点。

(1) 理论放大法　此法就是完全用数学方法求解描述过程的微观反应动力学、动量、质量和能量衡算关系式，得出大型反应器的设计与操作条件。其特点是，由于采用确定的数学模型进行放大，因此可避免各种具有经验性质的放大方法的矛盾性和盲目性。若建立的模型对过程机理分析充分，模型愈精确，则可保证模型的适用性与放大倍数无关。这类方法的主要缺点是，应用此方法必须完整地描述复杂的细胞生长与代谢反应，必须求解边界条件十分复杂的三维传递方程，并且各种传递方程之间存在关联，例如从动量衡算方程求出的流动分量与参数也用于质量和热量衡算方程的求解，还有动量衡算往往假定反应系统具有拟均相性，但是绝大多数微生物反应体系具有气、液、固三相性质，因此用数学方法描述过程仍然存在不确定性。

单纯研究生物反应器流体力学的理论方法就是计算流体力学法。此法也是对生物反应器及其过程进行动量、质量和热量传递的衡算，然后用计算机软件和数值分析法，对生物反应器的过程作模拟和放大。计算流体力学法的有效性依赖于对反应器中的流体流动机理的充分认识，在此基础上能够发挥理论方法的长处，用于生物反应器的开发和研究时，能明显减少实验次数，较经济地得出用实验手段难以获得的反应器性能的信息，由此对反应器结构和传递性能进行评估。另一方面，计算流体力学法应用的可靠性主要取决于模型的正确建立和参数的合理选择，也依赖于实验验证。

(2) 半理论放大法　此法也称为基础模型法，它实质是理论放大法的简化应用形式。例如对机械搅拌通气反应器和鼓泡反应器进行模型化研究时，对它们的复杂流动状况，以只考虑流体的主体流动而忽略局部(如搅拌器和反应器壁附近)流动的角度进行简化的数学描述。基础模型法所建立的模型主要有多级串联全混流模型、轴向扩散平推流模型、分区模型、平推流和全混流的组合模型等。这种方法用于反应器放大时，其基本步骤是首先在模型反应器中进行微生物反应过程动力学的各种条件实验以获得最优化反应结果，然后用上述各种模型描述过程并求解，得出培养条件和操作变量的取值。由此可见，该法依赖实验数据和模型简化分析，故具有经验性质，其有效性依赖模型的精确性并与放大倍数有关。用所建立的模型进行设计计算时，需进行实验检验和校正。

(3) 量纲分析法　该法在放大过程中，以维持反应系统参数构成的各种无量纲准数恒定不变的准则进行放大。应用量纲分析法时，将反应器的动量、质量和热量衡算以及有关的边界条件、初始条件以无量纲形式的方程式写出后用于放大计算。其基本观点是，若在大型反应器和小型反应器保持几何相似的条件下，它们的各无量纲数和边界条件相同时，衡算模型有相同的解。实际上，因为各种无量纲数均可由各种时间常数的比值给出，故保持无量纲数不变的含义是和各种作用机制有关的时间常数的比值恒定。由于保持系统无量纲数不变等效于保持系统各时间常数恒定，因此量纲分析法与以下介绍的用于放大研究的基于时间常数分析的缩小-放大法的意义相同。量纲分析法多用于各种物理过程的放大，对复杂的微生物反应过程而言，由于需维持的相似条件太多，此法的有效性较差。

(4) 经验规则放大法　此法以相似原理和生物反应器操作与设计的基础理论知识为设计基础，主要根据现有生物反应器的设计经验，选择关键的放大准则作反应器的放大设计。表 31－1 列出了目前国内外微生物发酵工业的机械搅拌通气反应器和气流搅拌反应器放大时常用的放大判据及其所占的比例。经验规则放大法在历史上曾经起过重大的作用，目前仍是生物反应器放大的主要方法。

表 31-1 生物反应器常用放大判据及其所占的比例

放大判据	工业应用比例	放大判据	工业应用比例
单位液体的搅拌功率消耗恒定	30%	搅拌桨叶端线速度恒定	20%
氧传递系数 $K_{L}a$ 恒定	30%	氧分压恒定	20%

目前生物反应器的放大既有用传统的经验规则放大法，也有用理论放大法，主要还是取决于特定微生物反应本身的特性，由此决定所采用的生物反应器的结构类型及其放大的难易性。对微生物生理与代谢特性的分子水平的研究表明，工业生物反应过程的可放大规模主要受生物反应系统本身的遗传学本质的限制。例如，人生长激素这类重组蛋白的生产规模一般为 200 L；而用传统的微生物转化过程制造青霉素一类药物的规模，一般为 200 m^3；废水生物处理过程的规模为 150 000 m^3。

31.2 基于过程机理分析的放大研究

前已述及，在时间尺度上，系统各子过程的反应速率大小的性质等效于它们各自的时间常数，因此由比较与分析各时间常数可了解过程的速率控制机理，明确在过程放大时在微观反应动力学和传递过程上系统各特性的非线性变化的原因，由此确定大型反应器的设计与操作方案。

宏观微生物反应过程动力学速率主要受本征反应速率和传递过程速率两方面控制，当它们的各时间常数及其相对比值均不变时，放大过程的反应机理不会改变。按此原理，Kossen 和 Oosterhuis(1985)建立了缩小-放大法(scale-down)，此法主要用于过程放大的研究。以下介绍基于时间常数的机理分析和缩小-放大法的有关知识。

31.2.1 时间常数法及其过程机理分析

生物反应体系用时间常数法描述，实际上是沿用热力学中分析复杂体系的特征时间方法。在热力学中过程变化的特征时间为其松弛时间，其大小取决于过程由一种状态达到新的稳定态的速率的大小，特征时间越小的过程变化较快。同样，对生物反应的各种过程，其时间常数也表示其过程变化速率的特征。

时间常数也表示速率过程的效率。因此，它的计算则以分析过程的推动力和效率为基础。对以速率 J、推动力 X 和效率 L 所表征的一般过程为

$$J = LX \tag{31-3}$$

其时间常数 τ_R 则为

$$\tau_R = 1/L \tag{31-4}$$

对一般的化学反应

$$r = f(c_S) \tag{31-5}$$

以反应物浓度 c_S 表示推动力，则有

$$r = \left(\frac{f(c_S)}{c_S}\right)c_S \tag{31-6}$$

其时间常数为

$$\tau_R = \frac{c_S}{f(c_S)} \tag{31-7}$$

可见，对符合米氏机制的游离酶反应

$$r_S = \mu_{max}\frac{c_S}{K_m + c_S} \tag{31-8}$$

时间常数则为

$$\tau_R = (K_m + c_S)/\mu_{max} \tag{31-9}$$

当 $c_S \approx K_m$ 时，

$$\tau_R = 2K_m/\mu_{max} \tag{31-10}$$

对细胞与环境的相互作用进行系统化分析，过程的时间常数可分为属于传递过程和细胞反应的两大类，如表 31-2 所示。

表 31-2 生物反应过程的时间常数

时间常数	符号及计算式	数值范围/s	符号说明
细胞生长时间	$t_X = \frac{1}{\mu}$	$1\times10^4 \sim 1\times10^5$	μ 为最大比生长速率
底物消耗时间	$t_{SC} = \frac{c_S}{r_S}$	$1\times10^4 \sim 5\times10^4$	c_S 为反应器中底物浓度；r_S 为底物消耗速率
氧的消耗时间	$t_{OC} = \frac{c_{OL}}{r_{O_2}}$ $(c_{OL} > K_{O_2})$	0.1～20	c_{OL} 为溶解氧浓度；r_{O_2} 为耗氧速率
底物加料时间	$t_{SA} = \frac{Vc_S}{Fc_{S_0}}$	$10\sim10^2$	c_{S_0} 为加料中底物浓度；V 为反应器有效体积；F 为加料体积流量
混合时间	t_m	$10\sim3\times10^2$	
循环时间	t_c	1～30	
平均停留时间	$\tau = \frac{V}{F}$		
氧传递时间	$t_{OTR} = \frac{1}{K_La}$	5～10	K_La 为体积氧传递系数
传热时间	$t_H = \frac{V\rho_L c_p}{hA}$	$3\times10^2 \sim 8\times10^2$	ρ_L 为液体密度；c_p 为液体比热容；h 为传热系数；A 为传热面积

由表 31-2 的数据可知，各时间常数数值均有不同的数量级，由于各时间常数均对应其过程速率，故对整个过程而言，时间常数最大的过程是宏观动力学速率的限制步骤，各个过程均以它们速率和时间常数的大小对整个过程的速率作控制机理上的影响。图 31-3 总结了大多数生物反应过程中一些重要宏观和微观的物理和生化反应过程的时间常数变化范围，由

此可以在分析细胞与环境相互作用时，判断过程的控制机制。表 31-3 列出了黑曲霉发酵的大型反应器和小型反应器的各种时间常数的数值。

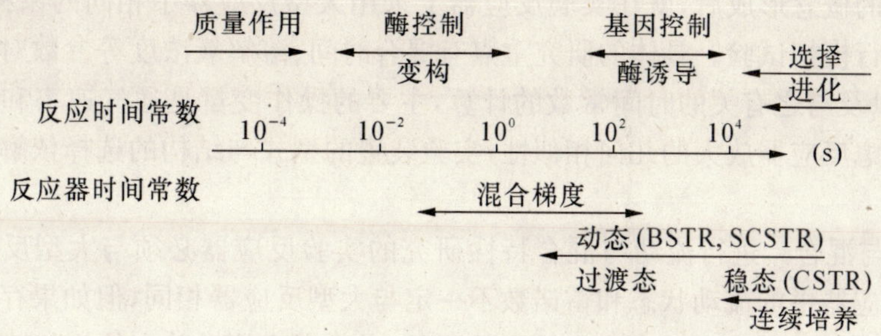

图 31-3 各种细胞反应和生物反应器的时间常数及其范围

表 31-3 黑曲霉发酵的各种时间常数

时间常数	小型反应器	大型反应器	时间常数	小型反应器	大型反应器
细胞生长	5 h	5 h	氧传递	10 s	18 s
糖消耗	5 h	5 h	混合时间	10 s	100 s

31.2.2 缩小-放大法及其应用

缩小-放大法是一种建立在机理分析基础上并以实验研究过程放大规律的方法。该方法的基本特点是，在整个过程放大中，在不同规模不同结构的实验生物反应器上对微生物过程进行深入充分的研究，得出过程放大的基础数据及有关数学关联式，获得受反应器规模影响的关键过程及其关键参数变化的信息，由此决定放大反应器的基本配置与操作条件。当现有发酵过程需要进行菌种更换或过程条件优化时，缩小-放大法也是常用的有效研究手段。图 31-4 是这种方法的示意图。由于此法常在小型反应器上进行对大型反应器的模拟研究试验，因此实验模拟系统中许多参数能够得到快速测定，并能节省研究材料和费用，因此它还具有经济性和可操作性。

该法的机理研究以计算与测定时间常数为过程机理分析的主要手段，由此找出过程放大的主要问题与矛盾。例如，如果氧传递时间常数 t_{OTR} 大于细胞生长的时间常数 t_X 时，氧传递过程速率限制细胞生长速率，反应器中会出现局部缺氧的情况。若混合时间 t_m 较底物加料时间常数 t_{SA} 长，则加料速率不构成细胞对底物需求的限制，流体的混合成为限制细胞对底物消耗的原因。

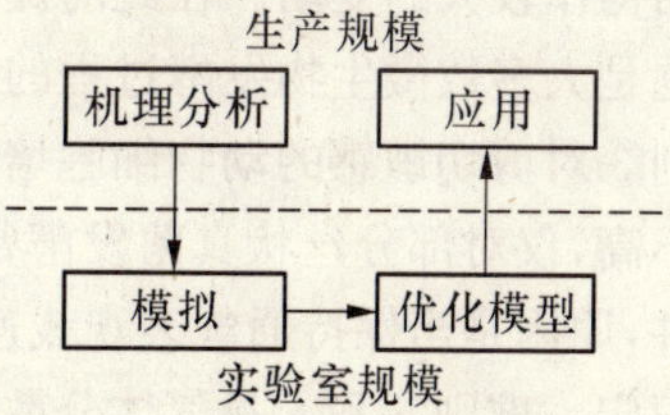

图 31-4 基于机理分析的缩小-放大法示意图

缩小-放大法的主要研究重点是基于时间常数分析的过程机理研究，目的是确定反应系统是反应控制，还是传质控制或流体的混合控制。该法主要解决的问题是：①该系统是否由单个机制控制；②起关键作用的控制机制如何；③反应规模改变时系统的控制机理如何变化。为此，一般采用实验模拟的方法，在测定和计算并比较各主要过程的时间常数后作出判断。实验模拟的主要研究工作是建立模拟大型反应器过程特性的小规模试验反应器，用其分析大型反应器实际条件下的过程动力学特性。

缩小-放大法作模拟试验时按理对细胞的生长与代谢、流动与混合、通气等各个过程均需分别研究，由此明确反应器尺度放大时的效应。对这些单独的过程，其研究内容如下。

(1) 细胞的生长与代谢　此研究在有关大型反应器的型式与尺寸和辅助系统(如搅拌器、换热系统)的概念形成后，就在实验反应器上采用大型反应器中相同的菌种、培养基配比和操作条件进行模拟试验。具体的研究重点有混合时间、溶解氧浓度等参数对细胞的生长与代谢的影响，以及与之有关的时间常数的计算，主要的操作变量是通气速率和搅拌速度。此阶段一般不考虑反应器放大的几何相似性，实验装置的型式与结构的选择依解决问题的性质而定。

(2) 流动与混合　进行流动与混合特性研究的实验反应器必须与大型反应器保持几何相似。实验反应器中的流动状态和雷诺数不一定与大型反应器相同，但如果存在边界层传递过程(例如壁面换热过程)对反应影响较大的现象，必须考虑流动状态的相似性。

(3) 通气和其他分散过程　此类研究的实验反应器也必须与大型反应器保持几何相似。由于反应器放大时一般常使用恒定等体积搅拌功率的准则，因此在实验研究氧传递特性时，对此有关的实验需作适当的考虑和安排。

31.3　微生物反应器的放大设计

31.3.1　放大准则

对常规的微生物反应器进行放大设计时，主要选择对反应器操作性能影响较大的物理过程参数作为放大准则，这些参数多数归属于混合过程和质量传递过程。在微生物反应器放大中主要需保持恒定的过程特性有：①反应器的几何特征；②体积氧传递系数 K_La；③最大剪切力(对机械搅拌反应器，它等效于搅拌器叶端速度)；④单位液体体积的功率输入；⑤单位反应器有效体积的通气速率；⑥通气表观线速度；⑦混合时间。对某些特殊的过程使用一些不常用的参数作为放大判据。

准则①是绝大多数生物反应器放大时保持不变的基本条件。一般在反应器放大时不对结构作较大的变动。在此前提下，准则②～⑥是常用准则。采用准则②的原因是，氧传递问题是大多数微生物发酵过程的核心问题之一，故反应器放大时保持其基本不变极端重要。准则③对剪切敏感的动物细胞培养反应器放大至关重要，在大多数微生物反应器放大时重要性不高，仅对部分丝状真菌发酵需作一定估计。准则④也是机械搅拌反应器放大时的基本条件，原因是当保持通气表观线速度恒定时，相同的搅拌功率消耗等同于体积氧传递系数 K_La 恒定。准则⑤和⑥是气体分散的重要指标，也是反应器流动状态和混合效果的重要参数。例如，对气升式反应器，通气速率和表观线速度决定氧传质系数、液体循环时间和混合时间等关键参数。对准则⑦，由于混合时间与反应器中溶解氧和限制性底物浓度的分布有关，故大型反应器的混合时间应与理想混合的小型反应器的数值相同。

31.3.2　计算方法

31.3.2.1　几何尺寸放大

在生物反应器放大上，放大倍数实际上就是反应器体积增加的倍数，即放大倍数 $m=\frac{V_2}{V_1}$(下标 1 为模型反应器，下标 2 为放大反应器)。因为几何相似，因而$\frac{H_1}{D_1}=\frac{H_2}{D_2}=A$，则

$$\frac{V_2}{V_1}=\frac{\frac{\pi}{4}D_2^2H_2}{\frac{\pi}{4}D_1^2H_1}=\frac{\frac{\pi}{4}D_2^2D_2A}{\frac{\pi}{4}D_1^2D_1A}=\left(\frac{D_2}{D_1}\right)^3=m \quad (31-11)$$

同理可得

$$\frac{H_2}{H_1}=m^{1/3} \quad (31-12)$$

$$\frac{D_2}{D_1}=m^{1/3} \quad (31-13)$$

31.3.2.2 通气速率放大

通气速率放大包括单位培养液体积在单位时间内通入的空气量(以标准状态计)和操作状态下的通气表观线速度。前者即 $\frac{Q_0}{V_L}=VVM[m^3/(m^3\cdot min)]$，$Q_0$ 表示通气量，m^3/min；后者以 w_S 表示，两者换算关系为

$$w_S=\frac{Q_0(60)(273+t)(9.81\times10^4)}{\frac{\pi}{4}D^2(273)p}=\frac{27\,465.6Q_0(273+t)}{pD^2}$$

$$=\frac{27\,465.6(VVM)(V_L)(273+t)}{pD^2}\quad (m/h) \quad (31-14)$$

$$Q_0=\frac{w_S pD^2}{27\,465.6(273+t)}\quad (m^3/min) \quad (31-15)$$

$$VVM=\frac{w_S pD^2}{27\,465.6(V_L)(273+t)}\quad [m^3/(m^3\cdot min)] \quad (31-16)$$

式中，D 为反应器直径，m；t 为反应器温度，℃；V_L 为培养液体积，m^3；p 为液柱平均绝对压强，Pa。

$$p=(p_T+9.81\times10^4)+\frac{9.81}{2}H_L\times\rho \quad (31-17)$$

式中，p_T 为液面上承受的空气压强，即反应器顶部压力表所指示的读数，Pa；H_L 为反应器液柱高度，m；ρ 为培养液密度，kg/m^3。

下面介绍三种空气流量的放大方法。

(1) 以单位培养液体积中空气流量相同的原则放大　采用此法时，$(VVM)_2=(VVM)_1$，根据式(31-16)，知

$$w_S\propto\frac{(VVM)V_L}{pD^2}\propto\frac{(VVM)D}{p}$$

因此

$$\frac{(w_S)_2}{(w_S)_1}=\frac{D_2}{D_1}=\frac{p_1}{p_2} \quad (31-18)$$

(2) 以空气直线流速相同的原则放大　此时 $(w_S)_2=(w_S)_1$，根据式(31-16)

$$\frac{(VVM)_2}{(VVM)_1}=\left(\frac{p_2}{p_1}\right)\left(\frac{D_2}{D_1}\right)^2\left(\frac{V_{L1}}{V_{L2}}\right)=\frac{p_2}{p_1}\times\frac{D_1}{D_2} \quad (31-19)$$

(3) 以K_La值相同的原则放大　根据文献报道，$K_La \propto \left(\frac{Q_g}{V_L}\right) \times H_L{}^{2/3}$，其中$Q_g$为操作状况下的通气流量，$m^3/min$；$H_L$为液柱高度，m；$V_L$为培养液体积，$m^3$。则

$$\frac{(K_La)_2}{(K_La)_1} = \frac{(Q_g/V_L)_2(H_L)_2^{2/3}}{(Q_g/V_L)_1(H_L)_1^{2/3}} = 1$$

故
$$\frac{(Q_g/V_L)_2}{(Q_g/V_L)_1} = \frac{(H_L)_1^{2/3}}{(H_L)_2^{2/3}}$$

因
$$Q_g \propto w_S D^2,\ V_L \propto D^3$$

故
$$\frac{(w_S)_2}{(w_S)_1} = \left(\frac{D_2}{D_1}\right)^{1/3} \tag{31-20}$$

又因
$$w_S \propto (VVM) \times \frac{V_L}{pD^2} \propto (VVM) \times \frac{D}{p}$$

故
$$\frac{(VVM)_2}{(VVM)_1} = \left(\frac{D_1}{D_2}\right)^{2/3}\left(\frac{p_2}{p_1}\right) \tag{31-21}$$

若$(V_L)_2/(V_L)_1 = 125$，$D_2 = 5D_1$，$p_2 = 1.5p_1$，则用上述三种不同放大方法计算出的空气量结果如表31-4所示。

表31-4　放大125倍情况下，用不同方法计算出的VVM值和w_S值

放大方法	VVM值		w_S值	
	放大前	放大后	放大前	放大后
VVM相同	1	1	1	3.33
w_S相同	1	0.3	1	1
K_La相同	1	0.513	1	1.71

由表31-4可知，若以VVM等于常数的方法计算，放大125倍后，w_S增加了3.33倍，此值常嫌过大，而使搅拌器处于被空气流饱和的状态，无法发挥其加强气液接触和搅拌液体的作用。若以w_S等于常数来计算，则VVM值在放大后仅为放大前的30%，似乎又嫌过小。因此，空气流量放大一般以K_La为常数的准则进行放大计算。

31.3.2.3　搅拌功率及搅拌速度的放大

搅拌功率及搅拌速度的放大方法较多，常用于微生物反应器的三种方法分述如下。

(1) 以单位培养液体积所消耗的功率相同原则放大　此时$P/V_L =$常数，由于

$$P \propto n^3 d^5,\ V_L \propto D^3 \propto d^3$$

因此
$$P/V_L \propto n^3 d^2$$

或
$$n_2 = n_1\left(\frac{d_1}{d_2}\right)^{2/3} \tag{31-22}$$

$$P_2 = P_1\left(\frac{d_2}{d_1}\right)^3 \tag{31-23}$$

(2) 以单位培养液体积所消耗的通气功率相同原则放大　此时$P_g/V_L =$常数，若以$P = Kn^3d^5\rho$和$Q_g = \frac{0.785D^2 w_S}{3\,600}$代入计算通气功率的Michel公式，则得

$$P_g \propto \left[\frac{(n^3 d^5)^2 n d^3}{(d^2 w_S)^{0.56}}\right]^{0.45} \propto \frac{n^{3.15} d^{5.346}}{w_S^{0.252}}$$

$$\frac{P_g}{V_L} \propto \frac{n^{3.15} d^{2.346}}{w_S^{0.252}}$$

故

$$n_2 = n_1 \left(\frac{d_1}{d_2}\right)^{0.745} \left[\frac{(w_S)_2}{(w_S)_1}\right]^{0.08} \tag{31-24}$$

$$P_2 = P_1 \left(\frac{n_2}{n_1}\right)^3 \left(\frac{d_2}{d_1}\right)^5 = P_1 \left(\frac{d_2}{d_1}\right)^{2.765} \left[\frac{(w_S)_2}{(w_S)_1}\right]^{0.24} \tag{31-25}$$

(3) 以体积氧传递系数 $K_L a$ 相同原则放大　若以下式作为体积氧传递系数的计算式，即

$$K_L a = 1.86(2+2.8m)\left(\frac{P_g}{V_L}\right)^{0.56} w_S^{0.7} n^{0.7} \tag{31-26}$$

式中，m 为搅拌器层数。此式适用于的反应器体积为 0.1～42 m^3。
则有

$$K_L a \propto \left(\frac{P_g}{V_L}\right)^{0.56} w_S^{0.7} n^{0.7}$$

若以 $\frac{P_g}{V_L} \propto \frac{n^{3.15} d^{2.346}}{w_S^{0.252}}$ 代入上式，整理后可得

$$K_L a \propto n^{2.45} d^{1.32} w_S^{0.56}$$

按 $(K_L a)_2 = (K_L a)_1$ 的原则放大，则

$$n_2 = n_1 \left(\frac{d_1}{d_2}\right)^{0.533} \left[\frac{(w_S)_1}{(w_S)_2}\right]^{0.23} \tag{31-27}$$

$$P_2 = P_1 \left(\frac{d_2}{d_1}\right)^{3.40} \left[\frac{(w_S)_1}{(w_S)_2}\right]^{0.681} \tag{31-28}$$

$$(P_g)_2 = (P_g)_1 \left(\frac{d_2}{d_1}\right)^{3.667} \left[\frac{(w_S)_2}{(w_S)_1}\right]^{0.967} \tag{31-29}$$

以上有关放大的方法都是基于特定参数不变的准则进行放大计算的。将几种放大方法作比较，目前一般工业上仍以单位培养液体积通气功率相同的准则为主，放大后的搅拌功率和搅拌速度与实际经验较吻合。但是，若使用合理的氧传递系数计算式，并在正确计算出通气表观线速度的条件下，以单位培养液体积通气功率相同的准则所得的计算结果应当与按体积氧传递系数不变原则所得计算结果相同。

（夏　杰）

参 考 文 献

[1] 戚以政，夏杰. 生物反应工程. 北京：化学工业出版社，2004.

[2] 俞俊棠，唐孝宣. 生物工艺学. 上海：华东化工学院出版社，1992.

[3] 张元兴，许学书. 生物反应器工程. 上海：华东理工大学出版社，2001.

[4] Bhargava S, Wenger K S, Marten M R. Pulsed addition of limiting-carbon during *Aspergillus oryzae* fermentation leads to improved productivity of a recombinant enzyme. Biotechnology and

Bioengineering, 2003,82(1):111 - 117.

[5] Bhargava S, Wenger K S, Rane K, et al. Effect of cycle time on fungal morphology, broth rheology, and recombinant enzyme productivity during pulsed addition of limiting carbon source. Biotechnology and Bioengineering, 2005,89(5):524 - 529.

[6] Lara A R, Leal L, Flores N, et al. Transcriptional and metabolic response of recombinant *Escherichia coli* to spatial dissolved oxygen tension gradients simulated in a scale-down system. Biotechnology and Bioengineering, 2006,93(2):372 - 385.

[7] Lidén G. Understanding the bioreactor. Bioprocess and Biosystems Engineering, 2002,24:273 - 279.

[8] Rehm H-J, Reed G ed. Biotechnology. Vol. 3. Weiheim: VCH, 1993.

[9] Sandoval-Basurto E A, Gosset G, Bolivar F, et al. Culture of *Escherichia coli* under dissolved oxygen gradients simulated in a two-compartment scale-down system: metabolic response and production of recombinant protein. Biotechnology and Bioengineering, 2005,89(4):453 - 463.

32 生物能的开发利用

能源按形成条件的不同可以分为一次能源和二次能源。从自然界直接开采得到的能源称为一次能源,用一次能源加工得到的能源称为二次能源。一次能源按其能否循环使用和不断得到补充,又可分为可再生能源和不可再生能源。现在可作能源使用,但不影响将来可以利用的能源总量,这样的能源称为可再生能源。相反,枯竭性能源称为不可再生能源。太阳光、水力、风力、潮汐力、海洋温差、传统能源(如木柴、秸秆、木炭、牛粪等)等均属于可再生能源。

在能源利用史上,世界能源结构的发展先后出现过 3 个波峰:19 世纪中叶前,能源结构以生物质燃料为主;19 世纪末到 20 世纪初,煤是主要能源;20 世纪中叶以后石油占据能源的主要地位。以第一次石油危机为转机,各国为了摆脱对石油的依赖,逐渐将能源向生物质能、天然气和煤炭方面分散。我国的大气污染问题,与能源消耗模式和供应结构有密切关系,初期主要是煤炭燃烧排放煤尘,由于 20 世纪 60—70 年代工业化迅速发展,燃料从煤炭转向石油,大气污染问题也从煤尘变成粉尘和硫氧化合物,各地的大气污染问题不断被激化。

目前人们普遍使用的能源是化石能源(石油、煤炭、天然气),化石能源有两大致命的缺点:其一,化石能源是不可再生能源,地球上的储量有限,快速的经济增长使得地球上可供利用的不可再生能源日趋枯竭;其二,化石能源在其使用过程中不可避免地产生大量污染,造成的环境危机更甚于其本身短缺的危机。

出于对大量使用化石能源可能导致全球变化和资源枯竭的担忧,以及对可持续发展和环境保护的追求,科学家把目光聚焦到了包括生物质能在内的可再生能源。生物质能的现代化利用在许多国家得到高度重视,美国、瑞典、奥地利三国生物质能转化为高品质能源(电力、燃气、液体燃料等)的利用已有相当规模,分别占该国一次性能源的 4%、16%和 10%,并仍在大力发展中。生物质能必将成为未来可持续发展能源系统中的主要能源之一。

生物体内各种复杂的反应都是由特定的酶催化进行的,反应在温和、常态的条件下进行,对环境友好,而且过程高效,适应现代化工发展的要求。在生物资源中,微生物具有独特的生理代谢特点,个体微小、繁殖快、分布广,其表面积与体积的比值是人体的 30 万倍,这一典型的小体积大面积的特点,十分有利于微生物与周围环境的物质和能量的交换。微生物代谢活力强,在资源再生转化中其效率远远大于动植物,有利于在短时间内把大量基质转化为有用的产品,实现工业化生产。同时微生物作用底物一般是生物质,应用微生物进行燃料的生产可以减少化石燃料(石油、煤炭)等的开采,减轻环境的压力,减少人类对不可再生资源的依赖,解决当前的能源危机。

32.1 由微生物过程产生的能

在生态系统中绿色植物及少数自养型微生物,能够借助体内的光合色素将太阳能转换为生物能贮藏在体内。我们称这些生物有机体为生物质(生物量,biomass),贮藏在生物质内的太阳能即为生物能(bioenergy)。在生物体之间和不同生物之间生物能的循环和能量流动过程中,异养型微生物作为生态系统中的分解者,能利用动植物残体等各种有机物,将其分解,最终以简单的状态释放,如甲烷、乙醇和氢气等,这些微生物叫做产能性微生物或者能源性微生物。它们将使人类能够通过利用能源性微生物达到直接高效地利用生物能的目的。

生物能源主要包括生物电能和生物燃料两大类。生物质能的转化利用方式多种多样,主要包括燃烧、热化学法、生化法、化学法和物理化学法等,可将生物质能转化为热能、固体燃料、液体燃料和气体燃料等二次能源。生化法是依靠微生物或酶的作用,对生物质进行生物转化,生产诸如乙醇、甲烷、氢气等燃料。

32.1.1 生物质发酵生产乙醇

虽然目前生产燃料和有机化工产品的工业仍然采用化石燃料作为原材料,但是20世纪70年代油价的急剧上涨促使人们评估替代资源的可行性,乙醇是一种特别有发展潜力的替代品。1975年巴西的酒精发展项目已经开始采用从甘蔗直接获取的蔗糖作为发酵底物。该项目头十年生产了五百多亿升乙醇,1989年巴西的1 400万辆车中有40%采用乙醇(95%乙醇,5%水)作为燃料,60%采用78%汽油和22%乙醇的混合物作为燃料。

通过适当地预处理,各种类型的生物质都可以作为酒精发酵的底物。各种原料转化为乙醇一般分三个阶段:①通过适当的物理、化学方法和酶技术将聚合物降解为单糖;②微生物(一般采用酵母)将糖发酵为乙醇;③通过蒸馏回收乙醇,要进一步获得无水乙醇还需要精馏过程。

很多微生物可以利用葡萄糖等简单碳源产生乙醇,传统的工业酒精发酵主要是采用酵母属的酿酒酵母,很少用细菌等其他微生物。虽然酵母菌用于生产乙醇有很多优点,但是它们也具有一定的局限性,比如可利用的底物种类少,对酒精的耐受力有限等。随着微生物资源的不断开发,可用于乙醇发酵的微生物越来越多,见表32-1。

表32-1 能大量生产乙醇的微生物及可利用的底物

菌种	底物
酵母	
酵母属(*Saccharomyces* sp.)	
酿酒酵母(*S. cerevisiae*)	葡萄糖、果糖、半乳糖、麦芽糖、麦芽三糖和木酮糖
卡尔斯帕酵母(*S. carlsbergensis*)	葡萄糖、果糖、半乳糖、麦芽糖、麦芽三糖和木酮糖
鲁氏酵母(*S. rouxii*)	葡萄糖、果糖、麦芽糖和蔗糖
克鲁维酵母属(*Kluyveromyces* sp.)	
脆壁克鲁维酵母(*K. fragilis*)	葡萄糖、果糖、乳糖
乳酸克鲁维酵母(*K. lactis*)	葡萄糖、果糖、乳糖
假丝酵母属(*Candida* sp.)	
假热带假丝酵母(*C. pseudotropicalis*)	葡萄糖、果糖、乳糖
热带假丝酵母(*C. tropicalis*)	葡萄糖、木糖、木酮糖
细菌	

（续表）

菌 种	底 物
运动发酵单胞菌(*Zymomonas mobilis*)	葡萄糖、果糖、蔗糖
梭菌属(*Clostridium* sp.)	
热纤维梭菌(*C. Thermocellum*)	葡萄糖、纤维素二糖和纤维素
热硫化氢梭菌(*C. Thermohydrosulfuricum*)	葡萄糖、木糖、蔗糖、纤维素二糖和淀粉
布氏热厌氧菌(*Thermoanaerobium brockii*)	葡萄糖、蔗糖、纤维二糖
乙酰乙基热厌氧杆菌(*Thermobacteroides acetoethylicus*)	葡萄糖、蔗糖、纤维二糖

32.1.1.1 酿酒酵母

用于酒精发酵的酵母是一种单细胞的真核微生物，属于子囊菌纲。其形状和大小随菌株的不同而异，有卵圆形、椭圆形、腊肠形和圆形，大小为 6～11 μm，无鞭毛，不运动。一般采用芽生繁殖，只有在营养极端缺乏的特殊情况下才采用孢子繁殖。酵母进行酒精发酵时，它们主要通过糖酵解途径(EMP)高效地将葡萄糖转化为乙醇和二氧化碳，每发酵 1 mol 葡萄糖只产生 2 mol ATP，用于菌体生长，生产的酒精占理论产量的 90%～95%。

酵母发酵最大的局限在于它所能利用的底物范围有限，比如酵母不能直接利用淀粉及由淀粉不完全水解产生的糊精，因此，酵母要完全利用淀粉质原料必须添加适量葡萄糖淀粉酶进行预处理。此外，酵母也不能直接利用纤维素、半纤维素和大多数戊糖。

32.1.1.2 运动发酵单胞菌

运动发酵单胞菌属厌氧菌，革兰氏阴性，棒状，长约 2～6 μm，宽为 1～1.5 μm，有鞭毛，不产生孢子和荚膜。运动发酵单胞菌利用葡萄糖生产乙醇的速度比酵母快 1～2 倍，乙醇产量可以达到理论最大值的 97%。此外，它的生长完全不需要氧气，并且能在不含有机物的基本培养基中生长，正常发酵温度为 36℃～37℃，比酵母高 6℃～7℃，可节省一部分冷却水。

运动发酵单胞菌能忍耐高渗透压，大部分菌株可在 40%葡萄糖(按质量比计)的溶液中生长。但是它对盐的耐受性低，当发酵液中 NaCl 含量达到 2%时，菌体就不能正常生长，而很多酵母可以忍耐更高浓度的盐溶液。

运动发酵单胞菌只能利用三种碳水化合物：葡萄糖、果糖和蔗糖，其中每种糖的代谢都有其显著的特点。

葡萄糖通过扩散作用进入运动发酵单胞菌，然后由葡萄糖激酶将其转化为葡萄糖-6-磷酸。运动发酵单胞菌的糖代谢采用 ED(Entner-Doudoroff, ED)途径发酵。在 ED 途径中每消耗 1 mol 葡萄糖产生 2 mol NADH。虽然此菌产生 ATP 的效率不高，但它仍能在自然环境中成功地与其他微生物竞争。其原因在于运动发酵单胞菌细胞质中糖酵解酶类和乙醇产生酶类的含量很高，它们约占细胞蛋白质总量的一半，使得底物能迅速通过该途径进行代谢。

运动发酵单胞菌的果糖代谢同吸收葡萄糖一样，也是通过扩散运输吸收果糖；然后在果糖激酶催化下生成果糖-6-磷酸。葡萄糖磷酸异构酶再将果糖-6-磷酸转变为葡萄糖-6-磷酸，此后进入与葡萄糖相同的代谢途径。

对于蔗糖，运动发酵单胞菌能产生蔗糖-6-果糖基转移酶(β-2,6-果糖基转移酶)，此酶能将蔗糖水解为葡萄糖和果糖，进而产生乙醇。

随着生长基质中乙醇浓度的增加，大部分微生物膜的完整性受到一定程度的破坏。然而，运动发酵单胞菌细胞膜包含各种常见的磷脂，其中磷脂酰乙醇胺最丰富，单不饱和脂肪酸即顺式十八碳烯酸(18∶1)在这些磷脂中尤其丰富(高达70%)，而且膜上平均碳氢链长度比大部分其他革兰氏阴性菌平均多一个—CH_2—基团。该菌通过改变细胞膜磷脂类物质和蛋白质等能影响膜稳定性的物质的相对数量而提高对乙醇的耐受性。

32.1.1.3　梭菌发酵

目前，从能量平衡、经济及环境等多种因素综合考虑，燃料乙醇的生产还面临优化工艺、减少能耗等问题，以减小生产成本。而直接通过厌氧细菌将纤维素类生物质转化为乙醇，其成本比通过真菌纤维素酶水解和酵母发酵相结合的工艺要小。梭菌与酵母和运动发酵单胞菌相比，优势在于它能产生纤维素酶，使纤维素和半纤维素只通过一种微生物转化生产乙醇，而不需要额外的微生物来生产水解酶类分解多糖类原料。热纤维梭菌(*Clostridium thermocellum*)、热硫氢梭菌(*C. thermohydrosulfuricum*)、热解糖梭菌(*C. thermosaccharolytium*)这三种梭菌是生物转化工艺的候选微生物(其性质见表32-2)，这些细菌能耐高温，为革兰氏阴性菌，严格厌氧。梭菌产生的纤维小体(Cellulosome)是包含十多种酶的一类独特而又复杂的大分子复合物，这些酶能协同作用，高效降解纤维素和半纤维素。

表32-2　三种梭菌性质比较

	热纤维梭菌	热硫氢梭菌	热解糖梭菌
分离年份	1926	1965	—
最适温度	60℃	65℃～70℃	55℃～60℃
底物范围	纤维素、木聚糖、葡萄糖、甘露糖、阿拉伯糖和木糖	各种碳水化合物(包括糖原、淀粉、果胶)	与热硫氢梭菌类似
产　物	乙醇、乙酸、乳酸、CO_2和H_2	同热纤维梭菌	乙醇、乙酸、丁酸、乳酸、CO_2和H_2

然而，梭菌发酵产生的副产物含有大量的有机酸(乙醇与有机酸的摩尔比最高可达2∶3)，这些微生物也利用含硫氨基酸产生一些H_2S气体，并且它们的乙醇耐受力比酵母和运动发酵单胞菌要低。这些缺点妨碍它用于商业生产乙醇。但是由于梭菌能降解纤维素和半纤维素，从这一点上来说，梭菌在将来有可能成为一种重要的生产多糖水解酶的微生物，而不是作为直接发酵糖类生产乙醇的微生物。

32.1.1.4　同步糖化发酵(SSF)及重组酵母

由于普通的酵母不含水解酶系统，无法直接利用淀粉、纤维素等多糖类原料，因而需要在发酵前对多糖原料进行水解处理。因此，水解过程和发酵过程一般是分开进行的。而在水解系统中，为了克服可溶性糖的反馈抑制作用，要么增加纤维素酶的用量，要么扩大容积降低反应液中可溶性糖的浓度，所有这些都使酶解过程的生产成本增加。为了克服反馈抑制作用并降低成本，随着固定化酶技术的产生，1976年Gauss等提出了在同一个反应器中进行纤维素糖化和乙醇发酵的同步糖化发酵法(Simultaneous Saccharification and Fermentation，SSF)。即在反应器中加入固态糖化酶，同时接种酿酒酵母，这样纤维素酶对纤维素的酶水解和发酵糖化过程在同一装置内连续进行，水解产物葡萄糖通过菌体的不断发酵而被利用，消除了因葡萄糖底物浓度过高对纤维素酶的反馈抑制作用。在工业上采用一步发酵法，既简化了设备，又提高了生产效率，但也存在一些限制因素，如木糖的抑制作用、糖化和发酵温度不协调等。

由于面临降低乙醇成本以提高其竞争力的严峻挑战，近年来许多学者投身于酵母的选育、改进工作。传统的对酿酒酵母的选育方法主要有自然分离、连续培养及诱变。随着基因工程和原生质体融合技术的迅速发展，工程菌的改进有了显著提高。

32.1.2 微生物制氢气

氢气能源是未来可燃气新能源中最理想的气体燃料之一。因为氢气燃烧所释放的热量三倍于汽油，且不会造成污染，堪称绿色燃料；同时，氢还能作为化工行业的原料或者制成燃料电池直接用来发电。制氢方法主要包括物理制氢法、化学制氢法和生物制氢法。目前能够工业化的制氢法主要是化学制氢法，包括水解制氢、甲醇蒸气转化制氢、氨分解制氢以及烃类氧化重整制氢。自从1966年生物制氢的设想提出以来，生物制氢已经得到了很多国家政府的重视，并且得到迅速发展。

(1) 氢气产生菌的种类　能够产生氢气的微生物大体上可分为两大类，一类是厌氧菌。这类微生物包括：大肠杆菌、丁酸梭状芽孢杆菌、白色瘤胃球菌、褐球固氮菌、产气肠杆菌、根瘤菌等。目前，利用厌氧菌进行微生物制氢的研究大体上可分为三种类型：一是采用纯菌种和固定技术进行微生物制氢，但因其发酵条件要求严格，目前还处于实验室研究阶段；二是利用厌氧活性污泥进行有机废水发酵法生物制氢；三是利用连续非固定化高效产氢细菌使含有碳水化合物、蛋白质等的物质分解产氢，其氢气转化率可达30%左右。

另一类是光合菌，利用有机酸通过光产生 H_2 和 CO_2。这类微生物研究得较多的是：夹膜红假单孢菌、红假单孢菌、液胞外硫红螺菌、深红红螺菌、类球红细菌。利用光合菌从有机酸制氢的研究在20世纪70—80年代就已相当成熟。但由于其原料来源于有机酸，限制了这种技术的工业化大规模使用。

(2) 氢气产生的生化机理　生物制氢的方法分为两种：厌氧发酵制氢和光生物制氢。前者是厌氧化能异养菌利用有机物厌氧发酵制氢的过程，有三条基本途径：混合酸发酵、丁酸型发酵和 NADH 途径。葡萄糖在厌氧条件下发酵生成丙酮酸（EMP 过程），同时产生大量的 NADH 和 H^+，当微生物体内的 NADH 和 H^+ 积累过多时，NADH 会通过氢化酶的作用将电子转移给 H^+，释放分子氢，此即 NADH 途径。而丁酸型发酵和混合酸发酵途径均发生于丙酮酸脱羧作用中，它们是微生物为解决这一过程中所产生的“多余”电子而采取的一种调控机制。

光生物制氢是一类能进行光合作用的微生物将太阳能转化为氢能的过程。光合生物利用自身的固氮酶或氢酶来产氢，固氮酶是一种多功能的氧化还原酶，能够把空气中的 N_2 转化生成 NH_4 或氨基酸；氢酶是一种多酶复合体，其主要成分是铁硫蛋白，分为放氢酶和吸氢酶两种，分别催化 $2H^+ + 2e^- \rightleftharpoons H_2$ 的正反应和逆反应。

32.1.3 生物制甲烷

甲烷是沼气的主要成分。甲烷是由复杂的混合微生物群体共同作用产生的。

(1) 甲烷产生菌的种类　产甲烷菌属于古细菌（Archaebacteria），它们是一类既不含有过氧化氢酶也不含有超氧化物歧化酶（SOD）的严格厌氧菌。甲烷产生菌（表 32－3）是现在应用比较广的能源性微生物。

表 32-3 甲烷产生菌

目—科—属—种	目—科—属—种
甲烷杆菌目（Methanobacteriales）	甲烷微菌目（Methanomicrobiales）
甲烷杆菌科（Methanobacteriaceae）	甲烷微菌科（Methanomicrobiaceae）
甲烷杆菌属（*Methanobacterium*）	甲烷微菌属（*Methaogenium*）
甲酸甲烷杆菌（*M. formicium*）	运动甲烷微菌（*M. mobile*）
布氏甲烷杆菌（*M. bryantii*）	产甲烷菌属（*Methanogenium*）
嗜热自养甲烷杆菌（*M. thermoautotrophicum*）	卡列阿克产甲烷菌（*M. cariaci*）
甲烷短杆菌属（*Methanobrevibacter*）	黑海产甲烷菌（*M. marisnigri*）
瘤胃甲烷短杆菌（*M. ruminantium*）	甲烷螺菌属（*Methnospirillum*）
嗜树木甲烷短杆菌（*M. arboriphilus*）	亨氏甲烷螺菌（*M. hungatei*）
斯氏甲烷短杆菌（*M. smithii*）	甲烷八叠球菌科（Methanosarcinaceae）
甲烷球菌目（Methanococcales）	甲烷八叠球菌属（*Methanosarcina*）
甲烷球菌科（Methanococcaceae）	巴氏甲烷八叠球菌（*M. barkeri*）
甲烷球菌属（*Methanococcus*）	
万尼氏甲烷球菌（*M. vannielii*）	
沃氏甲烷球菌（*M. voltae*）	

大多数产甲烷菌能利用 H_2 作为 CO_2 的还原剂以合成有机物，同时它们还利用特殊的厌氧呼吸，即甲烷发酵或碳酸盐呼吸来获取生命所需能量。产甲烷菌是一类严格的厌氧菌，它们在 E_h 低于 -330 mV 时才能产生甲烷。CO_2 被 H_2 还原的过程是一个逐步还原的过程。

(2) 甲烷产生菌在地球碳素循环中的重要作用　产甲烷菌也是自然界碳素循环中厌氧生物链的最后一环，对自然界物质循环起着重要的作用。这些细菌利用大气中的氧使得甲烷重新循环为有机化合物，而且使得它能以 CO_2 的形式在自养生物所利用的循环中起着重要的作用，成为正常碳素循环的一个特殊组成部分。

32.2 生物电化学原电池-生物电能

32.2.1 燃料电池

与储存和运输能量不同，另一种替代方法是在需要能量的地方现场产生能量。燃料电池（Fuel Cell）是利用正在进行的电化学电流的设备。它们和电池十分相似，只不过它们不是利用电流进行充电，而是为化学反应添加更多燃料。

燃料电池是将氢气或矿物燃料具有的化学能，在等温条件下转换成电能的装置。燃料电池并不是新事物，早在 1839 年威廉·格里夫在研究水电解时，就设想与其利用电来分解水产生氢气和氧气，不如把这个过程倒过来，通过加入氢气和氧气产生水和电。后来路德维格·蒙德等于 1889 年提出“燃料电池”这一概念。他们制造了第一台利用铂为催化剂，从空气和煤气中产生电的实验设备。直到 20 世纪 50 年代，美国国家航空和宇宙航天局致力于寻找一种适用于太空飞船的电源，由该局提供资金的研究计划最终促进了燃料电池的发展。

所有的燃料电池都是由一个正电极（阴极）和一个负电极（阳极）组成的，中间由电解液分开。电解液允许电荷原子通过，称之为离子，而电子却无法通过。在普通的系统中，氢气或者含氢气的燃料通过阳极，而氧气通过阴极。在阳极，铂等有活性的催化剂从每个氢原子上夺去一个电子，产生一个带正电荷的氢离子（质子）。氢离子可以发生迁移，通过电解液到达阴极，而电子则不能。电子通过外部电路在阴极与质子复合，与氧气结合生成水。为了连续地供给气体进行反应，必须使用多孔性的电极，使电解质与气体燃料和氧化剂充分接触，并且也进行电子的转移，如图 32-1 所示。

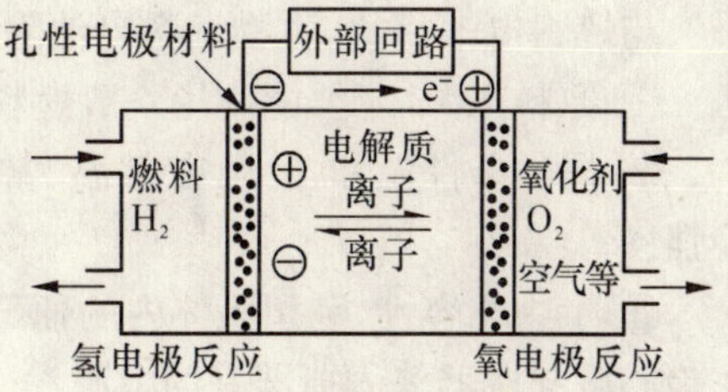

图 32-1 氢气-氧气燃料电池

燃料电池产生的电压限制在每个电池 1.23 V 左右。可以将很多电池叠加在一起得到所需的电压。在燃料电池中可以使用几种不同的电解液，它们各有优缺点（表 32-4）。

表 32-4 燃料电池的类型及特性

电池类型	质子电解液膜	磷 酸	熔化态的碳酸盐	固体氧化物
电解液	半透膜有机聚合物	磷酸		
电荷载体	H^+	H^+	CO_3^{2-}	O^{2-}
催化剂	铂	铂	镍	钙钛矿
操作温度/℃	80	200	650	1 000
电池材料	碳或金属基底	石墨基底	不锈钢	陶瓷
效率/%	不到 40	40～50	50～60	60 以上
热回收	无	低	高	高
目前状况	有示范系统	有商业应用	有示范系统	尚待开发

在燃料电池中，最接近实用化的是磷酸盐燃料电池（Phosphoric Acid Fuel Cell，PAFC）。用磷酸作电解质，保存在多孔性碳化硅板内。用碳素材料作电极制成薄板形，并开出便于气体通过的沟槽。此外，将铂微粒分散在电极上作催化剂。将各单元用隔板间隔堆叠形成一体，装进容器。

此外，还有工作温度为 300℃以上的高温燃料电池。高温燃料电池的优点是：化学反应速度快，电流密度高，无需昂贵的铂催化剂，可以使用低温难以反应的燃料。在这类燃料电池中，正在研究的有采用熔融碳酸盐型燃料电池（Molten Carbonate Fuel Cell，MCFC）和固体氧化物型燃料电池（Solid Oxide Fuel Cell，SOFC）。可以考虑用氢气、一氧化碳、甲烷、从煤炭中提取的碳素作燃料。燃料电池的性能取决于电池所用材料的性能，并随着时间的延长而降低。因此，需要开发更优异的材料并探讨最佳工作条件，以提高电池的使用寿命和可靠性。

32.2.2 生物燃料电池

生物燃料电池（Biofuel Cell）是利用酶或者微生物组织为催化剂，将燃料的化学能转化为电能的装置。它是燃料电池中特殊的一类，其工作原理与传统的燃料电池存在许多共同之处，生物燃料电池同样以空气中的氧气作为氧化剂，阴极部分与一般的燃料电池没有显著的区别，主要区别是生物燃料电池在阳极使用生物催化剂。

与燃料电池相比，生物燃料电池除理论上具有很高的能量转化率外，还有以下特点：

① 原料来源广泛，能利用一般燃料电池所不能利用的多种有机物、无机质作为燃料。

② 操作条件温和，一般在常温、常压和接近中性的环境下工作，电池维护成本低，安全性强。

③ 生物相容性，利用人体内的葡萄糖和氧作为原料的生物燃料电池可以直接植于人体，作为心脏起搏器等人造器官的电源。

利用微生物、酶和组织等生物材料能制作各种类型的电池。生物燃料电池按其工作方式可分为两类：酶燃料电池和微生物燃料电池。

(1) 酶燃料电池　酶燃料电池是先将酶从生物体系中提取出来，然后利用其活性在阳极催化燃料分子氧化，同时加速阴极氧的还原。

(2) 微生物燃料电池　微生物燃料电池是利用整个微生物生命活动产生的所谓"电极活性物质"作为电池燃料，依靠合适的电子传递介质在生物组分和电极之间进行有效的电子传递。

微生物燃料电池并非是刚刚出现的一项技术。早在1910年，英国植物学家马克·比特首次发现了细菌的培养液能够产生电流，于是，他用铂作电极，把它放进大肠杆菌和普通酵母菌的培养液里，成功地制造出了世界上第一个微生物燃料电池。1984年，美国制造了一种能在外太空使用的微生物燃料电池，它的燃料为宇航员的尿液和活细菌，不过它的放电率极低。

32.3 纤维素的消化

在地球上可再生的绿色资源中，木质纤维素几乎占了全部光合作用的产物的一半，它包括三类聚合物：纤维素、半纤维素和木质素，它们通过物理或化学方式彼此紧密相连。纤维素是成千上万个葡萄糖分子缩合而成的线状多聚物，基本重复单位是纤维二糖、葡萄糖-β-1,4-葡萄糖；半纤维素是不足200个糖基的高度分支的杂多聚糖，包括戊糖、己糖和糠醛糖；木质素是一种相对分子质量很大的不规则的由己氧化单位(苯丙烷)通过多种方法连接构成的多聚物。纤维素一般先需经过一系列的酸、碱处理，转化成简单的糖类(如蔗糖、葡萄糖等)，然后才能被微生物进一步充分利用。但是酸、碱水解过程存在不少问题，不适合用于微生物发酵生产乙醇、甲烷等燃料。近十几年来，混合发酵法可直接利用纤维素发酵生产燃料，并能避免酸碱法水解所造成的污染问题。

32.3.1 真菌和细菌对木质纤维素的降解

朽木菌是自然界中木质纤维素的主要降解者，它分泌胞外酶降解木材细胞壁中的多聚成分。朽木菌根据腐朽物的外部形态可分为软腐菌、白腐菌和褐腐菌，都属于担子菌纲的丝状真菌。白腐菌、褐腐菌侵入木头后，菌丝就在薄壁组织和微管组织的腔中生长，菌丝通过纹孔或细胞壁穿到相邻的另一个细胞，有些真菌的菌丝在中胶层或次生壁中生长。

目前已知的朽木菌中，90%以上是白腐菌。典型的白腐菌使木头变白，并使它变成纤维状或海绵状，白腐菌以相似的速度降解木质素和多糖。褐腐菌则偏于降解木材中的多糖，而很少降解木质素，腐烂的木材变成褐色而且变脆。软腐菌属子囊菌纲的半知菌纲，主要造成暴露于潮湿处木材的腐坏，软腐菌既可降解多糖又可降解木质素，但菌株种类不同，降解速率也不同。

在有氧条件下，细菌降解木质素的能力很弱；在厌氧条件下，细菌的降解作用不能发生。尽管如此，很多细菌能分泌纤维素酶和一些可切断纤维素各种键的酶，一旦这两种多糖被真菌木质化以后，真菌和细菌将共同完成进一步降解。

(1) 纤维素的降解　许多真菌和细菌能够降解纤维素，这些生物包括好氧微生物、厌氧微生物和嗜热微生物，它们大量分布在自然环境中。然而，尽管很多微生物能生长在纤维素上，并产生可降解不定性纤维素的酶，但很少有微生物能产生降解结晶状纤维素的胞外纤维素酶。研究得最广泛的纤维素降解酶的微生物是真菌中的木霉和金孢子霉(*Phanerochaete chrysosporium*)以及细菌中的纤维单胞菌(*Cellulomonas* sp.，一种好氧菌)和热纤梭菌(*Clostridium thermocellum*，一种厌氧菌)。

纤维素酶是降解纤维素生成葡萄糖的一组酶的总称，它往往不是单种酶，而是起协同作用的多组分酶系。纤维素酶系大致分为：① C1 酶，即 β-1,4-葡聚糖外切酶，又叫纤维二糖酶，它能把纤维素线形分子每次切下一个纤维二糖；② CX 酶，即 β-1,4-葡聚糖内切酶，在纤维素线形分子的链内随机水解 β-1,4-糖苷键，将长链纤维素分子截短；③ β-葡萄糖苷酶，将纤维二糖最终水解成葡萄糖。纤维素的酶解是一个复杂过程，其真正的酶解机制还不完全清楚。

(2) 半纤维素的降解　由于木聚糖在木质纤维素中的含量很高，对酶解半纤维素的大部分研究都集中在木聚糖，将这种生物质经济有效地转化为醇类就需要一个切实可行的发酵方法。木聚糖是一类以 β-1,4-木糖苷键连接的异多聚碳水化合物，占木材和农业有机废料重量的 20%～35%。因此，木聚糖可作为一种可利用资源来生产乙醇和其他化学物质。木聚糖酶以内切方式水解木聚糖，产生寡糖和少量的单糖。自然界中许多微生物都可以合成木聚糖酶，而来源于木霉的木聚糖酶具有多酶体系的特征。近几年研究较多的绿色木霉产生的木聚糖酶对木聚糖还具有酸化作用，而内葡聚糖酶可将马铃薯中的木聚糖降解。木聚糖的结构很复杂，它们的完全生物降解需要多种酶共同完成，从不同环境中分离得到的细菌和真菌都含有多种木聚糖酶(表 32-5)。在木聚糖酶中也可以见到里氏木霉中纤维素酶构成的结构域类型。

表 32-5　能将木聚糖发酵为乙醇的各种细菌和真菌

微生物种类	产　物
细菌	
热纤维梭菌(*Clostridium thermocellum*)	乙醇，乙酸，乳酸
热硫氢梭菌(*C. thermohydrosulfuricum*)	乙醇
热解糖梭菌(*C. thermosaccharolytium*)	乙醇
产乙醇热厌氧杆菌(*Thermoanaerobacter ethanolicus*)	乙醇，乙酸，乳酸
布氏热厌氧杆菌(*Thermoanaerobium brockii*)	乙醇，乙酸，乳酸
乙酰乙基热厌氧杆菌(*Thermobacteroides acetoethylicus*)	乙醇，乙酸，乳酸
真菌	
粗糙链孢菌(*Neurospara crassa*)	乙醇
具柄毕赤氏酵母(*Pichia stipitis*)	乙醇

(3) 木质素的降解　木质素是一种具有不规则结构的复杂多聚物，这种多聚物是通过自由基聚合反应形成的，其中缺乏易水解的键。降解这种特殊的聚合物利用的是自由基反应，这种机制在白腐菌中已广泛研究。

白腐菌降解木质素酶系是由多种酶构成的复杂酶系，包括过氧化氢产生酶系、木质素氧化酶系、醌还原酶系和芳香环开裂酶系。木质素降解是氧化反应，主要有多酚氧化酶系和过氧化物酶系参考。前者为漆酶，以 O_2 作电子受体催化多酚化物经四次单电子传递形成醌及自由基；后者为木质素过氧化酶系 LiP 和锰过氧化酶系 MnP 这一类过氧化物酶系，利用 H_2O_2 经单电子传递攻击木质素生成木质素自由基。木质素的活性中间体在醌还原酶系作用下还原形成稳定单体氢醌。氢醌易进入细胞内，且是细胞内芳香环开裂酶的合适底物。在芳香环开裂酶系作用下，木质素小分子片段在细胞内发生环开裂反应，分解产物经 TCA 循环生成 CO_2。

木质素分解研究中的一个突破是 1983 年发现了金孢子霉的木质素过氧化物酶，这种需要 H_2O_2 为底物的胞外酶在偏酸性的最适 pH 条件下氧化分解木质素及类似木质素结构的复合物。木质素过氧化物酶催化苯丙基侧链断裂，醚键打开，开环及羟基化作用，所有这些反应都可用如下机制加以解释：在酶催化下木质素芳香核给出一个电子形成不稳定正离子，然后经过自由基非酶催化反应，这些正离子自由基与水、其他亲核物质及氧反应生成产物。

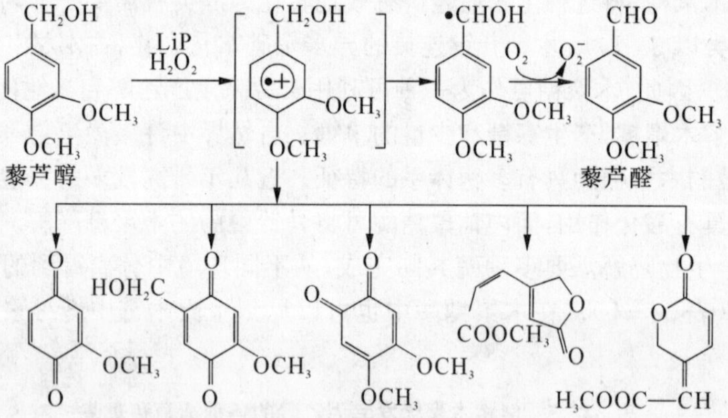

图 32-2　藜芦醇被木质素过氧化物酶(LiP)氧化-木质素降解模型

在 H_2O_2 存在条件下，藜芦醇被木质素过氧化物酶(LiP)氧化-木质素降解模型如图 32-2 所示。藜芦醇可由多种白腐菌合成，并可能是木质素分解系统的诱导物，藜芦醇也是 LiP 的底物。

金孢子霉在木质素基质上培养除了产生木质素过氧化物酶外，还有其他一些酶(依赖 Mn(Ⅱ)的过氧化物酶、醌还原酶等)，它们的作用是分解木质素或降解产物的修饰。

32.4　沼气的开发利用

32.4.1　沼气的产生过程

沼气又称生物气(biogas)，是一种混合可燃气体，主要成分为甲烷，此外还含有少量 H_2、N_2 和 CO_2。所谓沼气发酵，按其生物化学本质来说，就是由产甲烷细菌进行甲烷生产的过程。长期以来，将沼气发酵分成两个阶段，首先是复杂有机物分解为简单有机物的过程，因此过程能够积累多种有机酸，致使 pH 下降，故称产酸阶段；第二阶段，由简单有机物发酵生成甲烷。随着研究的深入，现在较普遍接受沼气发酵分为三个阶段的理论，微生物生成甲烷的底物只限于乙酸、甲酸、H_2、CO_2 等几种化合物，因而通常将厌氧发酵分为：液化阶段、产酸阶段和产甲烷阶段三个过程，见图 32-3。

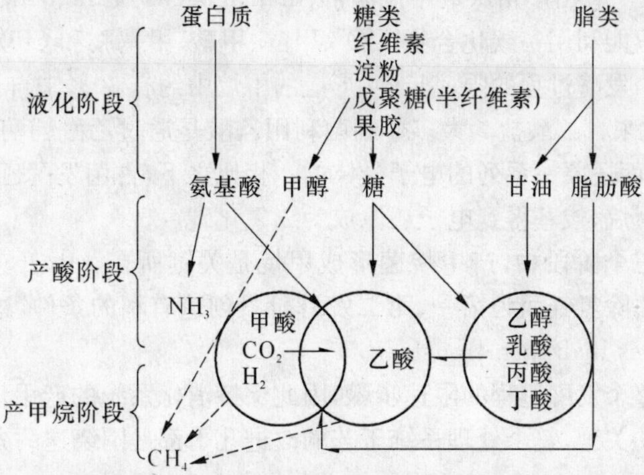

图 32-3 生物大分子厌氧降解生成甲烷

(1) 液化阶段　由厌氧和兼性厌氧的水解性细菌或发酵性细菌把淀粉、纤维素等多糖类分解成单糖，进而形成丙酮酸；将蛋白质水解成氨基酸，并进一步形成有机酸和氨；将脂类水解成甘油和脂肪酸，进而形成丙酸、乙酸、丁酸、琥珀酸、乙醇、H_2 和 CO_2。这一阶段参与作用的细菌主要是水解性细菌，包括梭菌属(*Clostridium*)、拟杆菌属(*Bacteroides*)、丁酸弧菌属(*Butyrivbrio*)、优杆菌属(*Eubacterium*)、双歧杆菌属(*Bifidobacterium*)等专性厌氧菌及链球菌属(*Streptococcus*)和一些肠道菌等兼性厌氧菌。

多种因素可能影响液化的速度和程度，如温度、保留时间、有机质组成等。在液化阶段，胞外酶能否有效接触到底物对液化速率影响很大。因此大的颗粒比小颗粒底物降解要缓慢得多。对于来自植物中的物料，其生物降解性极大地取决于纤维素和半纤维素被木质素包裹的程度。

(2) 产酸阶段　产氢、产乙酸细菌群利用第一阶段产生的各种有机酸，分解生成乙酸、H_2 和 CO_2。产氢、产乙酸菌是在 1967 年由 Broyant 发现的。他仔细研究了污泥中含量最丰富的奥氏甲烷杆菌(*Methanobacterium omelianskii*)后，发现此菌是两种细菌的共生体。在以乙醇为氧化基质的培养基上，从奥氏甲烷杆菌中可分离出两种细菌，其一称为 S 菌株，是一种产氢、产乙酸菌，革兰氏阴性，杆状，能运动，厌氧，能发酵乙醇产生乙酸和分子氢，当环境中 H_2 浓度达到 0.5 个大气压时，生长就受到限制；另一种称为 MOH(methanobacterium oxidising hydrogen)的菌株是革兰氏染色不定的厌氧杆菌，能利用分子氢产生甲烷，但不能利用乙醇，它与 S 菌株形成了一个共生体。

产酸阶段的末端产物组成取决于厌氧降解条件、底物种类和参与酸化的微生物种群。在专门的酸化反应器里，糖作为主要的底物，则反应末端产物是丁酸、乙酸、丙酸、乙醇、二氧化碳和氢气的混合物。而在一个稳定的反应器中，乙酸、二氧化碳和氢气是酸化细菌最主要的末端产物，其中氢气又能相当有效地被产甲烷细菌利用，氢的有效去除使发酵细菌能产生更多的供其氧化并从中获得能量的中间产物。

在厌氧降解过程中,必须考虑酸化细菌对酸的耐受力。pH 的下降会减少甲烷的产生和氢的消耗,并进一步引起酸化末端产物组成的改变,一些产物例如丙酸会大量生成。产乙酸菌没有足够能力克服这种改变,甲烷菌活力的下降又进一步加剧了酸的积累,使 pH 进一步下降。厌氧降解过程因之恶化,严重时可使甲烷的形成完全终止。

(3) 产甲烷阶段 它由严格厌氧甲烷菌群(methanogens 或 methane-producing bacteria)来完成。这类细菌只能利用一碳化合物(CO_2、甲醇、甲酸、甲基胺和 CO)、乙酸和氢气形成甲烷。这一阶段是整个发酵过程的限速步骤,形成的甲烷中约有 30%来自 H_2 的氧化和 CO_2 的还原;另外 70%左右来自乙酸盐。大多数细菌利用乙酸是通过乙酰辅酶 A、甲基与羧基完全氧化成为二氧化碳,而还原一系列的电子受体的。相比之下,古菌发酵乙酸是断裂乙酸分子,甲基基团还原成为甲烷,羧基得到电子还原成为二氧化碳。

在甲烷发酵的三个阶段中,产甲烷菌形成甲烷是关键所在。由于它们在厌氧条件下生存,因而,可以通过去除氢气而为第一、第二发酵阶段创造有利的条件,这一重要的现象叫种间氢转移(interspecies hydrogen transfer)。

产甲烷阶段是整个发酵过程的限速步骤,因此保持消化系统的产甲烷细菌生物量及其生物活性是厌氧处理的关键,整个处理系统工艺的改进几乎都是围绕这两方面来进行。

32.4.2 沼气发酵工艺的技术要点

(1) 厌氧条件 厌氧发酵是一个生物学的过程,它最显著的一个特点是有机物质在无氧条件下被某些微生物分解,最终转化成为甲烷和二氧化碳。产酸阶段的不产甲烷微生物大多是厌氧菌,需要在厌氧条件下,把复杂的有机物质分解为简单的有机酸等。而产气阶段的产甲烷细菌更是专性厌氧菌,不仅不需要氧,而且氧对产甲烷细菌有毒害作用,培养中要求氧化还原电位在 −330 mV 以下。因此,建造一个不漏水、不漏气的密闭沼气池,是人工制取沼气的关键。

发酵池中除产甲烷菌以外,还有大量的不产甲烷菌。不产甲烷细菌中有好氧菌、厌氧菌和兼性厌氧菌。这些菌构成了一个复杂的生态系。沼气发酵的启动或新鲜原料入池时会带进一部分氧,但由于在密闭的沼气池内,好氧菌和兼性厌氧菌的作用,使溶解氧迅速消耗,为产甲烷细菌创造了良好的厌氧环境。

(2) 温度 温度是影响产气量的关键因素。在一定温度范围内,温度越高,产气量越大,因为温度高时原料中的细菌活跃,分解速度快,使得产气量增加。一般来讲,池内发酵液温度在 10℃以上,只要其他条件配合得好(如酸碱度适宜、发酵菌多)就可以开始发酵,产生沼气。甲烷菌对温度的急剧变化非常敏感,即使温度降低 2℃,也能立即产生不良影响,产气量下降,温度再次上升才又开始慢慢恢复其活性。

(3) pH 对于甲烷细菌来说,维持弱碱性环境是绝对必要的,它的最佳 pH 范围是 6.8~7.5。pH 低,将使二氧化碳增加,产生大量水溶性有机酸和硫化氢,硫化物含量增加,因而抑制甲烷菌生长。甲烷产生过程中,pH 也有规律地变化,发酵初期大量产酸,pH 下降;随后由于氨化作用而产生氨,氨溶于水,中和有机酸使 pH 回升,这样可以使 pH 保持在一定的范围内,维持环境稳定。在正常的甲烷发酵中,pH 有一个自行调节的过程,无须随时调节。

另外,原料碳氮配比、接种量以及某些添加剂和有毒的抑制因子也会对沼气发酵的产气量以及产气效率产生一定的影响。

32.4.3 沼气发酵的发展趋势

以传统厌氧消化池为代表的早期厌氧消化工艺被称为第一代厌氧消化工艺，其最大缺点是反应器中污泥浓度低，污泥微生物特别是产甲烷细菌难以滞留，易随出水流失；反应器污泥与废物基质接触程度低，反应器整体效率低。因此，提高厌氧污泥特别是产甲烷菌在反应器的停留时间和生物量浓度，改善污泥与基质之间传递性能是高效沼气发酵工艺的关键。20 世纪 70 年代，国外先后成功开发了第二代厌氧反应器——厌氧滤池、升流式厌氧污泥床、厌氧附着膜膨胀床以及厌氧流化床等，其共同特点是污泥停留时间与水力停留时间相分离，污泥停留时间可以长达上百天。荷兰瓦赫宁恩农业大学对升流式厌氧污泥床反应器进行了改进，研制出第三代厌氧反应器——厌氧颗粒污泥膨胀床。

由于升流式厌氧污泥床的主要不足是废水中的固体悬浮颗粒与反应器的粗糙表面相互作用从而影响反应器的效果，现在已经开发出更为高效而且处理速度更快的反应器，比如厌氧序列批反应器，能够更好地处理废水中高度悬浮的固体颗粒，分为四个步骤：①废水与固定的生物质进入反应器；②废水与生物质间断性地混合；③生物质被固定；④污水排出。厌氧序列批反应器尤其适用于农业废弃物的处理。

另外，通过改进厌氧微生物培养技术，研究活性污泥中微生物社会学行为以及微生物数量动力学都有助于沼气的发酵过程效率的提高。

（许 平）

参考文献

[1] Jaques K A, et al. The alcohol textbook. 4th ed. Nottingham: Nottingham University Press, 2003.
[2] Liu Y, et al. J Biochem Eng, 1998,2(3):229.
[3] Lynd L R, et al. Microbiol Mol Biol Rev, 2002,66(3):506.
[4] Mejia H P, J Bacteriol, 1992,174(20):6438.
[5] Patil K R, et al. Curr Opin Biotech, 2004,15(1):64.
[6] Pessoa-Jr A, et al. Appl Biochem Biotechnol, 2005,121(580):59.
[7] Pina C, et al. Food Microbiol, 2004,21(6):439.
[8] Poulos T L, et al. Met Ions Biol Syst, 1994,30(1):25.
[9] Rasmus D, et al. Original Reserch, 2005,1(1):51.
[10] Salamitou S, et al. J Bacteriol, 1994,176(10):2828.
[11] Sato K, et al. Appl Environ Microbiol, 1992,58(2):734.
[12] Thomas K C, et al. J Appl Microbiol, 2001,90(5):819.
[13] Ueom J, et al. Biochem Biophys Acta, 2003,1642(1):9.
[14] Wariishi H, et al. J Biol Chem, 1992,267(33):23688.
[15] Wu J H D, ACS Symposium Series, 1993,616:251.
[16] Yadvika. Bioresource Technol, 2004,95(1):1.
[17] 陈守文，等. 微生物生物技术. 北京：科学出版社，2002.
[18] 戴淑桂. 环境科学：全球关注（下册）. 北京：科学出版社，2004.
[19] 郭成言. 能源环境学. 北京：科学出版社，2003.
[20] 李冬敏，等. 生物技术通报，2003,4(1):1.

[21] 李建政.废物资源化与生物能源.北京:化学工业出版社,2004.
[22] 刘江华,等.新疆农业科学,2004,41(2):85.
[23] 单丽伟.微生物学杂志,2003,23(6):42.
[24] 许宝孝.甲基营养和甲烷形成.北京:科学出版社,1987.
[25] 姚向君,等.生物质能资源清洁转化利用技术.北京:化学工业出版社,2005.
[26] 周德庆.微生物学教程.北京:高等教育出版社,1993.
[27] 左宜,等.环境科学与技术,2004,27:97.

33 生化过程的参数检测与数据处理

微生物、动植物细胞大规模培养，或以酶作为催化剂进行生物产品生产是生物化工开发的基本内容。在工程上，要实现上述目的，只有对生化反应过程中的各种参数进行在线或离线检测，尤其是对表征微生物特性的一些代谢特征参数进行检测，从而对生产过程进行定性和定量的描述，才能有效控制生化反应过程，并在工业生产上推广和应用。

为此，必须首先了解生化反应的主体——微生物的基本特性。生物反应过程是一个细胞不断地从外界环境中摄取物质，通过一系列的生化反应获得生存所需的能量与活体材料，并把代谢物排出体外的过程。对生化反应过程的检测只能从环境中获得状态或操作变量，通过分析，即经二次软测量技术（通过相关软件包获得某些表征反应器特征、代谢特征的关键参数）得到反映生命本质变化的信息，最终实现生化工程的优化与放大。由于在生化反应过程中参数是随时间而变化的，因而有必要在计算机辅助下对过程进行综合研究或控制。因此对生化反应过程的相关参数检测和数据二次处理等技术是实现过程优化与放大的重要基础。

33.1 生化反应过程的参数检测

生化反应过程研究和开发的主要目标之一是建立一种能达到高产、低成本的可行过程。近年来，由于在线传感技术的应用，生物技术参数的测量、生物过程的仪器化、过程建模和控制等有了巨大的进步。常用的生化反应过程仪器可分为：就地使用的传感器、在线监测仪器与离线分析仪器。典型生物状态变量的测量范围和准确度或培养参数（即控制变量）的精度列于表 33-1。

表 33-1 生物过程变量的测量范围和准确度与控制变量的精度

变 量	测量范围	准确度/精度 /%	变 量	测量范围 /(g·L^{-1})	准确度/精度 /%
温度	0～150℃	0.01	MSL 挥发物		
搅拌转速	0～3 000 r/min	0.2	甲醇，乙醇	0～10	1～5
罐压	0～2×10^5 Pa	0.1	丙酮	0～10	1～5
质量	0～100 kg	0.1	丁醇	0～10	1～5
	0～1 kg	0.01	在线 FIA：		
液体流量	0～8 m^3/h	1	葡萄糖	0～100	<2
	0～2 kg/h	0.5	NH_4^+	0～10	1
稀释速率	0～1 h^{-1}	<0.5	PO_4^{3-}	0～10	1～4
通气量	0～2 VVM	0.1	葡萄糖	0～10	<2

（续表）

变　量	测量范围	准确度/精度/%	变　量	测量范围/$(g \cdot L^{-1})$	准确度/精度/%
泡沫	开/关		在线 HPLC：		
气泡	开/关		酚	0～100 mg/L	2～5
液位	开/关		酞酸盐(酯)	0～100	2～5
pH	2～12	0.1	有机酸	0～1	1～4
pO_2	0～100%空气饱和	1	红霉素	0～20	<8
pCO_2	$0～1\times10^4$ Pa	1	其他副产物	0～5	2～5
尾气 O_2	16%～21%	1	在线 GC：		
尾气 CO_2	0～5%	1	乙酸	0～5	2～7
荧光	0～5 V	—	3-羟基丁酮	0～10	<2
氧还电位	−0.6～0.3 V	0.2	丁二醇	0～10	<8
RQ	0.5～20 M/M	取决于误差传播	乙醇	0～5	2
OD 传感器	0～100 AU	变化很大	甘油	0～1	<9

生化反应过程的好坏完全取决于能否维持一生长受控的和对生产良好的环境。达到此目标最直接、最有效的方法是直接测量生化反应过程的变量。在线测量是高效过程运行的先决条件。选择仪器时不仅要考虑其功能，还要确保该仪器不会增加染菌的机会，尽量避免反应器内通气带来的气泡影响等，置于发酵罐内的传感器必须能耐高压蒸汽灭菌。常遇到的问题是探头的敏感表面受微生物的黏附。常规在线测量和控制发酵过程的设定参数有罐温、罐压、通气量、搅拌转速等。

目前在生化反应过程中，参数检测可分成在线检测和离线检测两大类。通过传感器或检测系统的在线测量，又可分为就地信号系统和在线测量系统：就地信号系统对反应过程没有影响，例如 pH、溶解氧浓度和罐压的测量；在线测量系统是指利用连续的取样系统与有关分析器连接，取得测量信号，其有效响应时间应界于过程处理与控制精度内。而离线测量是指在一定时间内离散取样，在反应器外进行样品处理和分析的测量，包括常规的化学分析和自动的实验室仪器分析系统。

33.1.1　直接参数检测

工业规模发酵对就地直接测量的传感器的使用十分慎重，不轻易采用一些无保证的未经考验的就地测量探头。现在工业规模发酵过程中就地测量的仪器均为经实践检验后证明是很可靠的传感器，如用热电偶测量罐温、压力表或压力变送器测量罐压、涡轮流量计或质量流量计在线检测空气流量、压差法测量发酵液体积、对补料系统的计量和以测速电机显示搅拌转速等。本节将简要介绍一些典型生物过程常用的传感器。

33.1.1.1　温度

温度检测系统主要由感温元件和二次仪表两部分组成。

(1) 感温元件　生物反应器中对温度的检测较多使用热电阻检测器(RTD)。RTD 实际上是一根特殊的导线，它的电阻随温度变化而变化，通常 RTD 材料包括铜、铂、镍及镍/铁合金。生物反应过程中普遍使用的热电阻有两种：铂电阻和铜电阻。铂电阻的特点是精度高，稳定性好，性能可靠，但价格贵，其中 Pt100 是最常用的热电阻。铜电阻在－50℃～150℃内对温度有较好的线性响应的电阻值，价格便宜；但它电阻率小，制成的电阻丝细长且体积稍大，在超过 100℃使用时易氧化。感温元件一般装在金属套管内，再插入反应液中或沿反应器罐壁固定式安装，但都必须保证反应器处于无菌状态。

(2) 二次仪表　各种不同型号的热电阻需配备不同的二次仪表。在选择二次仪表时，除考虑温度范围外(灭菌时温度显示的需要，一般可选 0℃～150℃)，还要与选用的热电阻型号相匹配。规定的分度号，铜电阻是 G，铂电阻有 BA_1、BA_2，一般常用 Pt100。

33.1.1.2　罐压

在一般的工业发酵过程中，为了达到纯种培养，发酵罐必须保持一定的罐压。此外，罐压升高也有利于发酵过程中氧和二氧化碳的溶解。所以，罐压是发酵过程中一个基本而又重要的参数。

传统上采用在排气管道上直接接上数字式压力表以显示罐压，但由于发酵过程逃液现象时有发生，安装在排气管道上的压力表，有时不能准确表征实际反应器中的压力，为此，工业规模发酵罐目前广泛采用隔离的硅油不锈钢膜片传压系统。在压力敏感膜、控制阀门以及发酵罐之间没有死角，又可方便地进行蒸汽灭菌，防止培养液中固形物的堆积；与此同时还需将压力信号转变成电信号远传。压力信号转换器很多，有电阻式、电感式、电容式和半导体式等多种类型。

33.1.1.3　空气流量

需氧发酵要求通入大量无菌空气，通气量的大小直接影响发酵液中氧的传递速率，从而影响菌体的代谢活性。通气量是工厂、实验室发酵装置中的基本参数之一。根据作用原理，流量计可分成两大类型：体积流量型和质量流量型。

体积流量型流量计是根据流体动能的转换以及流体流动类型的改变而设计的测量装置。这种测量装置会引起流体能量不同程度的损失，而且其测量值受温度和压力变化的影响。其主要型式有同心孔板压差式流量计和转子流量计两种。

质量流量型流量计是根据流体的固有性质，如质量、导电性、电磁感应性、离子化、热传导性能等进行设计的流量计。在空气流量测量中，可根据气体的热传导性能测量气体流量。这种测量没有能量损耗，可直接读出气体的质量流量，不受温度和压力变化的影响。

33.1.1.4　反应液体积

目前工业规模的体积测量已相当普及，反应液体积的测量原理和方法主要有下述两种。

(1) 压差法　利用反应器或计量罐中上下两点或三点间不同压力的大小，计算出料液的量和它们的视密度，如图 33－1 所示。

培养液的视密度为 γ，则

$$\gamma=\frac{\Delta p_1}{\Delta H} \tag{33-1}$$

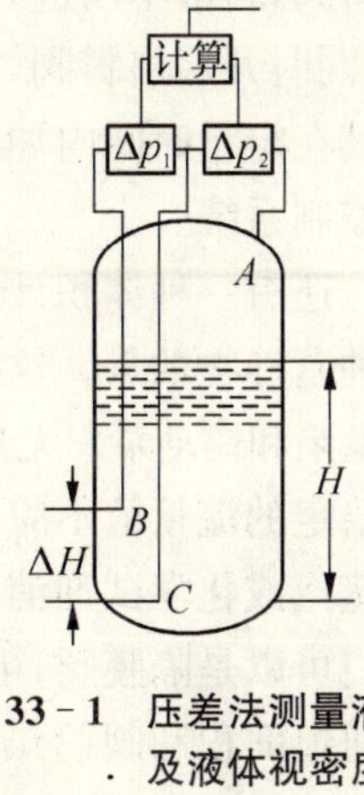

图 33－1　压差法测量液位及液体视密度

式中，Δp_1 为 B、C 点的压差；ΔH 为 B、C 间的距离。

$$H=\frac{\Delta p_2}{\Delta p_1}\cdot\Delta H \tag{33-2}$$

式中，Δp_2 为 A、C 点间压差；H 为发酵液液位。

通过计算，就可得到发酵液的真实液位和视密度。

假设在相当长的时间内，真重度 r'（即无通气情况下的发酵液重度）变化量很小，接近于恒定，代入式(33－2)，得

$$H=\frac{\Delta p_2}{r'}=K\Delta p_2 \tag{33-3}$$

其中 K 为 $1/r'$，所测得的液位就相当于没有气泡时发酵液的液位。无论通气程度如何，测量值 Δp_2 值不变，计算值 H 也不变，即真实液位。

这种压差变送器的传感元件一般是根据力(矩)平衡原理，把被测压差通过弹性敏感元件(膜盒或膜片)转换成作用于主杠杆的力位移检测片移动，然后通过位移检测器和电子线路放大后就可得到需要的电信号。目前，压差变送器的测量精度已能达到 0.2 级以上，而且也有了用于测量微压差(小于 10 mmH_2O)的传感器，此测量器可用于精确测量 1 000 L 以上的反应器。

(2) 直接重量测量法　这种直接测定的方法即把整个生物反应器装置在称重器上，称之为 Load cell。由于装置是基于电子秤的原理之上的，所以检测方便、检测精度也较高，它给在半连续发酵的生产中进行物料平衡及中间补料、放料计量提供了很大的方便。近年来，随着固态传感器技术的发展，采用各种应变片或硅膜片等技术，可直接用来测量发酵液负荷量。这种测量具有体积小巧，测量精度高，有优异的静态和动态特性，可靠性高等特点。但在具体实施时也有较高的要求，所有与发酵罐或计量罐连接的管道必须是挠性连接，它给设备改造、安装和无菌要求带来了更高的要求，目前在实验室或中试规模发酵罐中已有应用。

33.1.1.5　*流加物质量*

为了更好地进行生化反应过程调控，精确控制过程中营养物质流加剂量也是非常重要的，这已成为工业规模常见的配置之一。目前应用最广泛的就是杯式计量系统：采用适量的补料杯，配置自动进料阀、出料阀和液位传感器形成一个系统，当接收到计算机信号时，打开进料阀，料液不断进入补料杯；当液位传感器检测到液位到达补料杯装液量时，自动关闭进料阀，同时开启出料阀，将料液补入发酵罐，而整个的补料速率则可由计算机自动设定，然后根据其在定量时间内加入的数量进行计量后算出补料速率，且所有的补料数量全部可输入计算机控制系统。

还有一种体积计量法：以恒定的流速或以单位时间内体积量的累计来计算投入反应器中各种营养物的量。这种方法一般都是通过泵或阀门来实现的。常用的泵可以是各种计量泵、微量泵和蠕动泵。无论是哪种泵，都要求使培养基的流量能在较宽的范围内操作(至少 20∶1)；其给定的流量值不应有大于百分之几的波动；系统中所有与培养基接触部分必须能预先用高压蒸汽或化学试剂消毒、灭菌；运转过程中，料液输送管道应严格保持无菌，且长期可靠运行。阀门可以是隔膜阀，可以是手动、电动或气动的，同样也应具有可耐高温消毒、无泄漏、合适的通道面积和阀门结构等特点。有时也用具有一定容积的定量阀门或泵来累计通过的料液量。

流量计计量法也是常用的测定方法之一，除一些常用的流量计(如转子流量计等)外，液体质量流量计是非常好的一种流量测量装置。它具有压差损失小，流通能力大，测量不受流体温度、压力等因素的影响，精度高，响应快等特点。目前科力奥利液体质量流量计是一种非常精确的测定液体流量的计量设备。

该质量流量传感器是采用科氏力原理，利用被测流体在流动时的力学性质，直接测得流体质量流量的仪器。所用的质量流量传感器为 Ω 形管质量流量传感器，其结构如图 33-2 所示。驱动器放在直管部分的中间位置，当管中流体以一定速度流动时，由于驱动器的振动作用，使管子分开或靠近。当管子分开时，在振点前的流体中产生的科氏力与振动力方向相反，减慢管子的运动速度；而在振点之后管中流体产生的科氏力与振动方向相同，加快管子的运动速度。当驱动器使管子靠近时，则产生相反的结果。由此可测得两处管子运动的相位差，从而计算流过测管中流体的质量流量。

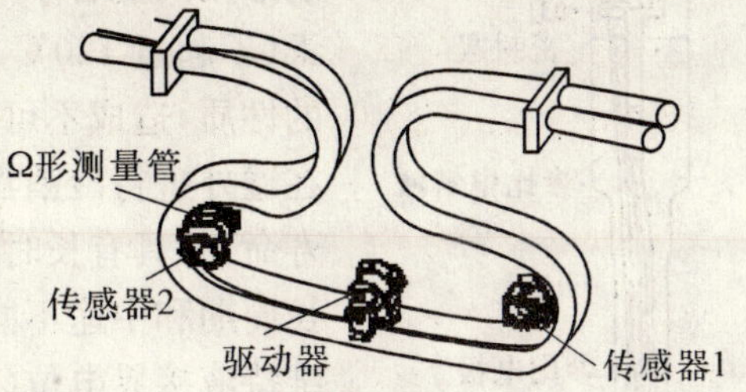

图 33-2　Ω 形管质量流量计的结构示意图

33.1.1.6　搅拌功率

在生物反应过程中，搅拌起了传递功率，加强液体翻动，打碎气泡，促进热量、质量和动量传递的作用。在生产放大时，可以采用单位体积功率相同(也有以 K_La 相同)的策略。小型生物反应器的搅拌转速要比大型的反应器的转速高得多，而对于某些剪切敏感型的细胞而言，过高的搅拌速率会对细胞造成损伤，所以反应器中搅拌转速和搅拌功率的测量也是过程中重要的测定参数之一。

生物过程的不同时期对转速的要求是不同的。一般而言，在对数生长期，菌体耗氧量大，为了增加供氧能力，除了提高通气量外，另一重要手段就是提高搅拌转速，从而提高 K_La，这种方法往往更有效和经济。此外，有时为了不打断新形成的菌丝，有利于特定菌丝形态的形成，也要求有不同的搅拌转速，所以目前先进的生物反应器已配置了变速电机或机械变速装置，以满足不同搅拌转速的需要，这样既可以满足不同阶段菌体生长要求，又可节省能耗。

一般应用磁感应式、光感应式或测速发电机来检测搅拌转速。前两种方法是通过计测脉冲数来测量转速的。安装在搅拌轴或电动机轴上的切片切割磁场或光速而产生脉冲电信号，每一段时间间隔内的脉冲频率反应了搅拌转速的大小。测速发电机是安装在搅拌轴或电机轴上的小型发电机，它的输出电压和转速之间有良好的线性对应关系。

生物反应器的搅拌功率大小直接反映了生物反应过程中“三传”过程的强化程度，在研究反应器的型式(如搅拌桨形式与间距、挡板位置和罐体结构等)时，轴搅拌功率是主要的测量参数。在设备和操作条件固定的情况下，搅拌功率随着生物反应过程中发酵液性质(如菌体浓度、培养液黏度和泡沫情况等)的不同而发生变化。因此，有时也作为生物反应工艺正常与否的判断依据。

目前最常用的是用功率表测定电动机进线功率。但这种方法由于减速机构的能量消耗、机械磨损等原因，会产生较大的误差。较精确的测定方法有三种：电机反转矩测定法、轴功率和应变片法。多数采用测定力矩来求得功率。

图 33-3　pH 电极结构

33.1.1.7　pH

发酵过程测量 pH 用的电极要求结构紧凑，故常把指示电极和参比电极合为一体，构成复合型 pH 玻璃电极，结构如图 33-3 所示。发酵用的复合 pH 电极必须满足以下特殊要求：电极必须能耐高温消毒（不超过 120℃）。过高的灭菌温度会影响玻璃膜材质和参比电极的性质，造成不可逆转的破坏。因此，有时可用一个特殊装置，使电极在罐外进行冷消毒（即化学消毒剂消毒），避免高温，以延长电极使用寿命；并具有长时间稳定性，应保证转换系数和不对称电位适应发酵长周期和中途不能更换、标定的要求和满足液络部液体流通的要求，维持液接界电位（$E_{接界}$）的稳定，防止在使用过程中液体被含硫物、蛋白质和非水溶液的污染，造成电极测量漂移。此外，还要求结构紧凑、便于安装和耐受压力（0.2 MPa），玻璃电极一般应加不锈钢护套或工程塑料护套后才能安装于生产发酵罐中使用。

复合电极的基本特性参数有电极转换系数、电极不对称电位、电极内阻（一般为 100～200 MΩ，其随时间和消毒次数增加而增加）、参比电阻、电极响应时间和耐高温冲击次数等。这些参数在发酵若干周期之后会发生变化。

由于 pH 电极具有很高的内阻，为达到精确测量，要求测量仪表具有高的输入阻抗（一般为 10^{11}～10^{12} Ω）和较强的抗干扰能力。在测量仪表放大器、连接电缆、接地线和接线端子以及使用环境等多方面均有较高要求，放大器必须具有专门设计的“浮地”电路或等电位方法等。pH 测量仪表具有自动或手动的温度补偿功能，pH 测量成功的关键在于 pH 电极和仪表的正确使用和日常维护。

33.1.1.8　溶解氧

在需氧发酵过程中，必须连续通入无菌空气，氧由气相溶解到液相；然后经过液流传给细胞壁进入细胞体内，以维持菌的生长代谢和产物合成。培养液中溶解氧浓度（简称 DO）的大小对菌体代谢特性有直接的影响，所以是发酵过程中另一个重要的参数。

在发酵过程中，常以电化学为基础的电极法进行 DO 测量，由溶氧电极获得的数据不仅可以给出微生物生理生化的动态信息，而且是发酵罐传质能力、设计放大和中间控制等研究的基础。

根据发酵过程实际使用要求，对氧电极具有如下要求：①在长时间内能稳定工作；②电极输出电流足够大并与 DO 成正比；③电极功能受液流影响小；④电极响应快速灵敏；⑤测量时不易受培养基中温度的影响；⑥电极必须能耐高温（不超过 120℃）灭菌消毒；⑦电极应具有合理的结构和合适的外形。

根据上述要求，电极基本结构如图 33-4 所示。

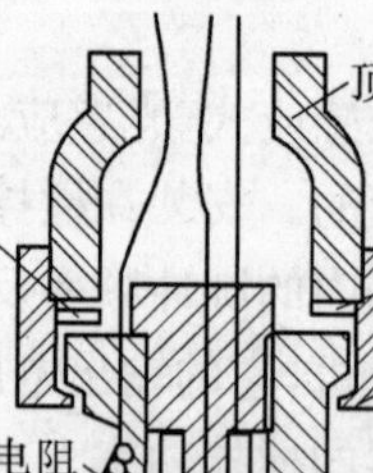

图 33-4　附有压力及温度补偿的复膜溶氧测定电极的基本结构

用于发酵中的溶氧电极被人们所关心的重要问题是电极是否能耐高温灭菌，使用寿命长短和电极性能的可靠性。这几项指标是相互影响的，必须权衡考虑。溶氧电极的质量指标一般包括电极的灵敏度、响应时间、温度效应和残余电流等。

电极受温度影响主要来自两方面：其一是由于温度变化，氧在液体中的溶解度随温度上升而下降；其二是温度上升，将使膜穿透系数增加，且氧在电解质溶液中的内相扩散增加，加快了电化学反应速度。由于后者的影响是比较显著的，因此，随温度的上升，电极输出电流呈指数规律上升。所以，溶氧电极须有温度补偿功能，才能真正反映出氧溶解度随温度变化的情况。

残余电流定义为在无氧情况下，电极中稳定的输出电流，也称为氮电流或零电流，要求越小越好。它主要来自于电解质中杂质的含量、漏电情况和内相氧的扩散等。

除了上述因素外，电极的重演性、使用寿命和受主体液流的影响等在实际使用场合也是重要的考虑因素。

发酵液中的溶解氧水平实质上是供氧和需氧矛盾的结果。可用下式表示

$$\frac{dc}{dt} = K_L a(c^* - c) - \gamma \tag{33-4}$$

式中，$K_L a$ 为体积氧传递系数，h^{-1}；c^* 为饱和氧浓度，mmol/L；c 为培养液中氧浓度，mmol/L；γ 为菌体摄氧率，mmol/(L·h)。

控制溶解氧浓度可从以下两方面来考虑：影响供氧效果的有通气流量、搅拌速度、气体组分中的氧分压、发酵罐罐压、温度和培养液物理特征等；影响需氧的则是菌体的生理特性，反映在摄氧率的大小上。人工干预调节溶解氧水平大多从供氧方面加以考虑，一般是组成串级调节系统来实现溶解氧浓度的控制。

33.1.1.9　尾气成分

发酵过程的尾气中含有氧、二氧化碳、醇类等各种气体成分，而这些气体的浓度往往又与细胞代谢的强度密切相关，如排出的氧浓度越低、二氧化碳浓度越高，往往对应着代谢强度较强；而醇类物质浓度的增加，往往意味着代谢途径的迁移等。所以实现发酵过程中尾气浓度的在线检测，也是发酵调控中的重要内容之一。

(1) 尾气中二氧化碳浓度连续分析及仪器　用来测定尾气二氧化碳含量的检测仪表很多，如热导式、气相色谱法(GC)、二氧化碳电极法、不分光红外线式二氧化碳测定仪(简称 IR)和质谱仪(MS)。目前较为有效和常用的是 IR 法和 MS 法，其中 IR 法精度可达±0.5%，量程的线性范围大，虽然仪器价格稍高，但在生物细胞培养时常被采用；MS 法由于响应速度快，能同时进行多组分测量而令人注目，但价格相对来说比较昂贵。目前国内在研究单位中应用较多，而在工业规模中仅有极少数企业应用。

目前主要采用不分光红外线二氧化碳气体分析仪和二氧化碳电极测量法进行尾气分析。

(2) 尾气中氧浓度的连续测量和仪器　对气相氧含量敏感的物理因素很多，据此可以用来作为气体中氧含量的测量。测量方法主要有磁氧分析、固体电解质、极谱电位和质谱法。固体电解质法主要采用氧化锆对氧离子的敏感响应，但由于必须在高温下使用以及对数响应，因此在发酵罐上使用时往往其检测精度不能满足要求。如今普遍采用的有磁氧分析仪，其精度可达±0.5%(FS)，而且具有相当好的稳定性和线性响应。此外极谱电极法虽然精度差一些，但常被用作气体氧含量的测量。

(3) 尾气分析的取样系统　二氧化碳和氧分析仪一般连接在发酵尾气管的旁路支管上，

通过取样系统进入二氧化碳和氧分析仪。这个取样系统的可靠性对仪器的正常运行具有重要意义。任何尘埃或水汽在测量气室中沉积或冷凝都将给仪器的稳定性、测量精度和寿命带来不良影响，甚至使仪器不能工作。因此一个发酵尾气分析系统的取样系统必须仔细设计。主要包括下列内容：粗过滤和液体分离，以除去大颗粒、灰尘和外溢的发酵液等杂物；冷凝物分离，除去水汽等；维持样品气体的压力和流速恒定。在某些情况下，需用吸收过滤以去除干扰组分。

经过滤后进入分析器，一般采用二氧化碳和氧分析器串联连接。

此外，一个完整的取样系统还应包括仪器的参考气供气和零点、量程气标定的供气系统。有的还设计有自动切换功能。在发酵中，一般可用空气作为 CO_2 的零点气和 O_2 分析仪的 21%O_2 参考点的用气，可用具有标准含量的钢瓶气为量程气（一般 CO_2 为 5%，O_2 为 16%等）进行标定。图 33－5 展示了一个用不分光红外 CO_2 分析仪（例如 H&B Uras3G）和磁压式 O_2 分析仪（例如 H&B Magon 4G）进行尾气分析的流程。

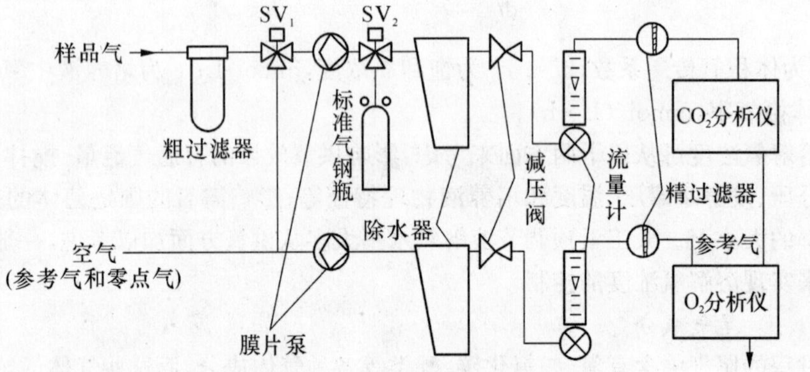

图 33－5　尾气分析流程图

为了增加分析器的利用效率，可以采用多路气体采样器与分析仪流程相连，对多个发酵罐进行循环取样测量。利用计算机技术可完成多个发酵罐尾气测量数据的记录、贮存和在线分析。

（4）质谱分析法　质谱仪由于响应速度快（小于 1 秒），灵敏度高，选择性好以及能同时分析多种气体组分，得到大量的检测数据供实时分析用，从而引起人们的重视。一些实验室和工厂配有多路接口和计算机，可以与多个发酵罐相连，在一分钟之内分析四个样品中的五个组分（CO_2、O_2、NH_3、N_2、Ar）。因此，质谱仪可以作为发酵过程中各种化学组分的程序检测器。但是质谱仪价格高，操作复杂，尚不能普及使用。

发酵组分（气相或液相中的挥发组分）在线分析所用的质谱仪的基本要求是线性响应，即输出电信号与被分析成分浓度成正比；离子（或质量）峰出现快慢与控制电压成正比。这样，就可在计算机控制下，决定一个或更多不同化学组成按顺序被测量，也就是利用软件在质谱仪中检测所选择的离子峰，以及克服干扰并进行标定，其中四极质谱仪（QMs）是常被采用的一种类型。

发酵罐的尾气取样可通过专门设计的取样接口，通过膜上的分子微孔进入质谱系统中的真空部分。目前还发展了对液相成分进行测量的浸入式取样系统，使液相成分由载体气体带入质谱仪中进行测量。

图 33－6 是 *Saccharomyces italicus* 生长发酵期间由质谱仪所测得的尾气 CO_2 和尾气 O_2

浓度，以及培养液中乙醇浓度随发酵时间的变化情况。

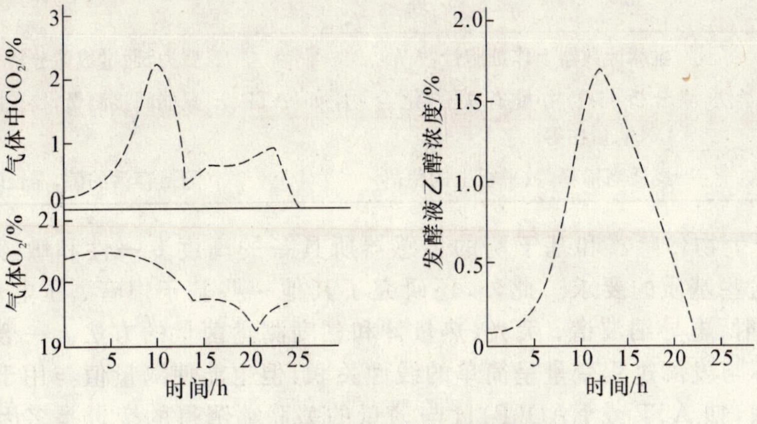

图 33-6　质谱仪测定的气相和液相成分

33.1.1.10　溶解二氧化碳

CO_2 在水中的溶解度比 O_2 大很多，且受罐压的影响显著。溶液中的 CO_2 以 pCO_2 表示。CO_2 是呼吸和分解代谢的终产物，几乎所有发酵均产生大量 CO_2。溶解在发酵液中的 CO_2 影响菌的生长和形态、代谢速率以及产物的合成。溶解 CO_2 的测量是借助碳酸氢盐 pH 变化由 pH 电极间接测量的，见图 33-7。液体中的 CO_2 透入透气薄膜，使腔内 pH 下降，反过来使 pH 上升，且 pH 是 pCO_2 对数的函数。

pCO_2 传感器的响应并不是 CO_2 特异的；外部 pH 的逐渐增加会引起 pCO_2 的下降。压力的变化会导致 pCO_2 的波动。此外，CO_2 的动态平衡也受传质的控制。由于碳酸氢盐缓冲液的容量有限，故必须经常更换。否则，平衡时间将会延长，基线漂移。因此这类电极的可靠性较差。

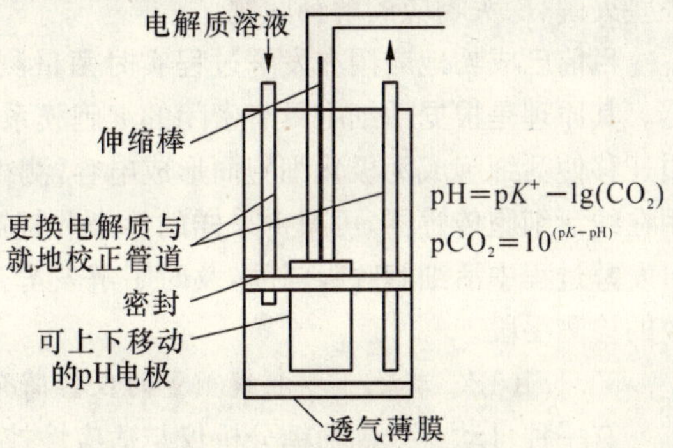

图 33-7　pCO_2 电极示意图

33.1.1.11　细胞菌量

微生物发酵过程的本质是细胞代谢过程，而细胞代谢时，总是伴随着细胞的增殖和增长两种情况。前者是细胞个数的增加，后者是细胞质量和组成的变化。所以从对细胞代谢调控的角度来看，细胞菌量的测定是发酵过程重要的检测参数之一。

目前对细胞菌量的检测分为离线测量和在线测量两种。表 33-2 为几种离线菌量测量方法。

表 33-2　离线测定生物量的方法

方　法	原　理	评　价
压缩细胞体积	离心沉淀物的高度	粗糙和快速
干重	悬浮颗粒干后的质量	如培养基含固体就难以解释
光密度	浊度	要保持线性需稀释，缺点同上

（续表）

方法	原理	评价
显微观察	血球计数器上作细胞计数	费力，通过成像分析可最佳化
荧光或其他化学法	分析与生物量有关的化合物，如 ATP、DNA、蛋白等	只能间接测量，校正困难
平板活计数	经适当稀释，数平板上的菌落	测量存活的菌，需长时间培养

一些在线生物传感器和基于酶的传感器所具备的高度专一性和敏感性有可能满足在线测量这些基质的要求。此外，还研究了其他一些基于声音、压电薄膜、生物电化学、激光散射、电导纳波谱、荧光、热量计和黏度测量菌量的方法。一般用传感器测得的信号并不与发酵过程变量呈简单的线性关联，但也能使测量值与用于控制的状态变量进行关联，如 ATP 或 NAD(P)H 与菌量的关联。测得的变量是多因素复合作用的结果。

在适当的校验条件下，菌量测量的新技术、导纳波谱（admittance spectroscopy）、IR 光导纤维光散射检测、测定 NAD(P)H 的在线荧光探头，均显示相当好的直接关联，但受生物与物化等多种影响。同样，离子选择电极可用于测定许多重要的培养基成分，但所测的值是活度，需要进行一系列的干扰离子、离子效应和螯合的校正。这些装置有许多已商品化，但还存在一些灭菌、探头响应的解释问题。

目前已成功地应用在发酵过程实时菌量测定的传感器是基于活细胞电容的活细胞传感器。其原理是根据活细胞具有密闭的细胞膜系统，在交变电场条件下能使活细胞内带电细胞质迁移使活细胞成为极化细胞而形成电容，测得的电容大小能表征细胞浓度。发酵过程中利用在线活细胞传感器，可减少采样的污染和提高细胞浓度测定精度，更重要的是能在线计算出发酵过程中活细胞呼吸强度，及时了解发酵过程细胞生理状态，为发酵过程控制提供了高效的检测手段。

33.1.1.12 其他一些在线测量的仪器简介

有一种自动在线葡萄糖分析仪与适应性控制策略结合，可用于高细胞密度培养时控制葡萄糖的浓度在设定点处。还有一种基于葡萄糖氧化酶固定化的可消毒的葡萄糖传感器曾用于大肠杆菌补料分批发酵中。采用流动注射分析（FIA）法同一些智能数据处理方法，如基于知识的系统、人工神经网络、模糊软件传感器与卡尔曼滤波器结合，作在线控制用，可快速可靠地监测样品，所需时间少于 2 min。在线 HPLC 系统被用于监测重组大肠杆菌的计算机控制的补料分批发酵中的乙酸浓度。

光学测量方法在工业应用上更具吸引力，因为它是非侵入性的，且牢靠。有人曾开发了一种二维荧光分光术，用于试验和工业规模生产，以改进生物过程的监测性能，此法可用于监测蛋白质。有人把近红外分光术用于重组大肠杆菌培养中的碳氮养分及菌量与副产物的在线测量。采用就地显微镜监测可以获得有关细胞大小、体积、生物量的信息。

Katakura 等（1998）构建了一种简单的由一半导体气体传感器和一继电器组成的甲醇控制系统，如图 33－8 所示。这种装置的传感器的输出电压随甲醇浓度指数升高（1～10 g/L）而指数下降（0.3～1 V），具有良好的线性关系。其他可燃气体（包括乙醇、氧）对甲醇在线监测的干扰可忽略。温度的影响很大是因为直接影响甲醇在气-液相中的平衡,故需将温度控制在(30±0.1)℃,以使温度漂移的影响减到最小。搅拌速度在 300～1 000 r/min并不影响甲醇浓度的在线测量,但空气流量的影响不可忽视,需固定在 3 L/min。

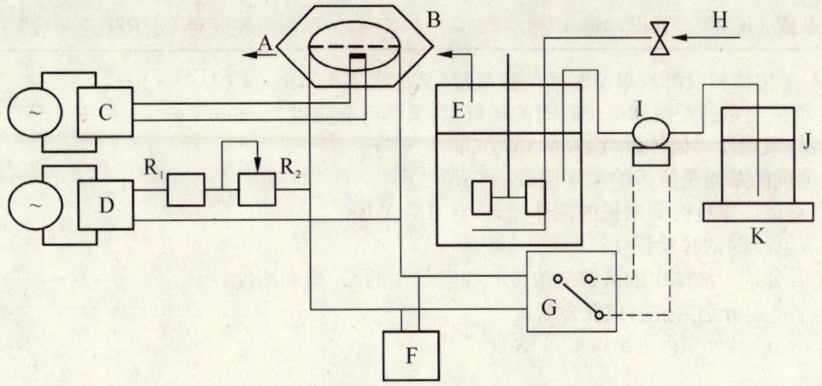

图 33-8 甲醇浓度控制系统的流程图

A—传感器盒;B—半导体传感器;C,D—稳压直流电源 5 V 和 10 V;E—5 L 台式发酵罐;F—记录仪;G—检测继电器;H—流量控制阀;I—蠕动泵;J—甲醇储瓶;K—数字式重量传感器;R_1—10 kΩ电阻;R_2—10 kΩ 电位器

33.2 生化过程的间接参数检测与数据处理

在生物培养过程中检测到的直接参数可以为生化反应过程的调控起到一定的作用,但是由于这些参数往往只是一些操作参数的直接体现,而对生物培养过程中的反映菌体细胞的生理特性或对象的工程特性的一些参数必须通过数据处理和间接计算得到。表 33-3 为通过基本参数可求得的间接参数。

表 33-3 通过基本参数求得的间接参数

监测对象	所需基本参数	换算公式
摄氧率(OUR)①	空气流量 V(mmol/h),发酵液体积 W(L),进气和尾气 O_2 含量 $c_{O_2\,in}$,$c_{O_2\,out}$⑧	$OUR = V(c_{O_2\,in} - c_{O_2\,out})$⑨$/W = Q_{O_2} X$
呼吸强度(Q_{O_2})②	OUR,菌体浓度,X	$Q_{O_2} = OUR/X$
	Q_{O_m}, μ	$Q_{O_2} = Q_{O_m} + \mu/Y_{X/O}$
氧得率系数($Y_{X/O}$)③	Y_S④,基质得率系数;M,基质相对分子质量	$1/Y_{X/O} = 16[(2C+H/2-O)/Y_S M + O/1\,600 + C/600 - N/933 - H/200]$
CO_2 释放率(CER)	空气流量 V(mmol/h),发酵液体积 W,进气和尾气 CO_2 含量 $c_{CO_2\,in}$,$c_{CO_2\,out}$	$CER = V(c_{CO_2\,out} - c_{CO_2\,in})/W = Q_{CO_2} X$
比生长速率(μ)⑤	Q_{O_2}, $Y_{X/O}$, Q_{O_m}⑥	$\mu = (Q_{O_2} - Q_{O_m}) Y_{X/O}$
菌体浓度(X_t)	Q_{O_2}, $Y_{X/O}$, Q_{O_m}, X_0, t	$X_t = [e^Y(Q_{O_2} - Q_{O_m})t]X_0$

（续表）

监测对象	所需基本参数	换算公式
呼吸熵(RQ)	进气和尾气 O_2 和 CO_2 含量	$RQ = CER/OUR$
体积氧传质系数（K_La）	OUR，c_L，c^* ⑦	$K_La = OUR/(c^* - c_L)$

① OUR：单位体积发酵液单位时间的耗氧量（又称摄氧率），$mmol \cdot L^{-1} \cdot h^{-1}$；
② Q_{O_2}：单位质量的干菌体单位时间的耗氧量（又称呼吸强度），$mmol \cdot g^{-1} \cdot h^{-1}$；
③ $Y_{X/O}$：耗氧量所得菌体量，$Y_{X/O} = \Delta X/\Delta C$；
④ Y_S：消耗的基质量所得的菌体量，$Y_S = \Delta X/\Delta S$；
⑤ μ：每克菌体单位时间增长的菌体量，$\mu = dX/Xdt$；
⑥ Q_{O_m}：$\mu = 0$ 时的呼吸强度；
⑦ c_L，c^*：分别为液体中的溶解氧浓度和在空气中的 O_2 饱和浓度；
⑧ $c_{O_2 in}$，$c_{O_2 out}$：分别为进出口氧含量；
⑨ $c_{CO_2 in}$，$c_{CO_2 out}$：分别为进出口 CO_2 含量。

通过对发酵罐进行物料平衡，可计算 OUR、CER 以及 RQ 值，后者反映微生物的代谢状况，它尤其能提供从生长向生产过渡或主要基质间的代谢过渡指标。用此法也能在线求得体积氧传质系数 K_La，它能提供培养物的黏度状况。故间接测量是许多测量技术、推论控制和其他控制生物反应器的方法的基础。

尾气分析能在线、即时反映生产菌的生长情况。不同品种的发酵和操作条件，OUR、CER 和 RQ 的变化不一样。以面包酵母补料-分批发酵为例，有两种主要原因导致乙醇的形成。培养基中基质浓度过高或氧的不足，便会形成乙醇，前一种情况称为负巴斯德效应。当乙醇产生时，CER 升高，OUR 维持不变。因此，RQ 的增加是乙醇产生的标志。将 RQ 与溶解氧控制结合，采用适应性多变量控制策略可以有效地提高酵母发酵的产率和转化率。

综合各种状态变量可以提供反映过程状态、反应速率或设备性能的宝贵信息。例如，用于维持一环境变量恒定的过程控制操作（加酸/碱，生物反应器的加热/冷却，消泡剂的添加等）常与生长和产物合成关联。这些操作也受过程干扰，代谢迁移和其他控制操作的影响。如 pH 受反馈控制，用于调节 pH 的控制操作反映过程的代谢速率，将这些速率随时间积分可用于估算反应的进程；从冷却水的流量和测得的温度可以准确计算几百升罐的总的热负荷和热传质系数，后者是一种关键的设计变量，它的监测能反映高黏度或积垢问题。

一些典型的间接参数计算详述如下。

(1) 质量传递速率　从发酵罐中移走和加入某化学成分的量是重要的间接参数。一般可以环绕着发酵罐进行平衡计算，稳态时数学表达式为

$$传递 = 输入 - 输出$$

$$W = \sum_{i=1}^{n} F_i c_i - \sum_{j=1}^{m} F_j c_j \qquad (33-5)$$

式中，F 为体积流量；c 为浓度；n 为输入的流体种类量；m 为输出流体的种类量。W 可看作是速率(mol/h)或过程循环的计量总量。有时，质量传递速率的计算为以单位体积为准(mol/(L·h))。

通常在气体情况下只有进气和排气，则式(33-5)可简化为

$$W = F_{in}c_{gin} - F_{out}c_{gout} \tag{33-6}$$

式中“in”代表进气，“out”代表排气。

以氧为对象，则 W 是氧的传递速率(OTR)，由于培养液中的氧浓度变化一般相对较慢，可以把 OTR 看成与菌体细胞的氧吸收率(OUR)相等。OUR 定义为单位体积培养液每小时所消耗的氧量，mol/(L·h)或 g/(L·h)。OUR 与呼吸强度(Q_{O_2})的关系及有关测量计算可用下式表示

$$\mathrm{OUR} = Q_{O_2}X = \frac{F_{in}}{V}\left[c_{O_2\,in} - \frac{c_{惰in} - c_{O_2\,in}}{1-(c_{O_2\,out} - c_{CO_2\,out})}\right]\cdot f \tag{33-7}$$

式中，X 为菌体干重，g/L；F_{in} 为进气流量，mol；$c_{惰in}$、$c_{O_2\,in}$、$c_{CO_2\,in}$ 分别为进气中惰性气体、氧及二氧化碳的浓度，%；$c_{O_2\,out}$、$c_{CO_2\,out}$ 分别为排气中氧及二氧化碳的浓度，%；V 为发酵液体积，L。

其中
$$f = \frac{273}{273 + t_{in}}\cdot p_{in}\cdot\frac{1}{1+h}\times 10^{-5}$$

式中，p_{in} 为进气的绝对压强(大气压)，Pa；t_{in} 为进气的温度，℃；h 为进气的相对湿度，%。

一般可取 $c_{O_2\,in}$ 为 20.95%，$c_{CO_2\,in}$ 为 0.03%。只需连续测得排气中氧和二氧化碳的浓度，就可以计算菌体细胞不同时间的 OUR。

OUR 也可用溶氧电极采用动态法在发酵罐内进行测量，为了减少测量误差，要求测定用的电极的响应时间短。

二氧化碳传递速率与二氧化碳释放率(CER)也有类似的关系。CER 表示单位体积培养液每小时所产生的二氧化碳量，mol/(L·h)或 g/(L·h)。由下式计算

$$\mathrm{CER} = Q_{CO_2}\cdot X = \frac{F_{in}}{V}\left[\frac{c_{惰in}\cdot c_{CO_2\,out}}{1-(c_{O_2\,out} - c_{CO_2\,out})} - c_{CO_2\,in}\right]\cdot f \tag{33-8}$$

式中，Q_{CO_2} 为比二氧化碳释放率，mol/(L·h)或 g/(L·h)。

其余同式(33-7)。有时为了通过二氧化碳释放量来估算菌体量，克服分批发酵补料操作引起的体积变化所带来的误差，采用总二氧化碳释放率 CER，mol/h 或 g/h。

(2) 呼吸熵　菌体在代谢过程中形成的二氧化碳与消耗的氧的比率称为呼吸熵(RQ)，可用下式计算

$$\mathrm{RQ} = \frac{\mathrm{CER}}{\mathrm{OUR}} = \frac{Q_{CO_2}}{Q_{O_2}} \tag{33-9}$$

RQ 值是表征好气发酵菌体生理特征的重要参数。表 33-4 列出了一些不同碳源在完全氧化时的 RQ 值，偏离此 RQ 值，则说明与产物形成有关的代谢途径在变化。例如在青霉素发酵过程中生长、维持和产物形成阶段的理论 RQ 值分别为 0.909、1.0 和 4.0。在通气条件下，高的 RQ 值表明有 Crabtree 效应，把葡萄糖转化为乙醇，低的 RQ 值表明积累的乙醇被完全氧化成二氧化碳和水。

表 33-4 不同碳源完全氧化时的 RQ 值

碳　源	化学简式	RQ	碳　源	化学简式	RQ
碳水化合物	$C_nH_{2n}O_n$	1.00	丙酸	$C_3H_8O_2$	0.75
烷烃	C_nH_{2n+2}	$2n/(3n+1)$	乳酸酯	$C_3H_6O_3$	1.00
甲烷	CH_4	0.5	甘油	$C_3H_8O_3$	0.75
醇	$C_nH_{2n}+2O$	0.67	柠檬酸	$C_6H_8O_7$	1.33
甲醇	CH_4O	0.67	甲酸	CH_2O_2	0.50
乙醇	C_2H_6O	0.67	草酸	$C_2H_2O_4$	4.00
羧酸	$C_nH_{2n}+2O_2$	$2n/(3n-1)$	乙二醛	$C_2H_3O_3$	2.00
乙酸	C_2H_6OH	0.80			

其他常被监测的成分比率是在培养时流加的碳、氮、磷和钾的积累量的比率，通常与产物的形成成比例关系。其差别表示营养物的失效、过剩或副产物的积累。

(3) 质量传递系数　发酵罐的体积氧传递系数 K_La 是氧在气相和液相之间的质量传递效率，可称为“通气效率”。如果不考虑在气泡里的扩散阻力，则在小发酵罐中的氧传递速率可用下式表示

$$W = K_La(c^* - c) \tag{33-10}$$

式中，c 为整体液相中的溶解氧浓度；c^* 为与气相氧分压成平衡的液相中的氧浓度。c^* 一般可由亨利定律从气相浓度(c_g)中计算

$$c^* = K \cdot c_g$$

由于 K 取决于温度和培养液中其他成分的浓度，一般可粗略地取 c^* 为 0.2(mmol/L)，在小发酵罐中由于混合较好，可以把排气时的氧浓度(c_{gout})看成为 c^*。

在大罐中，液相被认为是充分混合的，但是在气相中，c_{gin} 和 c_{gout} 之间的变化取决于气相发酵罐里的位置。在这种情况下，传递速率可表达为

$$W = K_La(c^* - c)_{\text{lg平均}} \tag{33-11}$$

其中

$$(c^* - c)_{\text{lg平均}} = \frac{(c^* - c) - (c^*_{out} - c)}{\ln\left(\dfrac{c^*_{in} - c}{c^*_{out} - c}\right)}$$

式中，c^*_{in} 和 c^*_{out} 分别采用进气和排气时的氧浓度测量值。

(4) 热传递系数　与质量传递系数一样，在生物反应器过程放大时，传热系数具有重要的意义，它定义为

$$Q_c = KA\frac{(T_{in} - T) - (T_{out} - T)}{\ln\left(\dfrac{T_{in} - T}{T_{out} - T}\right)} \tag{33-12}$$

式中，A 为发酵罐冷却传热的面积；T_{in} 为冷却水进口温度；T_{out} 为冷却水出口温度；T 为维持

的生物反应器温度；Q_c 为从冷却系统热平衡计算得到的传热系数。

设反应器在绝热条件下，则可用下式计算

$$Q_c = F_{in}\Delta H_{in}^0 - F_{out}\Delta H_{out}^0 \tag{33-13}$$

式中，F_{in}、F_{out} 分别为冷却介质的进出流量；ΔH_{in}^0、ΔH_{out}^0 分别为进出冷却介质的热焓。

（5）其他间接参数　凡是通过计算得到的参数都可以称为间接参数，根据具体的研究对象需要确定。例如，搅拌功率由安装在搅拌轴上的剪切应变仪测得。

搅拌叶尖速度对某些丝状真菌、放线菌、原生质体和组织细胞培养来说是很重要的参数，由于对剪切力的敏感性，必须对搅拌叶尖速度给予控制。可以通过搅拌转速和搅拌叶径计算得到。

发酵液体积可以通过测量发酵液重量和相对密度计算得到。

通气准数是反映表现通气速率对搅拌叶尖速度的量纲为 0 的数，可用来估计不通气，相同转速时的功率消耗，定义为

$$N_A = \frac{F}{ND_i^3} \tag{33-14}$$

式中，F 为通气速率，m^3/min；N 为转速，r/min；D_i 为搅拌叶半径，m。

功率准数代表搅拌反应器内的外作用力对内作用力的比例，也是量纲为 0 的数，可以通过无通气时的功率 P_0 和密度 ρ 按下式计算得到

$$N_P = \frac{P_0}{N^3 D_i^5 \rho} \tag{33-15}$$

搅拌雷诺数代表内作用力对黏滞力的比例，是另一个无量纲为 0 的数，定义为

$$N_{Re} = \frac{D_i^2 N\rho}{\mu} \tag{33-16}$$

其中 μ 是显示黏度，当 $N_{Re} < 10$ 时为滞流区，$N_{Re} > 10\,000$ 时为湍流区，中间值时为过渡区。当 N_{Re} 已经建立后，知道 D_i、N 和 ρ 以后，就可以从上式计算得到显示黏度。

33.3 生化反应过程中的计算机控制

33.3.1 生物反应器计算机控制系统简介

张嗣良等设计、开发了一种新型计算机参数监控生化过程的生物反应器系统。其数据采集主要由参数检测、计算机硬件及其外围系统和计算机数据采集与控制软件包三部分组成。

在参数检测方面，该发酵罐上除了常规的温度、搅拌转速、消泡、pH、溶解氧浓度（DO）等测量控制以外，还配置了发酵液真实体积、高精度补料量（如基质、前体、油、酸碱物）测量与控制，高精度通气流量与罐压电信号测量与控制，并与尾气 CO_2 和 O_2 检测系统连接，整机具有十四个以上在线参数检测或控制，能输入实验室手工测定的离线参数的计算机控制与数据处理系统。

另外此发酵罐还配置了一个适应多种反应器特点，融合多种过程理论和控制理论，便于发酵过程多尺度工艺分析和优化操作的软件包，定名为 BIORADAR。在 Windows NT 操作

系统下采用多线程技术，包括主线程、采样线程、过程分析与控制线程、报警线程和储存线程，运用 Microsoft 的 COM 组件技术实现主程序和各子程序之间的协同工作和相互通信。系统运行平滑，响应及时。由此得到发酵过程优化与放大所必需的包括各种代谢流特征或工程特征的精确间接参数，如摄氧率(OUR)、二氧化碳释放率(CER)、呼吸熵(RQ)、体积氧传递系数(K_La)、比生长速率(μ)等。在装置研究的基础上，形成了专门用于发酵过程优化与放大研究用的反应器。

通过获得反应器规模的代谢趋势曲线可以看出检测参数的多样性、时变性、相关耦合性和不确定性，因而特意满足在传感器系统配置、精度与漂移上的要求，以及注意到应用软件设计上的协调性和整体目标性。以信息流、物质流、能量流或者代谢流为核心的研究与观察是发酵过程优化的基本出发点，必须通过实验测定资料才能有效分析，但是由于测定技术的局限性，造成研究数据的匮乏。因此，该装置除不断探索新的测量技术应用外，也注意在现有测量技术基础上加强软测量技术的开发和应用。此外，还对细胞形态特性、胞内代谢途径中的酶活测定、基因表达的活性调控蛋白的测定以及 RNA、DNA 物质测定作为离线数据的重要内容，通过数据采集系统进行相关分析。

在软测量技术中，除了一些代表菌体细胞生理活性或反应器工程特性的间接参数以外，采用代谢流分析的化学计量法，在现有的在线测量数据和实验室离线测量数据基础上实现跨尺度的元素平衡衡算是重要的研究内容。因此对数据采集系统的参数传感技术、实验室手工测定项目以及软件设计具有严密性和接近实时系统的时序连贯性，既可用于定性观察，也可进一步用于定量分析。

33.3.2 生化反应过程的参数相关特性

在工业生化反应过程的批式操作中，菌体生长、基质消耗等过程状态是随时间变化的。因此，测量参数是一个典型的时变系统；另一方面，由于发酵过程的多容量性和严重非线性特征，表现在过程测量参数的离散性。除了测量精度和漂移造成这种离散性外，还由于细胞代谢对环境因子的高度敏感性和细胞代谢的不可逆性的因素。有时，还受基因水平的启动和表达的影响。输入的初始条件的细微差别也会对结果产生巨大变化，表现在系统的多态性和不稳定性，即所谓生物过程的混沌现象。由于测量参数受上述因素的影响，造成不确定性，成为一种噪声，只有加强对噪声的本质研究，特别是有关生物学机理现象的认识，才有可能在产品的工业发酵生产上取得突破性进展。

参数耦合相关是指各种直接参数、间接参数以及实验室手工参数随着发酵过程的进行而变化，并且参数间发生某种耦合相关。这种参数相关是生物反应器中物料、能量或信息传递、转换以及平衡或不平衡的结果，其微观因素也许只是发生在基因、细胞或反应器工程水平的某一个尺度上，但最终会在宏观过程中有所反映，这就给在生物反应器中进行数据关联分析方法提供了线索。

在生化反应过程中，可以把参数相关分为理化相关和生物相关两大类。

33.3.2.1 发酵过程的理化相关

由于物质纯粹的物理或化学性质变化所引起的参数交互影响，即为理化相关。物理过程包括物质和能量传递、混合、搅拌转速、通气流量、罐压力等；化学过程则有传热(加热或冷却)、酸碱加入以及由此形成的物理化学现象等。区分理化性质变化导致的参数变化对调控生物反应过程的操作参数是必要的。

理化相关对不同细胞对象具有同一性，不会因为细胞生理活性的变化呈现不同的理化相关特性。在生化反应过程中理化相关的具体实例如下。

传热与酸碱反应：在发酵过程中打开冷却水的阀门就引起罐温的下降，或加入某种酸碱物质引起 pH 的变化，这些都是显而易见的理化相关。

搅拌功率（转速）引起的 DO 变化：当将发酵罐中的搅拌转速提高时，溶解氧浓度（DO）也会相应提高。这主要是由于搅拌转速提高后，打碎气泡的能力加强，气-液接触表面积增加，提高了供氧能力（K_La），也就是说发生了供氧（OTR）大于需氧（OUR）的情况，DO 值上升。

通气流量变化所引起的物理过程：在发酵过程中，经常可以观察到通气流量增加而导致的一系列物理变化。首先，排气中 CO_2 浓度下降是由于菌体释放的二氧化碳释放率（CER）不变的情况下，通气流量增加使 CO_2 体积浓度被稀释，导致 DO 上升，增加了氧传递的推动力，使过程的供氧能力提高。有时，随通气量增加，发酵液 pH 同步增加，这是由于发酵过程形成的 CO_2（CER）与通气带走的 CO_2 量呈动态平衡，当通气量增加时，由排气带走的 CO_2 量增加，发酵液中的溶解二氧化碳浓度降低，导致发酵液的 pH 上升。

罐压变化与 DO 变化之间也存在一定的关系。发酵罐一般采用正压操作，也就是说在发酵罐内给予一般在 0.01～0.05 MPa 的罐压，以防止杂菌污染。实际操作时由于气体流量进气与排气的动态平衡，压力的波动对 DO 有影响。这是由于气相中氧分压提高所引起的氧传递推动力的变化。如果在发酵罐设备上没有精确的压力监控装置或不恰当的测量点选择设计，就会把由于罐压变化所引起的 DO 变化都归咎于菌体生理代谢特性的变化，从而严重地误判，导致减产。

发酵过程中为了消泡而加入油会导致气泡破碎而释放出大量的 CO_2，如图 33－9 所示。排气二氧化碳浓度会有一个明显的上升峰，氧浓度则由于大量二氧化碳增加时在空气中的体积浓度略有下降。若此时未经深入分析，由此而计算得到的 CER 大幅上升和 OUR 的小幅上升，就误以为是细胞代谢加强了，代谢途径发生迁移或基质利用发生变化，就会作出错误的调控策略，导致发酵过程的失败。

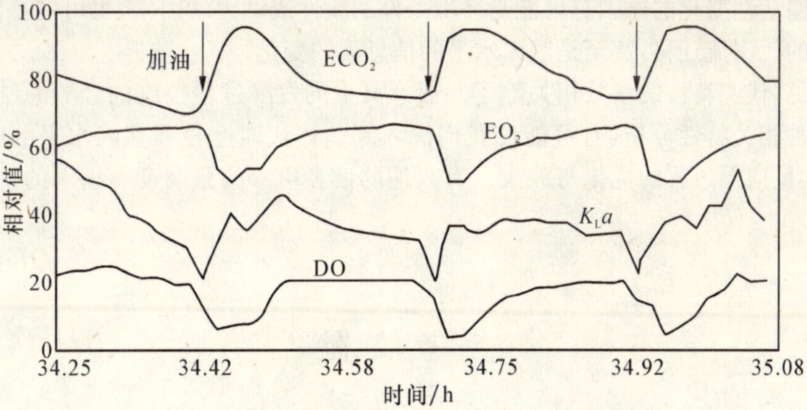

图 33－9　加油消泡所引起的参数物理相关变化

33.3.2.2　发酵过程的生物相关

发酵过程是活细胞代谢的过程，细胞的生命活动贯穿发酵的全过程。生物相关是指通过生物细胞的生命活动所引起的参数之间的耦合相关，主要体现在两种方式：其一，通过生物细胞生长代谢后引起的培养液物性的变化，进而引起的参数相关；其二，通过生物细胞及代谢途径的不同所引起的活性变化，直接对控制对象特性产生影响。

在发酵过程中由于菌体生长情况变化而引起发酵液物性的变化，从而引起其他测量参数的相关变化的现象，是发酵过程的普遍现象。有几个重要的特性值得关注。

(1) 菌体生长与 K_La、DO 的相关特性　接种后，由于养分丰富，细胞逐渐进入指数生长期，此时培养液黏度逐渐上升，氧传递系数(K_La)下降。若不增加供氧，会引起 DO 水平的下降；同时培养液黏度的变化也会引起溶解 CO_2 与排气 CO_2 浓度较前期出现更大的差异。发酵后期菌体自溶，发酵液变稀，这时 K_La 逐渐上升，表现出 DO 值的明显上升，其原因是由于菌体耗氧量下降与 K_La 上升协同作用的结果。

(2) 菌体生长与培养液的流变特性　培养液的流变特性除与菌体细胞浓度有关，还与细胞形态及原生质引起的菌体刚性有关。丝状菌培养液的非牛顿特性要高于单细胞培养液，菌体细胞自溶后原生质体流失，刚性减弱，发酵液变稀。对同一类的丝状菌，若分支少，菌丝粗短，流变特性好。

(3) 泡沫与 K_La 的关系　由于发酵过程的菌体生长代谢，培养液的物性会发生变化。如表面张力增加以及表面活性物质的形成，都能促进泡沫的生成，特别是当通气流量增加时，就形成一个稳定的泡沫层。泡沫的形成对发酵控制是不利的，引起发酵罐的装量容积减小并增加了杂菌污染的因素，一般通过加入消沫剂进行消泡。但是这种操作又会带来另一个问题，即泡沫与传氧的关系。

从 K_La 的定义就可以明白，其中 a 就是单位体积发酵液中的气泡接触面积，也就是说气-液接触面积越大，a 值越大，传氧能力也就越大。发酵过程消沫剂的加入，显然是减少了发酵液中的持气量，a 值减小，发酵过程供氧能力下降，DO 值就下降。这一般都从油对氧传递的阻力来解释，实际上这是由于气-液接触面积减小引起的。

代谢特性及其参数相关指的是当菌体细胞由于代谢活性变化而直接引起的某些参数的变化，称为代谢特性参数相关，是发酵过程控制中最重要的相关。这些代谢活性变化有可能是代谢强度的变化，也可能是代谢途径的变化，由此而引起的基质消耗或代谢产物形成的不同。引起代谢活性变化的原因有可能是环境条件的线性或动力学因素，也可能是细胞内某调节因子引起的代谢流迁移，甚至是基因水平的信息流的变化。

由此可见，代谢特性的参数相关除了一般意义上的发酵过程控制的经验总结外，更重要的是通过这种相关特性分析，有可能使我们深入到菌体代谢途径和基因水平的表型特征分析，实现生物反应器过程的优化与放大。有兴趣的读者可参阅张嗣良等编著的《多尺度微生物过程优化》。

(庄英萍)

参 考 文 献

[1] Sonnleitner，B. Ant v Leeuwenhoek，1991，60：133.
[2] Park Y S，Kai K，Iijima S，et al. Biotechnol Bioeng，1992，40：686.
[3] Phelps M R，Hobbs J B，Kiburn D G，et al. Biotechnol Bioeng，1995，46：514.
[4] Pfaff M，Wagner E，Wenderroth R，et al. In：Proceeding of the 6th Intenational Conference on Comparative Applied Biotechnology. Garmisch-Partenkirchen，Oxford：Elsevier Science，1995：6.
[5] Wu X，Bellgardt K-H. J Biotechnol，1998，62：1.

[6] Turner C, Gregory M E, Thornhill N F. Biotechnol Bioeng, 1994,44:819.
[7] Hitzmann B, Marose S, Lindemann C, et al. Proceeding of the 7th Intenational Conference on Computer Application in Biotechnology. Osaka. Oxford: Elsevier Science,1998:231.
[8] Macaloney G, Draper I, Preston J, et al. Trans Inst Chem Eng, 1996,74:212.
[9] 张嗣良. ACHEMASIA 卫星会议论文摘要集,2001:34-43.
[10] 张嗣良,储炬. 多尺度微生物过程优化. 北京:化学工业出版社,2003.
[11] 颜日明,郑华淦,庄英萍,等. 剪切环境对南昌链霉菌形态和代谢的影响. 中国抗生素杂志,2004,29(9):521-525.
[12] 庄英萍,储炬,张嗣良,等. 红霉素发酵过程前期参数相关分析及调控. 华东理工大学学报,2004,30(6):363-369.

第四篇

实际生产技术范例研究

34 氨基酸

34.1 概述

最早的氨基酸产品是谷氨酸，利用蛋白质水解提取法，以面筋或大豆蛋白为原料制得。20世纪50年代末，以糖蜜等为原料直接发酵生产谷氨酸，成功地建立了微生物发酵法，开创了氨基酸工业发展的新纪元，在五十多年中氨基酸生产技术不断提高与完善，发展成为一门各种氨基酸品种配套齐全、生产方法多元化的新产业。

目前，氨基酸的生产方法有5种：①直接发酵法；②添加前体发酵法；③酶法；④化学合成法；⑤蛋白质水解提取法。通常将直接发酵法和添加前体发酵法统称为发酵法；将发酵法和酶法统称为微生物法。现在，除少数几种氨基酸（如酪氨酸、半胱氨酸和胱氨酸等）用蛋白质水解提取法生产外，多数氨基酸都采用发酵法生产，但也有几种氨基酸采用酶法（如天冬氨酸和丙氨酸）和化学合成法（如蛋氨酸）生产。

（1）直接发酵法　发酵法是借助微生物具有合成自身所需氨基酸的能力，通过对菌株的诱变等处理，选育出各种营养缺陷型及氨基酸结构类似物抗性变异株，以解除代谢调节中的反馈抑制与阻遏，达到过量合成某种氨基酸的目的。

应用发酵法生产氨基酸产量最大的是谷氨酸，其次是赖氨酸，其余可用该法生产的有苏氨酸、异亮氨酸、缬氨酸、精氨酸、组氨酸、脯氨酸、鸟氨酸、瓜氨酸等。天冬氨酸、丙氨酸等虽然也可用发酵法生产，但因产酸水平较低，实用价值不大。

氨基酸产生菌是实现发酵法生产氨基酸的前提，在氨基酸发酵的建立和改进中起着非常重要的作用。最初，将野生型菌株直接用于氨基酸发酵，但由于活细胞内反馈调节机制，氨基酸生物合成受到严格控制，不可能积累过量氨基酸。因此，必须获得解除反馈调节，能过量生产氨基酸的各种遗传变异株。这主要通过诱变、筛选各种营养缺陷变异株和改变遗传性状的调节变异株来实现。目前，体内（如细胞融合、转导）和体外（如DNA重组）遗传操作等最新技术已用于新型氨基酸生产菌的选育。诱变法可获得具有营养缺陷、药物抗性等新遗传特性的菌株，细胞融合和转导技术则使所需要的遗传特性重组，而DNA重组技术可使所需基因拷贝数放大。这些新技术在氨基酸生产菌选育过程中的实际应用，进一步促进了发酵法生产氨基酸的发展和提高。

（2）添加前体发酵法　添加前体发酵法又称微生物转化法。这种方法使用葡萄糖作为发酵碳源、能源，再添加特异的前体物质（即在氨基酸生物合成途径中的一些合适的中间代谢产物），以避免氨基酸合成途径的反馈抑制作用，经微生物作用将其有效地转变为目的氨基酸。

对添加前体发酵法的研究比直接发酵法早得多。目前，这一方法主要用于难以用直接发酵法生产的氨基酸。现已成功地用邻氨基苯甲酸作为前体物质工业化生产L-色氨酸，用甘氨酸作前体工业化生产L-丝氨酸。

(3) 酶法　酶法与发酵法紧密相连，是发酵工业发展的产物，但发酵法与酶法之间又有区别。发酵法是利用微生物的生命活动过程，将简单的碳源、氮源，通过复杂的代谢活动生成天然产品，品种上有其局限性。而酶法是利用微生物中特定的酶作为催化剂，使底物经过酶催化生成所需的产品，因底物选择的多样性，故不限于制备天然产品。借助酶的生物催化，可使许多本来难以用发酵法或合成法制备的光学活性氨基酸的工业生产成为可能。

虽然酶法生产氨基酸具有工艺简单、周期短、耗能低、专一性强、收率高等特点，但要将它们应用于工业化生产，还需要进一步研究。如何获得廉价的合成底物和酶源是这一方法能否成立的关键。近年来，随着基因重组技术的进步，有关的酶活性显著提高，加之生物反应器研究成果的配合，酶法生产氨基酸技术更具前景。

目前能用酶法生产的氨基酸已有十几种，如用延胡索酸和铵盐为原料，经天冬氨酸酶催化生产 L-大冬氨酸；以 L-天冬氨酸为原料，在天冬氨酸脱羧酶作用下生产 L-丙氨酸；以吲哚和 L-丝氨酸为原料，在色氨酸合成酶催化下合成 L-色氨酸等。

(4) 化学合成法　化学合成法是利用有机合成和化学工程相结合的技术生产氨基酸的方法。其最大优点是在氨基酸品种上不受限制，除制备天然氨基酸外，还可用于制备各种特殊结构的非天然氨基酸，但这并不意味着具有工业生产价值。由于合成得到的氨基酸都是 D，L-型外消旋体，必须经过拆分才能得到人体能够利用的 L-氨基酸，故用化学合成法生产氨基酸时，除需考虑合成工艺条件外，还要考虑异构体的拆分与 D-异构体的消旋利用，三者缺一势必会影响其应用。

氨基酸的化学合成法可归纳为一般合成法及不对称合成法两大类。前者产物皆为 D，L-型氨基酸混合物，后者产物为 L-型氨基酸。一般合成法包括卤代酸水解法、氰胺水解法、乙酰氨基丙二酸二乙酯法、异氰酸酯（盐）合成法及醛缩合法等；不对称合成法包括直接合成、α-酮酸反应及不对称催化加氢等方法。

(5) 蛋白质水解提取法　以毛发、血粉及废蚕丝等蛋白质为原料，通过酸、碱或酶水解成多种氨基酸混合物，经分离纯化获得各种氨基酸的方法称为水解法。主要有酸水解法、碱水解法和酶水解法。

国内氨基酸工业是从 20 世纪 60 年代开始逐步发展起来的。1958 年开始筛选谷氨酸产生菌，同时进行了大量的谷氨酸发酵基础研究；1964 年首先在上海投入了工业化生产。随后，在北京又分离选育出北京棒杆菌 ASl. 299 和钝齿棒杆菌 ASl. 542 两株谷氨酸产生菌，各地先后采用发酵法生产谷氨酸。接着，国内不少科研与生产单位又进行了其他氨基酸的研究，初步建立了我国自己的氨基酸工业。据统计，我国目前有氨基酸生产企业一百余家，2004 年总产量达到 160～170 万吨，其中谷氨酸钠（味精）130 万吨，赖氨酸 15 万吨。已能工业生产的其他氨基酸品种有蛋氨酸、苏氨酸、异亮氨酸、亮氨酸、缬氨酸、脯氨酸、天冬氨酸、胱氨酸、精氨酸、苯丙氨酸等。这些氨基酸生产规模均较小，存在的问题有：①我国氨基酸生产厂家众多，但生产规模小、品种单一，缺乏竞争力；②生产工艺、生产水平和生产设备远远落后于日本等其他国家；③科研力量薄弱、分散。

国际上氨基酸生产综合性厂家主要有日本味之素、协和发酵、田边制药以及德国 Degussa 等 4 家公司。日本在氨基酸产量、品种和技术水平上均居世界领先地位。

34.2 氨基酸发酵机理和氨基酸产生菌选育

34.2.1 微生物发酵法生产氨基酸的历史和发展趋势

1908年日本人 Ikeda 发现谷氨酸钠是鲜味的强化剂，开始了工业化生产氨基酸的历史。在此后的近五十年中，谷氨酸的生产都是以大豆或面筋蛋白为原料，采用酸水解后分离提取的方法。1956年日本科学家 Kinoshita 等发现，在培养某些微生物（如谷氨酸棒杆菌）时会产生谷氨酸的积累，从此揭开了用微生物发酵法生产氨基酸的历史新篇章。至今，几乎所有的氨基酸都能采用发酵法生产。谷氨酸是第一种应用发酵法进行工业化生产，也是目前产量最高的氨基酸。中国已经成为世界上最大的谷氨酸钠（味精）生产和消费国，2004年产量已达130万吨，约占全世界年产量的三分之二。

赖氨酸是人和动物的必需氨基酸之一，虽然植物蛋白中含有少量的赖氨酸，但不能满足人和动物的需要。在食物和动物饲料中添加适量的赖氨酸有利于人类健康和动物的生长。目前，赖氨酸生产菌的发酵水平已经达到 120 g/L 以上，微生物发酵法成了赖氨酸工业化生产的唯一方法。

L-苯丙氨酸是另一种人类必需的氨基酸，近年来又在新型甜味剂 Aspartame（中文商品名天冬甜精或阿斯巴甜）的合成中发现了新的应用，因此 L-苯丙氨酸的产量增加很快。1974年，Coates 和 Nester 发现了一株 β-噻吩丙氨酸抗性的枯草杆菌突变株，该菌株的预苯氨酸脱氢酶活力受到抑制，解除了 L-苯丙氨酸的负反馈抑制；1981年，Goto 等从乳酸发酵杆菌分离到了一株 P-氟苯丙氨酸（PFP）和 5-甲基色氨酸抗性的突变株，属于酪氨酸缺陷型。目前化学合成、酶法合成及微生物发酵生产苯丙氨酸都已实现工业化生产，而微生物发酵法则由于原料便宜而受到青睐。

自20世纪70年代以来，几乎对所有氨基酸的发酵法生产都进行了研究和开发，已经获得工业化生产的除了上述三种氨基酸外，还有精氨酸、谷氨酰胺、亮氨酸、异亮氨酸、脯氨酸、丝氨酸、苏氨酸及缬氨酸等。

获得高产菌种始终是发酵法生产氨基酸的关键。除了从野生型菌株出发，通过筛选、诱变等方法获得营养缺陷型或调节突变型菌株的传统方法外，利用基因重组技术获得氨基酸发酵高产菌种已经成了新的发展方向。例如，苏联的科学家利用基因工程方法，将合成 L-苏氨酸的基因克隆到大肠杆菌中，使 L-苏氨酸的产量提高到了 75 g/L；能积累 L-苯丙氨酸的基因工程菌也已经应用于工业生产；基因工程菌的宿主细胞已经从革兰氏阴性菌发展到革兰氏阳性菌。生产氨基酸的基因工程菌的研究还在深入地进行，也必将为提高氨基酸的发酵水平做出贡献。

发酵法生产氨基酸的另一个发展方向是采用先进的发酵技术。固定化细胞发酵、连续发酵、新型的生物反应器（如气升式反应器）及发酵过程的优化和控制等都在氨基酸发酵工业中受到重视。

34.2.2 发酵法生产氨基酸的微生物

谷氨酸产生菌可以从自然界中筛选得到，例如谷氨酸棒杆菌和黄色短杆菌。最初筛选得到的菌种积累谷氨酸的能力都不强，不超过 30 g/L。经过不断的诱变育种，现在工业用的菌种产谷氨酸能力已经超过 100 g/L，有些菌种甚至达到了 150 g/L 以上，大大提高了生产效率，降低了生产成本。但从自然界筛选到其他氨基酸的生产菌种并不容易，这是由这些氨基酸在细胞内的代谢机理决定的。其他氨基酸的产生菌几乎都是从短杆菌和棒杆菌通过诱变育种或基因工程技术获得的。这是氨基酸发酵菌种的一大特点。

34.2.3 氨基酸发酵机理和菌种选育

几乎所有的微生物都能在其代谢途径中合成氨基酸以满足细胞生长的需要，但由于受到产物的反馈调节，细胞内各种氨基酸的浓度只能维持在生理浓度范围内，不会产生过量的积累。当以葡萄糖为碳源时，细胞内各种氨基酸代谢途径如图 34－1 所示。

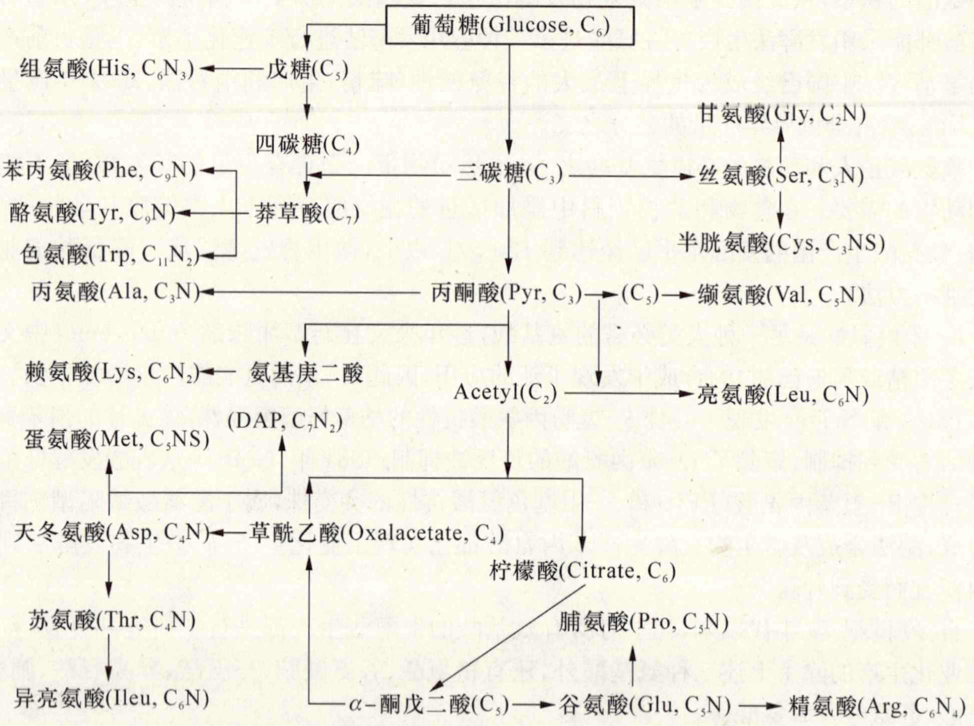

图 34－1 以葡萄糖为碳源时细胞内各种氨基酸的代谢途径

从图 34－1 可以看出，细胞内氨基酸的合成具有如下特点：①某一类氨基酸往往有一个共同的前体；②氨基酸的生物合成与 EMP 途径、三羧酸循环有十分密切的关系；③一种氨基酸可能是另一种氨基酸的前体。因此，如果要细胞大量地积累氨基酸，就应该做到：①必须解除氨基酸代谢途径中存在的产物反馈调节；②应该防止合成的目标氨基酸降解或者用于合成其他细胞组分；③若几种氨基酸有一个共同的前体，应该切断其他氨基酸的合成途径；④应该增加细胞膜的通透性，使得细胞内合成的氨基酸能够及时释放到胞外，降低其胞内的浓度。因此，氨基酸生产菌种的改造方法包括传统的诱变育种及应用现代基因工程方法。

谷氨酸是三羧酸循环中的 α－酮戊二酸在 L－谷氨酸脱氢酶的催化下与游离氨反应合成的。α－酮戊二酸则由草酰琥珀酸脱羧生成，在三羧酸循环中又会在 α－酮戊二酸脱氢酶复合物的催化下进一步脱去 1 mol CO_2 形成琥珀酸辅酶 A。正是由于上述机理，自然界筛选的细胞积累的谷氨酸浓度不高。通过诱变育种，限制细胞内 α－酮戊二酸脱氢酶复合物的活性就能防止 α－酮戊二酸的降解，提高谷氨酸的产量。影响谷氨酸产量提高的另一个重要因素是细胞膜的通透性，细胞内的谷氨酸必须释放到细胞外才能使胞内谷氨酸浓度保持在适当的水平，不致产生严重的反馈调节。原来不产谷氨酸的大肠杆菌经诱变后得到的 α-酮戊二酸脱氢酶缺失的突变株，不需要生物素也能积累 2.3 g/L 的谷氨酸。虽然亚适量的生物素(2.5～5.0 μg/L)可以促进谷氨酸棒杆菌的生长和谷氨酸积累，但是过量的生物素(25～30 μg/L)反而会抑制谷氨酸的有效产生。研究表明，生物素在谷氨酸合成中的作用一方面是作为乙酰辅酶 A 的辅基，当这种辅酶参与油酸和其他脂肪酸的合成反应时会受到 $C_{16\sim18}$ 饱和脂肪酸的抑制，这样有利于乙酰-CoA 进入三羧酸循环，减少用于合成脂肪酸的消耗；生物素更重要的作用是使细胞膜中的脂肪酸含量发生变化，从而改变了细胞膜的通透性，有利于谷氨酸的释放。因此，生物素并不是谷氨酸合成的必要条件。进一步的研究表明，不仅生物素，培养基中加入油酸盐和饱和脂肪酸也能改善细胞膜的通透性，提高谷氨酸的产量。某些抗生素，如青霉素和头孢菌素 C，也会有利于谷氨酸释放到胞外，但是作用的机理不同。抗生素的加入会阻碍细胞壁的合成，使细胞膨胀、拉长，结果也是增加了细胞膜的通透性。

从图 34-1 还可以看到，α-酮戊二酸是谷氨酸、谷氨酰胺、脯氨酸和精氨酸的共同前体，培养条件的改变会使最终产物发生变化。

根据已经掌握的微生物中氨基酸生物合成的代谢途径和调控机制，发酵法生产氨基酸的菌种选育方法主要有：选育营养缺陷型菌种，选育调节突变型菌种及用基因工程方法获得高产菌种。

34.2.3.1 从营养缺陷型突变株选育氨基酸产生菌

营养缺陷型突变株的特点是：当菌株生长所必需的某种营养物质供应受到限制时，就不会合成具有负反馈抑制作用的代谢物，从而解除了反馈抑制，使得该代谢途径下游的有关代谢产物或其前体物质能够过量积累。为了使某一种氨基酸大量积累，就必须增加合成氨基酸前体的速率，切断竞争消耗共同前体的其他氨基酸的代谢支路，防止目标产物被下游的反应消耗。为了达到上述目标，选育营养缺陷型突变株是最简单有效的提高目标氨基酸产量的方法。表 34-1 列出了部分氨基酸生产菌种及其遗传标记，其中的鸟氨酸和瓜氨酸是精氨酸合成的中间产物。

表 34-1 用营养缺陷型突变菌株生产的氨基酸

氨基酸	微生物	遗传标记	参考产率/($g\cdot L^{-1}$)
L-天冬氨酸	*Brevibacterium flavum*	Citrate synthase$^-$	10.6
L-瓜氨酸	*Bacillus subtilis K*	Arg$^-$	16.5
	Corynebacterium glutamicum	Arg$^-$	10.7
L-亮氨酸	*Corynebacterium glutamicum*	Phe$^-$, His$^-$, Lle$^-$	16.0
L-赖氨酸	*Corynebacterium glutamicum*	Homoser-	13.0
	Brevibacterium flavum	Thr$^-$, Met$^-$	34.0
	Brevibacterium lactofermentum	Homoser-	20.2
L-鸟氨酸	*Corynebacterium glutamicum*	Cit$^-$	26.0
	Corynebacterium hydrocarbonlactum	Cit$^-$	9.0
	Brevibacterium lactofermentum	Cit$^-$	40%①
	Arthrobacter paraffineus	Cit$^-$	8.0
L-脯氨酸	*Brevibacterium* sp.	His$^-$	23.0
	Corynebacterium glutamicum	Ile$^-$	14.8
	Brevibacterium flavum	Ile$^-$, SG^{r}②	35.0

（续表）

氨基酸	微生物	遗传标记	参考产率/$(g \cdot L^{-1})$
L-苏氨酸	*Arthrobacter paraffineus*	Ile^-	9.0
	Esherichia coli	$DAP^{-③}$，Met^-，$Ile^{\pm}$	13.0
	Candida guillermondii	Ile^-，Met^-，Trp^-	4.0
	Escherichia coli	Met^-，Leu^-	10.5
L-缬氨酸	*Corynebacterium glutamicum*	Ile^-，Leu^-	30.0
	Arthrobacter paraffineus	Ile^-	9.0

①摩尔产率；②磺胺胍；③α，ε-二氨基庚二酸；$^-$表示缺陷型；$^{\pm}$表示回复突变。

图 34-2 表示了精氨酸的合成途径。在谷氨酸棒杆菌中，从谷氨酸到精氨酸的合成途径的第一个和第二个酶都受到精氨酸的反馈抑制，参与该途径生物合成的所有酶都受到精氨酸的阻遏，因此如果要利用该代谢途径生产 L-鸟氨酸，就应该切断精氨酸的合成途径。这样，既解除了精氨酸的阻遏和反馈抑制，又能防止 L-鸟氨酸的消耗。如果菌株的鸟氨酸氨甲酰基转移酶缺失，就无法催化从鸟氨酸转化为瓜氨酸的反应，因此获得的瓜氨酸营养缺陷型或精氨酸营养缺陷型的谷氨酸棒杆菌都可以防止精氨酸的生成，并能大量积累 L-鸟氨酸，使 L-鸟氨酸对葡萄糖的转化率高达 36%。该营养缺陷型菌株的发酵和谷氨酸发酵十分类似，只是需要在培养基中加入适量的 L-精氨酸和适量的生物素。

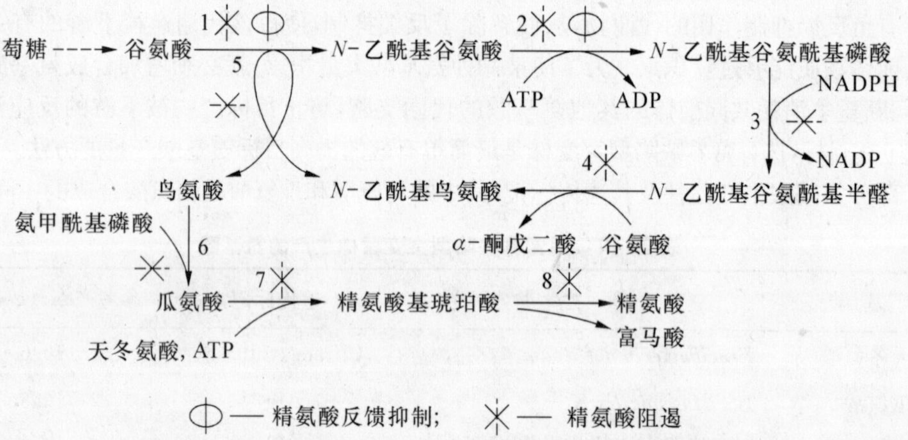

图 34-2 在产生谷氨酸的枯草杆菌中精氨酸生物合成的调节

1—N-乙酰基谷氨酸合成酶；2—N-乙酰基谷氨酰激酶；3—N-乙酰基谷氨酸-γ-半醛脱氢酶；4—N-乙酰基鸟氨酸-δ-氨基转移酶；5—N-乙酰基谷氨酸-乙酰基鸟氨酸乙酰基转移酶；6—鸟氨酸氨甲酰基转移酶；7—精氨基琥珀酸合成酶；8—精氨基琥珀酸酶

营养缺陷型突变株也能用于生产分支代谢途径末端的氨基酸生产，赖氨酸产生菌就是其中一个典型的例子。

34.2.3.2 选育代谢调节突变菌株

营养缺陷型突变菌株的选育方法不能用于生产非分支代谢途径中末端产物氨基酸的高产菌种，只有选育代谢调节突变株的方法才能达到目的。代谢调节突变株中微生物的某些生物合成的调节机制已经缺失，这样使产物氨基酸的积累得到了强化。选育的方法是分离对氨基酸结构类似物具有抗性的突变株，或从营养缺陷型菌株进一步得到某种调节酶缺失的回复突变株。

一般情况下，与天然氨基酸结构类似的化合物对特定微生物的生长具有抑制作用。为了突出这类化合物与氨基酸在立体化学结构上具有类似性的特点，氨基酸结构类似物又被称为“同形物”。同形物对微生物生长的抑制作用可以通过加入相应的天然氨基酸而得到克服。如果在氨基酸的合成途径中加入同形物，就会成为相应酶的共阻遏剂或共反馈抑制剂，与此同时，同形物又能抑制将氨基酸结合到蛋白质的反应。因此，如果突变株对氨基酸的同形物具有抗性，就表明相应的调节酶已经丧失了对反馈抑制和反馈阻遏的敏感性。

图 34-3 表示了 L-赖氨酸和 L-苏氨酸对天冬氨酸激酶的协同反馈调节。S-(2-氨基乙基)-L-半胱氨酸(AEC)是 L-赖氨酸的结构类似物，当培养基中加入 AEC 时，细菌的生长受到抑制。若培养基中同时存在 L-苏氨酸，抑制作用加强；但若加入 L-赖氨酸，则使抑制减弱。因此如果能够选育出具有 AEC 抗性的调节突变株，天冬氨酸激酶将对协同反馈调节不敏感，使突变菌株能够在 AEC 和 L-苏氨酸共同存在的培养基中生长，而且会大量积累 L-赖氨酸。

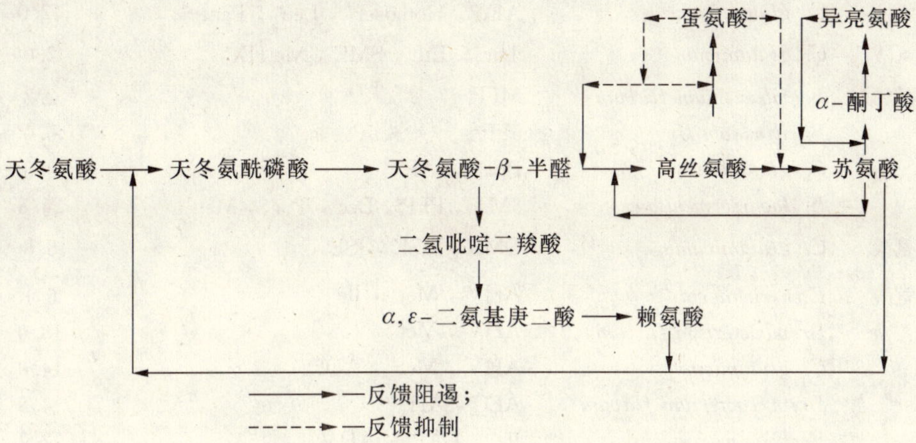

图 34-3 谷氨酸棒杆菌和黄色短杆菌中天冬氨酸类氨基酸生物合成的调节

许多事实都证明了营养缺陷型和调节突变型结合的突变株可以大大提高菌株积累氨基酸的能力，这种方法已经广泛地用于氨基酸高产菌种的选育。表 34-2 列出了通过选育调节突变型和营养缺陷-调节突变型突变株，菌株的氨基酸积累水平。

表 34-2 通过调节突变和营养缺陷-调节突变获得的氨基酸生产菌种

氨基酸	微生物	遗传标记	产量/$(g \cdot L^{-1})$
L-精氨酸	*Bacillus subtilis*	$ArgHX^r$, $6AU^r$	28.0
	Corynebacterium glutamicum	$D\text{-}Ser^r$, $D\text{-}Arg^r$, $ArgHX^r$, $2TA^r$, $Ile^{\pm}$	25.0
	Brevibacterium flavum	$2TA^r$, $guanine^-$	34.8
	Serratia marcescens	Arg(Fr), Arg(Rr), Arg(D)	35.0
	B. subtilis	$ArgHX^r$, $5HUR^r$, TRA^r, $6FT^r$, $6AU^r$	17.0
L-瓜氨酸	*Bacillus subtilis*	$ArgHX^r$, $6AU^r$, Arg^-	26.2
L-组氨酸	*Corynebacterium glutamicum*	TRA^r	7.0
	C. glutamicum	TRA^r, Leu^-	11.0
	C. glutamicum	TRA^r, $6MG^r$, $8AG^r$, $4TU^r$, $6MP^r$, $5MT^r$	15.0
	Serratia marcescens	$Histidase^-$, TRA^r, $2MH^r$	13.0

（续表）

氨基酸	微生物	遗传标记	产量/(g·L^{-1})
L-异亮氨酸	*Serratia marcescens*	IleHX^r，ABA^r	12.0
	Brevibacterium flavum	AHV^r，OMT^r	14.5
	B. flavum	AHV^r，AEC^r，Eth^r（碳源是乙酸）	37.5
	B. flavum	AHV^r，AEC^r，Suc^g，Eth^r，α-AB^r，IleHX^r	30.0
L-亮氨酸	*Serratia marcescens*	ABA^r，Ile$^{\pm}$	13.5
	Brevibacterium flavum	TA^r，Met$^-$，Ile$^-$	28.0
L-赖氨酸	*Brevibacterium flavum*	Thr^s，Met^s	25.0
	B. flavum	AEC^r	32.0
	B. flavum	AEC^r，Ala$^-$，CCL^r，ML^r	60.0
	B. flavum	AEC^r，AHV^r	29.0
	C. glutamicum	AEC^r，Homoser$^-$，Leu$^-$，Pant	42.0
L-蛋氨酸	*C. glutamicum*	Thr$^-$，Eth^r，SME^r，MetHX^r	2.0
L-苯丙氨酸	*Brevibacterium flavum*	MFP^r	2.2
	Bacillus subtilis	5FP^r	6.0
	C. glutamicum	PFP^r，PAP^r	9.5
	B. lactofermentum	5MT^r，PFP^r，Dec^r，Tyr$^-$，Met$^-$	24.8
L-丝氨酸	*C. glutamicum*	OMS^r，MSE^r，ISE^r	3.8
L-苏氨酸	*Escherichia coli*	AHV^r，Met$^-$，Ile$^-$	6.1
	Brevibacterium flavum	AHV^r，Met$^-$	18.0
	C. glutamicum	AHV^r，Met$^-$，AEC^r	14.0
	Brevifbacterium flavum	AEC^r，AHV^r	14.8
	Serratia marcescens	Ile$^-$，DAP$^-$，AHV^r	12.7
	Serratia marcescens	Ile$^-$，DAP$^-$，AHV^r，AEC^r，Thr deaminase$^-$，Thr dehydrogenase$^-$	25.0
L-色氨酸	*Brevibacterium flavum*	5FT^r，MFP^r，Phe$^-$	6.2
	Brevibacterium flavum	5FT^r，AZS^r，PFP^r，Tyr$^-$	10.5
	C. glutamicum	5MT^r，4MT^r，6FT^r，TrpHX^r，PFP^r，PAP^r，TyrHX^r，Phe$^-$，PheHX^r，Tyr$^-$	12.0
L-酪氨酸	*Brevibacterium flavum*	MFP^r	1.9
	C. glutamicum	3AT^r，PAP^r，PFP^r，TyrHX^r，Phe$^-$	17.6
L-缬氨酸	*Brevibacterium flavum*	TA^r	31.0
	C. pekinese	Ile$^-$，α-AB^r，TA^r，NL^r，NV^r	31.9
	B. flavum	Leu^l，α-AB^r，AHV^r，TA^r	42～45
	B. flavum	Leu^l，α-AB^{hr}，AHV^{hr}，TA^r	58～62

注：ABA—α-氨基丁酸；AEC—S-(β-氨基乙基)-L-胱氨酸；AHV—α-氨基-β-羟基戊酸；AT—氨基酪氨酸；AU—氮鸟嘧啶；AZL—氮亮氨酸；AZS—氮丝氨酸；CCL—α-氯代己内酰胺；Dec—德夸霉素；DAP—α，ε-二氨基庚二酸，Eth—乙硫氨酸；FT—氟代色氨酸；HUR—羟基尿苷；HX—氧污酸；ISE—异丝氨酸；MFP—*m*-氟代苯丙氨酸；MG—巯基鸟嘌呤；MH—甲基组氨酸；ML—γ-甲基赖氨酸；MP—巯基嘌呤；MSE—γ-甲基丝氨酸；MT—甲基色氨酸；NL—正亮氨酸；NV—正缬氨酸；OMS—*O*-甲基丝氨酸；OMT—*O*-甲基苏氨酸；PAP—*p*-甲基苯丙氨酸；PFP—*p*-氟代苯丙氨酸；SME—硒蛋氨酸；Suc—以琥珀酸为唯一碳源；TA—噻唑丙氨酸；TIL—硫代异亮氨酸；TRA—1，2，4-三叠氮丙氨酸；TU—硫代鸟嘧啶；Arg(Fr)—缺失精氨酸反馈抑制；Arg(Rr)—缺失精氨酸操纵子的遏制；Arg(D)—缺失精氨酸降解酶。

34.2.3.3 利用基因重组技术获得氨基酸生产菌种

早在20世纪70年代初，人们就试图将基因重组技术应用于获得氨基酸高产菌种。一般采用基因转导技术，分两步进行：首先挑选出各种调节机制完全缺失的突变组，然后将选出的突变株通过共转导技术结合在一起。

直接应用基因重组技术获得生产氨基酸的基因工程菌的研究在20世纪80年代初就已经开始了，最早的工作是由Aiba等在1982年报道的，他们将L-色氨酸操纵子缺失的突变株和携带L-色氨酸操纵子的质粒结合，成功地构建了生产L-色氨酸的基因工程菌大肠杆菌。该质粒的邻氨基苯甲酸合成酶和磷酸核糖氨基苯甲酸转移酶对反馈抑制不敏感，而作为宿主细胞的大肠杆菌则是L-色氨酸阻遏缺陷和L-色氨酸酶缺陷型的突变株。

基因重组技术在生产L-苏氨酸的工程菌构建中也获得了成功，Debabov等早在1982年就从α-氨基-β-羟基戊酸(AHV)抗性L-苏氨酸生产菌的染色体中将带有AHV抗性标记的合成L-苏氨酸的基因片段用*Hind*Ⅲ切下后克隆到pBR322质粒中，再转入不产L-苏氨酸的突变株内，得到的基因工程菌产L-苏氨酸能力达到55 g/L。

利用转导杂交技术可以选育L-苏氨酸和L-异亮氨酸生产菌。

34.3 谷氨酸的生产工艺

L-谷氨酸的生产工艺主要包括如下工序：①原料预处理；②培养基配制；③种子培养；④发酵；⑤谷氨酸提取与精制。

34.3.1 L-谷氨酸发酵生产的工艺流程

L-谷氨酸发酵生产的工艺流程如图34-4所示。

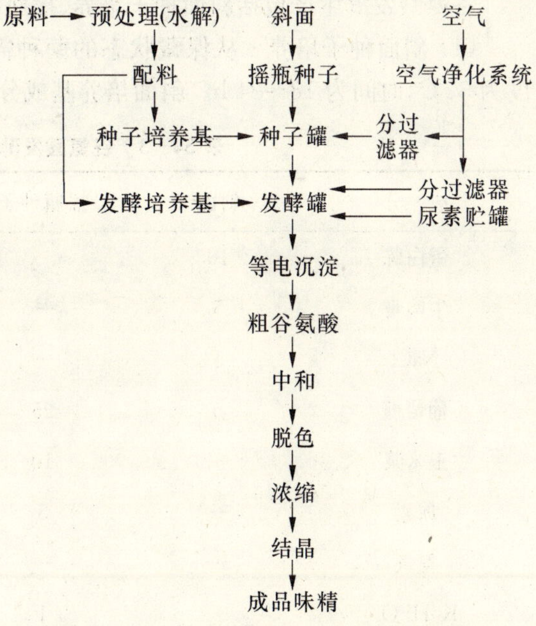

图34-4 谷氨酸发酵生产工艺流程示意图

34.3.2 L-谷氨酸发酵的原料预处理

已知所有谷氨酸产生菌株都不能直接利用淀粉或糊精，而只能以葡萄糖或糖蜜等作为碳源。其中葡萄糖是由山芋淀粉、玉米淀粉、大米或木薯淀粉等水解而成的，故又称水解糖。

根据原料性质不同，制取水解糖的方法有酸水解法和酶水解法。目前，一般采用双酶水解法。

根据需要将淀粉乳调成15～20°Be′，用Na_2CO_3水溶液调pH 6.4～6.5。采用耐高温α-淀粉酶(液体，20 000 U/mL)，每吨干淀粉加酶0.4～0.6 L，105℃～108℃液化1～2 h，以碘色反应呈棕红色即可，121℃灭酶20～30 min或130℃～140℃灭酶5～10 min。降温至60℃～65℃，调pH4.2，每吨干淀粉加糖化酶1.0～1.2 L，糖化时间30～40 h，以无水乙醇检查无白色沉淀，加热至80℃～85℃，灭酶30 min。

34.3.3 L-谷氨酸发酵培养基的配制

(1) 培养基　谷氨酸发酵生产的培养基包括斜面培养基、种子培养基和发酵培养基。虽然不同生产菌种和各厂的培养基成分和配比不尽一致,但基本成分仍有相似之处。

(2) 发酵培养基中生物素的控制　正确控制培养基中生物素含量是提高谷氨酸产量的关键因素之一。只有当生物素的浓度为谷氨酸产生菌生长亚适量时才能使菌体积累大量谷氨酸。生物素的最适浓度往往因菌种而异。由于目前生产上以玉米浆、麸皮煮出汁或糖蜜等天然原料作为生物素来源,这种原料又因产地、加工方法、季节而使不同批号原料中生物素的含量有所不同,所以,一般都需要经摇瓶试验后才能确定最佳用量。

(3) 发酵培养基中的氮源　谷氨酸分子中氮含量占 9.5%,所以培养基中必须提供充足的氮源。硫酸铵、氯化铵、氨水、尿素和液氨等都可作为谷氨酸产生菌的氮源。但是,由于谷氨酸产生菌的生长和产物合成时期需要维持在 pH 7.0~7.2,而且培养基中氨离子浓度又不宜太高,因此,硫酸铵、氯化铵等生理酸性铵盐不宜采用;尿素曾经是国内谷氨酸发酵中常用的氮源,因为谷氨酸产生菌具有高活力的脲酶,故可以采用分批流加方法,使尿素经脲酶分解而提供铵离子。目前,最常用的氮源是液氨,采用连续流加方法从发酵罐底部加入,通过自动调节装置或手工操作使培养基 pH 维持在 7.0~7.2。

34.3.4 L-谷氨酸发酵生产的工艺条件及其控制

谷氨酸发酵生产包括斜面种子培养、摇瓶种子培养、种子罐培养和发酵等阶段。

(1) 斜面种子培养　从保藏状态的菌种需经斜面活化培养后方可供生产应用。培养温度为 32℃,时间为 18~24 h。斜面培养基成分可见表 34-3。

表 34-3　谷氨酸发酵生产培养基(单位:g/L)

成　分	斜面	摇瓶种子	二级种子	发　酵
蛋白胨	10	—	—	—
牛肉膏	5	—	—	—
NaCl	5	—	—	—
葡萄糖	5	25	25	总糖 180~240
玉米浆	—	10	10	4~6
尿素	—	5	—	—
氨气	—	—	通氨保持 pH 7.0	通氨保持 pH 7.0~7.2
K_2HPO_4	—	1	1	—
$MgSO_4 \cdot 7H_2O$	—	0.4	0.6	0.6
Na_2HPO_4	—	—	—	1.5
KCl	—	—	—	0.5
琼脂	20	—	—	—
pH	7.0	6.8	6.8	7.0~7.2

(2) 摇瓶种子培养　一般用 1 L 三角烧瓶装培养液 200 mL，0.1 MPa 灭菌 20 min。32℃往复式摇床振荡培养 12 h。要求菌体形态正常，革兰氏阳性，排列整齐，呈单个或八字形，pH 约为 7.0，光密度为 1.0 左右。

(3) 种子罐(二级)种子培养　为了满足大规模生产需要，往往需要用小罐培养二级种子，种子罐容积大小取决于发酵规模和接种量。种子罐的接种量通常为 0.5%～1.0%，培养温度为(32±1)℃，时间为 7～10 h，罐压为 0.1 MPa，通气比为 1∶(0.25～0.5)(VVM)。

(4) 发酵阶段培养条件　接种量为 5%～10%，初糖浓度为 5%～10%，培养温度前期(0～12 h)为 33℃～35℃，中后期 36℃～38℃，通气比 1∶0.05～0.10(VVM)(100～200 t 罐)，溶氧系数以控制 $K_d = 1 \sim 2 \times 10^{-6}$ mol 氧/(mL·min·大气压)左右为好，罐压为 0.1 MPa，培养 8～12 h 后，开始流加液氨(汽化后加入)保持 pH 为 7.0～7.2。

(5) 谷氨酸发酵过程中氮源流加和 pH 控制　谷氨酸发酵过程中，除了按前面提到的工艺规程控制培养条件外，为了获得高产谷氨酸和高转化率，在发酵中、后期，残糖浓度控制在 1%～1.5%，并必须根据 pH 变化情况流加液氨，维持 pH 7.0～7.2。只有这样不断补充 NH_4^+ 和控制合适的 pH 条件，才能获得高产谷氨酸和高转化率。

34.3.5 L-谷氨酸的分离、提取和味精制造

从发酵液中提取谷氨酸的常用方法有：等电点沉淀法、离子交换树脂法、锌盐沉淀法等，也可将其中两种方法结合使用。谷氨酸经中和形成谷氨酸单钠，后经脱色、结晶等步骤最后制成味精成品。

(1) 等电点沉淀谷氨酸　这是从发酵液提取谷氨酸的最简便方法。谷氨酸是两性电解质，在水溶液中可解离为阳离子和阴离子。当溶液的 pH 小于等电点时，阳离子多于阴离子；反之，则少于阴离子；当两种离子的浓度相等时，溶液的静电荷为 0，此时的 pH 称等电点(pI)，谷氨酸的等电点为 pH 3.22。氨基酸在等电点时，溶解度最小。因此，将发酵液的 pH 调至谷氨酸的等电点，就可使大部分谷氨酸从发酵液中沉淀析出。

(2) 味精制造　将粗谷氨酸溶于适量水中，用活性炭脱色，然后加 Na_2CO_3，中和使之形成谷氨酸单钠，即可获得味精粗制品。再经进一步精制(包括除铁、脱色和结晶等)便获得味精成品。

34.4 赖氨酸的生产工艺

34.4.1 种子的扩大培养

种子扩大培养的级数是由发酵类型、菌种特性、发酵工艺和发酵罐规模决定的。赖氨酸发酵为了缩短发酵的调整期，一般采用比较大的接种量，约为 5%～10%。因此，根据发酵罐规模采用二级或三级种子培养。

(1) 斜面种子培养　菌种的斜面培养有两个目的：一是将选育的优良菌种经斜面培养后进行短期保存；二是将保藏的菌种进行斜面培养使菌种活化，准备进行扩大培养。斜面培养必须有利于菌体生长繁殖，而不产酸。斜面菌种要求绝对没有杂菌和噬菌体污染。培养基应含丰富的有机氮，不含糖或极少糖。

培养基：牛肉膏 1%，蛋白胨 1%，NaCl 0.5%，葡萄糖 0.5%(保藏斜面不添加)，琼脂 2%，

pH 7.0～7.2。经 0.1 MPa、30 min 灭菌后，在 30℃保温 24 h，检查无菌，放冰箱备用。

培养条件：30℃～32℃培养 18～24 h。

(2) 一级种子培养　培养基：葡萄糖 2.0%，$(NH_4)_2SO_4$ 0.4%，K_2HPO_4 0.1%，玉米浆 1%～2%，豆饼水解液 1%～2%，$MgSO_4 \cdot 7H_2O$ 0.04%～0.05%，尿素 0.1%，pH 7.0～7.2。0.1 MPa 压力，灭菌 15 min。

培养条件：以 1 L 三角瓶装 200 mL 培养基，摇床冲程为 76 cm，频率 100～120 次/min。30℃～32℃培养 15～16 h。

(3) 二级种子培养　培养基：除以淀粉水解糖代替葡萄糖外，其余同一级种子培养基。

培养条件：温度 30℃～32℃，通风量 1 : 0.2 $m^3/(m^3 \cdot min)$，搅拌转速约 200 r/min，培养 8～11 h。

根据发酵罐规模，必要时采用三级种子培养，其培养基和培养条件基本与二级种子相同。

34.4.2　发酵培养基

此培养基是赖氨酸产生菌生长、繁殖和合成赖氨酸所需的营养物质。培养基成分和配比的合适与否对菌的生长繁殖、赖氨酸合成、副产物生成、赖氨酸提取、精制，乃至产品质量都有很大的影响。

发酵培养基成分大致分为碳源、氮源、生长因子、无机盐和微量元素等。作为这些成分来源的原料的选择，既要考虑菌体的生长繁殖的营养要求，更要考虑有利于大量积累赖氨酸，还要注意原料来源丰富，价格便宜，发酵周期短，对产物提炼无妨碍等。

34.4.3　赖氨酸发酵工艺条件

赖氨酸发酵过程分为两个阶段，发酵前期(约 0～24 h，依菌种和发酵工艺不同而异)为生长期，主要是菌体生长繁殖，很少产酸。当菌体生长一定时间后，转入产酸期。赖氨酸发酵的两个阶段的工艺控制是不同的。

(1) 温度　幼龄菌对温度敏感。在发酵前期提高温度，生长代谢加快，产酸期提前，但菌体的酶容易失活，菌体易衰老，赖氨酸产量少。故赖氨酸发酵的前期控制温度在 32℃，中后期为 34℃。

(2) pH 控制　赖氨酸发酵控制 pH 6.5～7.0。在整个发酵过程中采用连续流加液氨控制 pH 在 6.7～6.8 为好。

(3) 种龄和种量　当采用二级种子扩大培养时，种量较少，约 2%，种龄一般为 8～12 h；当采用三级种子扩大培养，种量较大，约 10%时，种龄一般为 6～8 h。总之，以对数生长期的种子为好。种量大，有利于缩短发酵周期。

(4) 供氧对赖氨酸发酵的影响　在培养条件优化中，特别重要的因素是通气搅拌效果。赖氨酸是天冬氨酸族氨基酸，它的最大量生成是在供氧充足，细菌呼吸得到满足的条件下，即 $r_{ab}/Q_{O_2} \cdot X = 1$ 时。供氧不足，细菌呼吸受抑制，赖氨酸产量降低；严重供氧不足，当 $r_{ab}/Q_{O_2} \cdot X < 0.3$ 时，赖氨酸产量很少而积累乳酸。这是因为在供氧不足的情况下，丙酮酸脱氢酶不能充分作用，而只能利用 CO_2 固定系统来合成天冬氨酸的缘故。另一方面，对谷氨酸棒杆菌的高丝氨酸缺陷型菌株，限制供氧，结果赖氨酸的生成显著抑制。

赖氨酸发酵的耗氧速率，由于菌种、发酵阶段、发酵工艺、培养基组成等不同而有很大影响。培养基丰富，耗氧量大。在种子培养时，当摇床的转速为 96～104 次/min，冲程为 76 cm，用1 L三角瓶装量为200 mL时,耗氧速率约为30～40 mmol O_2/(L·h)。种子罐培养时,耗氧速率约为40～54 mmol O_2/(L·h)。发酵产酸阶段耗氧速率为70～120 mmol O_2/(L·h)。在发酵罐结构一定时,一般通过调节通风量来控制供氧。

(5) 生物素对赖氨酸发酵的影响　添加过量生物素,促进草酰乙酸的合成,增加了天冬氨酸的供给。一方面,CO_2 固定酶被确认为是受天冬氨酸调节的磷酸烯醇式丙酮酸羧化酶和需要生物素的丙酮酸羧化酶,过量生物素促进 CO_2 固定反应。另一方面,过量的生物素使细胞内合成的谷氨酸对谷氨酸脱氢酶的反馈抑制作用,抑制谷氨酸的大量生成,使代谢流向合成天冬氨酸方向进行。因此,生物素有促进草酰乙酸生成,增加天冬氨酸供给,提高赖氨酸产量的作用。

34.4.4 赖氨酸的提取和精制

赖氨酸的提炼需要将发酵液进行处理,以去除对提炼影响最大的菌体和钙离子等。提炼过程包括:发酵液预处理、提取和精制三个阶段。

34.4.4.1 赖氨酸及发酵液的性质

赖氨酸的化学组成为 $C_6H_{14}O_2N_2$,相对分子质量为146.19,具有不对称的 α-碳原子,故有L-型和D-型两种光学异构体。D,L-赖氨酸则是等分子L-型及D-型的混合物。

因游离的L-赖氨酸易吸收空气中的 CO_2,故制取结晶比较困难。一般商品都以L-赖氨酸盐酸盐或L-赖氨酸硫酸盐的形式存在。

赖氨酸发酵液的组成随所用原料、培养基组成及浓度、菌种和发酵工艺的不同而变化,发酵液一般由以下四部分组成:①代谢产物,主要是赖氨酸,含量为100～130 g/L,少量其他氨基酸(如缬氨酸、丙氨酸和甘氨酸);当发酵不正常时,含有谷氨酸;少量有机酸;特别是发酵工艺控制不好时,含有乳酸。②菌体,一般含量为15～20 g/L(干重)。③培养基残留物,残糖为6～20 g/L,随原料不同而异,无机离子(如 NH_4^+, Ca^{2+}, Mg^{2+}, K^+, Na^+)和一些阴离子,其中 NH_4^+ 浓度较高。④色素,这些杂质对赖氨酸的提取和精制影响很大,特别是菌体和钙离子等,应尽量去除。

34.4.4.2 赖氨酸的提取方法

从发酵液提取赖氨酸通常有两种方法:①离子交换树脂吸附法,用于制造98.5%的结晶赖氨酸盐酸盐;②浓缩喷雾干燥法,用于制造65%的饲料级赖氨酸硫酸盐。第一种提取方法使用大量吸附剂、洗脱剂,操作比较复杂,污水排放量大;第二种方法生产时基本上对环境没有污染,但对赖氨酸发酵液的要求较高,发酵液中赖氨酸含量要高,残糖和杂质要低。

(1) 发酵液的预处理　采用离子交换法从发酵液中提取赖氨酸,影响提取得率最大的因素是菌体和 Ca^{2+}。为提高树脂对赖氨酸的吸附能力,应将发酵液进行预处理,去除这些杂质。

去除菌体有两种方法:①离心分离法,采用高速离心机(4 500～6 500 r/min)分离去除,菌体需反复分离,国外均采用此法。②添加絮凝剂沉淀法。将发酵液调节至一定的pH,加适宜的絮凝剂(如聚丙烯酰胺),使菌体凝聚而沉淀,加助滤剂过滤去除。

钙离子一般添加草酸或浓硫酸,生成钙盐沉淀而去除。

(2) 赖氨酸提取、精制工艺流程　赖氨酸的提取、精制工艺流程见图34-5。

如果制造饲料级赖氨酸盐酸盐则不必精制,将制得的粗赖氨酸盐酸盐经过干燥、粉碎即得成品。

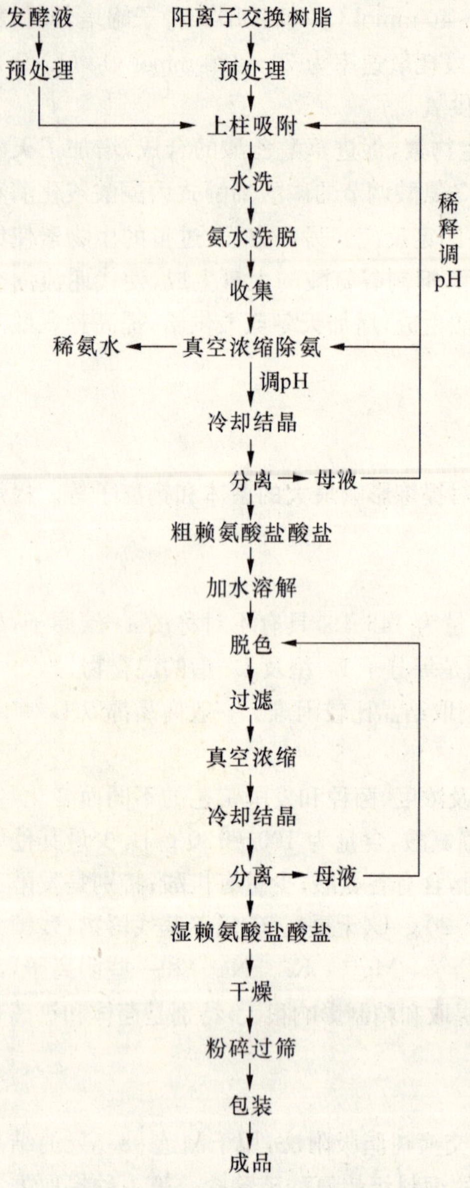

图 34-5 赖氨酸的提取、精制工艺流程图

34.4.4.3 赖氨酸的精制

(1) 浓缩和除氨　经过用离子交换提取，赖氨酸与发酵液中的杂质分开。但是赖氨酸洗脱液体积较大，赖氨酸含量比较低，约为 60～80 g/L，还含有较多的氨，约为 10～15 g/L。因此需要进行浓缩和除氨，为了收集蒸发出来的氨蒸气，采用单效蒸发。为了降低蒸发液体的沸点，提高加热蒸气与液体之间的温差，减少赖氨酸受热破坏，采用真空蒸发。蒸发的主要工艺条件为：温度 70℃以下，真空度 0.08 MPa 左右，加热蒸气约为 0.2 MPa。

蒸发的氨气经冷却收集制成稀液氨。浓缩至 19～20° Be′（赖氨酸盐酸盐含量约为 340～360 g/L）放出料液，用浓盐酸调节 pH 4.9，再继续浓缩至 22～23° Be′。在碱性溶液中浓缩时，温度不宜过高，时间不宜过长，否则会生成 D,L-赖氨酸。

(2) 赖氨酸盐酸盐的结晶和分离　赖氨酸盐酸盐浓缩液放入搅拌结晶罐中，搅拌结晶 16～20 h，为了使晶体不太细，结晶过程应控制温度，最低温度最好在 5℃左右。结晶完毕停止搅拌，用离心机分离，用少量水洗晶体表面附着母液。母液经浓缩后再结晶，直至不能结晶时，将母液稀释，经离子交换柱吸附回收赖氨酸。所得的晶体为赖氨酸盐酸盐粗晶体。干燥后即得饲料级赖氨酸盐酸盐，含量为 98.5%以上。

(3) 赖氨酸盐酸盐的重结晶和干燥　湿赖氨酸盐酸盐粗晶体含量约为 78%～84%，除含有一定水分（15%～20%）外，还含有色素等杂质，制造食品级和医药级赖氨酸盐酸盐需要进一步精制纯化。其方法是将赖氨酸盐酸盐粗结晶加一定量水，加热 70℃～80℃使其溶解，加入 3%～5%的活性炭，搅拌脱色。过滤得赖氨酸盐酸盐清液。炭渣用水洗涤，洗水用于下批溶解赖氨酸盐酸盐。

将赖氨酸盐酸盐清液在 0.08 MPa 真空度，70℃以下，真空蒸发至 21～22° Be′，放入搅拌结晶罐中搅拌结晶 16～20 h，后经离心分离去除母液，用少量水洗去晶体表面附着母液。母液经脱色处理再浓缩结晶。

赖氨酸盐酸盐晶体在 60℃～80℃下进行干燥使含水率下降到 0.1%以下，然后粉碎，包装得成品。

（张伟国）

参考文献

［1］ 张伟国，钱和．氨基酸生产技术及其应用．北京：中国轻工业出版社，1997.

［2］ 焦瑞身．微生物工程．北京：化学工业出版社，2003.

［3］ 张克旭．氨基酸发酵工艺学．北京：中国轻工业出版社，1995.

［4］ 储炬，李友荣．现代工业发酵调控学．北京：化学工业出版社，2002.

35 核苷酸与相关的化合物

35.1 概述

嘌呤核苷及其类似物在医药及食品领域均已获得了广泛的应用，并且其应用范围正在日益拓宽。用芽孢杆菌生产嘌呤核苷类物质的研究始于20世纪60年代，其后对合成途径及其代谢调控、分子调节机制相继进行了深入的研究，本章以肌苷、鸟苷和腺苷为例，对嘌呤核苷的菌种选育和发酵工艺调控进展作简单介绍。

芽孢杆菌历来是发酵工业中的重要生产菌种，被广泛用于生产具有工业生产价值的酶、抗生素和精细化工产品，如增味剂、食品添加剂、杀虫剂等。随着对呈味核苷酸研究的开展，人们发现枯草芽孢杆菌等可以在发酵液中积累核苷类物质，随后相继得到了一系列积累肌苷、鸟苷、腺苷、黄苷等嘌呤核苷的微生物菌株，并阐明了芽孢杆菌嘌呤核苷(酸)的代谢途径，围绕菌种的选育和工艺优化的研究取得了丰硕的成果，建立了较完善的核苷(酸)工业，成为继氨基酸发酵之后又一重要的产业。尽管已经确认产氨短杆菌(*Brevibacterium ammoniagenes*)、巨大芽孢杆菌(*Bacillus megaterium*)、短小芽孢杆菌(*Bacillus pumilus*)、谷氨酸棒杆菌(*Corynebacterium glutamicum*)、热带假丝酵母(*Candida tropicalis*)等许多菌种的缺陷型菌株都能够积累嘌呤核苷，但是由于芽孢杆菌，尤其是枯草(芽孢)杆菌具有很强的磷酸酶活性，有利于核苷类物质的积累而被研究得最为详尽，这里以枯草杆菌为主，重点介绍嘌呤核苷的研究与生产进展。

35.2 与核苷酸相关的药品

嘌呤核苷类药物能影响神经系统活动，产生心血管效应，有镇静、解痉、扩张血管、降血压等重要的生理功能。近年来随着第一个无毒的核苷类似物(阿昔洛韦)的问世，人们对这类抗病毒药物进行了广泛研究。1985年世界抗病毒药物总销售仅为1.5亿美元，1990年达到10亿美元，以后一直以较高速度增长，到1993年销售额即达到18亿美元，其中嘌呤类约占70%～80%，2003年销售额持续维持在31亿美元左右；此外HIV逆转录酶抑制剂，双脱氧肌苷(ddI)的出现更促进了对核苷类抗病毒药物的研究，使其成为抗病毒药物的主流，极大地拓展了嘌呤核苷类在医药领域的市场。

35.3 作为调味品的IMP与GMP

在食品工业中嘌呤核苷类(如肌苷酸、鸟苷酸等)呈味核苷酸的生产主要采用二步法。近年来由于对食品增味剂的需求增加和对环境保护意识的增强，发酵法生产嘌呤核苷正在成为第二代和第三代增鲜剂的主要生产途径，有望取代化学合成法和水解法；此外，嘌呤核苷正在被用于生产各种功能性食品，包括抗寒食品、减肥食品等，其市场前景也相当乐观。

但是，近年来随着日本、韩国等的生产厂家对中国市场的冲击，国内的核苷发酵产业面临着严峻的挑战。以鸟苷为例，与国际市场需求每年10%～20%的增幅相反，前些年国内的生产企业却面临转产、停产的威胁。为此从本质上提高发酵得率、降低生产成本，进而提高生产能力已经成为当务之急，迅速提高我国在这方面的技术水平必将产生可观的经济效益，并且对加强国内核苷发酵工业在国际市场上的竞争能力也有着重要的意义。

通过对芽孢杆菌嘌呤合成的代谢途径的分析，以定量化学计量方法计算出嘌呤核苷合成的理论得率应该为1 g核苷/g葡萄糖。Sauer等在综合考虑菌体自身的生长代谢的情况下，计算出枯草杆菌生产嘌呤核苷的得率在0.5 g核苷/g葡萄糖左右，远大于目前实际的发酵水平，故其研究潜力仍然很大。作者认为，实际的鸟苷得率与理论得率之间存在这样大的差距的主要原因是，在提高鸟苷发酵水平时人们往往考虑的是新菌种的选育或基因工程菌的构建，而忽视了反应器水平问题所引起的菌种潜力表达的限制和发酵过程中细胞代谢流的迁移变化，只有在充分意识到细胞代谢过程中代谢流的动态变化和掌握了相应的动态优化方法的前提下才能从本质上提高发酵得率，充分发挥优良菌种的潜力。

35.4 核苷与有关化合物的发酵生产

优良的菌株是提高发酵得率的先决条件，因而菌株的选育受到了极大的重视，早期的研究主要集中在通过紫外线、NTG等物理化学诱变剂处理，获得各种缺陷型和嘌呤结构类似物抗性菌株，其效率相对较低，随之发展起来的原生质体融合技术相对效率较高，在嘌呤核苷育种中得到了广泛的应用。以下以肌苷、鸟苷和腺苷为例，介绍发酵生产研究进展。

35.4.1 肌苷

35.4.1.1 肌苷的应用

肌苷(Inosine)又名次黄嘌呤核苷，其分子结构如图35-1所示。可以直接透过细胞膜进入细胞内参与人体代谢，促进体内能量代谢和蛋白质合成，提高丙酮酸氧化酶活力，使低能、缺氧状态细胞的腺三磷水平提高。在医疗上广泛用于治疗心脏病、肝病及由放射线和抗癌药物所引起的白血球减少症、血小板减少症、视神经萎缩、中心性视网膜炎，并能预防和解除由血防药物引起的对心脏或肝脏的副作用；除此之外，肌苷与锑剂合用可预防由血吸虫病药物引起的对心脏和肝脏的副作用；制成肌苷二醛、异丙肌苷、三氮唑核苷等药物对肿瘤和病毒有很好的治疗作用。1970年，肌苷在意大利首次上市，我国于1971年正式生产，并且对其进行了大量的研究。

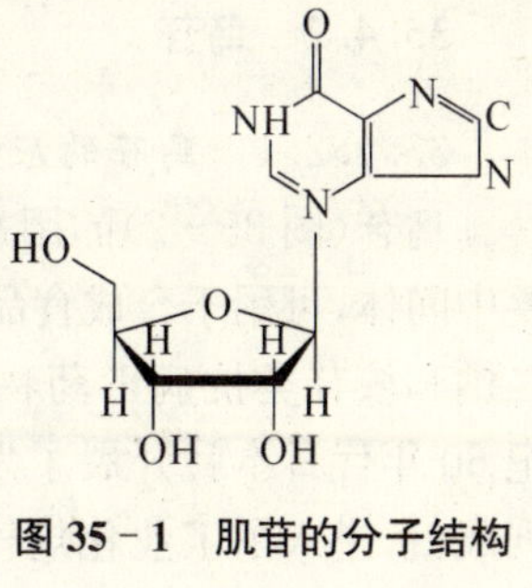

图35-1 肌苷的分子结构

35.4.1.2 肌苷产生菌的特征

肌苷产生菌的特征可归纳为：①缺少SAMP合成酶；②解除在5-IMP生物合成处的调节；③缺乏肌苷降解的酶系，如核苷磷酸化酶和核苷水解酶。因而肌苷产生菌的选育重点是选育腺嘌呤缺陷型(Ade^-)和黄嘌呤缺陷型(Xan^-)的双重缺陷型突变株($Ade^- + Xan^-$)，切断从IMP与AMP到XMP的两条支路代谢，通过限量控制腺嘌呤和鸟嘌呤来解除腺嘌呤和鸟嘌呤系化合物对IMP生物合成的反馈调节；并通过进一步选育抗腺嘌呤、鸟嘌呤结构类似物与抗磺胺剂的突变株，选育出从遗传上解除正常代谢控制的理想菌株。为了有效地积累肌苷，还应该选择核苷酸酶活性强而核苷酸磷酸化酶活性弱的菌株，以促进肌苷的生成并且使已生成的肌苷不再分解，提高肌苷产量。

35.4.1.3 菌种诱变研究进展

1961 年，Uchida 等首先报道了从芽孢杆菌菌种的突变株来获得肌苷。Aoki 以腺嘌呤缺陷型枯草杆菌为出发株进行诱变，得到并分离出多重营养缺陷型突变株，其中 C－30（Ade^-，His^-，Try^-）被发现肌苷分解活力低，能够积累 6.3 mg/mL 肌苷。1967 年，Nogami 等从亲株枯草杆菌 NO.102 中得到一个具有腺嘌呤抗性的突变株，肌苷积累达到 11.7 mg/mL；随后获得具有低的核苷磷酸化酶活性的突变株，其同时积累的嘌呤碱基的量是可以忽略的。Shiio 等从枯草杆菌 RDA－16 中获得具有抗低水平 8－叠氮鸟嘌呤的突变株，它需要腺嘌呤，并且缺乏腺嘌呤脱氨活性，发现其中一个突变株的 PRPP 转酰胺酶不被腺嘌呤所抑制，能够积累 18 mg/mL 的肌苷。Enei 等发现具有高的核苷酸酶活性的枯草杆菌 AJ11044 可以产肌苷 2.0 g/L，Matsui 等同样发现核苷酸酶活性在肌苷积累中具有重要的作用。1980 年得到苏氨酸抗性的枯草杆菌 AJ11374 可以积累 1.5 g/L 的肌苷，而其亲株只能积累 0.9 g/L。Miyagawa 等通过 NTG 诱变得到的枯草杆菌 IFO 14189 可以积累 18 g/L 的肌苷。

20 世纪 70 年代以来国内也对肌苷菌种选育进行了大量的研究，王敖全等用亚硝基胍对枯草杆菌腺嘌呤营养缺陷型（Ade^-）Wo18 做诱变处理，经处理后得到一生产肌苷的变异菌株 B5 具有较强的补救合成能力；在合成培养基中探讨了核酸碱基等成分对肌苷积累的影响。结果表明，腺嘌呤对肌苷积累影响最大，它的最适含量为 200 mg/L，超过 400 mg/L 时肌苷积累显著降低，但生长量达到最大值。邓崇量等诱变得到了 JSIM－1019，在优化培养基和研究通气量对产苷影响的基础上，摇瓶实验产苷达 20 g/L，最高可达 24.83 g/L，该菌株工业生产中产苷可达 14.5 g/L，稳定在 12 g/L，曾一度被广泛应用于我国肌苷发酵工业。王岳五等采用原生质体融合技术，将有利于肌苷积累的目的标记腺嘌呤缺陷、黄嘌呤缺陷、组氨酸缺陷、8－氮鸟嘌呤抗性及磺胺胍抗性加以融合，获得肌苷产量达 24.58 g/L 的肌苷高产菌 F22。张克旭等采用原生质体融合技术，获得了产肌苷达 28.39 g/L 的融合子 TF_2；以枯草杆菌 TX2 为供体，以枯草杆菌 TSAl9 为受体，经感受态细胞转化，获得了产苷达 27.85 g/L 的 TSXB29。

35.4.2 鸟苷

35.4.2.1 鸟苷的应用

鸟苷（图 35－2）的用途十分广泛，是食品和医药产品的重要中间体，可用于合成食品增鲜剂 5′－鸟苷酸二钠、呈味核苷酸二钠和核苷类抗病毒药物（如利巴韦林、阿昔洛韦）等。20 世纪 60 年代日本就开展了发酵法生产鸟苷的研究，并取得一系列成就，进入了工业化规模，而我国对鸟嘌呤系化合物的研究始于 20 世纪 80 年代。

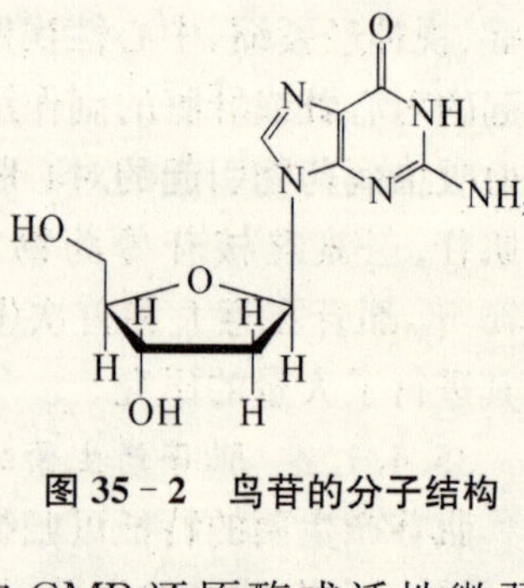

图 35－2 鸟苷的分子结构

35.4.2.2 鸟苷产生菌的特征

鸟苷生产菌株的特性可归纳为：①丧失 SAMP 合成酶和 GMP 还原酶或活性微弱；②鸟苷降解类酶（核苷酶或核苷磷酸化酶）活性微弱；③对 8－氮鸟嘌呤（8－AG）、磺胺胍（SG）、甲硫氨酸亚砜（MSO）等具有抗性；④对腺嘌呤和腺苷不敏感，以解除对 GMP 合成酶的抑制。

35.4.2.3　菌种诱变研究进展

Nogami 等证明 GMP 还原酶阴性菌的鸟苷产量比阳性菌要高，并发现腺嘌呤或腺苷抑制 IMP 到 GMP 途径中酶的活性，据此以枯草杆菌 NO. 102 为出发菌，得到抗腺嘌呤，腺苷突变株 NT1017（$8-AG^r+Ade^-+His^-+AAR^s+GMP^{red-}$），可在发酵液中积累 5.4 g/L 鸟苷。Momose 等研究发现 8-氮杂鸟嘌呤和 8-氮杂黄嘌呤都抑制菌体的生长，而这种抑制可以被鸟苷解除，据此得到的抗这两种嘌呤类似物的突变株能够解除其对 GMP 合成途径的抑制，从而提高鸟苷的产量。Komatsu 等根据同样的原理筛选了腺嘌呤缺陷抗 8-氮杂黄嘌呤 GMP 还原酶阴性的突变株，并进一步筛选到核苷水解酶部分缺失的 GR-176，可积累鸟苷 10.3 g/L。Matsui 等对鸟苷产生菌进行了一系列研究，解释了抗甲硫氨酸亚砜、德夸菌素、狭霉素 C、磺胺胍等突变体积累鸟苷的机制。将枯草杆菌 NO. 1411 诱变为抗甲硫氨酸亚砜（MSO^r）突变株，选育出的 NO. 14119 鸟苷高产菌株可以积累 9.6 g/L 的鸟苷，其 IMP 脱氢酶活力增强，核苷酶活性显著降低。分析认为，甲硫氨酸亚砜抗性主要是使 5′-核苷酸酶发生变异，活性降低，部分解除了 GMP 对 IMP 脱氢酶的抑制和阻遏，解除了 GMP 对 PRPP 转酰胺酶的阻遏和抑制，解除了 GMP 对 SAMP 裂解酶的阻遏作用；随后选育出磺胺胍抗性（SG^r）突变株能提高 GMP 合成酶和 IMP 脱氢酶的活力，生成 11.0 g/L 鸟苷，对糖转化率为 13.8%；阿洛酮糖素抗性主要引起 GMP 合成酶活性的改变，而且还可以观察到 AMP 对 SAMP 裂解酶的反馈抑制也被部分解除；德夸菌素抗性使 GMP 对 GMP 合成酶的抑制和阻遏作用完全解除，AMP 对 SAMP 裂解酶的抑制作用被解除，阻遏作用部分消除，最终获得的突变株 MG-1只积累鸟苷而不积累其他核苷，鸟苷产量高达 16 g/L。1980 年对 8-氮杂鸟嘌呤、半胱氨酸和 6-甲基氨基嘌呤等多种化合物的研究发现，有抗性的枯草杆菌 AJ11315 可积累鸟苷16.3 g/L。

柏建新等以枯草杆菌 SM-12-2 为出发菌株，经过物理化学诱变剂的连续处理，获得的一株 8-氮鸟嘌呤抗性、缺失鸟苷酸还原酶活性的突变株 G-205，能够积累 5.17 g/L 的鸟苷。而张蓓等采用紫外线原生质体诱变技术获得的鸟苷产生菌在最佳发酵条件下平均积累鸟苷达 12 g/L。

35.4.3　腺苷

35.4.3.1　腺苷的应用

腺苷（图 35-3）是一种遍布人体细胞的内源性核苷，可直接进入心肌，经磷酸化生成腺苷酸；参与心肌能量代谢；同时还参与扩张冠脉血管，增加血流量。腺苷对心血管系统和机体的许多其他系统及组织均有生理作用。近年来，腺苷对支气管平滑肌的作用及其与支气管哮喘的关系也逐步受到重视。此外，腺苷作为合成腺苷酸、阿糖腺苷、ATP 等的原料，其前景极为乐观。起先研究腺苷发酵的目的只是用来生产 5′-IMP，随着对其性质的深入研究，腺苷逐步发展成一种重要的医药产品。腺苷作为药物产品首次投入市场是在 1989 年，由日本藤泽药厂的子公司 Lyhomed 在美国投入市场，随后该产品又在英国、比利时、法国等很多国家获得批准。腺苷发酵在日本处于大规模工业生产阶段，而目前国内腺苷的生产多采用酶法或化学法，成本较高，发酵法生产腺苷鲜有报道。

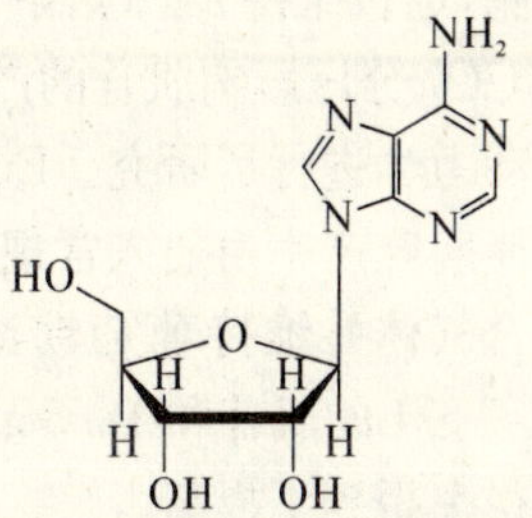

图 35-3　腺苷的分子结构

35.4.3.2 腺苷产生菌的特征

腺苷高产菌株应具有的特点可归纳如下：①IMP脱氢酶缺失(或活性微弱)；②不受AMP合成途径的调节控制；③腺苷脱氨酶活性缺失；④核苷磷酸化酶与水解酶失活。

35.4.3.3 菌种诱变研究进展

1968年Konishi等获得枯草杆菌异亮氨酸缺陷菌株(*B. subtilis* K，Ile^-)，能够积累2.5 g/L的腺苷。Haneda等在1971年对枯草杆菌NO.1043进行了一系列的诱变，得到的P53－18突变株可以积累腺苷达16 g/L；另外Haneda等发现XMP氨化酶的缺失对xan^-缺陷型的回复突变具有抑制作用，并随后阐明了芽孢杆菌黄嘌呤缺陷型菌株积累腺苷的机制。枯草杆菌AJ1205积累腺苷11.5 g/L；随后Wataru等发现AJ12050在Mg^{2+}浓度为0.1%时可积累腺苷2.51 g/L，较Mg^{2+}浓度为0.004%时提高66%。Masahiko等以AJ1205为亲株获得氨基吡唑抗性的AJ12519可积累腺苷14.5 g/L。Toru等继续对腺苷产生菌进行了一系列研究，得到的鸟嘌呤缺陷、2－硫代腺嘌呤硫酸抗性的枯草杆菌AJ12708可积累腺苷10 g/L；随后对黄嘌呤缺陷、8－AG^r，SG^r的腺苷产生菌进行诱变获得相继对2－硫代腺嘌呤硫酸，8－氮杂腺嘌呤和6－甲基氨基嘌呤有抗性的枯草杆菌NO.43－35可以积累24 g/L腺苷；随后从NO.43－35中分离到生长不被L－亮氨酸和L－丝氨酸抑制的突变株NO.11－7可以积累30 g/L的腺苷。柏建新等通过对肌苷产生菌JSIM－1019进行诱变得到了腺苷产生菌，最高可积累腺苷10 g/L。

35.5 嘌呤核苷发酵工艺的研究

嘌呤核苷发酵是典型的代谢控制发酵，不仅优良的生产菌株选育是肌苷发酵的关键，而且由于任何菌株最终都必须落实到反应器水平的发酵控制才能应用于实际生产，因此发酵条件的控制对产苷亦至关重要，甚至成为生产上影响产苷的主要因素。

Aoki等对通气搅拌条件的影响进行了大量研究，发现摇瓶发酵中肌苷积累的最适氧吸收速度系数为$7.0\times10^{-6}\sim5.8\times10^{-6}$ mol/(atm·mL·min)；随后的放大中提出以氧传递速率r_{ab}为依据调整空气流量和搅拌转速，通过维持相同的r_{ab}，成功地将摇瓶条件放大到50 m^3反应器规模。Shibai等通过一系列研究发现枯草杆菌发酵生产肌苷时，通气不仅起到供氧的作用，而且还具有降低培养液CO_2分压的作用；培养系统中高CO_2分压对肌苷发酵有抑制作用，所以即使在供氧充分的条件下，若通气量小起不到应有的换气效果，肌苷的积累也会受到抑制。除此之外，即使通气、搅拌，在肌苷积累的同时还会生成3－羟基丁酮及2,3－丁二醇等物质，从而降低肌苷产率。Ishizaki等相继研究了CO_2水平对肌苷发酵控制的影响及其作用机制，通过维持c_{CO_2}(溶解CO_2浓度)恒定的装置研究发现，液相中的CO_2浓度或者培养体系的CO_2分压影响肌苷的产率，而HCO_3^-浓度不影响产苷；并进一步对搅拌体系中CO_2释放的动力学进行了研究。Eiji等在发酵液中3－羟基丁酮浓度达到0.05～1 g/L时，通入富氧空气使肌苷产率由通入常规空气的4.5 g/L提高到6 g/L。Sumino等通过通入空气和氧气的混合气体并维持葡萄糖浓度在2%以下，使短小芽孢杆菌IFO12483在发酵液中积累了17.7 g/L的肌苷和18.5 g/L的鸟苷。此外，Yamamoto等通过控制分压和初始温度使腺苷发酵得率得到了提高。

1982年第一次报道了肌苷补糖发酵工艺，该法控制初糖浓度低于4%，在发酵12 h后用连续或间歇方法向发酵液补加糖液使培养液中糖浓度维持在1%，在肌苷和鸟苷的混合发酵中,流加糖比不流加糖生长得率提高200%,产苷提高180%。

此外,研究还发现在保存斜面或者种子液中添加肼可以使鸟苷生产菌株对葡萄糖的转化率由18.5%上升到27.5%。

国内围绕影响产苷的工艺也进行了大量研究,张克旭等通过均匀设计对培养基成分、初始pH、菌龄、通气、温度对产苷影响的研究,提高了产苷得率。吴先道等认为不同发酵阶段通过控制相应的排气CO_2量调节发酵通气量有利于肌苷积累,对生产有指导意义。王梦鹤等通过在2 L发酵罐中调节通气和转速条件优化工艺使产苷提高约25%。陈文元、李永泉等分别对肌苷发酵与分离耦合过程的优化条件的研究表明,该法与间歇发酵相比能显著提高产苷速率和产苷率。汪泽等通过在培养液中添加表面活性剂使腺苷产率明显提高。汤生荣等在16 L发酵罐研究了分批补料对鸟苷发酵的影响,最终得率为15.6 g/L,随后用25 m^3反应器进行生产性试验,产苷达11 g/L。编者依据代谢流为核心的发酵工程学观点,成功地在50 L发酵罐上通过多参数的相关分析进行动态优化,及时抑制了发酵过程代谢流的迁移,使鸟苷发酵得率大幅度提高,比文献报道产率提高达70%以上,高达34 g/L,在此基础上进一步放大,通过参数分析发现了抑制产物生成代谢流的限制因素已发生了变化,最终在生产规模实现了工艺的优化,大幅度提高了发酵得率。

此外,利用补救途径在枯草杆菌发酵过程控制中也可发挥重要的作用,即将外部添加的次黄嘌呤转化为肌苷的能力。陈家平等利用枯草杆菌7171-9-1菌株,在摇瓶中进行添加次黄嘌呤实验,结果表明添加0.1%~0.5%的次黄嘌呤均有利于肌苷的积累,在发酵罐中添加0.1%的次黄嘌呤使肌苷产量增产达30%。庄贤军、钱铭镛等也证实培养基中添加次黄嘌呤可显著提高产苷。此外,徐海等在静息培养系统和20 m^3发酵罐上都证实通过添加次黄嘌呤使肌苷得率得到提高;编者在与广东星湖生物科技股份有限公司的合作中,通过将摇瓶发酵和发酵罐批培养相结合的"互动工艺"确定了添加次黄嘌呤的最佳工艺,也使鸟苷得率有了大幅度提高。

(储 炬、蔡显鹏)

参 考 文 献

[1] 关维先,关月秋. 嘌呤类抗病毒药物的研究进展. 中国医药情报,1995,1(3):182-185,192.

[2] Sauer U, Cameron D C, Bailey J E. Metablic capacity of *Bacillus subtilis* for the production of purine nucleioside, riboflavin and folic acid. Biotech and Bioeng, 1998,59(2):227-238.

[3] Saxild H H, Brunstedt K, Nielsen K I, et al. Definition of the *Bacillus subtilis* PurR operator using genetic and bioinformatic tools and expansion of the PurR regulon with glyA, guaC, pbuG, xpt-pbuX, yqhZ-folD, and pbuO. J Bacteriol, 2001,183(21):6175-6183.

[4] Rappu P, Shin B S, Zalkin H, et al. A role for a highly conserved protein of unknown function in regulation of *Bacillus subtilis* purA by the purine repressor. J. Bacteriol, 1999,181(12):3810-3815.

[5] Nygaard P, Duckert P, Saxild H H. Role of adenine deaminase in purine salvage and nitrogen metabolism and characterization of the ade gene in *Bacillus subtilis*. J Bacteriol, 1996, 178(3): 846-853.

[6] Christiansen L C, Schou S, Nygaard P, et al. Xanthine metabolism in *Bacillus subtilis*: characterization of the xpt-pbuX operon and evidence for purine and nitrogen-controlled expression of genes involved in xanthine salvage and catabolism. J Bacteriol, 1997,179(8):2540-2550.

[7] Chen S, Tomchick D R, Wolle D, et al. Mechanism of the synergistic end-product regulation of *Bacillus subtilis* glutamine *phosphoribosylpyrophosphate* amidotransferase by nucleotides. Biochemistry, 1997, 36(35): 10718-10726.

[8] 蔡显鹏,陈双喜,储炬,等.基于过程参数相关分析的鸟苷发酵过程优化.微生物学报,2002:2.

36 胞外多糖

36.1 概述

微生物多糖是由细菌、真菌、蓝藻等微生物在代谢过程中产生的对微生物有保护作用的生物高聚物，主要以三种形式存在：黏附在细胞表面上，分泌到培养基中和构成细胞的成分。微生物多糖因其安全无毒、理化性质独特等优良性质而备受关注，主要包括胞内多糖、胞壁多糖和胞外多糖等类型。

微生物产生的胞外多糖容易与菌体分离，可通过深层发酵实现工业化生产，一般以淀粉水解物为碳源，也可直接利用可溶性淀粉经微生物酶作用而制得。已经发现 49 属 76 种微生物产生胞外多糖，但真正有应用价值并已进行或接近工业化生产的仅十几种。近几年，随着对微生物多糖研究的深入，世界上微生物多糖的生产年增长量均在 10%以上，而一些新型多糖年增长量在 30%以上。据统计，全世界微生物多糖年产值可达 50～100 亿美元。

到目前为止，工业化生产的微生物胞外多糖主要有黄原胶、热凝多糖、硬葡聚糖、乳酸菌胞外多糖(EPS)、短梗霉多糖、结冷胶等。

有些多糖是由一种单糖单位组成的同多糖。它们之中有许多是仅包含 D-吡喃葡萄糖残基的葡聚糖。另外它们也可以是含有两个或更多单糖的杂多糖。除此之外，多糖还可以附带各种各样的取代基，如酰基、氨基酸或无机残基。这些高聚物可以是线性的也可以是带有分支的，如在糖原中发现某些高聚物带有非常复杂的分支结构。在一些杂多糖中则出现了一些相对复杂的重复单元，侧链长度不同。

微生物多糖具有植物多糖所不具备的优良性质，其生产周期短，不受季节、地域和病虫害条件限制，具有较强的市场竞争力和广阔的发展前景。目前，许多微生物多糖已作为胶凝剂、成膜剂、保鲜剂、乳化剂等广泛应用于食品、制药、石油、化工等领域。

36.2 多糖产生菌的分离

短梗霉多糖是出芽短梗霉的代谢产物。由于出芽短梗霉在其生活史中具有酵母样和真菌菌丝体两种形态，这两种形态的形成受培养基成分、培养条件等各种因素的影响。在众多因素中，菌株的可变性则是最重要的因素。目前出芽短梗霉菌种的选育，主要解决短梗霉发酵中的两个问题：一是降低短梗霉菌在发酵过程中黑色素的产率；二是对形态呈酵母样的出芽短梗霉进行选育，因为出芽短梗霉在发酵过程中只有形态呈酵母样时才能分泌大量的短梗霉多糖。利用溴乙锭和紫外线为诱变剂，可筛选出不产黑色素并具有酵母样细胞形态的生产菌种——出芽短梗霉 SN08。出芽短梗霉的一个野生菌株在试验条件下产 3 g/L的胞外多糖，且受黑色素的污染，经紫外线照射使该菌株诱变，得到一个产无色产物的无性系。对该无性系再一次进行紫外线照射，得到一个高产短梗霉多糖(在试验条件下产量为 10 g/L,在优化条件下为 70 g/L)的新无性系。T. Smitinont 等从各种各样的泰国发酵食品中分离到乳酸菌胞外多糖产生菌。在 104 个分离样品中,2 个杆状和 5 个球状的乳酸菌能利用固体蔗糖培养基产乳酸菌胞外多糖。只有球状菌能利用液体培养基,经过鉴定得知此类菌是 *Pediococcus pentosaceus*。在以蔗糖为唯一碳源的液体培养基中,乳酸菌胞外多糖的最高产量为 6.0 g/L。

36.3 多糖的生产

36.3.1 黄原胶

黄原胶(Xanthan gum)又名黄单孢菌多糖、汉生胶、苦顿胶等,是黄单孢杆菌产生的胞外杂多糖的统称。该产品属于水溶性胶,是目前国内外正在开发的几种微生物多糖中最具特色的一种,也是世界上生产规模最大、用途最广的微生物多糖。

黄原胶发酵菌种一般采用野油菜黄单孢菌(亦名甘蓝黑腐病黄单孢菌),此外,菜豆黄单孢菌、锦葵黄单孢菌和胡萝卜黄单孢菌亦可作为发酵菌种。

培养基采用以葡萄糖、蔗糖或淀粉等为碳源,以蛋白质、鱼粉、豆粉或硝酸盐为氮源,加 KH_2PO_4、$MgSO_4$、$CaCO_3$ 等无机盐和 Fe^{2+}、Mn^{2+}、Zn^{2+} 等微量元素,以及生成促进剂谷氨酸、柠檬酸等。

为了提取野油菜黄单孢菌生物合成黄原胶的基因(*xps*),Harding 等利用 *Sal* Ⅰ 内切酶将野油菜黄单孢菌 DNA 的基因文库酶解,接入一个广宿主克隆载体 pRK293 中,再构建在 *E. coli* 中,利用 pRK2013 进行质粒转移,将组合的克隆库连接到 *E. coli* 中并转换到 3 类不产黏的突变体上。通过卡那霉素抗性筛选与互补突变试验,查明其 DNA 的一个 13.5 kb 区域至少含有 5 个互补基因簇,其中 12.4 kb 插入片段上有 4 个基因与黄原胶合成有关,克隆有这些基因的突变体可使黄原胶产率增加 10%,黄原胶侧链的丙酮酸化程度大约增加 45%。进一步的研究表明,控制黄原胶侧链丙酮酸化程度的基因位于上述 13.5 kb DNA 区域,是位于 pCHC3 质粒的 1.4 kb *BamH* Ⅰ 片段上控制丙酮酸缩酮酯转移酶的基因。此后,控制黄原胶的糖核苷酸前体合成的 3 个基因与位于 3.0 kb *Kpn* Ⅰ 2 *KcoR* Ⅰ 片段上编码 UDP-葡萄糖焦磷酸化酶的基因也相继被识别。

目前生产厂家的发酵罐多为传统的机械搅拌式,功率消耗大,由于发酵液的黏度高,导致气-液-固传质差、空气利用率低、出现发酵不完善和发酵周期长等问题,因此国内生产厂家大都采用小体积发酵罐,一般为 30~40 m^3,最大体积为 60 m^3。为了解决能耗问题,气升式发酵罐是一种很好的取代结构。针对黄原胶的发酵特性,在原 50 m^3 气升式发酵罐的基础上开发出 100 m^3(壳体直径为 3.2 m)的发酵罐(简称 XG 型发酵罐),并在工业生产中得到应用,发酵周期缩短 20 h 以上(传统发酵周期一般为 72 h),单位产品发酵用电节约 70%,大大提高了生产效率,降低了能耗。

36.3.2 结冷胶

36.3.2.1 结冷胶的结构

结冷胶是一种相对分子质量高达 500 kD 左右的阴离子型线性聚合物,它以两种形式存在:高酰基结冷胶(也称天然结冷胶)和低酰基结冷胶,其结构式如图 36-1 所示。

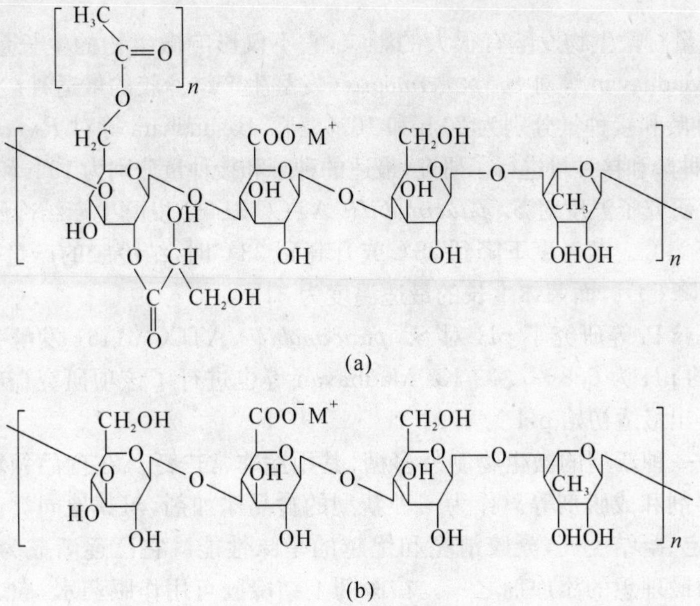

图 36-1 结冷胶结构式

36.3.2.2 结冷胶的生物合成途径

结冷胶多糖是在细胞内合成的，然后通过载体脂蛋白作用穿过细胞壁或细胞膜而分泌到细胞外。目前，有关结冷胶的生物合成途径还没有完整的理论予以解释，Ligio 等提出了由伊乐假单孢菌合成结冷胶的可能途径，认为伊乐假单孢菌利用基质中的葡萄糖主要是通过糖酵解途径和糖醛酸途径使葡萄糖转变为葡萄糖酸酯或葡萄糖-6-磷酸酯，然后转变为6-磷酸葡萄糖酸酯。

36.3.2.3 结冷胶的发酵生产

(1) 菌种特性　结冷胶产生菌伊乐假单孢菌(*Pseudomonas eloder*)或称少动鞘脂单孢菌(*Sphingomonas paucimobilis*)是一种好氧的革兰氏阴性菌，它可从土样、水样、植物体中分离获得。能在含葡萄糖、蔗糖、麦芽糖等糖类碳源，NH_4NO_3、酵母膏、豆粉、蛋白胨等无机和有机氮源，以及磷酸盐和微量元素的培养基中生长，其最佳培养温度为30℃。

(2) 摇瓶发酵　将4℃保藏的菌种转接斜面，其成分为葡萄糖、蛋白胨、酵母膏、NaCl和琼脂，接种后的斜面30℃培养48 h。成熟后的斜面用于接种营养培养基，成分为葡萄糖、蛋白胨、K_2HPO_4、$MgSO_4 \cdot 7H_2O$、NH_4NO_3和无机盐溶液，30℃，180 r/min振荡培养24 h。以10%的接种量接种生产培养基，其成分为葡萄糖、蛋白胨、K_2HPO_4、$MgSO_4 \cdot 7H_2O$、NH_4NO_3和无机盐溶液，于30℃，180 r/min振荡培养48 h后，进行产物的分离纯化。

(3) 发酵的影响因素　结冷胶的发酵工艺与所用菌种的特性有关，T. P. West等分离出一个氨苄抗性的突变株EGP-2，通过与原菌株*Pseudomonas* sp. ATCC 31461比较，发现氨苄抗性突变株在最佳的发酵条件下生产结冷胶的水平要比原菌株高约1.4～1.8倍。此外培养基的组成和发酵条件等因素也很大程度上影响结冷胶的产量。

培养基为微生物生长繁殖和产物合成提供各种营养，培养基的种类对菌体的发酵影响较大。K. Madhavan等进行了*S. paucimobilis* ATCC 31461在基本培养基(只含葡萄糖和盐溶液)和PYG培养基(含有营养、维生素和生长因子)上产结冷胶的研究，发现PYG为最适培养基。

种龄和接种量对微生物发酵有很大的影响，它不仅影响微生物的生长量，而且还影响产物的合成。K. Madhavan 等对 *S. paucimobilis* 发酵生产结冷胶的最适种龄和接种量进行了研究，得出最适种龄和接种量分别为 20 h 和 10%。K. Basundhara 等对 *Pseudomonas elodea* 发酵生产结冷胶的种龄和接种量进行了研究，最适的种龄和接种量分别为 16 h 和 8%。

T. P. West 研究了温度对 *S. paucimobilis* ATCC 31461 发酵生产结冷胶的影响，认为最适温度为 30℃～31℃。若温度下降到 28℃或升高到 33℃时，结冷胶的产量与最适温度下的产量相比大约下降 50%，而菌体生长的最适温度为 31℃。

West Thomas P. 等研究了 pH 对 *S. paucimobilis* ATCC 31461 发酵生产结冷胶的影响，发现其最佳的 pH 为 6.8～7.4。K. Madhavan 等也进行了该项研究(初始 pH 为 4、5、6、7、8 和 9)，得出最适初始 pH 为 7.0。

结冷胶作为一种新型的微生物胞外多糖，其用途非常广泛。在食品领域主要用作增稠剂、凝结剂、悬浮剂和成膜剂等。作为一种新型的食品添加剂，与其他同类产品相比具有用量少、性能更稳定、凝结度高，凝胶清亮和优越的呈味性能。它已逐渐成为继卡拉胶、琼脂和黄原胶之后的最理想的添加剂之一。在医药上结冷胶可用作眼药水，软、硬胶囊，包衣剂及新型制剂用药水等；在化工上可用来做涂膜、胶黏剂、牙膏等；在农业上可用作叶肥、缓释肥料等。此外，它还可作为琼脂的替代品制备生物培养基，特别是可用于澄清度要求高的培养基。

结冷胶在其他方面的应用也很广，可作为人体组织材料、感光薄膜、房间清香剂、包裹热敏感材料(例如酶与细胞、脱氧核糖核酸电泳与分离的可逆凝胶等)以及用于胶片、胶卷、纤维、个人护理用品等。

结冷胶作为一种很有发展前途的微生物多糖，近年来年增长量均在 30%以上。其生产原料(如蔗糖)价廉、易得。结冷胶发酵过程中，发酵液的黏度是影响发酵最重要的因素，因此需要解决因高黏度而引起的传质阻力。同样，改进现有的分离过程，或开发新的结冷胶分离方法应该与重新设计其发酵工艺同步进行。

36.3.3 乳酸菌胞外多糖

乳酸菌胞外多糖(Exopoly Saccharides, EPS)是乳酸菌在生长代谢过程中分泌到细胞外的一类糖类化合物，有的依附于微生物细胞壁形成荚膜，称为荚膜多糖；有的进入培养基形成黏液，称为黏液多糖，它们均为微生物适应环境而形成的产物。乳酸菌是食品级工业生产菌，与其他菌相比安全性高，近年来对乳酸菌胞外多糖的研究逐渐增多。乳酸链球菌产 EPS 途径如图 36－2 所示。

异源多糖是在细胞膜上合成的，它的合成体系包括糖-核苷酸、酰基供体、脂中间体、酶系统及糖基受体五个因子。在细胞膜上合成多糖需要的活性前体就是各种高能态的单糖，这些高能态的单糖主要是糖基-二核苷酸，所有含葡萄糖的多聚物(除糖原外)均以 UDP－D－葡萄糖为供体；乙酸、丙酮酸、3－羟基丁酸等的活性形式是酰基，为胞外多糖的合成所必需；异戊二烯酯中间体整合多糖的重复单元，在原核细胞多糖合成中起作用的是焦磷酸异戊二烯酯；酶系统包括已糖激酶、糖基-核苷酸合成及转移酶、糖基转移酶、聚合酶等。异源多糖的合成始于 EPS 前体(糖核苷酸)的胞内合成，之后糖核苷酸在液态载体中形成重复的单元，最后一步将重复单元从细胞膜运输到细胞外，使之聚合成几百到几千个重复的单元，形成 EPS。

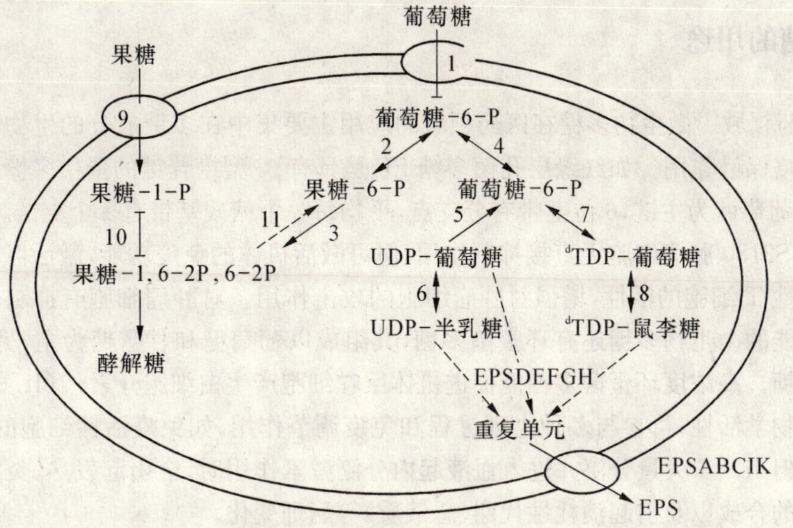

图 36-2 乳酸链球菌产 EPS 途径

1—甘露糖 PEP PTS；2—磷酸葡萄糖异构酶；3—6-磷酸果糖激酶；4—α-葡萄糖磷酸变位酶；5—UDP-葡萄糖焦磷酸化酶；6—UDP-半乳糖-4-差向酶；7—脱氧-TDP-葡萄糖焦磷酸化酶；8—脱氧-鼠李糖合成酶系；9—果糖 PEP PTS；10—1-磷酸果糖激酶；11—1,6-二磷酸果糖激酶

右旋糖酐是最早商业化生产的乳酸菌胞外多糖，其他乳酸菌胞外多糖的发酵生产条件因菌种不同而存在一定差异。据报道，当发酵温度低于最适生长温度时，有利于 EPS 的生物合成。培养基在酸性环境下，接近于中性的初始 pH，EPS 合成量最大。糖和盐的种类和含量对 EPS 合成有影响，不同乳酸菌要求不一样；适当控制氮源有利于 EPS 的生物合成。

EPS 可通过有机溶剂(如甲醇、丙酮或异丙醇)沉淀回收，有机溶剂通过降低 EPS 的溶解度而使其沉淀，EPS 与有机溶剂的比例通常为 1∶3，然后通过离心、过滤、挤压或沉淀来收集沉淀物，再通过透析及冻干得到终产物。

虽然 EPS 在牛奶或乳清培养基中的产量较高，但将 EPS 从这些复合培养基中分离出来通常比较困难。最近，人们开发了几种半合成和全合成培养基，这些更适合于研究营养成分对 EPS 产量及合成的影响，研究其生物代谢途径、EPS 的组成及流变学特性。

36.3.4 硬葡聚糖

硬葡聚糖(Scleroglucan)是真菌小核菌(*Sclerotium* spp1)发酵形成的胞外多糖生物聚合物，分子主链由 β-1，3-D-吡喃葡萄糖构成，每隔 3 个葡萄糖单元有一个 β-1，6-吡喃葡萄糖侧链。相对分子质量约为 5.4×10^6，分子以棒状三螺旋形式存在，具有半刚性、较强的增稠能力、抗温和抗剪切的能力。硬葡聚糖在冷热水中均可溶解，溶液具有很高的假塑性，不受温度、pH 和电解质变化的影响，稳定性较好。

生产上所用的菌种为齐整小核菌(*Sclerotium rolfsii*)，培养基配方为：$NaNO_3$ 3 g/L，KH_2PO_4 1 g/L，KCl 0.5 g/L，$MgSO_4\cdot7H_2O$ 0.5 g/L，酵母膏 1 g/L，一水柠檬酸 0.7 g/L，蔗糖 30 g/L，初始 pH 4.5。该菌株可利用多种碳水化合物，甚至可利用废料作碳源。碳源的最佳初始浓度为 3%～15%，浓度过高会对菌体的生长产生抑制，并且影响产品的质量。

在硬葡聚糖发酵中，酵母膏用量对多糖的产生有较大的影响，加入合适的有机氮源能提高产品的产量。

36.4 多糖的用途

(1) 医药领域　微生物多糖在医药领域的应用主要集中在多糖成分的生物活性功能、药理作用与免疫保健作用。如红缘层孔菌多糖 FP 是具有 β-型糖苷键的蛋白多糖，它的结构是以 $\beta(1\rightarrow3)$-葡萄糖为主链，6 位上带有分支点，平均每 3 个糖残基带有 1 个支链。该微生物多糖在体外对 S2180 肿瘤细胞无直接抑制作用，但可激活机体的免疫功能，激活巨噬细胞、杀伤细胞及杀伤性 T 细胞的活性，增强对肿瘤细胞的攻击作用。对肿瘤细胞有抑制作用、能增强机体免疫功能的微生物多糖还有环蜜菌多糖，其组成以葡萄糖和甘露糖为主，另含有少量的半乳糖和木糖。高浓度环蜜菌多糖能促进机体巨噬细胞产生白细胞介素-1(IL-1)；IL-1 具有广泛的生物学活性，可参与多种生理过程和免疫调节作用，如免疫活性细胞的调节、造血、抗肿瘤等。但 IL-1 大量分泌并进入血液起内分泌激素作用时，会引起发热、炎症、诱导肝炎急性期蛋白的合成以及引起消耗性代谢(恶液质)等病理变化。

(2) 食品工业　微生物多糖在食品工业中的应用广泛，可用作食品添加剂、抗凝剂、保鲜剂等。已经获得工业应用的有结冷胶、黄原胶、海藻糖、琼脂糖等。如由少动鞘脂单孢菌(*Sphingomonas paucimobilis*)产生的结冷胶，在水溶液中能够形成高黏性凝胶，经碱脱乙酰基处理后在不同阳离子存在下可形成硬而脆的凝胶。结冷胶既可形成类似琼脂和明胶的热可逆凝胶，也能形成类似海藻胶和卡拉胶的盐诱导凝胶。结冷胶具有黏着、涂膜、乳化、形成微胶囊、成膜、澄清、稳定泡沫、胶凝、抗结晶、稳定糊状物、增稠等多种性能，在食品工业中得到了广泛的应用。黄原胶也是食品工业中应用较多的一种微生物多糖。商品黄原胶由于聚合度不同，相对分子质量一般约为 $1\times10^6\sim3\times10^6$，个别的高达 $1.3\times10^7\sim1.5\times10^7$。黄原胶易溶于水，在冷水、热水中分散性稳定，在低浓度下能产生很高的黏度，增稠性良好，水溶液呈透明胶状，具有较高的假塑性、良好的稳定性(在 1～13 的 pH 范围稳定，对热稳定，在 18℃～80℃黏度变化小)，也具有良好的分散和乳化作用。黄原胶在食品工业中可用作稳定剂、乳化剂、悬浮剂、增稠剂、泡沫增强剂和加工辅助剂，并得到了广泛应用。此外，由非粪产碱杆菌(*lcaligenes facealis varmyxogene*)A 产生的热凝胶作为食品添加剂，也具有与结冷胶和黄原胶类似的功能。

(3) 石油工业　目前用于石油开采的微生物多糖主要有黄原胶、Simusan 酸性胞外多糖与 AGBP 胞外多糖等，其中尤以黄原胶在油田的应用最为引人注目。黄原胶主链呈纤维结构，含有丙酮酸与葡萄糖醛酸基团，具有阴离子特性，水溶性、增溶性与假塑性良好，1%～2%的黄原胶水溶液即可形成凝胶。利用在水中易形成凝胶并具有良好假塑性的性质可进行调剖。华北油田第二采油厂于 1998—1999 年在岔河集油田的岔 15、39 断块开展了黄原胶调驱结合的先导性试验，所用黄原胶/铬水基冻胶具有较好的增油降水效果，可改善注水井吸水剖面，提高注入水的利用率和油藏的注水采收率。用于孤东油田的三次采油时，黄原胶的增黏性、抗盐性、抗剪切性、热稳定性比聚丙烯酰胺好，在注入过程中其黏度受剪切与污水水质影响较小，在地层中稳定性好，对现场注入系统要求较低，特别适合条件较差、清水资源缺乏的油田。中国石油大学已对微生物多糖产生菌应用于驱油进行室内研究，构建高效驱油的细胞工程菌的工作已经取得了一定进展。

(王　普)

参考文献

[1] Ana Ramos, Ingeborg C B. J of Applied and Envir Micro, 2001,(1):33-41.
[2] Elisabeth J F, Johannis P K. Carbohydrate Research, 2001,331:183-194.
[3] Valerie M M, Helen D, Mark E, et al. Carbohydrate Research, 2001,331:413-422.
[4] Craston D H, Farnell P, et al. Determination of gellan gum by capillary electrophoresis and CE-MS. Food technology, 2001,73:141-145.
[5] Mao R, Tang J, Swanson B G. Water holding capacity and microstructure of gellan gels. Carbohydrate Polymers, 2001,46:365-371.
[6] Mao R, Tang J, Swanson B G. Texture properties of high and low acyl mixed gellan gels. Carbohydrate Polymers, 2000,41:331-338.
[7] West T P. Effect of temperature on bacterial gellan production. World Journal of Microbiology and Biotechnology, 2003,19(6):649-652.
[8] West T P, Strohfus B. Lett Appl Microbiol, 2001,33:169-172.
[9] Smitinont T, Tansakul C. International Journey of Food Microbiology, 1999,51:105-111.
[10] Vijayendra S. V. N, Devendra Bansal, Prasad M. S, et al. Process Biochemistry, 2001,37:359-364.
[11] Hyung-Pil Seo, Chang-Woo Son. Bioresource Technology, 2004,95:293-299.
[12] 旺达姆 E J,贝斯特 S D,斯泰因比歇尔 A. 生物高分子(5). 陈代杰,金飞燕. 译. 北京:化学工业出版社, 2004.
[13] Lee J W, Yeomans W G, Allen A L, et al. Biosynthesis of novel exopolymers by Aureobasidium pullulans. Appl Environ Microbiol, 1999;65(12):5265-5271.
[14] Christov L P, Myburgh J, O′ Neill F H, et al. Modification of the carbohydrate composition of sulfite pulp bypurified and characterized beta-xylanase and beta-xylosidase of Aureobasidium pullulans. Biotechnol Prog, 1999;15(2):196-200.
[15] Van Kranenburg R, Kleerebezem M, de Vos W M. Nucleotide sequence analysis of the lactococcal EPS plasmid pNZ4000. Plasmid, 2000,43(2):1301.
[16] Stingele F, Newell J W, Neeser J R. Unraveling the function of glycol-syltransferases in *Streptococcus thermophilus Sfi6*. J Bacteriol, 1999,181(20):93541.
[17] Becker A, Katzen F, Puhler A, et al. Xanthan gum biosynthesis and application: a biochemical/genetic perspective. Appl Microbiol Biotechnol, 1998,50:1451.
[18] 崔堂兵,郭勇,郑穗平. 工业微生物,2002,32(2):41-47.

37 生物表面活性剂

37.1 概述

表面活性剂是指能显著降低溶剂(一般为水)表面张力和液-液界面张力并具有亲水亲油特性和特殊吸附性能的物质，素有“工业味精”之称。表面活性剂的特殊性能使其表现出表面(界面)张力、渗透、湿润、乳化、分散、增溶、发泡、消泡、洗涤、杀菌、润滑、柔软、拒水、抗静电、防腐、防锈等一系列性能。

生物表面活性剂是指由微生物、植物或动物产生的天然表面活性剂，其种类繁多，广泛应用于石油和能源工业、医药工业、食品工业、环境工程、化妆品、农业、建筑、纺织、工业清洗、皮革、造纸、油漆涂料等领域。生物表面活性剂比合成表面活性剂拥有更加复杂的化学结构，单个分子占据更大的空间，因而显示出较低的临界胶束浓度，它与化学表面活性剂相比有如下的特点：

① 表面活性高，乳化能力强，可在很低浓度起到降低表面张力的作用。

② 无毒，环境友好，可被生物完全降解。

③ 对热稳定。许多生物表面活性剂和它们的表面活性不受高温(90℃)的影响。

④ 对离子强度稳定。生物表面活性剂在盐溶液浓度为10%时仍稳定，而化学表面活性剂在盐浓度为2%～3%时即失去活性。

⑤ 破乳容易。由生物表面活性剂形成的乳化现象很容易通过加入酶来实现破乳。例如，少量的解聚酶可以破坏碳氢化合物在油中形成的乳化现象。

⑥ 分子结构类型多样，有特殊的官能团，作用专一。

⑦ 生产工艺简单。

⑧ 原料来源广泛，价廉，生产过程环保性能好。

⑨ 生物相容性好，可广泛应用于食品、医药和化妆品。

⑩ 表面可修饰性。一个具有乳化或分散特性的多糖高聚物不仅能使分散物质的平均粒径减小，而且能改变颗粒的基本表面性质。

随着人们崇尚自然和环保意识的增强，生物表面活性剂逐渐成为化学合成表面活性剂的替代品或升级换代品。

生物表面活性剂的发现可追溯到20世纪40年代，Zobell在研究硫酸盐还原细菌从沙粒中释放原油的机制时发现，生物表面活性剂是细菌驱油的主要原因。60年代后，有关微生物对烃类乳化机制的研究引起了人们的广泛关注，用微生物生产生物表面活性剂成为生物技术领域中的一个重要课题，人们对生物表面活性剂的结构、性能、检测方法、生产工艺、分离纯化方法和工业应用等各个领域进行了广泛深入的研究。

37.2 生物表面活性剂的分类

按用途分:广义的生物表面活性剂可分为生物表面活性剂和生物乳化剂。前者是一些低分子量的小分子,能显著改变表/界面张力;后者是一些生物大分子,不能显著降低表/界面张力,但对油/水界面表现出很强的亲和力,因而可使乳状液得以稳定。

按化学结构分,可将其分为以下五大类。

(1) 糖脂类(glycolipids) 糖脂类化合物是一种含糖的极性脂溶性化合物,亲水基通过糖苷键与糖分子相连。常见的糖脂主要有鼠李糖脂(rhamnolipids)、槐糖脂(sophorolipids)、海藻糖脂(trehalolipids)和蔗糖脂(sucroselipids)等。

(2) 脂肽(lipopeptides)和脂蛋白类(lipoproteins) 短肽(3～12个氨基酸分子构成)与脂肪分子相连。例如:表面活性素(surfactin)、鸟苷酸酯(ornithine lipids)和枯草菌溶素(subtilysin)等。

(3) 磷脂类(phospholipids) 酯分子中的羟基与磷酸作用形成磷脂。例如:卵磷脂和脑磷脂等。

(4) 脂肪酸和中性脂 常见的有甘油酯、黑粉菌酸(ustilagic acid)、脂肪酸和蜡等。

(5) 聚合物(polymerics) 常见的有酯杂多糖、脂多糖复合物和蛋白质多糖复合物等。

37.3 生物表面活性剂的生产

生物表面活性剂的生产方法有:从动植物材料中分离提取、微生物发酵法和酶法合成。

37.3.1 从动植物材料中分离提取

以动植物为原料可以提取大量的生物表面活性剂。例如,皂苷类、胆甾醇、植物甾醇及蛋白类生物表面活性剂。

古人用皂角提取液洗涤衣物,这是对生物表面活性剂的早期利用。从植物中分离提取的皂苷类化合物主要有远志皂苷、七叶皂苷、皂树酸和山茶皂苷。这些皂苷广泛应用于洗涤剂和化妆品领域。胆甾醇又称胆固醇,存在于动物大脑、神经组织及羊毛脂与卵黄中。植物甾醇由谷甾醇、豆甾醇、菜油甾醇、维生素E等构成,可由黄豆中提取。蛋白质类生物表面活性剂主要有黏蛋白、卵黄高磷蛋白和脂蛋白等,这些成分均可由动植物中提取。

以天然生物原料为来源的生物表面活性剂的生产常受到原料来源的限制,因此难以大规模生产。

37.3.2 微生物发酵法

微生物发酵法又称细胞生长生产法,是指底物消耗、细胞生长与表面活性剂的生成同步进行。微生物发酵生产生物表面活性剂的工艺简单,成本低廉,安全经济,具有良好的工业应用价值。发酵液对生物体无毒,对环境和人类危害很小。但该法也存在生产能力低,分离纯化困难等缺点。微生物发酵法生产生物表面活性剂的关键步骤包括菌种选育、培养基优化和产品的分离纯化等。

37.3.2.1 生物表面活性剂的生产菌种

自然界中能够产生生物表面活性剂的微生物主要有细菌、酵母和真菌等。例如鼠李糖脂可由假单孢菌(*Pseudomonas species*)生产，槐糖脂则主要由酵母菌生产，采用球拟酵母(*Torulopsis bombicola*)、嗜石油球拟酵母(*Torulopsis petrophilum*)和蜜蜂生球拟酵母(*Torulopsis apicola*)均可发酵生产槐糖脂。微生物发酵法生产的微生物表面活性剂如表37-1所示。

表37-1 由微生物发酵法生产的生物表面活性剂实例

微 生 物	生物表面活性剂
球拟酵母属	槐糖脂
假单孢菌属	鼠李糖脂
Rhodococcus erythropolis	海藻糖脂
	霉菌酸海藻糖脂
	蔗糖脂和果糖脂
Rhodococcus species H13-A	海藻糖脂
假丝酵母属	甘露糖赤藓糖醇脂
Candida bogoriensis	槐糖脂
Acinetobacter species	脂肪酸
	甘油酯乳化胶
Corynebacterium lepus	棒杆菌分支菌酸
Candida petrophilum	脂肽
Bacillus subtilis	环状脂肽
Bacillus licheniformis	环状脂肽
Candida tropicalis	甘露聚糖脂肪酸复合物
Corynebacterium hydrocarboclastus	蛋白-脂-碳水化合物的复合物

37.3.2.2 生产菌株的选育

不同微生物可产生不同种类的生物表面活性剂。自然界中能够产生生物表面活性剂的微生物主要分散于富含油脂或烃类有机物的土壤、污泥和水中。

能够合成生物表面活性剂的酵母菌和真菌主要利用直链饱和烃，细菌可利用异构烃、环烷烃、不饱和烃和芳香烃。因此，可采用富含烃类有机物的培养基来筛选生物表面活性剂的产生菌。

采用传统的菌种诱变方法可获得生物表面活性剂的高产菌株。通常采用紫外线诱变或加入突变剂等方法使菌株发生变异。

建立高效的生物表面活性剂产生菌筛选模型是获得高产菌株的关键。目前，人们已经建立了多种筛选模型用于生物表面活性剂生产菌株的筛选，如血平板筛选模型、轴对称液滴型状分析法(ADSA-P法)、比色测定法、快速破泡实验、薄层层析法、乳化指数值测定和液滴坍塌法(drop-collapse)等。

利用基因工程技术进行优良基因的组合改造出高效菌种是获得优良生产菌株的有效途径之一。重组DNA技术的发展与应用大大促进了发酵法生产生物表面活性剂技术的发展。

37.4 生物表面活性剂的分离提取

从复杂的反应体系中有效地分离提取生物表面活性剂是其生产和应用的关键之一。发酵液中的生物表面活性剂浓度较低，具有两亲性，因此从发酵液中分离提取生物表面活性剂的难度较大。

发酵液中生物表面活性剂的分离，首先要将微生物与反应体系分离。如果其为胞外产物，可直接对培养液进行分离纯化。如果产生的生物表面活性剂为胞内产物，则须先破碎微生物细胞释放产物后，再进行分离纯化。

应用于生物表面活性剂的分离纯化方法主要有萃取、结晶沉淀、泡沫层析、超滤、柱色谱、薄层色谱（TLC）和高效液相色谱（HPLC）等方法。

(1) 萃取　萃取方法是提取生物表面活性剂的常用方法，特别适用于亲油性的生物表面活性剂的分离提取。常用的有机溶剂有甲醇、乙醇、丁醇、戊烷、丙酮、氯仿、二氯甲烷、乙醚、乙酸乙酯等，它们可以单独使用，也可以联合使用，使用较多的是氯仿和甲醇的各种比例的混合溶液。不同配比的氯仿/甲醇溶液的极性可以与目标生物表面活性剂的极性相匹配。氯仿的毒性较大、价格较贵，因此从经济和环保角度考虑，采用氯仿为萃取剂并不理想。Marias 等对生物表面活性剂的萃取液进行了研究，认为甲基-叔丁基醚（MTBE）是一种良好的萃取剂，它具有低毒，生物可降解，易回收，不易燃等优点，是大规模生产生物表面活性剂的良好萃取剂。

(2) 结晶　采用结晶法可获得高纯度的生物表面活性剂。E. Rosenberg 等采用硫酸铵结晶法将由 *Torulopsis petrophilum* 产生的蛋白质乳化剂从反应体系中结晶析出。

(3) 泡沫层析法　又称泡沫分离法。微生物发酵过程中生物表面活性剂的生成会产生泡沫，在发酵过程中不断移走所产生的泡沫是分离胞外生物表面活性剂的有效方法。

微生物发酵过程所产生的泡沫降低了设备利用率，影响目标产物的形成和微生物的生长，对发酵生产过程不利。传统的消泡方法是加入消泡剂，这将增加生产费用，减弱氧的传递，可能会对微生物生长产生负面影响。

采用泡沫层析法不断移走发酵过程中含有目标生物表面活性剂的泡沫，可以减少发酵过程中起泡带来的不良后果，也可以避免加入化学消泡剂产生的不良影响。Davis 等用泡沫层析法对表面活性剂进行了提取和浓缩，将泡沫分离和发酵过程耦合，建立了连续的生产过程。

(4) 超滤法　采用超滤法从发酵液中提取生物表面活性剂速度快、回收率高，在国外应用较为广泛。Lin 等用相对分子质量截止值（MWCO）为 30 000 Da 的超滤膜对 *Sacillus licheniformis* 变异株产生的生物表面活性剂进行了提取分离，获得了较好的分离效果。

(5) 柱层析　柱层析又称柱色谱，是通过混合物组分在固定相和流动相之间分配平衡的不同来实现混合物的分离过程。常用的柱填料有硅胶、氧化铝、聚酰氨酚、离子交换剂和凝胶等。生物表面活性剂的柱层析分离常用硅胶为填料。

(6) 薄层色谱法　薄层色谱法（TLC）是将吸附剂平铺在一种载体上成一薄层作固定相，以不同的溶剂作流动相，靠吸附中的毛细现象，沿着一定方向移动，使样品中的各组分在薄层中的吸附剂和展开剂之间，由于吸附与解吸的性质差异而得以相互分离。采用薄层色谱法可对生物表面活性剂进行定性和定量分析分离，但需要对样品进行预处理。

(7) 高效液相色谱法　高效液相色谱法(HPLC)在生物表面活性剂分析上应用的首例是采用 C_{18} 反相柱分析由 *Bacillus licheni fomis* JF-2 产生的生物表面活性剂。相对于张力检定和 TLC 分析法,高效液相色谱对于生物表面活性剂的测定可达到预期的灵敏度和选择性。采用高效液相色谱法定量分析和纯化某些脂肽生物表面活性剂已有大量的报道。

此外,集成以上各种分离纯化方法并应用于生物表面活性剂的分离提取过程,有望获得理想的效果。

37.5 生物表面活性剂的应用

生物表面活性剂种类繁多,结构各异,具有天然、无毒、生物可降解等优良性能,因此广泛应用于石油、环境、食品、医药、纺织、农业和精细化工等行业。最有应用前景的是提高原油的采收率、清除污染的油罐和重油的运移,见表 37-2。

表 37-2　生物表面活性剂在工业上的应用

作　用	工业应用领域											
	农业	塑料	建筑	食品	工业清洗	皮革	金属	造纸	油漆涂料	石油及石化产品	纺织	化妆品
乳化	+	+		+		+	+		+	+	+	+
破乳										+		
润湿、铺展、渗透	+	+	+	+	+	+	+	+	+	+	+	+
增溶、固体分散	+	+		+						+	+	+
加气、发泡		+	+	+			+			+		+
消泡				+			+					
去污				+	+	+		+		+	+	+
抗静电		+							+		+	+
防腐蚀					+					+		

37.5.1 石油工业

生物表面活性剂在石油工业领域的应用主要有以下几方面:石油开采;清洗污染的油罐、贮槽或管道;从焦油砂中提取沥青;泵送石油;降低重质石油黏度和原油破乳。其中,最重要的是石油开采。

早期的石油开发主要依靠自然能量,称为一次采油。一次采油的采收率只有 15%左右。20 世纪 30—40 年代开始推广以补充油藏能量的注水、注气为主的二次采油工艺技术,使石油的采收率提高至 40%~50%,但仍然有大量的石油遗留在油藏中。为了更多地采出这部分石油,又发展了以改变石油与驱油工作剂之间界面张力为主的三次采油(EOR)技术。以表面活性剂为主的化学驱油是提高原油采收率的重要三次采油方法。

Gale 和 Sandvid 于 1973 年提出了提高原油采收率使用表面活性剂选择标准:①表面活性剂应在水和原油中都有一定的溶解度,在界面形成稳定的油/水乳状液;②在低浓度下形成较低的界面张力;③在油层中有较低的吸附量;④价廉。生物表面活性剂的驱油效率是化学合成表面活性剂的驱油效率的3.5～8倍，价格为人工合成表面活性剂的30%，因而是一种理想的提高原油采收率的化学剂。

微生物强化采油技术(MEOR)是指往油层中注入一些微生物和其生长所必需的营养物，这些微生物在生长的同时能产生生物表面活性剂。这些生物表面活性剂可降低原油与水两相界面的张力，从而可提高油田的开采量。由于石油工业对生物表面活性剂的纯度和专一性要求不高，所以可直接使用含完整微生物细胞的发酵液为生物表面活性剂应用于石油工业。许多国家已经把产生物表面活性剂的微生物采油作为长期油田开发的攻关课题。表37-3介绍了微生物矿场实验成功的例子。

表37-3 国外的微生物采油技术矿场实验

国家	实验时间	所用菌种	实验效果
美国	1988	混合厌氧培养物	原油增产量最高达350%
美国	1989	梭状芽孢杆菌培养物	原油增产量高达79%
罗马尼亚	1988—1990	梭状芽孢杆菌，芽孢杆菌和革兰氏阴性菌	5个月内原油产量增加100%～200%
俄罗斯	1996	激活地层本源菌	1995年经济效益为20.95万美元
前东德	1987	产表面活性剂的菌种	产量从50吨/月达到12个月后的300吨/月

37.5.2 环境工程领域

生物表面活性剂具有低毒、生物可降解和稳定的乳化性能，其在环境修复方面具有独特的优势。它可用于修复被烃类和原油污染的，受金属、菲、多氯联苯污染的土壤。

Guiyun等于1997年报道了由*Pseudomonas aeruginosa*生产的阴离子单鼠李糖脂具有从沙土中降解十六烷的能力。Rahman等于2002年采用鼠李糖脂生物修复由汽油污染的土壤。Ayla等采用鼠李糖脂生物降解活性污泥中的2,4-二氯联苯(2,4-DCP)。Daisuke等采用*Acinetobacter* sp.产生的生物表面活性剂生物降解汽车发动机废油中的长链石蜡。糖脂类生物表面活性剂不仅可提高烷烃的去除率，而且可加速烷烃的矿化程度，缩短可被微生物利用的适应时间。Catherine等发现由微生物产生的生物表面活性剂、鼠李糖脂和海藻糖脂能够从被烃类化合物污染的土壤中消除铜离子和锌离子，主要原因是生物表面活性剂的阴离子与铜离子和锌离子结合能够实现金属离子的去除。

自然界的水体中可以检测出有机溶剂和在生产汽油时产生的非水相液体(NAPL)，由于NAPL可以慢慢地溶解在水相中，因此这类非水相液体造成了长期的环境污染。NAPL的低水溶性和传质速率的限制导致了传统的泵处理环境修复方法效率低下，如果在泵处理系统中加入生物表面活性剂来增溶NAPL，可提高泵处理系统的效率，使用的生物表面活性剂的浓度要高于其临界胶束浓度(CMC)才能实现NAPL的增溶。

37.5.3 医药工业领域

生物表面活性剂可广泛应用于医药领域，用作抗菌剂、免疫调节剂、外科手术过程中的吸附和脱附剂等。甘露糖赤藓糖醇脂(Mannosylerythritollipid，MEL)是由假丝酵母菌株代谢植物油产生的生物表面活性剂，已经广泛应用于抗菌剂和免疫试剂。Isoda等研究了MEL-A、

MEL－B、聚脂、鼠李糖脂、槐糖脂、STL－1 和 STL－3 七种微生物胞外生物表面活性剂的生物学活性，除了鼠李糖脂外，其余均具有降低细胞分化的功能。对胞外糖脂对神经细胞 PC12 的影响也进行了详细的研究。MEL－A、MEL－B 和槐糖脂可以使 PC12 细胞显著增长。生物表面活性剂在白细胞中可抑制人类免疫缺陷病毒的生长。红串红球菌产生的琥珀酰-海藻糖脂可以抑制疱疹病毒和流行性感冒病毒。磷脂系生物表面活性剂可以用作医药乳化剂，肺表面活性剂是呼吸的必需成分。某些生物表面活性剂还可以抑制艾滋病毒的生长。蔗糖脂对微生物具有广泛的抑制作用，尤其对形成孢子的革兰氏阳性菌抑制作用较大。枯草杆菌在蔗糖脂的作用下可发生裂解。

37.6.5 食品工业领域

在食品加工中应用最广泛的生物表面活性剂是磷脂。磷脂在食品工业中的用途主要是作为天然添加剂。脑磷脂用作抗氧化剂，作为乳化剂可以安全有效地应用于糖果、巧克力、烘焙食品、食用油、冰淇淋、人造奶油等食品的生产中。糖脂是一类具有较宽 HLB 值的非离子型乳化剂，由于具有无毒、易生物降解及良好的表面活性，是联合国粮农组织推荐使用的食品添加剂，主要作为食品稳定剂、质地改良剂、润滑剂、分散剂和微生物抑制剂等。槐糖脂可作为面粉质量改良剂。水解和经冷冻干燥的酵母细胞壁生物表面活性剂可用作人造奶油。生物表面活性剂在食品保藏中也起重要的作用。例如，将蔗糖脂加入涂膜剂中，可以抑制青霉菌对柑橘的危害，延长柑橘贮存时间。

（欧志敏、王　普）

参考文献

[1] 钱欣平，阳永荣，孟琴. 生物表面活性剂对微生物生长和代谢的影响. 微生物学通报，2002，29：75－78.
[2] 马歌丽，彭新榜，马翠卿，等. 生物表面活性剂及其应用. 中国生物工程杂志，2003，5：42－45.
[3] Bognolo G. Biosurfactants as emulsifying afents for hydrocarbons Colloids and Surfaces. Physicochemical and Engineering Aspects，1999，152：41－45.
[4] 吕应年，杨世忠，牟伯中. 脂肽类生物表面活性剂的研究进展. 生物技术通报，2004，6：11－12.
[5] Osman M，land H H，Holmsen H. Micropolarity and microviscosity in the micelles of the heptapeptide biosurfactant "surfactin". Colloids and Surfaces B：Biointerfaces，1998，11：167－175.
[6] Healy M G，Devine C M，Murphy R. Microbial production of biosurfactants. Resources，Conservation and Recycling，1996，18：41－57.
[7] Maria S K，Irena B I，Jim C P，et al. Recovery of Rhodococcus biosurfactants using methyl tertiary-butyl ether extraction. Journal of Microbiological Methods，2001，46：149－156.
[8] 刘晔，许有强，牟岩，等. 几种快速筛选生物表面活性剂的方法. 山东轻工业学院学报，2003：12，38，39.
[9] Noha H Y，Kathleen E D，David P N，et al. Comparison of methools to detect biosurfactant production by diverse miucroorganisms. Tournal of Microbiological Methods，2004，56：339－347.
[10] Adria A B，Raina M M. Application of a modified drop-collapse technigne for surfactant quantitation anel Screening of biosurfaactant-producing microorganisms. Tournal of Microbiological Methods，1998，32：273－280.
[11] 潘冰峰，徐国梁，施邑屏，等. 生物表面活性剂生产菌的筛选. 微生物学报，1999，39：264－267.
[12] 丁立孝，何国庆，刘晔，等. 脂肽生物表面活性剂产生菌的筛选. 农业生物技术学报，2004，12：330－333.
[13] Kim H S，Kin S B，Park S H，et al. Biotechnol Lett，2000，22(18)：1431－1436.

[14] Ilori M O, Amobi C J, Odocha A C. Factors affecting biosurfactant production by oil degrading Aeromonas spp. Isolated from a tropical environment Chemosphere, 2005,3:1-8.

[15] Mulligan C N, Yong R N, Gibbs B F. Surfactant-enhanced remediation of contaminated soil: a review. Engineering Geology, 2001,60;371-380.

[16] Guiyun B, Mark L B, Raina M M. Biosurfactant-enhanced removal of residual hydrocarbon from soil. Journal of contaminant Hydrology, 1997,25:157-170.

[17] Rahman K S M, Banat I M, Thahira J, et al. Bioremediation of gasoline contaminated soil by a bacterial consortium amenderd with poultry litter, coir-pith and rhamnolipid biosurfactant. Biosource technology, 2002,81:25-32.

[18] Ayla V, Aysen T. Effect of biosurfactant on 2,4-dichlorophenol biodegradation in an activated sludge bioreactor. Process Biochemistry, 2005,40:2745-2749.

[19] Catherine N M, Raymond N Y, Bernard F G. Heavy metal removal from sediments by biosurfactants. Journal of Hazardous Materials, 2001,85:111-125.

[20] John E M, Guiyun B, Raina M M, et al. Biosurfactant-enhanced solubilization of NAPL mixtures. Journal of Contaminant Hydrology, 2001,48:45-68.

[21] Isoda H, Kitamoto D, Shinmoto H, et al. Microbial extracellular glycolipid induction of differentiation and inhibition of protein Kinase C. activity of human promyelocytic Leukemia cell line HL60 Biosci. Biotechnol Biochem, 1997,61:609-614.

[22] Pooja S, Swaranjit S C. Potential applications of microbial surfactants in biomedical sciences. Trends in Biotechnology, 2004,22:142-146.

38 发酵法生产乙醇

38.1 概述

乙醇可以广泛地应用于食品、化学、医药、医疗、国防、农业、能源和电子等许多领域。在食品工业中，乙醇是制备各种白酒、果露酒、强化葡萄酒等的主要原料，还可用来酿造食醋，生产食用香精。在化学工业方面，乙醇是许多化工产品不可缺少的原料，可用于制造合成橡胶、环氧乙烷、脂类等大量化工产品。乙醇是制备农药的主要原料，发酵法生产乙醇是农业原料深加工和综合利用的主要途径。20 世纪 70 年代出现"能源危机"后，利用可再生资源(如粮食或植物纤维)发酵生产乙醇作为生物能源来代替或部分代替汽油日益受到重视。

发酵法制乙醇具有悠久的历史。微生物发酵法是指利用淀粉质、糖质或纤维质原料，通过微生物发酵生成乙醇。用于乙醇生产的微生物主要有酵母、细菌(运动发酵单细胞菌、酒精高温厌氧菌)等，发酵原料可分为淀粉质原料、糖质原料、纤维质原料和亚硫酸盐纸浆废液等。

38.2 酵母发酵

38.2.1 优良的酵母菌株应具有的特征

用于乙醇发酵的酿酒酵母(*Saccharomyces Cerevisiae*)是一种单细胞微生物，属子囊菌纲。自然界中能发酵糖生成乙醇的酵母菌株很多，但用于乙醇生产的优良酵母菌株须具备以下特征：①较高的发酵能力，能快速并完全地将糖分转化为乙醇；②繁殖速度快，增殖能力强；③耐乙醇能力强，能在较高浓度的乙醇发酵醪中进行发酵；④耐高温能力好，能在较高温度下进行繁殖和发酵；⑤抗杂菌污染能力强；⑥耐酸能力强；⑦变异性小，生产性能稳定；⑧发酵时产生泡沫少。

38.2.2 酵母生产乙醇的机理

酵母代谢糖分生产乙醇的过程一般遵循 EMP 途径，糖的乙醇发酵是在厌氧条件下进行的，发酵过程见图 38－1。

酵母菌在无氧条件下，将丙酮酸继续降解，生成乙醇。其反应过程如下：

(1) 丙酮酸脱羧生成乙醛

在脱羧酶催化下，丙酮酸脱羧，生成乙醛，反应需要 Mg^{2+} 激活

$$\text{丙酮酸} \xrightarrow[\text{焦磷酸硫胺素}, Mg^{2+}]{\text{丙酮酸脱羧酶}} \text{乙醛} + CO_2$$

(2) 乙醛还原生成乙醇

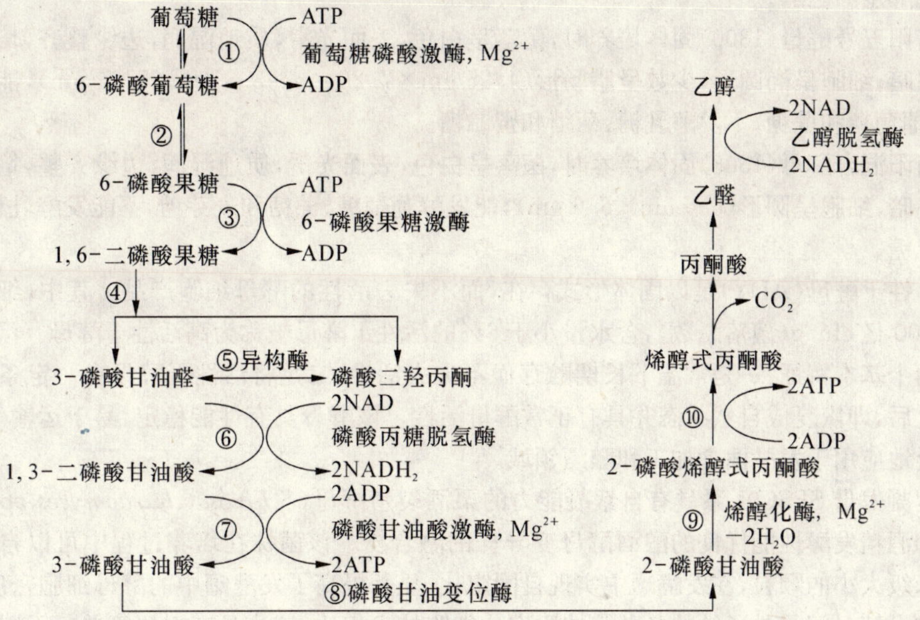

图 38-1 酵母菌的酒精发酵过程

乙醛在乙醇脱氢酶及其辅酶($NADH_2$)的催化下还原成乙醇

由葡萄糖发酵生成乙醇的总反应式为

$$C_6H_{12}O_6 + 2ADP + 2H_3PO_4 \longrightarrow 2C_2H_5OH + 2CO_2 + 2ATP$$

将酵母接种到糖化醪后，糖分被吸附，渗入细胞内，经酵母细胞酒化酶系统作用，最终生成乙醇、CO_2 和能量，一部分能量被用作新陈代谢的能源，余下的能量、乙醇及 CO_2 一起，通过细胞膜排出体外。

38.2.3 乙醇生产中常用酵母菌及其特征

酵母菌细胞形态以圆形、卵圆形或椭圆形较多，繁殖方式以出芽繁殖为主。在长期的生产实践过程中，人们筛选出了一些优良的酵母菌株用于乙醇生产。从分类系统来讲，淀粉质原料乙醇发酵常用的菌种为酵母属中的啤酒酵母及其变种，如拉斯 2 号(Rasse Ⅱ)、拉斯 12 号(Rasse Ⅻ)、K 字、南阳五号(1300)和南阳混合(1308)等酵母菌株。

拉斯 2 号(Rasse Ⅱ)酵母，又名德国 2 号酵母，呈长卵形。麦汁培养的细胞大小为 5.6 μm×(5.6～7)μm，子囊孢子为 2.9 μm，能发酵葡萄糖、蔗糖和麦芽糖，不发酵乳糖。在玉米醪中发酵特别旺盛，适用于淀粉质原料发酵生产乙醇。该菌的缺点是发酵中易产生泡沫。

拉斯 12 号(Rasse Ⅻ)酵母，又名德国 12 号酵母，为圆形或卵圆形。细胞大小为 7 μm×6.8 μm，细胞间连接较多，中央的数个至数十个细胞常较顶端的细胞为大。该酵母富含肝糖，在培养条件良好时，多无明显的空泡。形成子囊孢子时，每个子囊有 1～4 个子囊孢子。发酵液易变混浊，能发酵葡萄糖、果糖、蔗糖、麦芽糖、半乳糖和棉子糖，不发酵乳糖。

K 字酵母是从日本引进的菌种，细胞呈卵圆形，较小，生长迅速，适用于高粱、大米、薯干原料发酵生产乙醇。

南阳五号酵母(1300)固体培养时,菌落呈白色,表面光滑,质地湿润,边缘整齐,培养一周后色稍暗;细胞呈椭圆形,少数呈腊肠形(4.95 μm×7.26 μm～3.3 μm×5.94 μm),能发酵麦芽糖、葡萄糖和蔗糖,不发酵乳糖、菊糖和蜜二糖。

南阳混合酵母(1308)固体培养时,菌落呈白色,表面光滑,质地湿润,边缘齐整,培养一周后色稍暗;细胞呈圆形(6.6 μm×6.6 μm),能发酵葡萄糖、蔗糖和麦芽糖,不能发酵乳糖、菊糖和蜜二糖。

活性干酵母(ADY)是以固体形式存在,而不失去活性的酵母细胞产品。其中,细胞含量超过 200 亿 cfu/g(菌落总数),含水量小于 6%的活性干酵母被称为高活性干酵母。活性干酵母有两个基本特征:一是常温下长期贮存而不失去活性;二是将活性干酵母在一定条件下复水活化后,即恢复成自然状态并具有正常酵母活性。该酵母具有性能稳定、易于运输等优点,被广泛地应用于发酵面食加工和酿酒领域。

絮凝酵母 SPSC01 系具有自絮凝能力的栗酒裂殖酵母(*Schizosaccharaomyces pombe*)变异株和酒精发酵性能优良的酿酒酵母变异株的融合株。该菌株在培养过程中可以自絮凝形成毫米级大小的颗粒,在发酵罐中实现自固定化,显著提高了发酵罐中的酵母细胞密度,缩短了平均发酵时间。与通常的各种载体固定化细胞技术相比,该法具有方法简单、不消耗辅料、无附加成本、反应器中菌体浓度高、连续使用寿命长的优点,与传统的酒精发酵工艺相比,生产强度可提高 5～8 倍。

38.3 细菌发酵

38.3.1 用于乙醇发酵的细菌种类

可发酵生成乙醇的细菌分为中温菌和高温菌两大类。中温菌主要有:生孢梭菌(*Clostridium sporogenes*),吲哚梭菌(*Clostridium indolis*),楔形梭菌(*Clostridium sphenoides*),索氏梭菌(*Clostridium sordelli*),运动发酵单胞菌(*Zymomonas mobilis ssp*, *pomaceae*),橙黄螺旋体(*Spirochaeta stenostrepta*)。高温菌主要有:乙醇嗜热厌氧菌(*Thermoanaerobacter ethanolicus*),嗜热氢硫梭菌(*Clostridium thermohydrosulfuricum*),硬脂嗜热芽孢杆菌(*Bacillus stearothermophilus*),热解糖梭菌(*Clostridium thermosaccharolyticum*),热纤梭菌(*Clostridium thermocellum*)等。

利用高温菌生产乙醇有很多优点,例如:①由于发酵温度高(68℃～78℃),氧在发酵液中的溶解度降低,有利于厌氧菌的生长;②温度高时,培养基黏度下降,用于培养液搅拌所需动力减小;③在高温发酵时,酒精多在气相中,有利于真空发酵的实施;④由于发酵温度较高,培养基在灭菌后冷至接种温度时所需的能量较少。多数高温菌生产乙醇的原料范围很大,包括淀粉、纤维二糖、乳糖和各种戊糖。

运动发酵单胞菌是常用的乙醇发酵中温菌。该菌为兼性厌氧革兰氏阴性菌,其中 ATCC 10988为最常用的菌株,其形态因培养条件不同而不同,一般为杆状,长为 2～6 μm,宽为 1～1.4 μm,有鞭毛,能运动。

该菌的最适生长温度为 30℃～36℃,死亡温度为 60℃(5 min),可在 pH 3.5～7.9 内生长,最适生长 pH 为 5～7。

38.3.2 运动发酵单胞菌乙醇发酵机理

运动发酵单胞菌的发酵机理与酵母菌不同。发酵运动单胞菌经过 ED 途径进行乙醇发酵,其发酵机理如图 38-2 所示。在这一代谢途径中,6-磷酸葡萄糖脱氢生成 6-磷酸葡萄糖酸,6-磷酸葡萄糖酸在 6-磷酸葡萄糖脱水酶的作用下脱水生成 3-脱氧-2-氧-6-磷酸葡萄糖酸。这一生成物在醛缩酶的作用下分解为 3-磷酸甘油醛和丙酮酸。这两种化合物沿着二磷酸己糖途径的后半段最后都变成乙醇。通过 ED 途径只生成一个 ATP。

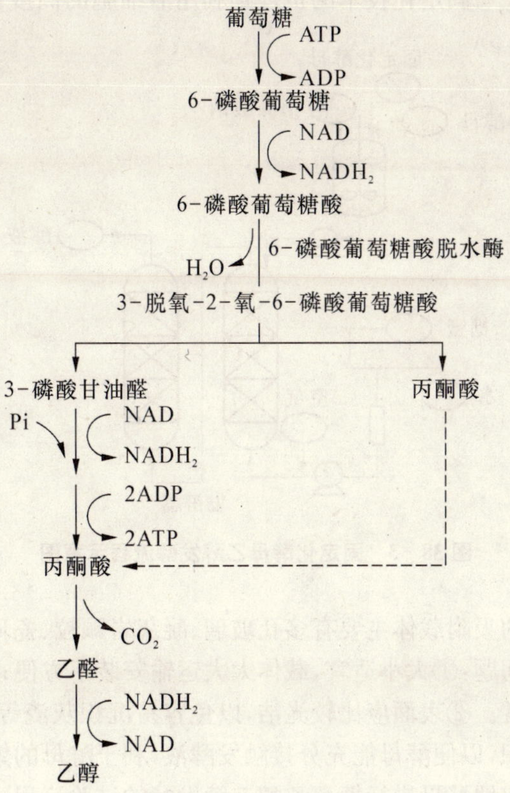

图 38-2 运动发酵单胞菌通过 ED 途径生产乙醇的过程

38.3.3 运动发酵单胞菌与酵母菌发酵乙醇的过程对比

利用运动发酵单胞菌进行乙醇发酵,较传统的酵母发酵有很多优点:①糖的吸收速度比酵母发酵快;②乙醇得率比酵母发酵高,每消耗 1 mol 葡萄糖可生成 1.9 mol 乙醇;③连续发酵回用细胞时,乙醇生产能力高达 120 g/(L·h),而酵母最高只有 30～40 g/(L·h);④在高细胞密度发酵时,酵母菌需通少量纯氧,而运动发酵单胞菌则不需要;⑤运动发酵单胞菌的发酵温度为 36℃,而酵母菌一般为 33℃,因而可节约一部分冷却用水,且可适应高温季节生产乙醇;⑥代谢产物少,为乙醇的蒸馏提纯及制取高质量乙醇提供了有利条件;⑦细菌比酵母更易进行遗传工程处理,以获得耐高温、耐乙醇、能利用多种碳源的优良生产菌株。

细菌发酵的不足之处在于:①发酵利用的底物范围较窄,仅限于葡萄糖、果糖和蔗糖;②细菌耐乙醇的能力比酵母低,约为 7%,而酵母可达 10%以上;③适宜生长的 pH 较高,生产中较易污染杂菌。

38.4 固定化细胞系统

38.4.1 固定化细胞生产乙醇的机理及方法

固定化细胞技术的迅速发展,给传统的乙醇发酵技术带来了革新,其技术优点及带来的生产效益是传统技术所无法比拟的。

1971 年,T. P. Lyons 首次宣布酵母固定化技术成功。该技术能够获得十倍于游离细胞传统工艺的高密度细胞,从而大幅度提高糖醇转化速率和设备生产强度,实现高效生产,减少固定资产投资,同时可以实现连续发酵,降低运转费用,经济效益十分显著。固定化酵母细胞技术的成功引起了乙醇工业的重大变革。

固定化技术的机理是利用活细胞的高度密集，实现成倍增长。固定化细胞培养过程中，载体的表面首先接触培养液，载体本身具有一定的渗透性，培养液能够渗透到载体内部，活细胞能够获得培养液而增殖。载体内部的活细胞保持了菌种原有的品质。细胞固定化需满足两个条件：①对细胞无损害，细胞的生物活性不能降低；②所用载体材料的机械强度高，稳定性好，能为细胞生长繁殖提供良好的微环境。

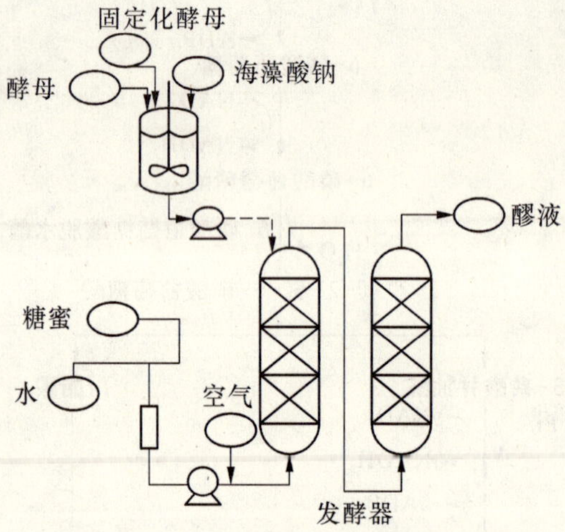

图 38－3　固定化酵母乙醇发酵流程示意图

包埋法和吸附法为常用的细胞固定化方法。包埋法所用载体有海藻酸、卡拉胶等。卡拉胶包埋的固定化细胞颗粒强度较海藻酸包埋的高，凝胶不易破裂，酵母流失较少。吸附法所用载体经久耐用，固定化操作较为便宜。在实用方面，采用吸附法比包埋法优越。常用的吸附载体主要有多孔玻璃、凝灰岩颗粒、瓷环、木屑和海绵等。载体选择时应考虑以下几个问题：①大小适宜，载体太大运输安装不方便；载体太小容易流失，堵塞发酵管道，引起发酵异常。②表面应比较光洁，以免容易沉积灰渣等污染物，阻碍酵母的繁殖。③具有较大的表面积，以便酵母能充分接触发酵液，利于酵母的繁殖。图 38－3 为日本 KFE 公司利用海藻酸钠包埋酵母进行糖蜜乙醇连续发酵的试验流程。

38.4.2　固定化细胞乙醇发酵工艺过程

以 PVA 为固定化载体，简要介绍固定化酵母细胞发酵生产乙醇的生产过程。

(1) 固定化酵母细胞的制备　将培养好的酵母细胞菌悬液与复合 PVA 溶液混合包埋，制得 PVA 固定化酵母细胞，要求细胞包埋量为 $1.0\times10^7\sim7.0\times10^7$ 个/g。

(2) 增殖过程　增殖是固定化酵母细胞技术应用的关键。首先将固定化酵母细胞载体按 1.5%(以反应器体积计算)比例装入已灭菌的容器内，所用载体量为 1 500 kg，装入已部分灭菌糖化醪的反应器内，温度控制在 25℃～31℃，每隔 30 min 通入无菌空气 1 次，每次 30 s，增殖 48 h。经 2 批增殖后，从第三批起开始正常发酵。

(3) 发酵过程　糖化醪加入增殖后的固定化反应器内，前期发酵每隔 30 min 通入无菌空气 1 次，每次 30 s，12 h 后每隔 4～5 h 通入无菌空气 1 次，每次 50 s，24 h 后尽量不通气，避免乙醇挥发。

发酵结束后，放罐蒸馏。放罐后，反应器不用清洗灭菌，重新加入糖化醪进行再次发酵。

38.4.3　固定化细胞乙醇发酵的优点

(1) 乙醇生产能力强，设备利用率高　E. P. Bardi 等在 0℃～30℃研究了凝胶固定化酵母细胞生产乙醇的能力。固定化细胞的发酵速率是游离细胞发酵速率的 3 倍。细胞固定化后发酵能力的提高主要有三方面原因：①产物乙醇的抑制作用减小，由于载体的存在使微生物周围环境中乙醇的浓度降低。②底物的抑制作用减小，由于底物葡萄糖渗透到固定化细胞内进行代谢的过程中存在外扩散的阻力控制，因而使发酵速率等于或大于葡萄糖渗入细胞的速率，底物对微生物的发酵过程抑制作用减小。③细胞膜通透性能改善，当细胞固定化时，细胞膜通透性得到改善，底物进入微生物中或产物由微生物排出更加容易，从而提高了发酵产乙醇的能力。

表 38－1 是广东某糖厂使用固定化酵母技术与传统发酵技术工艺参数的对比情况。应用固定化酵母技术后，由于载体内存在一个密度高达 20 亿个/g 的优质酵母源不断向外繁殖高活力的酵母，使发酵液中的酵母数始终保持在 1.5～2.0 亿个/mL，从而使发酵稳定，活力强劲。发酵时间比原来缩短 10 h 以上，发酵设备利用率提高约 30%。

表 38－1 固定化酵母与游离酵母乙醇发酵的对比情况表

项目	1 号罐酵母数/(亿个/mL)	成熟醪酒分/%	成熟醪残还原物/%	总发酵时间/h	糖蜜单耗/t	汽耗/(吨/吨乙醇)	酸败次数	榨季乙醇总产量/t
游离酵母	0.8～1.2	8.5～9.3	1.95～2.2	46～52	4.86	4.5	2	1 203.49
固定化酵母	1.6～1.9	10～11.5	1.65～1.8	33～38	4.08	4.2	0	1 340.69

(2) 酒饮料风味与口感好　固定化酵母细胞与游离细胞发酵过程中代谢途径不同，产生的副产物种类和含量不同，导致饮料酒的风味不同。

(3) 发酵抗杂菌能力强　固定化微生物发酵比游离细胞发酵的微生物数量大幅度提高，因而前者抵抗杂菌侵扰的能力要远远强于后者。固定化酵母与游离酵母比较具有更耐酸、耐高温、耐高浓度底物和耐乙醇等优点，因而抗杂菌的能力更强。

(4) 操作简单方便，管理粗放　固定化细胞发酵产乙醇的过程中，不易感染杂菌。水、电、汽的波动对乙醇的生产影响不大，工艺操作稳定、简单，发酵过程易于控制。

(5) 经济效益好，生产成本低　采用固定化细胞进行发酵可以提高设备利用率，操作简单，节省人工费用，发酵快而彻底，发酵醪乙醇含量高，可节约蒸馏用的能量。

38.5 工业乙醇生产用基质

工业乙醇生产用基质主要包括原料、水和辅助原料等。

38.5.1 原料

常用的原料主要有：淀粉质原料、糖质原料、纤维质原料和其他原料。

38.5.1.1 *淀粉质原料*

用于乙醇发酵的淀粉质原料主要有薯类原料（如甘薯、木薯、马铃薯等）和谷类原料（如玉米、小麦、大麦、高粱、大米等）。工业上常用的有玉米和木薯。微生物不能直接利用淀粉生产乙醇，必须将其转化为葡萄糖后才能利用。

淀粉是白色的微小颗粒，不溶于冷水和有机溶剂，颗粒内部是复杂的结晶组织。淀粉是由葡萄糖基组成的高分子物质，广泛存在于植物种子、块茎和块根里。淀粉是由直链淀粉、支链淀粉与少量的矿物质和脂肪酸等混合形成的颗粒。

生产乙醇前，原料必须先进行粉碎，使淀粉从细胞中游离出来。采用高温或高压蒸煮，使淀粉糊化-液化。蒸煮后加入糖化剂或催化剂可以将淀粉转化为微生物可利用的葡萄糖。

38.5.1.2　糖质原料

生产乙醇的糖质原料主要是指糖蜜。糖蜜是甘蔗或甜菜糖厂制糖过程中的副产物。糖蜜一般分为三个等级：全糖含量在50%以上，不溶物和胶体物等杂质含量较少的称为一级糖蜜；全糖含量在45%～50%的为二级糖；全糖含量在45%以下的称为三级糖蜜。所有等级的糖蜜浓度均不得低于80～90°Bx，相对密度为1.41～15.0(20℃)。

(1) 甘蔗糖蜜　甘蔗糖蜜是甘蔗糖厂的副产物，产于我国南方。甘蔗糖蜜用于生产乙醇时应无夹杂物，无异味，无发酵现象。外观为棕黄色至黑褐色的浓稠液体，微酸性，pH为6.2左右。甘蔗糖蜜的成分如表38-2所示。

表38-2　亚硫酸法测甘蔗糖蜜的成分　　(单位：%)

锤度/°Bx	全糖分	蔗糖	纯度	胶体	非发酵性糖	酸度	磷酸	转化糖	总氮量
85.5	50.8	29.7	59.4	11.1	4.57	9.5	0.59	20	0.46

(2) 甜菜糖蜜　甜菜糖蜜是甜菜糖厂的副产物，产于我国北方。甜菜糖蜜中含糖分主要是蔗糖，转化糖很少，呈微碱性，pH为7.4左右。甜菜糖蜜中氮含量比甘蔗糖蜜多。甜菜糖蜜的成分如表38-3所示。

表38-3　甜菜糖蜜的主要成分　　(单位：%)

产地	锤度/°Bx	全糖分	蔗糖	纯度	胶体	pH	磷酸	转化糖	总氮量
黑龙江	79.6	49.4	49.3	62	10	7.4	0.029	0.13	2.16
辽宁	81.6	48.8	48.8	59.8	10	7.4	0.035	/	2.08

(3) 甜高粱　又称甜秆、糖高粱、芦粟等，是一种高秆作物，秆中糖分很高，达10%～12%。1942年美国首先使用甜高粱生产乙醇获得成功。

38.5.1.3　纤维质原料

天然纤维原料是由纤维素、半纤维素和木质素组成的。纤维素是葡萄糖酐单元，由β-(1, 4)-葡聚糖酶联结的线性均聚物。纤维素和半纤维素是最有潜力的乙醇生产原料。用于乙醇生产的纤维素原料可分为：农作物纤维下脚料、森林和木材工业下脚料、工厂纤维和半纤维素下脚料和城市废纤维垃圾等。纤维素是自然界中最丰富的可再生资源之一。纤维素类乙醇发酵的研究得到了广泛重视并取得了一定进展。

用于发酵法生产乙醇的其他原料主要有亚硫酸盐废液、乳清、甘薯淀粉渣和马铃薯淀粉渣等。

38.5.1.4　原料选择的原则

可用于乙醇发酵的原料种类繁多，考虑工艺条件和经济合理性，选择原料时要遵循以下原则：①糖含量高；②来源丰富，易得，尽可能采用非粮食来源；③杂质少，不含有害、有毒物质；④含水分少，易于贮藏和运输。

38.5.2　水

乙醇工业用水主要有四个用途：工艺过程用水、冷却用水、锅炉用水和洗涤用水。

工艺用水的硬度不要太高，若水的硬度大于8°d时，要进行软化处理。若水中Ca^{2+}，

Mg^{2+}过多,会与发酵液中的磷酸盐作用形成沉淀,不仅破坏了料液对酸碱变化的缓冲能力,而且也会影响微生物的生长繁殖。工艺用水还必须符合生活饮用水标准。冷却用水和洗涤用水的硬度也不能过高,防止引起设备和管道表面结垢。锅炉用水应符合锅炉用水的标准。

38.5.3 辅助原料

辅助原料是指制造糖化剂和用来补充氮源所需的原料。常用的辅助原料有麸皮、谷糠、豆饼粉、玉米浆、高粱糠等。

(1) 麸皮 麸皮是面粉生产过程中的副产品。麸皮中淀粉和蛋白含量适中,不能作为制造乙醇的主要原料。但麸皮片的结构疏松,通风良好,是制造霉菌糖化剂的良好原料,麸皮中还含有淀粉酶、糖化酶、过氧化酶和过氧化氢酶等。作为乙醇生产中制造麸曲的主要原料,其用量约为主要原料的6%~10%,麸皮的化学成分如表38-4所示。

表38-4 麸皮的化学成分 (单位:%)

成分	水分	粗蛋白	粗脂肪	碳水化合物	粗纤维	灰分
含量	13.51	15.39	3.89	52.94	9.55	4.72

麸皮中还含有其他的微量元素:硫胺素9.37 μg/g;核黄素2.80 μg/g;尼克酸3.0 μg/g;钙2.4%;铁0.21%。

(2) 米糠 米糠是大米生产过程的副产品,含有一定量的淀粉和氮源,可作为乙醇生产的辅助原料。它含有大米的大部分胚芽,是制造液体曲或糖化酶的原料之一。乙醇生产中采用的是榨过油的米糠饼。米糠的化学组成如表38-5所示。

表38-5 米糠的化学成分 (单位:%)

成分	水分	无氮抽出物	粗蛋白	粗纤维	灰分
含量	10.5~13	38	15~17	6~8	9

辅助材料主要包括酵母培养和糖化剂制备所需的营养盐,调pH用的酸,制备无水乙醇用的脱水剂、洗涤剂和消毒剂等。

(3) 消泡剂 深层发酵生产糖化剂和糖蜜乙醇发酵时要用消泡剂。常用的消泡剂有菜油、油酸、皂脚、油脚、非磺化化合物,泡敌和聚硅氧烷(硅酮)消泡剂等。消泡剂使用时以少量加入为好,多种消泡剂混合使用比单独使用消泡效果好。

38.6 乙醇的工业生产过程

38.6.1 发酵法生产乙醇的工艺流程

发酵法生产乙醇的原料主要有淀粉质原料、糖质原料、纤维质原料和亚硫酸盐纸浆废液等。原料不同,相应的发酵工艺也略有不同。其生产工艺流程见图38-4。

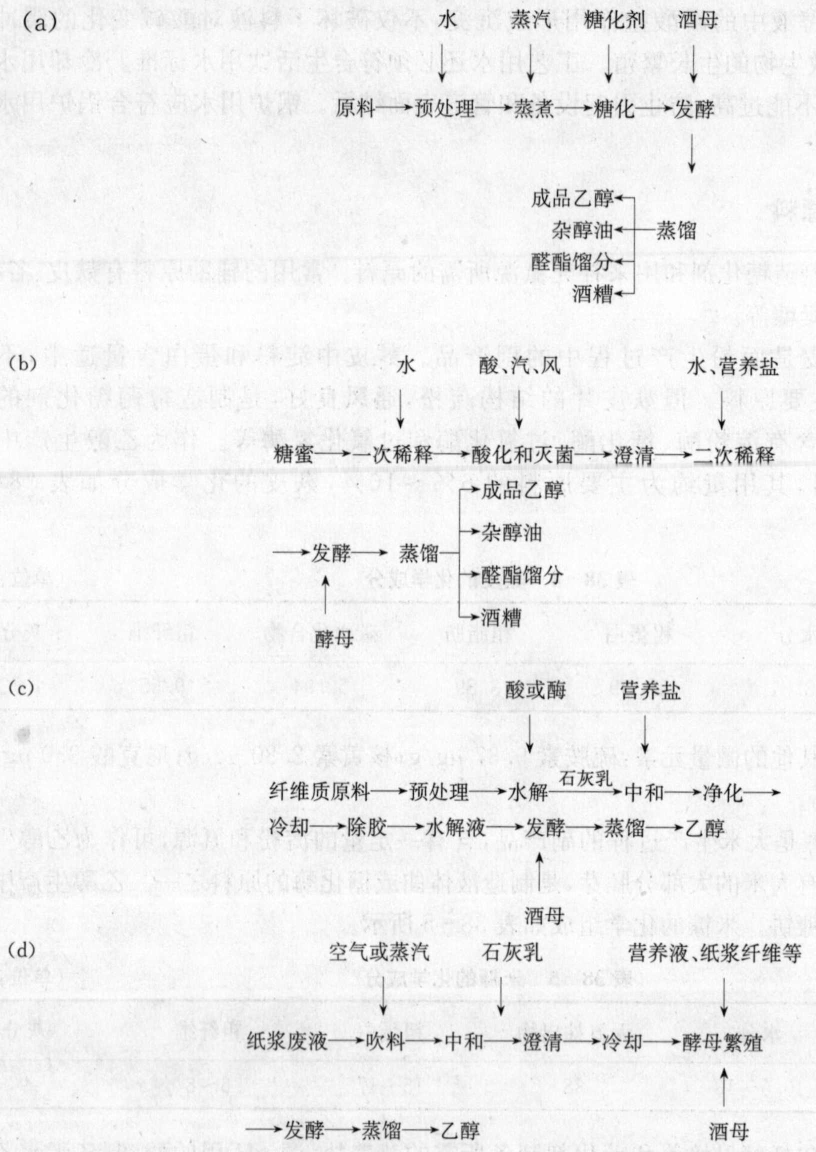

图 38-4 发酵法生产乙醇的工艺流程

(a)淀粉质;(b)糖质;(c)纤维素;(d)纸浆废液

以下以淀粉质原料为例介绍乙醇的工业生产过程。

38.6.2 以淀粉质为原料的乙醇工业生产过程

以淀粉质为原料的乙醇工业生产过程主要包括:①原料预处理与输送;②原料蒸煮;③糖化剂生产;④糖化过程;⑤酒母制备;⑥糖化醪发酵;⑦发酵成熟醪的蒸馏和精馏等阶段。

38.6.2.1 原料预处理与输送

淀粉质原料的预处理包括除杂和粉碎两个工序。

(1) 除杂 淀粉质原料在收获和干燥过程中,会掺进泥土、沙石、纤维质杂物和金属块等,因而必须去除杂物。工业除杂的方法主要有筛选、风选和磁力除铁三种。

(2) 粉碎 粉碎可为后序的蒸煮过程创造良好条件。粉碎可使原料颗粒变小,原料的细胞组织部分破坏，淀粉颗粒部分外泄。在进行水-热处理时，已粉碎原料的淀粉颗粒吸水膨胀，使糊化和液化过程进行得容易而彻底，提高出酒率。

(3) 原料输送　原料输送主要有机械输送、气流输送和混合输送三种方式。机械输送时，原料的输送由机械构件完成，是早期机械化采用的原料输送方式。气流输送是利用气流在管子中输送物料，适合于输送散粒状或块状物料。

38.6.2.2　原料蒸煮

原料蒸煮是指将淀粉质原料与水混合在一起，在高温高压条件下进行处理的过程。淀粉以颗粒的形式存在于淀粉质原料的种子、块根和块茎的细胞中，由于淀粉颗粒受到细胞壁的保护作用，不易被淀粉酶作用，蒸煮的过程可使淀粉颗粒脱离细胞壁的保护，从细胞中游离出来；使不溶性的淀粉转化为可溶性淀粉，便于淀粉酶水解作用进行，利于原料的糖化。

38.6.2.3　糖化剂

用淀粉质原料生产乙醇时，要先将淀粉全部或部分转化为可发酵性糖，这一过程称为糖化，糖化过程中所用的催化剂称为糖化剂。糖化剂可分为酸糖化剂和淀粉酶糖化剂两大类。

酸对设备的腐蚀性强，水解费用高。因此，一般不采用此方法糖化。

淀粉酶糖化剂是乙醇生产中常用的糖化剂。根据来源不同，可将淀粉酶分为谷芽糖化剂、曲糖化剂、根霉糖化剂和淀粉酶制剂等。

38.6.2.4　蒸煮醪的糖化

糖化过程可以将淀粉转变为可发酵性糖，降低蒸煮醪液黏度，利于微生物的利用和醪液的输送。糖化过程主要包括以下步骤：将蒸煮醪冷却至糖化温度（又称前冷却）；在冷却后的蒸煮醪中加入糖化剂；在一定的温度下进行液化和糖化；糖化结束后将糖化醪冷却至发酵温度（又称后冷却）；将冷却后的糖化醪泵送至发酵车间。

影响糖化过程的因素主要有糖化剂的质量与用量、糖化温度、pH、糖化时间等。

糖化剂的用量是根据糖化剂质量确定的。糖化剂用量少，糖化作用速度会减慢，微生物生长会受到影响。温度过低，容易污染杂菌；温度过高，糖化酶的活力可能丧失，因而失去糖化作用。乙醇生产过程中糖化温度一般控制在55℃～62℃为宜。糖化作用的pH因淀粉酶的种类及其来源不同而不同，黑曲淀粉酶的最适pH为4.0～4.6，根霉淀粉酶的最适pH为4.2～4.8，黄曲淀粉酶糖化的最适pH为5.0～5.8。糖化时间一般为20～30 min，糖化率一般控制在40%～50%。

38.6.2.5　酒母制备糖化醪发酵

酒母的制备是指生产菌的扩大培养过程，即用少量微生物繁殖出大量微生物细胞，以供给乙醇发酵时所需的种子。酒母制备主要包括酒母培养基的制备和酒母的扩大培养两个阶段。

将酒母接种于糖化醪中，在生产菌种的发酵作用下将醪液中的可发酵性糖转化为乙醇和二氧化碳。残存的糖化酶可继续将糊化的淀粉转化成可发酵性糖（又称后糖化作用），乙醇发酵过程和后糖化作用相互配合，可将醪液中的淀粉及糖转化为乙醇和二氧化碳。

乙醇发酵工艺主要分为间歇式、半连续式和连续式发酵。后者可以提高设备利用率和淀粉利用率，省去了酒母培养和糖化两个工段，便于实现自动化生产。

38.6.2.6　发酵成熟醪的蒸馏和精馏

发酵成熟醪的化学组成列于表38-6。

表 38-6 乙醇发酵成熟醪的组成 （单位：%（质量分数））

项 目	水 分	干物质	乙醇及挥发性杂质
含 量	82～90	3～7	5～8

成熟发酵醪中含有不挥发性和挥发性杂质。前者主要包括微生物菌体、不溶性淀粉、玉米粉中的短纤维、残糖、糊精、残余蛋白、无机盐、甘油、琥珀酸、乳酸和水。挥发性成分包括乙醇、甲醇、杂醇油、醛、酸和酯等。其中，杂醇油是异戊醇、异丁醇和丙醇的混合物。酸主要包括乙酸、丙酸、丁酸、乳酸和戊酸。不挥发性杂质与醪液中的水合称为酒糟，酒糟容易从醪塔底部排出。挥发性杂质与产品乙醇较难分开。精馏的目的就是将乙醇同其他挥发性成分分开，以保证乙醇的优良品质。

38.7 乙醇发酵过程中的副产物

乙醇发酵过程中的副产物主要包括二氧化碳、杂醇油、醛、酯、酒糟等。这些副产物的综合利用可以减少环境污染，提高乙醇生产的经济效益和社会效益。

（1）二氧化碳的综合利用 二氧化碳在大气中的排放不仅可造成环境污染，还会引起温室效应；二氧化碳的综合利用对环境保护至关重要。在乙醇发酵过程中，二氧化碳的理论得率是乙醇得率的 95.6%，在连续发酵时二氧化碳的回收率可达 70%。

（2）杂醇油的利用 杂醇油含有 45%以上的异戊醇及 2-甲基丁醇、异丁醇、丁醇、丙醇和庚醇等。乙醇生产中杂醇油质量占乙醇总量的 0.5%～0.6%。其中异戊醇在化工合成领域具有广泛应用，可用于合成异戊醛、异戊酸、乳酸、异戊醇和乙酸异戊酯。异戊醛是合成香料、食品、药品以及制造异戊酸的重要原料。异戊酸是制药及香料工业的重要原料。乳酸异戊酯是生产重要的医学工程材料——聚丙交酯的原料。乙酸异戊酯是食用香料、涂料、人造纤维、塑料、人造革的溶剂和有机合成的溶剂。

异戊醇提取后，杂酸油中含有乙酸、丙醇、丁醇等低级醇类，这几种醇较难分离，其混合物可直接用作油漆的溶剂和稀释剂，以及制造燃料油。

（3）酒糟的综合利用 酒糟的产量一般为乙醇产量的 14～26 倍，因此合理回收利用酒糟很必要。酒糟含水量较大，约为 90%～98%，干物质含量为 2%～10%，其主要成分为蛋白质，还含有淀粉、生长素、B 族维生素、纤维素、戊聚糖、脂肪、焦糖、黑色素和灰分物质。鉴于酒糟的营养价值较高，因此可用作家畜饲料。酒糟与玉米浆的组成很相似，一些发酵工厂利用酒糟浓缩液来代替玉米浆。

38.8 经济与能源方面的考虑

乙醇发酵工业已有多年的历史。为了获得更大的经济效益，节约能源，人们在工业发酵生产的各个环节都力图降低成本。例如：优良菌种的选育，无蒸煮工艺的开发，消除代谢产物对发酵过程的抑制以及发酵工艺的改进等。

38.8.1 优良菌种的选育

用于乙醇生产过程的优良微生物菌株应具有耐高浓度酒精或耐高温的特点。

采用高浓度发酵(VHG)技术生产乙醇,可以节约大量的水,在不增加工厂生产能力的基础上增加产出,提高设备利用率,减少环境污染。传统的乙醇发酵工艺中,所采用的糖浓度一般在16%～25%内,所用的酵母菌只能产生6%～12%的乙醇,过高的底物浓度和乙醇浓度对酵母菌生长和发酵会产生抑制作用。采用耐高浓度酒精(乙醇浓度可大于18%)的菌种发酵时,产物对生产过程的抑制作用减小,从而获得较高的生产效率。

筛选和构建耐高浓度乙醇的菌株是乙醇高浓度发酵的关键。菌株的获得方法主要有:从自然界中分离、连续培养、诱变、原生质体融合、杂交、稀有接合、2-DOG抗性突变株的分离和热冲击处理等。

耐高温酿酒菌株在发酵工业上的使用,可以提高设备利用率,节约冷却费用,节水,节能,可维持夏季正常生产,减少污染生酸,提高出酒率,缩短发酵周期。

38.8.2 无蒸煮工艺的开发

原料蒸煮工艺有利于糖化作用的进行,但蒸煮过程耗费大量的水、电、汽等能源,采用无蒸煮工艺并实现蒸煮工艺的目的是节省能源、节约成本、提高经济效益的主要手段。实现无蒸煮技术有两种方法:一是生淀粉的直接水解;二是糖化淀粉酶和酵母进行的直接乙醇发酵。在生淀粉直接水解的过程中,可在原料中添加糖化酶的同时添加其他的酶,如异构淀粉酶、酸性蛋白酶、酸性羧酞酶、纤维素酶和果胶酶,这些酶的复合作用可以更好地水解生淀粉。也可采用挤压膨化技术代替酒精生产中的蒸煮液化过程,从而节约大量蒸汽,降低能耗,减少厂房和蒸煮设备的投资费用。采用膨化处理后的玉米几乎可完全糊化,并部分降解,达到了液化的要求,还可以节省全部的液化酶,可避免蒸煮过程中可发酵性物质的损失,提高淀粉利用率,缩短发酵周期。

采用糖化淀粉酶和酵母直接进行酒精发酵,可以使生淀粉的糖化和发酵同步进行,其发酵过程一般将玉米粉和水(1∶2～3)及酒糟滤清液混合搅拌后制成醪液,加入糖化酶复合剂后立即打入加有酵母种子液的发酵罐中进行发酵,发酵后醪液的乙醇浓度可达14%左右。也可采用产糖化酶的菌种与产乙醇的生产菌混合培养,实现在糖化的同时进行乙醇发酵。

将代谢类型不同的微生物适当组合进行混合协同培养,具有纯种培养所没有的优点,如可获得更高的产率和生长速率,能利用廉价和不纯的底物,提高菌种抵抗污染的能力等。在乙醇发酵中,混合培养的研究主要有两个方面:一是混合培养糖化菌与酒精发酵菌,直接发酵多糖生产乙醇;二是混合培养葡萄糖发酵菌与木糖发酵菌同步发酵葡萄糖与木糖生产乙醇。混合菌株的共同发酵技术的成熟可以简化生产工艺、降低生产成本。

38.8.3 消除代谢产物对发酵过程的抑制

乙醇发酵是一个典型的代谢产物抑制过程。当乙醇浓度大于2.0%时,即显示出抑制作用;当浓度大于8.0%时,微生物的繁殖即停止,反应器内乙醇浓度一般控制在3%以下可以保持快速发酵。消除乙醇抑制的方法有:真空发酵、萃取发酵、吸附剂吸附、CO_2气提发酵等。这些方法可以提高生产效率,提高出酒率,消除产物抑制现象。

真空发酵的原理是保持发酵罐内一定的真空度,发酵液处于沸腾状态,乙醇被蒸馏出来,从而达到消除代谢产物抑制的效果。这种方法可以提高设备利用率,减少废水排放。缺点是设备操作负荷大,负压操作易引起杂菌污染。

萃取发酵是指在乙醇发酵的同时,采用合适的萃取剂将乙醇提取出来。这种操作能耗低，操作简便易行。萃取发酵主要有两种方式：一是发酵和萃取在同一反应器中进行，即原位萃取；二是发酵和萃取分开进行，即异位萃取。萃取发酵的过程一般都采用固定化细胞技术，其技术关键在于：合适的细胞固定化技术和萃取溶剂的选择。合适的萃取剂要对乙醇生产菌种无毒害，且对乙醇的萃取能力强。由于通常的萃取溶剂对微生物细胞存在毒害作用，因此人们常采用膜萃取技术来消除产物对乙醇发酵的抑制作用。但膜萃取发酵过程中存在膜的传质阻力和定性及堵塞等问题。采用超临界 CO_2 萃取乙醇可以达到很好的萃取效果。

吸附剂吸附法是指将吸附剂直接加到发酵液中或使发酵液连续循环地通过一个疏水性的分子筛吸附柱，以达到使发酵液中的乙醇保持在一个低水平，消除产物对发酵过程的抑制作用。常用的吸附剂有疏水性硅沸石。吸附剂吸附法简单易实现，但吸附剂吸附容量较小，在工业应用方面尚需进一步考察。

CO_2 气提法是根据气提分离的原理提出的。利用发酵产生的 CO_2（先用 CO_2 气瓶中的 CO_2 启动），通过循环压缩机加压后送回发酵罐气提发酵产生的乙醇，用 0℃的冷却水冷却饱和了乙醇和水蒸气的 CO_2，这样可获得高达 32.5％的乙醇溶液。

采用合适的方法消除产物抑制，可提高发酵率和出酒率，节省能源，经济效益显著。

（欧志敏、王　普）

参考文献

[1] Wheal A E, Basso L C, Alves D M G, et al. Fuel ethanol after 25 years. Trends Biotechnol, 1999, 17:482-486.

[2] Aristidou A, Penttila M. Metabolic engineering applications to renecoable resource utilization. Curr Opin Biotechnol, 2000, 11:187-198.

[3] Olena B R, Oksana M C, Andrii A S. Xylose and cellobiose fermenetation to ethanol by the thermotolerant methylotrophic yeast Hansenula polymorpha. FEMS Yeast Research, 2003, 4:157-164.

[4] 章克昌. 酒精与蒸馏酒工艺学. 北京：中国轻工业出版社，1995.

[5] 沈同，王镜岩，等. 生物化学. 北京：高等教育出版社，1990.

[6] 楼建荣，郑晓冬，何国庆，等. 固定化 Zymomonas mobilis 酒精发酵的研究. 浙江农业大学学报，1994，20(1)：106-109.

[7] Lata A, Garcia L A. Analysis and description of the evolution of alginate immobilized cells systems. Journal of Biotechnology, 2000, 80:203-215.

[8] Massimilano F, Federico F, Laura S, et al. Repeateol-batch production of pigments by immobilized Monascus ourpureus. Journal of Biotechnology, 2000, 80:271-276.

[9] 王传荣. 酒精生产技术. 北京：科学出版社，2004.

[10] Bardi E P, Bakoyianis V, Koutinas A A, et al. Room temperature and low temperature wine making using Yeast Immobilized on Gluten Pellets. Process Biochemistry, 1996, 31:425-430.

[11] 陈秀萍. 固定化活酵母应用于酒精发酵的机理与实践. 甘蔗糖业，2002，1：33-41.

[12] Van Iersel M F M, Brouwer P E, Rombouts F M, et al. Influence of yeast immobilization on fermentation and aldehyde reduction during the production of alcohot-free beer. Enzyme and microbial Technology, 2000, 26:602-607.

[13] Mensour N A, Margaritis A, Briens C L, et al. Application of immobilized yeast cells in the brewing industry. In: Immobilized cells, basics and applications. Progr Biotechnol, 1996:661-671.

[14] Shindo S, Sahara H, Koshino S. Suppression of α-acetolactate formation in brewing with immobilized

yeast. J Inst Brewing，1994,100:69－72.

[15] Nigam J N. Development of xylose-fermenting yeast Pichia stipitis for ethanol production through adaptation on hard wood he micellulose acid prehydrolysate. Journal of Applied Microbiology，2001，90:208－215.

[16] 勇强,余世袁,刘琦,等. 亚硫酸盐废液中戊糖己糖同步酒精发酵中间试验. 生物工程学报,1999,15:124－127.

[17] Kourkoutas Y，Dimitropoulou S，Kanellaki M，et al. Kluyveromyces marxianus IMB3 yeast immobilized on delignified cellulosic material. Bioresource Technology，2002,82:177－181.

[18] 王瑞明,察可文,关凤梅,等. 固态酒精发酵动力学研究. 酿酒科技,2002,2:36－38.

[19] Ramalingham A，et al. Biotechnol Bioeng，1997,19:583－589.

39 有机酸

发酵有机酸产业在世界经济发展中占有重要的地位，主要产品有柠檬酸和乳酸，小品种有衣康酸和苹果酸等。中国的发酵有机酸产业从无到有，现已形成以柠檬酸为支柱、具有一定规模的产业体系，见表39-1。本章着重介绍柠檬酸和乳酸的生产。

表39-1 国内发酵有机酸产业状况一览表

主要品种	产业状况	国内主要生产企业
柠檬酸	世界柠檬酸产量约115万吨。中国柠檬酸产业经过三十多年的发展，目前总产量已占全球的40%以上，产量和出口量均居世界第一。年产量在万吨以上的企业有14家，生产能力60万～70万吨，2003年产量45万吨	安徽丰原集团、湖南银海石化集团、安徽阜阳制药、山东四沙股份、无锡罗氏中亚、无锡宜兴协联等
乳　酸	世界乳酸生产能力约50万吨，年需求量为45万吨左右，2003年中国生产乳酸6万吨	河南金丹乳酸公司、安徽丰原集团、山东蒙阴乳酸厂、秦皇岛鹿隆县乳酸厂等
衣康酸	世界衣康酸的年生产能力为4万吨，年产量约3万吨。中国目前已建的衣康酸生产厂家有18家，但正常生产的仅8～9家，总生产能力为1.6万吨，90%用于出口	云南天力生物发酵厂、四川成都拉克生物、山东中舜科技、南京华锦生物等
苹果酸	世界苹果酸产量约5万吨，日本占据了世界市场份额的一半。中国已形成了年产1万吨的能力，但由于1992年开始价格下滑，生产成本过高，导致大部分厂家陷入困境	深圳南头新元实业、南京药械厂、常州常茂生化、唐山滦化集团公司、山西芮城化工厂等

39.1 柠檬酸

39.1.1 概述

柠檬酸(citric acid)，又名枸橼酸。柠檬酸的分子式为$C_6H_8O_7$，相对分子质量为192.13，结构式为

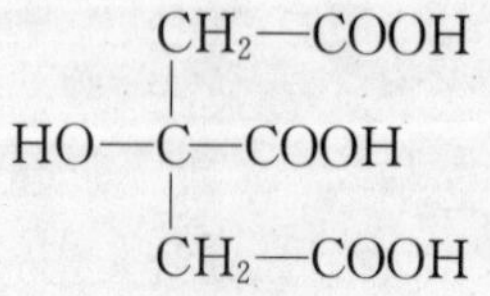

柠檬酸

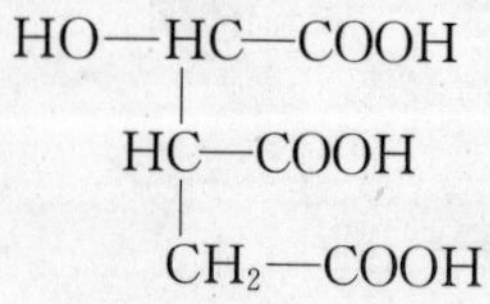

异柠檬酸

异柠檬酸是柠檬酸的同分异构体，它的羟基在 2 位 C 上，并且含有两个不对称 C 原子(2 位和 3 位C)，柠檬酸是一个叔醇，不易氧化；而异柠檬酸则是仲醇，容易氧化。异柠檬酸是三羧酸循环途径中的中间产物。

根据上述 C 原子的排列顺序，柠檬酸也可称为 3-羟基丙烷三羧酸，3-羟基丙烷-1,2,3-三羧酸或 3-羟基-3-羧基戊二酸。

柠檬酸是生物体主要代谢产物之一，在自然界中分布很广，主要存在于柠檬、柑橘、菠萝、梅、李、梨、桃、无花果等果实中，尤以未成熟者含量较多。

柠檬酸具有令人愉快的酸味，口感好，安全无毒，又是有机体的中间代谢产物，能被人体直接消化吸收，是食品工业最重要的酸味剂。据了解，有 55%～60%的柠檬酸用于饮料、糖果等食品行业。除碳酸饮料、果汁外，糖果、果酱、冷冻食品、酿造、酒类、冰淇淋、酸奶、罐头食品、各种调味品等食品工业都广泛使用柠檬酸。食品工业中柠檬酸除了作为酸味剂外，还可作为增溶剂、缓冲剂、抗氧化剂、除腥脱臭剂、螯合剂等。

柠檬酸及其盐类在药物、化妆品行业也有着广泛用途。柠檬酸还具有相当的保健功效。柠檬酸在洗涤方面也有广阔的用途。工业上利用柠檬酸的螯合性能用于大型锅炉的清洗和油井管道除污。为了消除磷酸盐的污染，可以采用易被生物降解的柠檬酸代替三聚磷酸盐用于各种洗衣粉和洗涤剂。此外，柠檬酸还用于无氰电镀、水泥缓凝等方面。柠檬酸与醇类反应形成的柠檬酸三乙酯、柠檬酸异丙酯等都是多种纤维树脂、乙烯基树脂的增塑剂。

目前全世界柠檬酸产量已达一百多万吨，中国、美国、欧洲诸国为主要生产国。我国柠檬酸工业自 20 世纪 70 年代初才初步形成工业生产体系。三十几年来我国柠檬酸生产有了迅猛的发展，产量由开始的年产数百吨发展至今的年生产能力 60 万～70 万吨。

39.1.2 柠檬酸的生物合成与调节

39.1.2.1 黑曲霉的柠檬酸生物合成途径

已知生长在葡萄糖培养基上的黑曲霉存在糖酵解途径(EMP)、磷酸戊糖途径(HMP)、三羧酸(TCA)循环和乙醛酸循环的酶系。黑曲霉利用糖类产生柠檬酸的生物合成途径如下：葡萄糖经 EMP 或 HMP 降解，形成丙酮酸；丙酮酸一方面氧化脱羧生成乙酰-CoA，另一方面经 CO_2 固定羧化成草酰乙酸；然后草酰乙酸与乙酰-CoA 缩合生成柠檬酸。

柠檬酸产生菌黑曲霉在生长期和产酸期都存在 EMP 和 HMP 代谢，说明葡萄糖的降解是通过两条途径共同完成的。但是，在生长期 EMP：HMP 为 2：1，而产酸期两者的比例为 4：1，即产酸期有 80%的葡萄糖是通过 EMP 途径代谢的。这是因为在生长期还需要通过 HMP 途径提供合成核酸等所需的前体物质。产酸期葡萄糖主要通过 EMP 途径降解，对柠檬酸的发酵生产是非常重要的。因为 1 mol 葡萄糖经 EMP 途径降解可得到 2 mol 丙酮酸，再经脱羧和 CO_2 固定后，可使 1 mol 葡萄糖合成 1 mol 柠檬酸，这样就能获得较高的糖酸转化率(以质量计，葡萄糖合成柠檬酸的理论转化率为 106.7%，对一水柠檬酸的理论转化率为 116.7%)。

黑曲霉中也存在 TCA 和乙醛酸循环的酶系。但在产柠檬酸阶段，这两个循环均被阻断或减弱。因此，合成柠檬酸所需的草酰乙酸必须由含三碳的羧酸来提供。已知丙酮酸和磷酸烯醇式丙酮酸均能经羧化作用固定 CO_2 而形成草酰乙酸。经证实，在黑曲霉产柠檬酸阶段主要是通过丙酮酸羧化酶的催化作用，使丙酮酸固定 CO_2 而形成草酰乙酸。

从葡萄糖合成柠檬酸的总反应式为

$$2C_6H_{12}O_6 + 3O_2 \longrightarrow 2C_6H_8O_7 + 4H_2O$$

39.1.2.2 黑曲霉合成柠檬酸的代谢调控

黑曲霉合成柠檬酸的代谢调节过程如图 39-1 所示。

柠檬酸是 TCA 循环中的一员，又是糖代谢的一个重要调节因子，即它是酵解途径中第一个调节酶磷酸果糖激酶(PFK)的抑制物。在正常生物细胞内，一般是不会积累柠檬酸的，只有柠檬酸产生菌才能积累大量柠檬酸。已知 PFK 酶是 EMP 途径中第一个调节酶，也是柠檬酸合成中控制 EMP 代谢流量最重要的关键酶。此酶受柠檬酸和 ATP 的抑制，但 NH_4^+、果糖 2,6-二磷酸、Pi 和 AMP 等能激活此酶或消除柠檬酸、ATP 对它的抑制作用。显然，设法消除对 PFK 酶的抑制就能确保 EMP 途径的畅通。在柠檬酸合成过程中，丙酮酸既能脱羧形成乙酰-CoA，又能在丙酮酸羧化酶催化下固定 CO_2，产生草酰乙酸，因此保持丙酮酸两个反应的平衡，才能获得柠檬酸的高产。

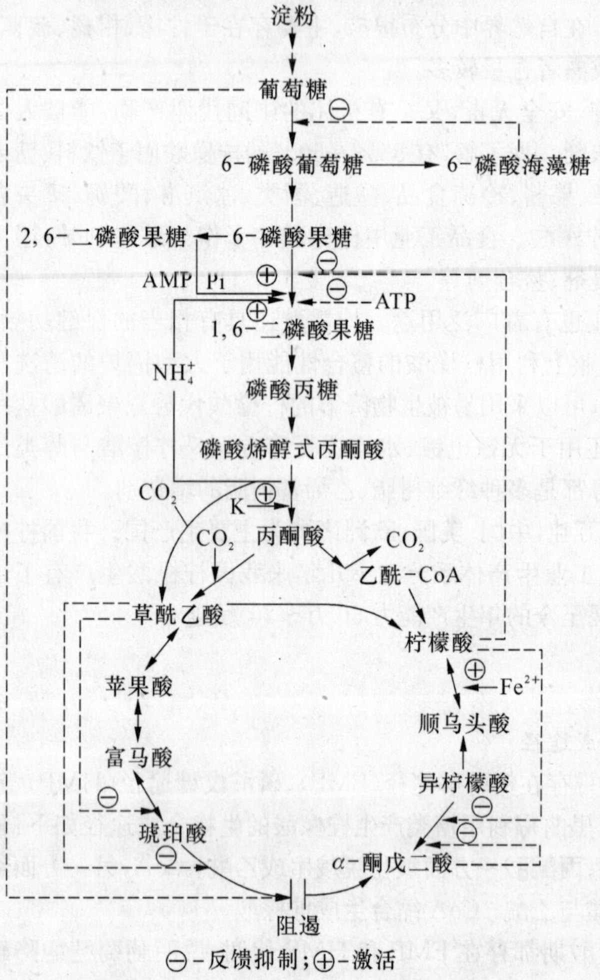

图 39-1 黑曲霉柠檬酸积累的代谢调节

TCA 循环与对柠檬酸合成关系密切的酶还有：柠檬酸合成酶、顺乌头酸水合酶和异柠檬酸脱氢酶。柠檬酸合成酶的作用主要取决于底物草酰乙酸和乙酰-CoA 的浓度，不存在重要调节作用。顺乌头酸水合酶和异柠檬酸脱氢酶的作用能使柠檬酸进一步代谢而分解，已知这几类酶在 pH 2.0 时均失活，且顺乌头酸水合酶受 Fe^{2+} 的激活，因此，当环境缺乏 Fe^{2+} 和柠檬酸积累后(pH 下降)，柠檬酸沿 TCA 循环代谢的通道被阻断。

Mn^{2+} 对黑曲霉的柠檬酸合成有重要影响。Mn^{2+} 缺乏可导致胞内 NH_4^+ 浓度增高，并出现某些氨基酸的积累。因为 Mn^{2+} 是催化核酸合成的酶所必需的，Mn^{2+} 不足能影响某些蛋白质、核酸的合成，使 NH_4^+ 浓度上升，从而解除柠檬酸对 PFK 酶的抑制作用并使 EMP 代谢流畅通。此外，也有人认为果糖 2,6-二磷酸更能解除柠檬酸对 PFK 酶的抑制作用，但原因仍不很清楚。

另外发现，柠檬酸产生菌黑曲霉中除存在正常(标准)呼吸链外，还存在一旁系呼吸链，如图 39-2 所示。

该呼吸链在完成 H 传递(氧化)过程中不产生 ATP。由于 O_2 是柠檬酸发酵过程生成

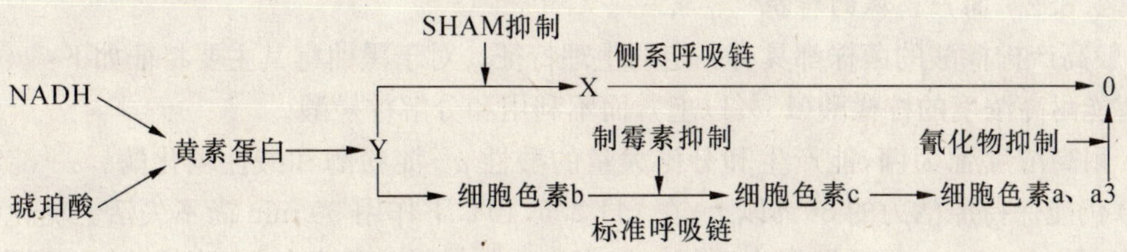

图 39－2 黑曲霉的标准呼吸链和侧系呼吸链

$NADH_2$ 重新氧化的 H 受体，故通过旁系呼吸也可以减少 ATP 对 PFK 酶的抑制作用。但是，与正常呼吸链不同，缺氧对旁系呼吸链的损伤是不可逆的，因此在产酸阶段一定要保证足够的溶氧供应。

此外，柠檬酸的合成是在线粒体上，合成后则分泌于细胞外，而合成过程中有些酶则在细胞质内，因此合成过程的中间物和终产物在线粒体、细胞质和细胞外的输送、转移及其调控等问题也是十分重要的。

39.1.2.3 黑曲霉柠檬酸发酵机制

综上所述黑曲霉柠檬酸产生菌大量积累柠檬酸的机制可归纳如下：

① 由于严格限制供给 Mn^{2+} 等金属离子，或筛选耐高浓度 Mn^{2+}、Zn^{2+}、Fe^{2+} 等金属离子的菌株，降低菌体中糖代谢转向合成蛋白质、脂肪酸、核酸的能力，使细胞中形成高水平的铵离子，从而解除柠檬酸和 ATP 对 PFK 酶的反馈抑制，使 EMP 途径的代谢流增大。

② 存在一条呼吸活动性强的侧系呼吸链，对氧敏感，使细胞内的 ATP 浓度下降，因而减轻了 ATP 对 PFK 酶、CS 酶的反馈抑制，促进了 EMP 途径的畅通。

③ 丙酮酸羧化酶是组成型酶，不受代谢调节控制，可源源不断地提供草酰乙酸，丙酮酸氧化脱羧生成乙酰－CoA 和 CO_2 固定反应取平衡，保证前体物乙酰－CoA 和草酰乙酸的提供，柠檬酸合成酶又基本上不受调节或极微弱。

④ α-酮戊二酸脱氢酶受葡萄糖和铵离子的阻遏，使黑曲霉中的 TCA 循环变成“马蹄形”的代谢方式，减弱 TCA 循环，降低细胞内 ATP 浓度，从而使 α-酮戊二酸浓度升高；反过来，又反馈抑制异柠檬酸脱氢酶，降低柠檬酸的自身分解。

⑤ 顺乌头酸水合酶催化时建立柠檬酸：顺乌头酸：异柠檬酸＝90：3：7 的平衡，顺乌头酸水合酶的作用总是趋向于合成柠檬酸，即柠檬酸分解活力低。一旦柠檬酸浓度升高到某一水平，就抑制异柠檬酸脱氢酶活力，从而进一步促进柠檬酸自身积累，pH 降至 2.0 以下。顺乌头酸水合酶和异柠檬酸脱氢酶失活更有利于柠檬酸积累并排出体外。

39.1.3 柠檬酸发酵的生产菌种

39.1.3.1 柠檬酸的产生菌

柠檬酸是生物机体 TCA 循环的中间代谢物之一，在许多微生物中都可检测到。但是并非所有能产生柠檬酸的微生物都可作为柠檬酸发酵的生产菌种。曲霉，特别是黑曲霉(*Aspergillus niger*)能分泌大量的柠檬酸。此外，泡盛曲霉(*A. awamori*)、温特曲霉(*A. wentii*)、宇佐美曲霉(*A. usamii*)、海枣曲霉(*A. phoenicis*)、炭黑曲霉(*A. carbonarius*)、棒曲霉(*A. clavatus*)和斋藤曲霉(*A. saitoi*)也能大量分泌柠檬酸。但是目前用于工业化的生产菌种几乎都是黑曲霉。

39.1.3.2 高产菌株的特征

一般高产柠檬酸的菌株都具有一定的生理特征。对于黑曲霉其主要特征如下：

① 能耐高浓度的柠檬酸(15%以上),而不利用和分解柠檬酸。

② 耐高浓度葡萄糖,能产生和分泌大量的酸性 α-淀粉酶和酸性糖化酶。α-淀粉酶在 pH 2.0 仍能保持原活力的 80%以上;在 pH 2.5,40℃下作用 30 min 尚不失活。糖化酶最适作用 pH 在 4.0~4.6,最适温度为 60℃~65℃。在柠檬酸发酵条件下,当培养 pH 下降至 2.0 以下时,仍能保持大部分活力。

③ 能抗微量金属离子,尤其能抗较高浓度的 Mn^{2+}、Zn^{2+}、Cu^{2+}。

④ 在深层液体发酵培养时,能形成大量的细小菌球体,菌球体直径为 0.1 mm,菌球量达 10^4 个/mL 以上。

⑤ 在以葡萄糖为唯一碳源的合成培养基上,生长不好,生成小菌落,孢子形成能力弱。

⑥ 在生长、繁殖期,细胞内具有较高水平的氨基酸、NH_4^+,即 NH_4^+ 库水平高。

⑦ 菌丝体中含有低水平的甘油三酯和磷酸酯。

⑧ 细胞壁几丁质含量高,但葡聚糖和聚半乳糖含量低。

⑨ 在生长和产酸期,细胞内蛋白质、核酸水平低。

⑩ 具有很强的侧系呼吸链活性,此侧系呼吸链不产生 ATP。

39.1.3.3 柠檬酸产生菌的筛选

糖质原料发酵的柠檬酸生产菌种都是黑曲霉,因此筛选柠檬酸产生菌首先是从保藏菌种或自然界中分离黑曲霉。从土壤中分离黑曲霉时最好先进行富集。可利用黑曲霉能分解单宁这一特性,将含菌样品直接接入以单宁为唯一碳源的培养基中,只有能分解单宁的黑曲霉才能生长繁殖,从而达到富集的目的。另外,也可利用产柠檬酸菌株能在高酸、低 pH 下生长的性能,用柠檬酸来调节培养基的 pH,用这种培养液来增殖含菌样品也能富集到黑曲霉。

为了提高筛选工作效率,初筛时可采用合适的方法直接从平板上初步挑选出高产柠檬酸的菌株。常用的有产酸指示剂法、透明圈法和对二甲氨基苯醛法。

39.1.3.4 柠檬酸产生菌的诱变育种

从自然界分离得到的产柠檬酸菌株一般都需经过诱变育种才能获得高产菌株。各种化学诱变剂(如亚硝基胍(NTG)、硫酸二乙酯(DES)、乙烯亚胺、甲基磺酸乙酯(EMS)、氮芥等)和物理诱变因子(如紫外线、X 射线、^{60}Co 等)是最常用的诱变剂。目前国内普遍使用的柠檬酸生产菌株 Co827 的诱变流程为:

$$\text{土壤}\xrightarrow{\text{平板}}\text{黑曲霉 628}\xrightarrow{\text{硫酸二乙酯}}\text{黑曲霉 3008}\xrightarrow[\text{二乙酯}]{\text{1.8\% 硫酸}}\text{黑曲霉 D147}\xrightarrow{\text{钴 60}}\text{黑曲霉 Co827}$$

最终获得的黑曲霉 Co827 菌株生产上产柠檬酸 13%以上,糖酸转化率为 95%以上。

为了确保快速准确地获得高产菌株,选择科学、合理的筛选模型是非常重要的。一般经诱变处理的孢子先要进行平板分离,然后挑选单菌落作摇瓶产酸测试,选取优良菌株进行复筛。筛选时要根据预期目的(如提高产酸、抗金属离子或适合某一原料等)来设计平板培养基。最常用的是酸性平板或直接加柠檬酸于平板中,或者直接用原料(薯干粉、木薯、葡萄糖母液等)作平板培养基进行筛选。根据高产柠檬酸菌株的生理形态特征进行筛选也是行之有效的办法。一般认为,平板上生长缓慢、菌落小、分生孢子稀疏以及孢子颜色发生变化的菌落往往正向变异比例较高。当然有些生化筛选模型也可用于柠檬酸产生菌的筛选。

近年来应用遗传操作技术改造柠檬酸产生菌黑曲霉也有所报道。虽然这方面工作并未取得有实际意义的进展,但这是一个值得关注的方向。有人认为在柠檬酸合成途径中由葡萄糖至丙酮酸阶段是最重要的,若要明显提高柠檬酸产量,需要使这一阶段的7种酶同时超表达。然而至少在目前,实验上是难以达到这个要求的。

39.1.4 柠檬酸的发酵生产

目前柠檬酸的生产都是采用微生物发酵法。由于所用的菌种、原料和其他生产条件的不同,生产方法也不一样。工业生产方法主要有深层液体发酵法、浅盘液体法以及固体原料的浅层制曲或厚层通风制曲法。

39.1.4.1 柠檬酸发酵的原料与培养基

(1) 原料　目前实际用于柠檬酸发酵生产的原料主要为糖质原料。糖质原料包括甘薯、薯干、木薯、木薯干、马铃薯、薯渣等薯类,玉米、小麦、面粉、大米等谷物类,各种淀粉、淀粉水解糖(单糖、双糖、糊精、饴糖、葡萄糖母液),砂糖、糖蜜以及各种含糖果实、糖食加工的下脚料等。

工业生产上对原料的选择需要考虑多方面综合因素,除价格低廉、产酸高、生产稳定、技术可行外,还要考虑货源广、购买易、贮运方便、综合利用价值,以及生产安全、"三废"少等诸多方面。

(2) 原料的预处理　含淀粉或糖质的原料,发酵前往往需要进行预处理,如去杂质、去霉块、粉碎、液化以及去金属离子等。

虽然柠檬酸生产菌黑曲霉能产生和分泌淀粉酶和糖化酶,但是为了缩短发酵时间,对于各种淀粉以及薯干、木薯、玉米粉粉碎后的原料都需预先进行液化,就是说需要利用化学或生物催化剂使淀粉大分子断裂,使淀粉糊黏度明显下降,成为流动性较好的液体。目前柠檬酸发酵生产均采用酶法进行液化。最简单的办法是投料后将 α-淀粉酶直接加入料液中,在一定温度下(80℃～105℃,视酶的耐热程度而定)作用一定时间。由于淀粉酶能随机切断淀粉分子内的 α-1,4-糖苷键,使淀粉分子断裂淀粉糊黏度迅速下降。液化作用除与淀粉浆浓度有关外,还与淀粉酶的性质、加酶量、作用温度、作用时间、介质 pH 以及钙的存在与否有关。通常液化终点是控制在料液与碘反应不呈蓝色为止,对于以淀粉为原料的柠檬酸生产菌种,液化液的 DE 值在20%左右即可。

国外柠檬酸生产主要以糖蜜为原料。糖蜜是甘蔗或甜菜制糖后的剩余物,除含有丰富的糖分外,还含有大量的金属离子以及硫胺素、核黄素等生长因子。虽然糖蜜的组分随品种、产地及制糖工艺而异,但是糖蜜中的金属离子都将明显影响黑曲霉产生柠檬酸,如果直接用糖蜜培养黑曲霉,将难以获得满意的产酸效果,因此在发酵前糖蜜需要进行预处理。

糖蜜预处理的方法很多,最常用的方法是添加黄血盐(亚铁氰化钾,$K_4(CN)_6Fe$)或者经硫酸、磷酸处理,也可添加活性炭、EDTA、单宁、石灰以及通过离子交换树脂等,还可采用几种方法交替处理。

添加黄血盐可采用一次或多次加入,用量依糖蜜中金属离子和总氮而定,参考用量为0.06%～0.3%。最常用的方法是在灭菌后接种前先加少量黄血盐,以后根据菌体的生长和产酸情况再分次加入。过去认为 Fe^{2+} 是黑曲霉 TCA 循环中乌头酸酶的激活剂,而后者不利于柠檬酸的积累,添加黄血盐可除去 Fe^{2+},从而促进柠檬酸的积累。也能与黄血盐等其他金属离子如 Mn^{2+}、Zn^{2+}、Cu^{2+} 形成沉淀而去除。

(3) 柠檬酸发酵培养基的营养要求　柠檬酸发酵培养基主要有两方面的作用：一是在发酵初始阶段提供黑曲霉生长繁殖的营养需要和维持生命活动的能量；二是作为生物合成柠檬酸的底物。前者除要提供碳(能)源物质外，还需一定的氮源和其他生长因子，由于过量含氮物质不利于柠檬酸的产生，因此柠檬酸发酵培养基的主要成分是碳水化合物。以农副产品为原料时就不必添加无机盐。根据国内柠檬酸发酵的实际情况，柠檬酸发酵培养基中含氮量的控制十分重要。

39.1.4.2　柠檬酸发酵的生产工艺

柠檬酸发酵生产分深层发酵法、固体发酵法和液体表面发酵法。这里简单介绍前一种方法。

深层通气发酵是柠檬酸发酵生产的主要方法。国内以淀粉质粗原料为培养基，发酵产酸一般为11%～13%，最高达15%，糖酸(一水柠檬酸)转化率为90%～104%，发酵周期为50～70 h。国外以淀粉水解糖为原料，产酸达19%，发酵周期5 d以上。

(1) 深层发酵法的生产工艺流程　深层发酵法的工艺流程见图39-3。

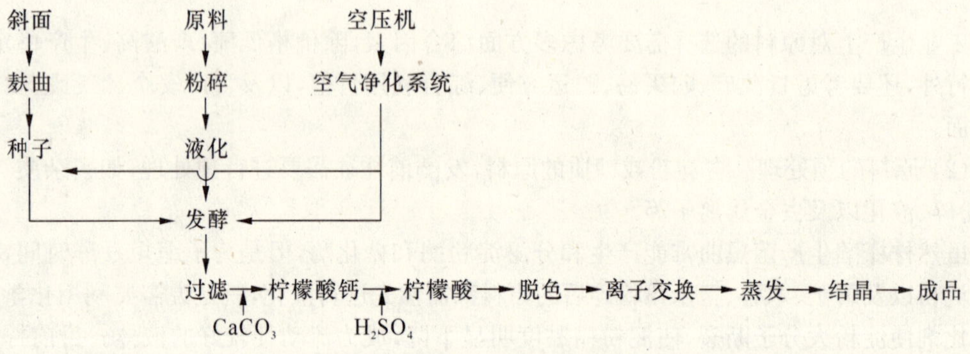

图39-3　深层发酵法的生产工艺流程图

(2) 发酵设备　柠檬酸深层发酵一般都采用不锈钢机械搅拌通气发酵罐，容积大部分为100～200 m^3，也有250～400 m^3，国外的发酵罐容积为400～600 m^3。采用二挡搅拌，为了减小对丝状菌丝的剪切作用，多用箭叶式搅拌器。近年来国内大型柠檬酸发酵罐采用喷环装置，它是在罐的底部安装一个气液型喷射混合搅拌装置和环流反应器以增加气-液混合并可减少一组以上搅拌叶，能明显起到省电节能的作用。

(3) 发酵工艺　柠檬酸发酵过程包括斜面培养、麸曲制备、种子罐培养和发酵几个阶段。目前国内柠檬酸发酵生产菌种多数采用黑曲霉Co827或γ-130及由它们衍生的菌株。

斜面培养基为10～12°Bx的麦芽汁或米曲汁，也可采用20%马铃薯煮出汁琼脂培养基。33℃～35℃培养4～5 d，至斜面长满孢子即可。然后用1 L三角烧瓶装麸皮40 g左右，麸皮选用较粗者为好，必要时应先用水洗涤去除淀粉。麸曲的含水量要合适，一般控制在60%～65%，麸曲种子的培养温度约为34℃，培养1 d后要"敲瓶"一次，使之上下翻动。培养好的麸曲应仔细观察有无其他霉菌污染并抽样作摇瓶产酸测定，合格者在低于20℃的条件下保藏。

种子罐体积一般为发酵罐的1/10，薯干粉浓度为16%～20%，比发酵罐浓度稀些，但需要添加一定量含氮物质，如0.3% $(NH_4)_2SO_4$ 或尿素或适量的麸皮等。种子罐培养温度为34℃，培养时间为16～24 h，至略微产酸即可转入发酵罐中。

培养基投料浓度视原料的淀粉含量而定，一般含总糖为13%～15%。发酵罐体积为100～200 m^3，罐搅拌转速为85～100 r/min，培养温度为35℃。采用二级通风，前期(16～

24 h以前)低风量,以利于菌丝生长和糖化酶的作用,以后通风比为(1∶0.1)～(1∶0.15)。发酵时间为50～70 h,产酸率为12%～15%,糖酸转化率为90%～104%。图39-4为薯干原料柠檬酸发酵过程的糖耗、产酸变化。

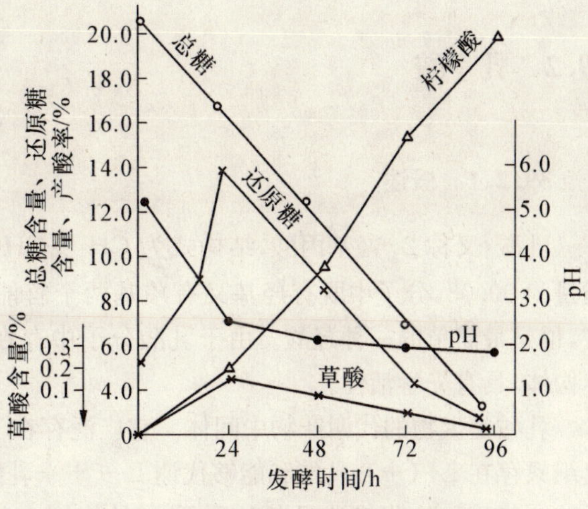

图39-4 薯干原料柠檬酸正常发酵过程中各参数变化情况

39.1.5 柠檬酸的提取工艺

发酵液中除含柠檬酸外,还含有黑曲霉菌丝体及其自溶物、原料残渣(主要是纤维素)、未利用的还原糖、非发酵性糖以及发酵过程产生的色素及其他有机酸等。要制备结晶柠檬酸必须设法去除这些杂质,因此用发酵法生产柠檬酸都需经过反复分离纯化才能得到结晶成品,这些过程包括:①过滤除去发酵液中菌丝体,原料残渣及其他各种固形物质;②用化学或物理或两者结合的方法去除柠檬酸以外的其他杂质,初步纯化柠檬酸;③精制得到结晶柠檬酸。

提取柠檬酸的方法主要有钙盐法、离子交换法、萃取法、电渗析法以及近年来发展起来的色谱分离法。但目前普遍使用的仍然是钙盐离子交换的提取方法。

钙盐离子交换提取工艺流程如图39-5所示。

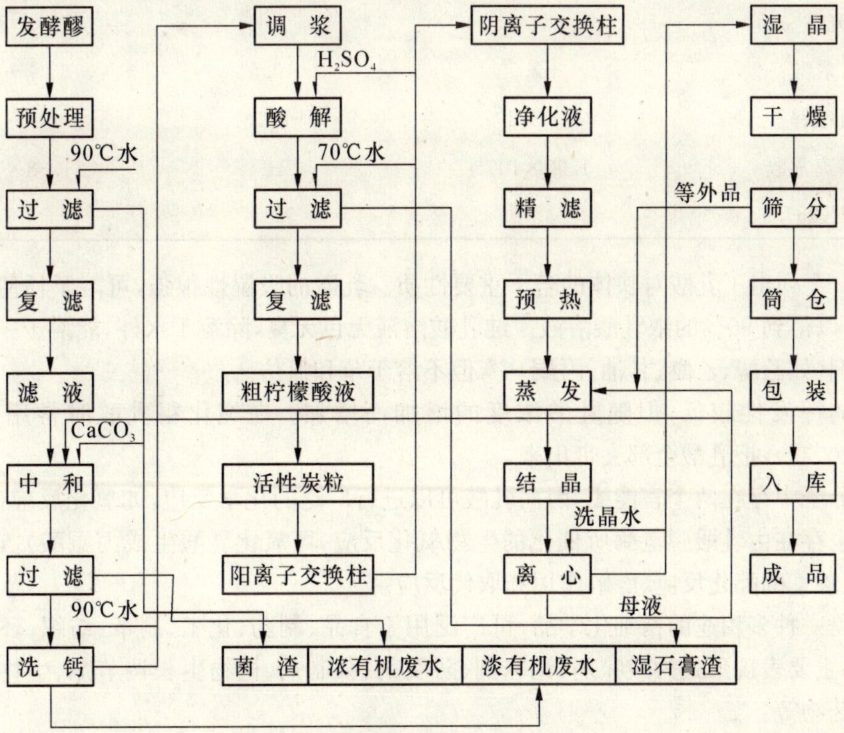

图39-5 钙盐离子交换提取工艺流程

39.2 乳 酸

39.2.1 概述

乳酸，又称2-羟基丙酸，结构式为CH_3—CHOH—COOH，分子式为$C_3H_6O_3$，相对分子质量为90.08，分子中既有羟基又有羧基两个官能团，是自然界中存在最广泛的一种羟基羧酸，也是最简单的一种羟酸。由于乳酸分子中存在着一个不对称碳原子，故乳酸存在着光学异构体，具有光学活性。

乳酸是生物的代谢产物中间体。它广泛存在于动物、植物和微生物中。人体和动物体内组织只存在L-(+)-乳酸和能够代谢L-(+)-乳酸的L-(+)-乳酸脱氢酶，不存在D-(—)-乳酸脱氢酶。从营养学观点来看，乳酸的构型十分重要。人体摄入L-(+)-乳酸，可以被人体所吸收；摄入D-(—)-乳酸则不能被人体吸收。

表39-2 乳酸对映体的若干性质

项 目	对映体构型		
	L-(+)-乳酸	D-(+)-乳酸	D,L-乳酸
相对分子质量	90.08	90.08	90.08
熔点/℃	52.8～53.6	52.8～53.6	16.8～33
沸点/℃	—	103	82～85
旋光性$[\alpha]_D^{20}$			
乳酸	+2.5°	−2.5°	—
乳酸锌盐	−8.2°	+8.18°	—
解离常数	1.90×10^{-4}	—	1.38×10^{-4}
pK(25℃)	3.79	3.83	3.73

表39-2列出了乳酸对映体的若干重要性质。乳酸的吸湿性很强，可溶于任何比例的水中，一般可以得到90%的浓乳酸溶液。纯乳酸溶液无色无臭，除溶于水外，能溶于一些可与水混溶的溶剂(如乙醇、乙醚、甘油、丙酮)中，但不溶于苯和氯仿。

乳酸的挥发性较低，但随乳酸浓度的增加而增加。在纯化粗乳酸时常用过热蒸汽(130℃～200℃)，把乳酸全部夹带出来。

乳酸分子中存在两个官能团，因而乳酸可以进行广泛的化学反应，如氧化反应(在生物代谢途径中也存在由乳酸脱氢酶所催化的生物氧化反应，可氧化乳酸生成丙酮酸)、还原反应、缩合反应、羧基的酯化反应、醇解作用和取代反应。

乳酸是一种多用途的精细化学品，可广泛用于食品、制药、化工、制革、纺织、环保和农业中，其产品主要表现形式为酸味剂、调味剂、防腐剂、鞣制剂、植物生长调节剂、生物可降解材料和手性药物等。

由于乳酸的酸性柔和且稳定，有助于食品的风味，在食品工业上广泛用作酸味剂、防腐剂和还原剂。可用于清凉饮料、糖果、糕点的生产，也可用于鱼、肉、蔬菜的加工和保藏。与柠檬酸、苹果酸等食用酸相比，具有很强的竞争力。

乳酸，特别是L-乳酸，对人和畜无害，而且具有很强的杀菌作用，其杀菌能力是柠檬酸、酒石酸、琥珀酸的几倍。因而，乳酸可以直接用作手术室、病房、实验室、车间等场所的消毒剂。由于人体只具有代谢L-乳酸的酶，D-乳酸不能被人体吸收，并且过量食用对人体有毒。因此，世界卫生组织提倡使用L-乳酸作为食品添加剂和内服药品，取代D，L-乳酸。L-乳酸、L-乳酸钠与葡萄糖、氨基酸等复合配制成输液，可治疗酸中毒及高钾血症。L-乳酸铁、L-乳酸钙是补充金属元素的良好药品。

L-乳酸经过聚合可生成直链的或环状的聚乳酸。聚L-乳酸系无毒的高分子化合物，具有生物相容性（biocompatibility），在人体内能被分解成L-乳酸为人体代谢，不引起变态反应。

聚L-乳酸在自然条件下缓慢分解，它不像PVC、PP塑料那样造成“白色污染”。因此，在制造食品包装材料和农用薄膜等方面有很大的潜力。1993年美国阿尔贡国立实验室已将聚乳酸用于制造能在土壤中完全分解的农用薄膜。德、意、奥、美等国已相继制定法规，限制非降解塑料的应用。聚L-乳酸塑料取代PVC、PP类塑料的研究成功，不仅消除了“白色污染”，而且在自然界形成了一个良性环境循环（图39-6），并将衍生出新的产品。由此可以预见L-乳酸的用途将日益广泛，发展前景十分诱人。

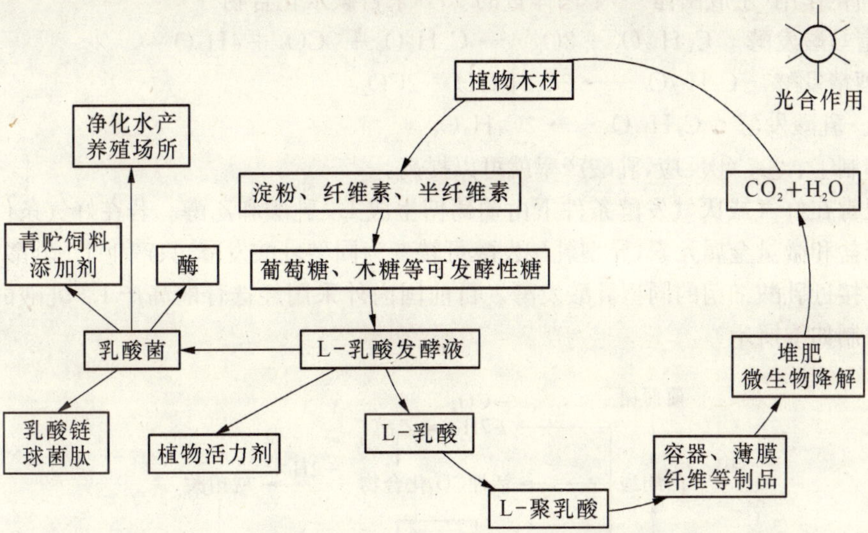

图39-6　与乳酸发酵有关的优化环境和L-聚乳酸的环境循环

从图39-6清楚地看出：①L-乳酸不仅可制成无毒的生物降解塑料，而且它可被微生物彻底分解成CO_2和H_2O，在自然界中通过植物的光合作用合成淀粉、纤维素等，作为L-乳酸发酵的原料，如此周而复始，形成一个再生资源的良性循环；②L-乳酸发酵过程不产生严重污染环境的“三废”，而且还能开发许多优化环境的产品。

早在20世纪70—80年代，国内各研究机构和大专院校纷纷开始微生物发酵法生产乳酸的研究。启动较早的有上海市工业微生物研究所、天津市工业微生物研究所和江苏省微生物研究所等应用微生物研究单位。这些单位多以米根霉为发酵菌种，采用分批式发酵、固定化菌体连续发酵等形式，从实验室小试至几十升直至几吨规模的中试，取得了可喜的进展，并积累了经验。进入90年代，许多单位开始了细菌发酵乳酸的研究。不少单位陆续把乳酸研制开发的成果向工厂转移。由于技术水平的提高，产品也由单一的消旋D，L-乳酸逐步向高品位、高纯度、高耐热性的L-(+)-乳酸发展，以满足食品、医药、化工、环保的要求。环境友好、生物可降解聚乳酸的合成研究及应用开发业已开展。和国外一样，我国已掀起一股不小的乳酸“热”潮。乳酸工业发展的空间巨大，前景广阔。

39.2.2 乳酸发酵机理及发酵工艺

39.2.2.1 乳酸细菌发酵机理

乳酸细菌不能直接发酵淀粉质原料，必须经过糖化过程，转变为糖质原料才能发酵。糖质原料(葡萄糖、麦芽糖、半乳糖、乳糖、蔗糖、戊糖等)和短链糊精可由不同的乳酸细菌直接发酵生产乳酸。乳酸细菌发酵机理主要有：同型乳酸发酵、异型乳酸发酵和双歧发酵途径。

39.2.2.2 米根霉发酵机制

米根霉能产生淀粉酶和糖化酶，它能利用糖，也可以利用淀粉或淀粉质原料直接发酵生成L-乳酸。米根霉能将大部分糖转化为乳酸，同时也产生乙醇、富马酸、琥珀酸、苹果酸和乙酸等其他产物。它们之间的比例随着菌种和工艺的不同而异。米根霉的糖代谢主要有以下几种反应：

① 正常呼吸　$C_6H_{12}O_6 + 6O_2 \longrightarrow 6CO_2 + 6H_2O$

② 同化作用(生成菌体)　干菌体量的95%来自碳水化合物

③ 富马酸发酵　$C_6H_{12}O_6 + 3O_2 \longrightarrow C_4H_4O_4 + 2CO_2 + 4H_2O$

④ 酒精发酵　$C_6H_{12}O_6 \longrightarrow 2C_2H_5OH + 2CO_2$

⑤ L-乳酸发酵　$C_6H_{12}O_6 \longrightarrow 2C_3H_6O_3$

若抑制①、③、④反应，乳酸产率就可以提高。

米根霉在好气或厌气发酵条件下由葡萄糖生成L-乳酸和乙醇。若在好气条件下，合理添加营养盐和微量金属元素，异型乳酸发酵可转变为同型乳酸发酵，只产生L-乳酸。此时糖酸转化率接近乳酸细菌的同型乳酸发酵。目前国内外采用经选育的高产L-乳酸的米根霉，其发酵机制如下所示

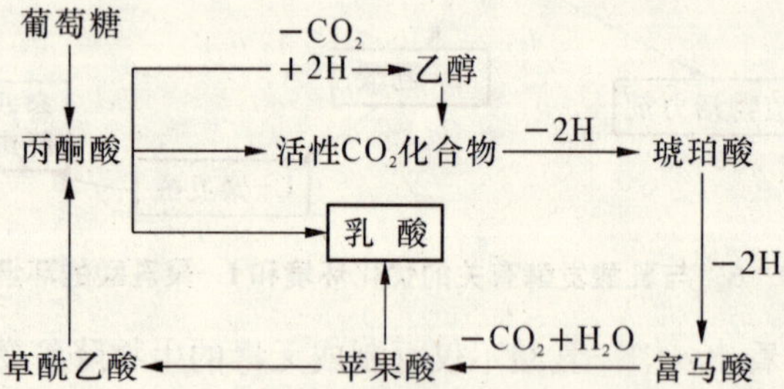

其总反应式为

$$2C_6H_{12}O_6 \longrightarrow 3C_3H_6O_3 + C_2H_5OH + CO_2$$

39.2.2.3 乳酸生产菌种

(1) 细菌　工业上除生产发酵食品(如干酪、香肠、腌泡菜等)需要一些异型发酵菌外，单纯生产乳酸都采用同型乳酸发酵菌。表39-3列出了主要产L-乳酸的同型乳酸发酵细菌。

近年来，日本、德国和中国等正开发嗜热芽孢杆菌和凝结芽孢杆菌等耐高温产L-乳酸的菌种。这些菌种可避免杂菌的混入，而影响产物旋光性的纯度。

(2) 米根霉(*Rhizopus oryzae*) 菌落疏松或稠密，最初为白色，后变为灰褐色至黑褐色，匍匐枝爬行，无色，假根发生，指状或根状分支，褐色。孢囊梗直立或稍弯曲，2～4 根群生，与假根对生，有时膨大或分支。囊托楔型，菌丝形成厚垣孢子，接合孢子未见。最适发育温度为 37℃，41℃亦能生长。有淀粉糖化能力，发酵生产乳酸最适温度为 30℃。可利用无机氮，如尿素、硝酸铵、硫酸铵等。

表 39-3 产 L-乳酸的主要细菌

菌 种	生长因素	温度/℃	菌种来源
乳杆菌属(*Lactobacillus*)			
干酪乳杆菌(*casei*)		32	乳制品
嗜热乳杆菌(*thermophilus*)		50～60	高温发酵乳品
唾液乳杆菌(*salivarius*)	泛酸钙、烟酸、核黄素、叶酸	35～40	人口腔
清酒乳杆菌(*sake*)			清酒
嗜酸乳杆菌(*acidophilus*)	乙酸盐、核黄素、甲羟戊酸、叶酸	35～38	婴儿粪便
戊糖乳杆菌(*pentosus*)		30～32	发酵植物汁
木糖乳杆菌(*bifidus*)			发酵植物汁
链球菌属(*Streptoccoccus*)			
嗜热链球菌(*thermophilus*)	6 种 B 族维生素	40～45	乳制品
粪链球菌	7～13 种氨基酸嘌呤、维 B_1、嘧啶	45～50	人粪便
乳脂链球菌	10～13 种氨基酸，4～5 种维生素	30	乳制品
嗜热脂肪芽孢杆菌		60	
凝结芽孢杆菌		70	

39.2.2.4 乳酸生产原料的性质和要求

乳酸细菌能直接利用已糖和低聚糖作为碳源，也可以利用由淀粉或淀粉质原料制成的淀粉糖液进行乳酸发酵。除了糖作为主要碳源外，乳酸细菌的生长和发酵还必须提供各种氨基酸、维生素、核酸等营养因子。工业乳酸发酵液中添加含有所需营养成分的天然廉价辅助原料，如麦根、麸皮、米糠、玉米浆等。米根霉能分泌大量的淀粉酶、糖化酶，可直接利用淀粉、淀粉质原料进行 L-乳酸发酵。

(1) 乳酸生产原料 乳酸发酵一般用甘蔗粗糖。适合蔗糖发酵的菌种是德氏乳杆菌、赖氏乳杆菌。发酵工业使用的糖蜜主要是指制糖工业的废糖蜜。根据来源的不同，糖蜜分为甘蔗糖蜜、甜菜糖蜜和高级糖蜜等。

糖蜜中含有较多的 B 族维生素，还含有总量为 0.3%～0.5%的氨基酸。糖蜜中的含氮物质，有的不能用作乳酸菌的氮源，而且糖蜜中还含有阻碍乳酸细菌生长的杂质，因此，糖蜜使用前必须经过适当的预处理。糖蜜一般不宜单独作为发酵原料，而是掺到其他原料中进行发酵。菌种采用德氏乳杆菌为好。

目前国内普遍采用的乳酸生产原料是淀粉质原料，常用的有大米、小麦、玉米、马铃薯、红薯、木薯等。淀粉质原料发酵大致有两种工艺：①将淀粉质原料粉碎，加酶液化、糖化，制得糖液后接入乳酸菌进行发酵，称为单行发酵工艺；②将糖化酶和乳酸菌同时接入糊化醪中，糖化和发酵是同时进行的，称“并行”发酵工艺，也称边糖化边发酵工艺。

目前工业生产中采用“双酶法”制取水解糖，即采用耐高温的α-淀粉酶和糖化酶联合作用制取水解糖。由淀粉制取的水解糖因成分较单纯，需补加一些辅料以满足乳酸菌的营养要求。

菊芋(Helianthus tuberosus)，俗称洋姜。其中含有的淀粉状物质——菊粉和果聚糖都易于水解成果糖。菊粉的含氮物质中有98%是可溶性氮，其中60%为氨基酸，很适宜作为乳酸菌的营养物。菊粉水解液稀释后加少量 KH_2PO_4 和 $(NH_4)_2SO_4$ 即可供赖氏乳酸杆菌等发酵。

另外，赖氏乳酸杆菌、菊糖链球菌等可直接发酵菊粉生产L-乳酸；保加利亚乳杆菌、乳酸乳杆菌等可直接发酵菊粉生产D-乳酸。

(2) 乳酸生产的辅料　乳酸细菌缺乏合成某些氨基酸、维生素的能力，故在合成培养基上不易生长。为了正常生长，它们除了需要碳源外，还需要氮源、部分氨基酸和一些维生素生长促进因子和微量元素。工业生产上，采取添加含有所需营养成分的天然廉价辅料，如麦根、麸皮、米糠、玉米浆、毛发水解物、酵母自溶物等。

39.2.2.5　细菌发酵乳酸技术

(1) 蔗糖发酵技术　洗净发酵罐，加入2/3工作容积的自来水，再流入糖蜜，升温至70℃，同时加入甘蔗粗糖，溶解后加入 $CaCO_3$ 粉浆。培养基中各成分的浓度：总糖60 g/L(以蔗糖计，其中糖蜜约30 g/L；蔗糖约30 g/L)，$CaCO_3$ 10～20 g/L。70℃维持20 min后，冷却至50℃，加入麦根18 g/L，接入20%的种子，或其他发酵罐中发酵旺盛的醪液，进行发酵。因为接种量很大，迟滞期很短，可以迅速进入旺盛发酵期。

接种发酵6 h后，定期、间歇通空气鼓泡搅拌。发酵过程中，流加蔗糖液和补充 $CaCO_3$ 粉浆。每隔2 h检测一次pH，视pH情况补充 $CaCO_3$，使pH维持在5.0以上。当糖浓度降到30 g/L时，流加50%的浓粗糖溶液，维持发酵培养液中糖浓度为30～40 g/L。总添加糖量(包括最初加糖量)不得超过130 g/L。使发酵结束时乳酸钙的含量不超过150 g/L。发酵时间一般为5～6 d，当残糖降至2 g/L以下时，可视为发酵完成。

(2) 葡萄糖的L-乳酸发酵技术　目前大多数乳酸生产厂采用德氏乳杆菌等生产D,L-乳酸。由于生物降解塑料(L-聚乳酸)需要高纯度的L-乳酸，因此人们十分重视L-乳酸发酵生产的研究。除了采用根霉生产L-乳酸外，目前正在开展乳酸细菌的L-乳酸发酵生产研究。

39.2.2.6　米根霉发酵L-乳酸技术

(1) 米根霉三角瓶孢子的制备　把湿面包或麸皮培养基放入三角瓶，在120℃灭菌30 min，冷却至30℃，接入斜面成熟的孢子，培养4 d。当孢子充分长出后，加无菌水制成孢子悬浮液作为种子。

(2) 种子和发酵培养基　以玉米淀粉为原料的配方如下所示：

① 种子培养基：葡萄糖100 g/L(或葡萄糖50 g/L，淀粉30 g/L)，适量营养盐，$CaCO_3$ 10 g/L，pH自然。

② 发酵培养基：玉米淀粉130～150 g/L，硫酸铵5 g/L，适量无机盐，$CaCO_3$ 过量添加。

以玉米粉为原料的配方如下所示：

① 种子培养基：葡萄糖100 g/L，酵母膏10 g/L，$CaCO_3$ 10 g/L。

② 发酵培养基：玉米粉 130 g/L，玉米浆 10 g/L，$CaCO_3$ 过量添加。

(3) 种子和发酵培养条件控制

① 种子培养一级和二级种子：接种量 5%～10%，通风量为 0.5 $m^3/(m^3 \cdot min)$，34℃培养 16～24 h。

② 发酵：接种量 5%，通风量为 0.3～0.8 $m^3/(m^3 \cdot min)$，于 34℃发酵 32～34 h。

39.2.2.7 *乳酸发酵生产新技术*

(1) 电渗析发酵法乳酸生产工艺　在乳酸发酵中，由于产生的乳酸的积累，发酵液的 pH 逐渐下降，结果使乳酸生产受到抑制。为防止这种抑制作用，通常采用 $CaCO_3$、NaOH 或 $NH_3 \cdot H_2O$ 等加以中和。在工业规模乳酸发酵过程中，以过量的 $CaCO_3$ 来阻止发酵液 pH 的下降。$CaCO_3$ 与乳酸反应，生成乳酸钙，导致乳酸提取和精制复杂化。电渗析发酵(Electrodialysis Fermentation, EDF)法是从发酵液中不断地移走所产生的乳酸，使发酵液的 pH 保持在一个合理的数值。EDF 的优点是不必用中和剂来控制发酵液的 pH；避开了产物抑制作用；产物的浓度高，提取和纯化相对比较简单。

EDF 发酵系统主要由发酵罐、电渗析装置、pH 控制装置、直流电源、微孔过滤装置、浓缩液贮存罐、循环泵等组成，如图 39-7 所示。发酵液 pH 由 pH 控制装置加以控制。电渗析装置由直流电源转换器控制。随着乳酸从培养液向浓缩液贮存罐方向移动，pH 超过设定值时，转换器切断电源。这样连续地从培养液中移去乳酸，使培养液中的乳酸保持在较低的水平。

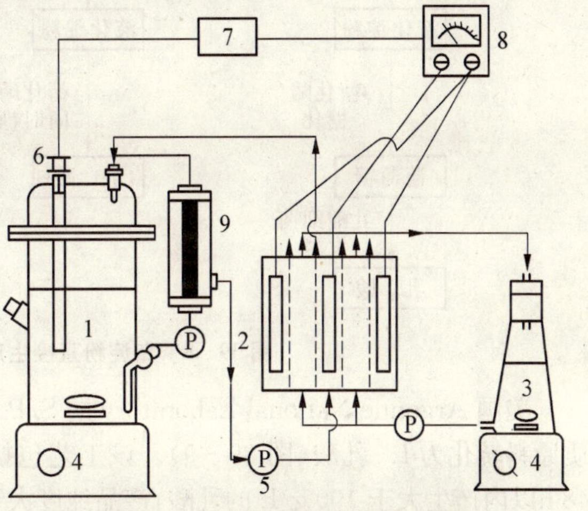

图 39-7　电渗析发酵过程及装置

1—发酵罐；2—电渗析装置；3—浓缩流体贮存槽；4—磁力搅拌器；5—循环泵；6—pH 电极；7—pH 控制器；8—直流电源；9—微过滤装置

电渗析发酵法生产乳酸是乳酸发酵与电渗析分离耦合的工艺，优点是可使发酵产物乳酸在线分离，即一边进行发酵生产，一边进行产物分离，能有效地消除产物乳酸的抑制作用。并且使生产与分离相结合，避免添加中和剂 $CaCO_3$、NaOH 或 $NH_3 \cdot H_2O$ 等，简化了提取工艺，提高了产品收率，浓缩了产物，也使精制容易，并缩短了发酵周期。电渗析法过程简单，消耗工业原料少，无污染，易于工业放大，实现自动化连续操作。

(2) 边糖化边发酵工艺技术　从淀粉质原料如大麦、玉米、大米或土豆直接用发酵法转化为乳酸，原料需经过预处理。习惯做法是先将淀粉加热，再分别用 α-淀粉酶液化淀粉、糖化酶糖化制得葡萄糖，再进行发酵，将葡萄糖转化为乳酸。边糖化边发酵工艺(Simultaneous Saccharification and Fermentation, SSF)则简化了单独用糖化酶糖化淀粉的工序，把它与乳酸发酵结合起来，在液化后加糖化酶的同时就进行乳酸发酵，从而节省整个工艺时间、节约了设备投资，降低了运行成本。还有一个好处是避免了初糖浓度过高造成对发酵的抑制作用。SSF 还常用于廉价的纤维素原料，纤维素原料经预处理，再加纤维素酶复合物糖化，得到葡萄糖进行乳酸发酵。

米根霉本身产糖化酶，能同时糖化、发酵玉米等淀粉质原料生产 L-(+)-乳酸。少数几种乳酸菌(如食淀粉乳杆菌、嗜淀粉乳杆菌)本身产糖化酶,因而可以进行同时糖化发酵产乳酸,不必事先把淀粉水解为葡萄糖。但大多数乳酸菌却没有淀粉分解能力。

Y. Y. Linko 等(1996)用相当简便的 SSF 法,见图 39-8(c)。把淀粉进行干热,同时用 α-淀粉酶液化,糖化酶 121℃、20 min 糖化和乳酸菌发酵。采用的菌种是干酪乳杆菌,用 130~170 g/L大麦淀粉,产 140~162 g/L 乳酸,转化率是 87%~98%,发酵时间仅为 47 h。接种量为 10%。由于葡萄糖的产生相对均衡,是陆续产生的,从而避免了葡萄糖浓度过高导致对乳酸发酵的抑制。采用大麦淀粉同时糖化和发酵,可提高乳酸转化率 23%~60%(30 h),见图 39-8(c)法,(a)法步骤多,(b)法已改进。

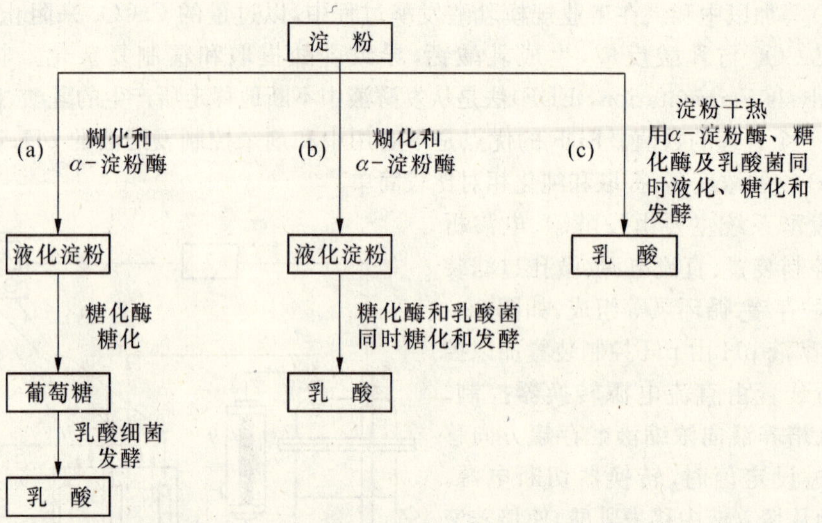

图 39-8 自淀粉直接生产乳酸的三种 SSF 工艺

美国 Argonne National Labomtory 的 S. P. Tsai 等(1998)报道了一个新工艺,可把淀粉质原料转化为 L-乳酸(图 39-9)。该工艺包括自马铃薯原料分离淀粉,再采用 SSF,可在 48 h以内产生大于 100 g/L 的乳酸,产品纯度大于 95%。所用菌种是 5 株 L-(+)-乳酸产生

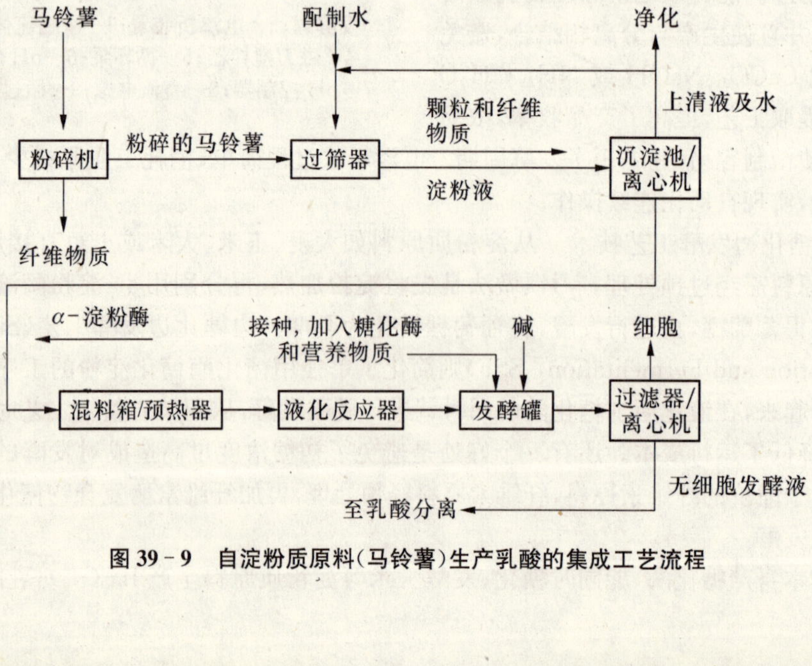

图 39-9 自淀粉质原料(马铃薯)生产乳酸的集成工艺流程

菌的混合培养菌 LBM。SSF 首先应用于酒精生产。从原料糖化再转化为酒精的实际产率只有 48%左右。而从原料糖化再转化为乳酸的产率为 75%～97%，因而用 SSF 生产乳酸的潜力远较生产酒精高。

39.2.3 乳酸的提取工艺

从发酵液中提取和精制乳酸的主要工艺流程如下所示：

发酵液→预处理→提取→粗乳酸→精制→成品乳酸

(1) 钙盐法　钙盐法反应式如下

中和：$2C_3H_6O_3 + CaCO_3 \longrightarrow Ca(C_3H_5O_3)_2 + H_2O + CO_2\uparrow$

酸解：$Ca(C_3H_5O_3)_2 + H_2SO_4 \longrightarrow 2C_3H_6O_3 + CaSO_4\downarrow$

乳酸菌本身不耐酸，细菌乳酸发酵一般是在过量 $CaCO_3$ 存在的条件下进行的，乳酸与 $CaCO_3$ 反应生成含 5 个水的水合型乳酸钙。由于杂质的存在，发酵终了时，发酵液变稠。尤其在初糖浓度高时，会使整个发酵液固化，给后续处理带来麻烦。因此当发酵乳酸菌活动减弱，发酵温度开始下降时，要及时升温至 90℃～100℃，并加入石灰乳，将 pH 调高至 9.5～10.0。然后在 70℃～80℃下经板框压滤。滤液进一步处理后提取得到乳酸。

采用米根霉发酵乳酸，发酵至终点时，将发酵液移至贮罐内，升温至 80℃～90℃，用预热过的板框压滤机过滤。滤饼用少量热水洗涤，压干滤饼。将洗涤水和滤液混合，获得过滤液。

将上述乳酸钙盐粗滤液进一步过滤、活性炭吸附脱色处理、蒸发浓缩，然后加入 H_2SO_4 酸化，产生硫酸钙石膏沉淀和粗乳酸，过滤除去硫酸钙、粗乳酸再经活性炭脱色，通过阴离子树脂柱去除 Cl^- 和 SO_4^{2-} 等无机阴离子，再通过阳离子交换树脂去除 Ca^{2+} 和 Fe^{3+} 等金属阳离子，浓缩蒸发制成工业级和食品级乳酸。

该工艺的优点是工艺成熟，易于控制；但也有如下缺点：工艺流程长，消耗化工原料多，劳动强度大，环境污染严重，特别是产品得率低。国内一般乳酸得率为 40%～45%，有的还在 40%以下。而且，每生产一吨乳酸，会产生一吨石膏渣，对环境构成污染。

(2) 酯化法　乳酸的酯化法提取纯化技术，来源于合成乳酸的制取纯化。一般认为钙盐法提取的乳酸尚不能满足一些对乳酸有耐热性要求的工业用途，如用于焙烤食品、聚合物工业以及其他一些附加值高的工业用乳酸产品。将钙盐法提取后的乳酸进一步在高温条件下同甲醇或乙醇反应，产生乳酸甲酯或乳酸乙酯，然后蒸馏提取乳酸酯，水解回收提纯后的乳酸。加工中释放出的甲醇或乙醇可重复回收利用。稀乳酸经浓缩蒸发可制成高纯度、耐热性好的乳酸，纯度≥95%，耐热温度≥195℃。

(3) 电渗析法　电渗析法是在离子交换技术与膜技术基础上发展起来的一种新的分离提纯技术。与离子交换不同的是，电渗析依靠电场的推动力，并且将具有选择性透过的离子交换膜代替离子交换树脂。这种离子交换膜的选择作用包括孔隙选择和电荷选择两个方面。孔隙选择相当于半透膜，而电荷选择则类似于离子交换作用。如阳离子交换膜因电离出阳离子而带负电，溶液中的阳离子则可以在膜上发生交换，在电场推动下，可通过阳离子交换膜运动，达到阴离子交换膜(带正电)时被截留。反之，阴离子交换可以让阴离子进行交换和穿过，直至被阳离子膜截留。采用一种三液体回路电渗析仪从发酵液中提取乳酸，乳酸浓度为 25.7～64.3 g/L，提取率可达 75%以上。若预先超滤除去菌体及部分蛋白质，提取收率可达 80%。M. Hongo 等(1986)报道了电渗析法生产乳酸的新工艺方法，国内南京大学王传怀等

(1991)设计了四通道电渗析器用于提取乳酸。

电渗析法工艺省略了钙盐法发酵浓缩、结晶和酸解等工序，大大降低了劳动强度、减少了环境污染，提高了产品得率，使乳酸提取总得率在 80%左右。同时，由于离子交换膜的选择渗透性，除去了一些糖、蛋白质、无机盐等杂质，使得产品的质量得以提高。缺点是运行费用较高，尚需筛选高效耐用的离子交换膜和高交换容量的阴离子交换树脂，以吸附去除杂质。

(4) 溶剂萃取法　萃取法是提取化工产品以及发酵液中的生物产品的重要方法，具有操作简便、占地面积小、对设备腐蚀性小、可以连续化、自动化操作等优点。应用萃取法的关键是寻找高效、无毒或低毒(生物相容性)、对被萃取物有较高的分配系数、水溶性小、在水相中不乳化、经济可行的萃取剂。

异丙醚是萃取乳酸常用的溶剂。发酵液不加碱，升温至 80℃左右，用硫酸酸解，过滤除去 $CaSO_4$ 滤渣，得到的粗乳酸经过活性炭脱色，离子交换树脂去除色素、金属离子和氨基酸等杂质，所得的离了交换液浓缩至一定浓度，让其流过逆流萃取柱 A，再用水逆流反萃取柱 B，从溶液中回收乳酸，根据需要可以再行脱色和离子交换，最后浓缩至所需浓度，即可得到食品级乳酸。

采用有机溶剂载体进行乳酸萃取是目前乳酸萃取的主要方法。有机溶剂载体主要有 4 种，即溶剂化载体、阴离子活性载体、阳离子活性载体以及螯合型载体。用于乳酸萃取效果较好的载体有：Hostarex A327(一种叔胺)、Alamine336(三辛胺至三癸胺的混合物)、Amberlite LA-2(仲胺)、Cyanex923(氧化三辛基磷和氧化三庚基磷的混合物)等。载体和乳酸形成特定的载体——乳酸复合物后，被有机相萃取，再用水、稀盐酸、稀硫酸或氢氧化钠溶液反萃取，即可获得纯净的稀乳酸液，经真空浓缩后即成为成品乳酸。目前国外较大型的乳酸厂家均采用有机溶剂萃取方式提取乳酸。

(张伟国)

参 考 文 献

[1] 王博彦，金其荣. 发酵有机酸生产与应用手册. 北京：中国轻工业出版社，2000.
[2] 金其荣，张继民，徐勤. 有机酸发酵工艺学. 北京：中国轻工业出版社，1989.
[3] 陈驹声，徐定邦，沙曼云，等. 有机酸发酵生产技术. 北京：化学工业出版社，1991.
[4] 焦瑞身. 微生物工程. 北京：化学工业出版社，2003.

40 抗生素

抗生素(Antibiotic)这一术语是由 Waksman(1942)首次提出的。它是由微生物产生的,少量便能抑制甚至杀死细菌或其他微生物的化学物质。从 1928 年英国学者弗莱明(Fleming)发现青霉素起,直到 1944 年第二次世界大战对青霉素需求急剧增加,抗生素的研究和开发才得到迅速发展。先后发现和投产的抗生素有:链霉素(1944)、氯霉素(1947)、四环类广谱抗生素(1948),随后有制霉菌素、红霉素、新生霉素、卡那霉素、利福霉素、泰乐菌素和春日霉素等。抗生素的大量应用改变了我们赖以生存的世界,使人类从此摆脱了传染病的肆虐,进入了一个抗生素化疗的崭新时代。

抗生素还在饲料添加剂、生长促进剂、杀虫剂等方面得到了广泛的应用。1999 年,全球抗生素年总产值达二百多亿美元,其中头孢菌素类最多,约为 150 亿美元;青霉素为 55 亿美元;其余有 50 亿美元。由于各学科,包括分子生物学、酶学、蛋白化学、生化工程等生物技术的通力合作,抗生素的生产菌种和工艺不断改进,随着发酵单位和提炼收率的提高,成本大幅度降低。

有关抗生素的文献资料数不胜数,值得一提的是 Lowe(2001)撰写的一篇有关抗生素的简要的综述。

40.1 抗生素产生菌的来源

40.1.1 抗生素的分类

Berdy(1974)曾提出一种开放式的抗生素化学分类方法。此系统有利于随时插入新发现的新型结构的抗生素。Bostian(1977)已将此系统编入计算机程序,用于抗生素的鉴别和分类。许多抗生素手册也采用此系统。表 40-1 列出了按 Berdy 的化学分类系统。其他分类方法见参考文献[2]。

40.1.2 抗生素产生菌的获得

微生物是各种具有生物活性的新产物的丰富资源。筛选抗生素类产物的两个成功要素是:①产生菌的选择;②采用怎样的筛选方案(检测系统)。

过去把重点放在筛选医用抗生素上面。其中抗细菌的有:青霉素、头孢菌素和四环类抗生素等。抗癌、抗真菌感染的有:丝裂霉素、灰黄霉素等。其他药物有:高血压药物、血胆固醇过少药物(hypocholesteremic agents)和免疫调节剂(immunomodulator)。

不管寻找哪一类生物活性物质,在选择筛选方法时有两个要点必须考虑,即选择性和灵敏度。微生物细胞内含物及其周围的培养基成分极其复杂,所需的产物可能每毫升只有纳克到毫克数量级。因此,需要灵敏度很高的专一性检测方法。

表 40-1 按 Berdy 的抗生素化学分类系统及其编码

抗生素簇	例子	初级编码
糖簇		1
纯糖类	链脲霉素	1.1
氨基糖苷类	链霉素	1.2
其他(N-和C-)糖苷类	链丝菌素	1.3
各种糖衍生物	洁霉素	1.4
大环内酯簇		2
大环内酯类	红霉素	2.1
多烯类	制霉菌素	2.2
其他大环内酯类	利福霉素	2.3
大环内酰胺类		2.4
醌和类似的簇		3
线性缩合多环类	四环素	3.1
萘醌衍生物		3.2
苯醌衍生物		3.3
各种醌样化合物		3.4
氨基酸、肽和环肽类		4
氨基酸衍生物	环丝氨酸	4.1
同型肽类	短杆菌肽 A	4.2
异型肽类	多黏菌素	4.3
肽环类	放线菌素	4.4
大分子量肽类		4.5
含氮杂环簇		5
非缩合(单)杂环类	嘌呤霉素	5.1
缩合(融合)杂环类		5.2
具抗生素活性的生物碱		5.3
含氧杂环簇		6
呋喃衍生物	黄曲霉毒素	6.1
吡喃衍生物		6.2
苯吡喃衍生物		6.3
小内酯类		6.4
聚醚类	尼日利亚菌素	6.5
脂环簇		7
环烷烃衍生物		7.1
小萜类		7.2
寡萜类	梭链孢酸	7.3
芳香簇		8
苯类	氯胺苯醇	8.1
缩合芳香类	灰黄霉素	8.2
非类苯芳香类	新生霉素	8.3
各种芳香衍生物		8.4
脂簇		9
烷烃衍生物	拟青霉素	9.1
脂羧酸衍生物		9.2
含S和P的脂类	磷霉素	9.3
其他抗生素(碳架未知)		0

寻找新药物产生菌可用固体或液体培养基筛选。但次级代谢物的大规模生产是用沉没培养法进行的，由于在固体培养基和液体培养基中产生次级代谢物的方式不一样，前者筛选效率较高，后者工作量较大，但最后还要以液体培养法证实。

设计筛选方案基本上可利用以下三种不同的方法进行筛选：①整体生物；②完整细胞；③亚细胞制剂。第一种是最为直接的在体内筛选活性物质的方法，但其可处理的样品少，费用贵，筛选方法不够灵敏，故用这种方法作为初筛是不合理的。

40.1.3　微生物选择性分离的原理

在过去五十多年间曾筛选出许多新抗生素的菌种。这些菌种多半是以经验方式筛选获得的。下面介绍放线菌纲为主的分离原理。选择性分离方法大致可分为五个步骤：微生物材料的选择，材料的预处理，所需菌种的分离，培养，菌落的选择和纯化。以上任何一个阶段都可引入选择压力。

(1) 含微生物材料的选择　在选择菌种来源时，存在一些选择标准。对于天然材料，如土壤的选择，来源越广泛的样品越有可能获得新的菌种；另一方面，可寻找已适应相当苛刻的环境压力的微生物类群。还有一些来源的放线菌仍未开发，例如，对海洋微生物类群的认知仍很有限。从被污染的实验室培养基中分离出嗜盐放线多孢菌（*Actinopolyspora halophila*），从盐场分离出嗜盐链霉菌，这些都说明在富盐环境中存在着一类尚待开发的有潜力的放线菌。

在酸性土壤圈的放线菌类群与其紧接下层的中性圈有很大的差别。因此，也可利用同一生态环境内的不同环境条件分离出更多种类的菌株。自然环境的菌群可因人类的活动而改变。

(2) 材料的预处理　为了提高分离效率，人们设计了各种处理材料的方法。表 40－2 列出了处理放线菌材料的各种方法。

表 40－2　材料的预处理方法

方法	处理方式	材料	分离出的菌株
物理方法	加热 55℃，6 min	水、土壤、粪肥	嗜温红球菌、小单孢菌属等
	100℃，1 h，40℃ 2～6 h	土壤、根土	链霉菌属、马杜拉菌属、小双孢菌属、小单孢菌属、内孢高温放线菌
	膜过滤法	水	
	离心法	海水、污泥	链霉菌属
	在沉淀池中搅拌	发霉的稻草	嗜热放线菌
化学方法	养料中加 1%（质量分数）几丁质培养	土壤	链霉菌属
	用 $CaCO_3$ 提高 pH 进行培养	土壤	链霉菌属
诱饵法	把涂石蜡的棒置于碳源培养基中	土壤	诺卡氏菌
	花粉	土壤	游动放线菌属
	蛇皮	土壤	小瓶菌属
	人的头发	土壤	角质菌属

(3) 所需菌种的分离　分离培养基的筛选效率取决于其养分、pH 和选择性抑制剂。表 40-3 列举了分离放线菌的各种培养基配方。

表 40-3　用于选择性分离放线菌的若干培养基

主要成分	占优势的分离株
胶态几丁质、矿物盐	链霉菌、微单孢菌
基质浓度减半的营养琼脂	嗜热放线菌
淀粉、酪蛋白、矿物盐	链霉菌、微单孢菌
葡萄糖、天冬酰胺、矿物盐、土壤浸液、维生素	马杜拉放线菌、小双孢菌、链孢囊菌
琼脂(诊断灵敏度试验)	诺卡氏菌
矿物盐、丙酸钠、硫胺素(M3 琼脂)	红球菌、小单孢菌

大多数放线菌都是嗜中性的，分离培养基的 pH 常为 6.7～7.5。如要分离嗜酸放线菌，pH 宜降低到 4.5～5.0。有人从碱性的加拿大土壤中分离出嗜碱链霉菌，它不能生长在低于 pH 6.1～6.8 的环境。估计嗜碱性放线菌也可能存在于其他碱性环境中。

在分离培养基中广泛采用加入抗生素的方法来增加选择性，见表 40-4。

表 40-4　分离培养基中加入抗生素的例子

抗生素/($\mu g \cdot mL^{-1}$)	选择性地分离菌株	抗生素/($\mu g \cdot mL^{-1}$)	选择性地分离菌株
制霉菌属(50)、亚胺环己酮(50)	链霉菌属	金霉素(45)、甲烯土霉素(10)	
多黏菌素(5)、青霉素(1)	各种菌属	新生霉素(25～50)	小单孢菌属等
亚胺环己酮(50)、新生霉素(25)	普通高温放线菌	链霉素(0.5～2)、棕霉素(0.5～2)	马杜拉放线菌
变红霉素(5～20)	马杜拉放线菌属	庆大霉素	小单孢菌属
亚胺环己酮(50)、制霉菌素(50)	诺卡氏菌属		

(4) 菌种的培养　放线菌分离平板通常在 25℃～30℃培养。嗜热菌在 45℃～55℃培养，而嗜冷菌在 4℃～10℃培养。培养中的主要变量是培养时间。分离嗜温菌(如链霉菌和小单孢菌)的培养时间一般为 7～14 天。嗜热菌(如高温放线菌)只需 1～2 天。

(5) 菌落的选择　菌落的选择常常是分离步骤中最易受挫折和最耗时间的阶段。应采用什么方法取决于筛选的最终目的。

如对某一属的放线菌感兴趣，常可以用显微镜观察分离平板的方法作鉴别，最好采用高倍接物镜和较长的景深。

常采用以下两种方法进行筛选：①铺菌法，于分离平板上铺上一层单一的试验菌的办法来测定各个菌落的抗生素生产能力；②复印平板法，将菌落复印在平板上的办法来研究它们对一系列试验菌的作用。

40.1.4　抗生素产生菌与药理活性化合物的筛选

筛选具有潜在工业应用价值的微生物的第一个阶段是分离。在要求获得高产菌株的同时，还应考虑推广到生产过程时的经济问题。在筛选所需菌株时宜考虑以下一些重要指标：①菌的营养特征，在发酵过程中，常要求采用廉价培养基或来源丰富的原料，如用甲醇作为能源。一般用含有这种成分的分离培养基便能筛选出适应这种养分的菌种。②菌的生长温度应选择高于40℃的菌种，这可以大大降低大规模发酵的冷却成本。③菌能适应所采用的设备和生产过程。④菌种生产性能稳定。⑤产物得率和产物浓度较高。⑥容易从培养液中回收产物。投入生产前还必须对产物的毒性和菌种的生产性能作出评价。

有些菌种需从自然环境中分离得到。但也可向菌种保藏委员会索取。尽管所购菌种的性能一般比较弱，但可作为模型来改良和建立分析技术，然后再用于评定天然分离株。

(1) 抗生素产生菌的筛选　把潜在的产生菌生长在含有试验菌的平板上可以鉴定产生菌的抗菌作用；也可以将微生物分离株生长在液体培养基中，检测其无细胞滤液的抗菌活性。

采用联合试验菌，如枯草杆菌和绿色产色链霉菌或巴氏梭状芽孢杆菌可以分离出抗菌活性高的新抗生素。黄色霉素族的抗生素便是用这类方法找到的。

(2) 药理活性化合物的筛选　其原理是，一种化合物能在体外抑制一关键人体酶，它可能在体内具有药理作用。若将体外筛选出的活性化合物，再用动物做实验，可筛选出新的药理活性化合物。表40-5列出了基于酶靶方法的药理活性物质筛选例子。

表40-5　基于酶靶的方法的药理活性物质筛选的例子(仅限于用来鉴定新抑制剂的酶)

药理活性	靶　酶
邻苯二酚胺合成	酪氨酸羟化酶、多巴胺-β-羟化酶、单胺氧化酶、儿茶酚-O-甲基转移酶
抗组胺	组氨酸脱羧酶，组胺-N-甲基转移酶
抗脂血症	3-HMG-CoA还原酶、缩合酶
5-羟色胺合成	色氨酸羟化酶、胰酶、血纤维蛋白溶酶、木瓜蛋白酶、糜蛋白酶、组织蛋白酶A、B和D弹性蛋白酶、胃蛋白酶
抗高血压	血管紧张素转化酶
前列腺素的合成	前列腺素合成酶
糖水解酶	α-淀粉酶、蔗糖酶
(抗糖尿病等)	β-半乳糖苷酶、神经氨酸苷酶

40.1.5　筛选动向

近年来发展了一种更为理性化的微生物筛选技术，现已到实用阶段。采用遗传或生理操纵办法可发现新的代谢物或提高现有分离株的生产能力。

(1) 天然基质的选择　现已能做到较为定向的选择。在大的生态环境(海洋)中还有不少新菌种待发掘。了解生态环境内的微环境变化会有助于分离出更多的不同类型的菌株。例如在寻找有用产物时往往忽视了厌氧微生物。

(2) 对次级代谢物的意义的了解　过去对土壤中的抗生素怎样形成及其作用等了解很少。如果能了解并检测到抗生素或其他次级代谢物生产的天然微生态环境，便可以更为合理地选择那些含有所需菌种的材料。

(3) 富集技术的发展　在分批培养中从混合天然菌群中富集所需菌种的方法有以下几种：①在分离前改变天然菌群组成的平衡。可用微生物生理的知识来增加某一类群的比例，如加入一已知次级代谢物的前体，可富集相应的次级代谢物生产菌种。②富集所需菌种也可以用恒化器培养混合菌群的方法。

（4）定向的分离培养基配方的选择　许多分离培养基的组成都是凭经验决定的，需要更多的有关放线菌和其他类群的营养需求的知识，以求选择更为合理的培养基成分；也可以在分离培养基中加入已知的代谢物的前体。

40.2 抗生素的作用机制

研究抗生素的作用机制不仅有助于确定其抑制效应，还可以获得被抑制过程本身的新线索；有些抗生素还能作为重要的工具用于研究真核生物细胞器，如线粒体和叶绿体的生源和功能，甚至用于阐明病毒和噬菌体的生命周期。这个领域的研究主要想弄清楚以下一些内容：①抗生素对细菌的毒性作用的确切机制；②在敏感细胞内毒性作用的部位；③毒性作用的特异性；④药物的化学结构与敏感部位的化学结构之间的关系；⑤正常敏感细胞变成耐药性的机制。

这里主要讨论抗生素作用于原核生物或真核生物的敏感部位或靶子的化学机制。有些抗生素损害细菌或真菌的细胞壁的功能或抑制其生物合成、能量代谢，起抗代谢物的作用，干扰 DNA 的模板功能，抑制复制、转录或转译过程，或影响细胞膜的功能。研究其作用方式可在生化、细胞学、分子生物学及遗传四个水平进行。

（1）生化水平　它包括两个方面：寻找一些能拮抗或消除药物作用的物质；分析养分吸收直到最终结合到细胞材料中的各个步骤，接着研究药物对每一步骤的作用：①产能代谢；②氧化磷酸化和能量耦合；③细胞膜的渗透性和完整性；④对细胞壁聚合物合成的干扰；⑤对蛋白质和核酸合成的干扰。应用这些生化方法可以探明药物作用的一般生化部位，并以此作为生化分类的依据。

（2）细胞学水平　细胞是拥有繁殖系统的高度组织结构。若一种药物特异地干扰此系统，如单个蛋白质或核酸的合成，人们就必须知道这种损伤所处的部位和性质。

（3）分子生物学水平　这是指研究药物与作用部位之间的关系，抗生素与 DNA 分子、核糖体蛋白、膜蛋白或酶的相互作用。

（4）遗传水平　这方面的研究可用于解释抗性细胞变株的生成和借哪一种遗传机制抗性被编码和传递。遗传学者与生化学者在这方面的合作会富有成果。

40.3 抗生素的耐药性

青霉素问世不久，一些致病菌对青霉素产生耐药性。

Davies(1992)把耐药机制分成以下 7 类：①修饰；②降低吸收；③增加排泄；④改变靶位；⑤免疫蛋白；⑥旁路/取代；⑦螯合作用。Gale 等(1981)将耐药生化机制分为 5 类：①靶位的修饰；②降低靶位的生理重要性；③靶位的复制；④阻止接近；⑤借钝化获得耐药（摧毁抗生素的酶和靠替换钝化酶）。

许多耐药性菌株产生专一钝化抗生素的酶。这类酶以两种方式起作用：它们以化学方法修饰抗生素或通过在其结构中打开一个或过多的共价键来钝化它们。

40.4 抗生素的生产工艺

40.4.1 生产工艺概况

各个公司的菌种和生产技术都视为机密，很少公开其生产过程。但我们还是可以从有关资料归纳抗生素的一般生产流程。

种子制备（试验室阶段）：生产菌种（一般以孢子形式保存）⟶琼脂斜面培养$\xrightarrow{\text{成熟孢子接种}}$①扩大培养制备更多的种子，如大米孢子，制成孢子悬液；②摇瓶培养，制备菌（丝）悬液

（生产车间阶段）：试验室种子$\xrightarrow{\text{接种}}$一级种子罐$\xrightarrow{\text{移种}}$二级种子罐（逐级放大，随发酵罐大小而定）$\xrightarrow{\text{接种}}$发酵罐

一般种子接种量为5%～30%，培养时间为1～3天，随不同品种而定。各级罐的容量从100～200 L起，5～10倍递增，到发酵生产罐一般在50～150 m^3 的范围。所有与菌种培养、生产有关的操作都要求无菌操作，因此，所用容器、罐体、管道等都必须严格消毒灭菌。所有种子在接种前都必须经严格检查，看其质量是否符合GMP规定，尤其要达到无（杂）菌要求。

对菌种的保藏和种子的制备必须予以足够的重视。经长期诱变或基因工程改造的高产菌株往往比较脆弱，经重复移殖后很可能会抛弃附加的基因，恢复其生长旺盛低产性能。因此，将菌种保藏在液氮中比较安全。将最佳状态的高产菌株保存在主菌种保藏库，由此制备大量生产用的菌种，储存于工作菌种保藏室。在进行生产前，对菌种生产性能必须有把握。这就要求经摇瓶到试验罐的一系列的评定。

发酵过程从接种后到结束（放罐），都必须严格监测与及时调节控制。监控的变量与操作一般有：温度、罐压、搅拌转速、空气流量、泡沫、补料、添加前体等，先进的生产厂家还拥有监测尾气中的 O_2 和 CO_2 含量、生物量，甚至发酵液与代谢物的成分。种子是发酵成败的关键，但还需在最后的环节发酵过程中体现。此外，现代更为先进的理论指导，如用系统生物学和从多尺度的角度考虑去解决过程中出现的问题也是更易成功之路。有关理论请参阅张嗣良等编著的《多尺度微生物过程优化》。

发酵产物的回收需经过滤、提取、结晶、干燥和包装等单元作业，总称为下游工程，才能变成商品。这些过程虽然属于化学过程范畴，但处理生物活性物质有其特殊性，其中多数是不耐热的，且对环境因素敏感，况且有些是作药用的，如产品需无菌、不能带有热原质等，因此更需加倍谨慎，所有提取工艺必须符合GMP要求。典型的青霉素的生产过程如图40-1所示。

提取工艺流程随品种有很大的不同。除了发酵液一般需经预处理，过滤除去菌体和残留的固体培养基成分外提取方法可以采用溶媒法（如青霉素、红霉素等），离子交换法（如链霉素、庆大霉素等），沉淀法（如四环类抗生素等）等手段。各种提取方法都有其优缺点和适用范围，但总的要求是其对产品的提取效率，即分配系数或选择性和回收率要高，省工时和成本低。

以青霉素为例，其回收是用溶剂（如正乙酸乙酯或甲基异丁酮）在酸性环境下，10℃下提取，以减少对青霉素的化学或酶的水解作用。含青霉素的溶媒相用活性炭处理以去除色素和

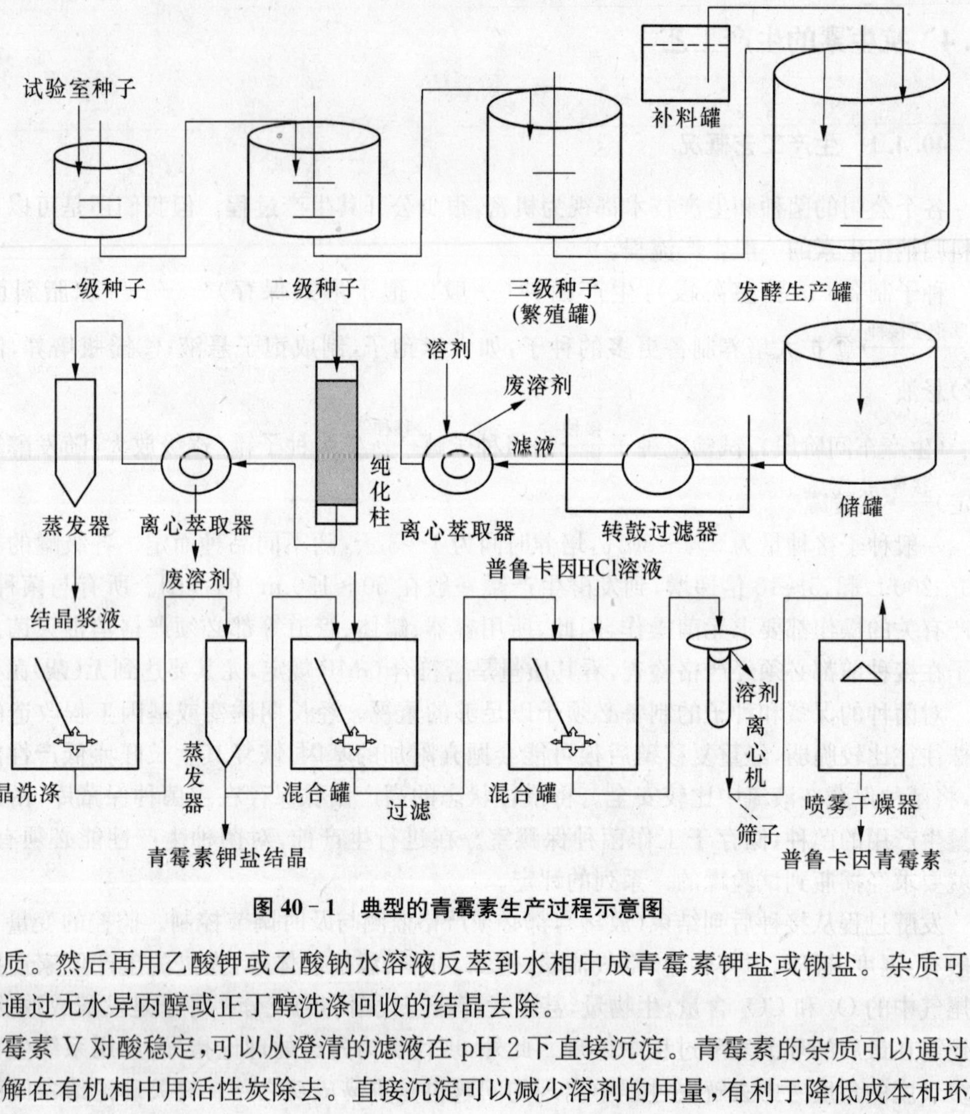

图 40-1 典型的青霉素生产过程示意图

其他杂质。然后再用乙酸钾或乙酸钠水溶液反萃到水相中成青霉素钾盐或钠盐。杂质可以进一步通过无水异丙醇或正丁醇洗涤回收的结晶去除。

青霉素 V 对酸稳定，可以从澄清的滤液在 pH 2 下直接沉淀。青霉素的杂质可以通过把沉淀溶解在有机相中用活性炭除去。直接沉淀可以减少溶剂的用量，有利于降低成本和环境保护。

当今大多数的青霉素都用来制备 6-APA，现已研究出绕过青霉素沉淀盐的工艺，从而减少母液的损失。这种直接工艺方法采用把溶剂中的青霉素反萃到水溶液中。在去除残留的溶剂后直接用适当的酶系统进行青霉素的水解，制备 6-APA。

有些抗生素的提取液浓度还达不到结晶等进一步提纯的要求，需进行浓缩(减压)。浓缩液再用层析或分子筛等方法进一步精制，最后结晶，干燥或对纯品直接进行冷冻干燥。

成品需符合国家药典要求才能分包装，作商品出售。所有下游工程的相关细节请参阅《现代生物工艺学》(上册)。下面分别介绍生产过程中的一些新动向和注意事项。

40.4.2 生产菌种的改进

除了用紫外线和亚硝基胍诱变选育和原生质体融合等传统方法外，如今有许多菌种选育策略利用已掌握的有关抗生素生物合成与生产菌种的生理代谢知识设计一些选择性压力来提高所需菌种的筛选效率，表 40-6 列举了其中一些方法。欲了解其原理，请参阅储炬等编著的《现代工业发酵调控学》。

表 40-6 筛选菌种的选择性压力及其可能的作用

选择性压力	可能的作用效果
生物合成中的氨基酸、糖的类似物	消除反馈控制
抗真菌药物，如制霉菌素	改变细胞壁成分，增加渗透性
铜、镉、汞离子	增加巯基、谷胱甘肽
铁、锰离子	促进芽孢或孢子的形成
硒代甲硫氨酸、乙硫氨酸	促进硫酸盐代谢
硒化物、硒化钾	促进半胱氨酸合成
脱氧葡萄糖	降低葡萄糖的反馈调节作用
二氧化碳	提高发酵中高浓度 CO_2 的耐受力
高磷酸盐浓度	减少磷酸盐的调节
高盐浓度	提高耐盐原料
硝基酚、叠氮化物	促进氧化磷酸化
聚丙二醇	提高高浓度消泡剂的耐受力
水溶性溶剂	改进下游加工过程
过氧化物	提高催化剂活性

在抗生素应用的初始年代，菌种的生产水平较低，很容易通过传统的选育与筛选方法提高发酵单位；但随着生产菌种的发酵单位的不断提高，其增长的幅度越来越小，可发掘的潜力已不大。从菌种改良角度提高平均生产水平 5%～10%都很困难。对新老品种的菌种选育都需要精心设计，利用各种先进的仪器和手段才有望达到预期目标。据此，Lowe(2001)提出如图 40-2 所示的高产菌种选育评定方案。

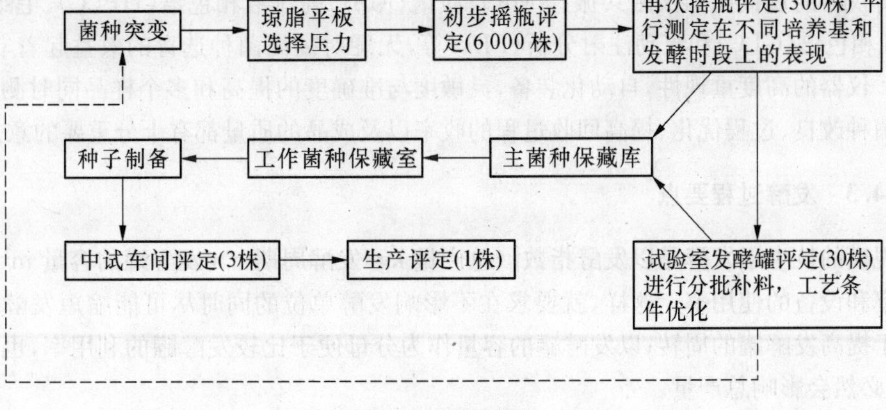

图 40-2 菌种选育放大评定方案

现代育种工作少不了基因工程的应用。生物技术还开拓了其他方面的途径，如现已用生化途径的阐明结合生物合成酶的分离，基因工程技术可以在重组大肠杆菌和生产菌种中表达所选择的酶。应用动力学研究方法与代谢库的测量，可以鉴别预期的次级代谢物，如抗生素生物合成的速率限制酶的步骤。增加编码这些速率限制酶的基因拷贝数有可能强化这些薄弱环节。

例如，已知青霉素的生物合成途径（图 40－3）的限制步骤是在三肽的环化酶（*pcbC*）和酰基转移酶（*penDE*）上，强化编码这些酶的基因有可能提高青霉素的产量。同样，强化头孢菌素环化酶（*pcbC*）、扩环酶和水解酶（*cefEF*）和酰基转移酶（*cefG*）有望增加头孢菌素产量，减少不需要的副产物，如青霉素 N 和去乙氧头孢菌素 C。也有试用添加新的酶来创造新的代谢产物。

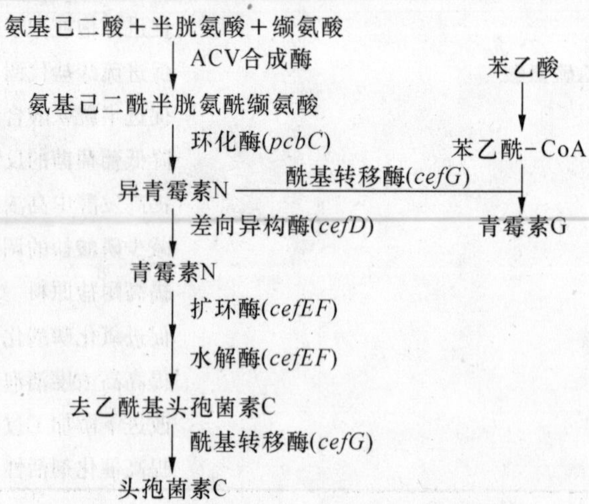

图 40－3 青霉素与头孢菌素生物合成途径

Lee 等新近介绍了系统生物学在菌种选育中的应用。他们认为，微生物的系统-水平工程可以通过高处理能力的计算机模拟试验来实现。基因组学、转录组学、蛋白组学、代谢物组学和物流组学的研究结果，现成的数据库数据、计算机建模与模拟预测构成代谢系统整体背景。由此获得适合于工业生产的新的高效生产菌株。

分析仪器的现代化如核磁共振（NMR）、质谱（MS）、高压液相色谱（HPLC）、毛细管电泳（CE）、气相色谱（GLC）和流动注射分析（FIA）等，无疑对提高菌种选育的效益起着非常重要的作用。仪器的高度重现性，自动化装备，灵敏度与准确度的提高和多个样品同时测定，这些品质对菌种改良、过程优化、提高回收过程的收率以及成品的质量都有十分重要的意义。

40.4.3 发酵过程要点

大规模的抗生素发酵是以发酵指数[（总产量 kg/发酵周期 h）/发酵罐的容量 m^3]来衡量生产效率和设备的使用率。这样，就要求在不影响发酵单位的同时尽可能缩短发酵周期，使之有利于提高发酵罐的周转；以发酵罐的容量作为分母便于比较发酵罐的利用率，也就是说，装量小，必然会影响总产量。

发酵单位，即产物浓度（kg/m^3）与产率（$kg \cdot m^{-3} \cdot h^{-1}$）似乎不能兼顾。尤其在发酵后期发酵单位的增长明显减缓的情况下，继续发酵，产物浓度的略微增加却是以产率的下降为代价的。产物浓度高一些有利于提取，但发酵液分解代谢物也增多，发酵指数降低。这就需要根据工厂全局情况综合考虑。提高发酵罐的利用率通常还需要缩短非发酵的生产时间，包括应用连续灭菌、加速放料、清洗、灭菌和接种。

近代抗生素发酵绝大多数采用过程补料的措施。这样，不仅可以避免基础培养基加糖过多，引起分解代谢物效应，还可以控制菌的生长，引导菌合成产物。添加的糖浓度很有讲究，一般为35%～60%，补入高浓度的糖对提高发酵单位有利，但同时也使发酵液黏稠，对传质尤其是供氧不利。补入稀料的结果是发酵液被稀释，传质、供氧情况好转，且其总产量反而高一些。体积过大，可以考虑放掉部分发酵液到下游工段。总之，各有利弊，需根据工厂全局统筹考虑。

发酵过程的监控是否准确、到位、及时是抗生素生产的关键。近年来，抗生素发酵工艺取得的进展在很大程度上是检测手段的发展。其中功劳最大的莫过于尾气 O_2 与 CO_2 含量的监测。它们分别由热磁氧分析仪和不分光红外分析仪连续测定。这些仪器虽然价格较贵，但可以连接到多个发酵罐巡回监测。

张嗣良等集中力量开发了一个适应多种反应器特点，融合多种过程理论和控制理论，便于发酵过程工艺分析和优化操作的软件包。由此精确得到发酵过程优化与放大所必需的包括各种代谢流特征或工程特征的间接参数，如摄氧率(OUR)、二氧化碳释放率(CER)、呼吸熵(RQ)、体积氧传递系数(K_La)、比生长速率(μ)等。在装置研究的基础上，形成了商品化实验室生物反应器，先后成功地在青霉素、红霉素、饲料金霉素、链霉素、黄霉素、泰乐霉素、必特螺旋霉素等多种产品的发酵优化上应用，取得了大幅提高发酵单位能力效益，其优化结果一般可由几十升发酵罐直接放大到上百立方米的工业生产发酵罐。

40.5 头孢菌素C的代谢调控与放大研究

这一节简要介绍华东理工大学国家生化工程技术研究中心(上海)研究头孢菌素C发酵过程的进展。头孢菌素类抗生素属于β-内酰胺类抗生素，是近年来国内外发展最迅速、新品种最多的一类抗生素。

冀志霞等考察了种子质量对头孢菌素C合成的影响，利用质谱仪对种子培养过程尾气进行监测，发现种子培养后期RQ值下降，表明脂肪酶被诱导，这有利于发酵过程中对油等碳源的早期启动利用。他们提出以RQ值为确定移种时间的新参数。

在对头孢菌素C发酵过程代谢特性进行研究时，他们发现在生产旺盛期，OUR最高为 $90.2\ \mathrm{mol\cdot m^{-3}\cdot h^{-1}}$，表明高耗氧是头孢菌素C发酵的特点之一。通过对三级发酵和四级发酵的比较，表明氧供给不足是限制生产水平提高的关键。

他们测定了发酵过程胞内和胞外发酵液中氨基酸浓度的时序变化，并与比生长速率、头孢菌素C形成速率进行相关分析，初步研究了发酵不同时期的氨基酸的变化规律，还重点研究了甲硫氨酸的代谢规律，证明了其对头孢菌素C合成的重要调节作用。另外检测并分析了胞内和胞外的丙酮酸、α-酮戊二酸、乙酸、乳酸、柠檬酸和琥珀酸的消长规律。

对不同碳源葡萄糖和油的利用规律与头孢菌素C合成、耗氧、菌体形态等的关系的研究表明，补加葡萄糖，产生细长菌丝，且菌丝分化为节孢子的速度较慢，而补油能够产生大量的节孢子，促进菌丝分化。摇瓶实验表明，用葡萄糖部分替代糊精后可以促进头孢菌素C的合成。在50 L罐上以2%葡萄糖+3%糊精代替5%糊精，发酵单位提高了15.7%。

利用显微图像分析技术定量研究了菌形分化与头孢菌素C合成的关系。将菌丝按照长度与直径分别进行定量分析和统计，得出顶头孢霉菌发酵过程的菌形时序变化规律以及与产物合成的关系，膨大菌丝转化为节孢子是头孢菌素C合成的主要时期，进入生产期后粗短菌丝的数量与其分化成节孢子的速度是决定高产的重要因素。

在对代谢特性与菌丝形态研究分析的基础上，应用参数相关分析理论和计算流体力学方法指导头孢菌素C发酵放大。在30 L试验罐上模拟80 m^3 生产罐的环境条件，发现高转速下的剪切作用影响了菌的正常生长，从而降低了头孢菌素C的合成水平，表明剪切是制约头孢菌素C发酵放大的重要因素之一，通过更换80 m^3 生产罐中挡搅拌桨，把加长六直叶换成六弯叶，结果降低了剪切作用，使得工业大罐的产量提高了33.3%。

在参数相关分析的基础上，进一步利用计算流体力学方法，模拟160 m^3 发酵罐内流场速度和气体体积分率分布。结果表明，除搅拌桨形式不合理造成的供氧问题外，补料(油)在发酵罐内从罐顶到罐底分层引起的不均匀性而引起的油利用率下降，是影响头孢菌素C发酵放大的另一主要原因。对搅拌桨调整后，计算流体力学模拟结果表明，流场分层现象得到很大的改善，显著提高了发酵生产罐的供氧能力，混合效果也得到了很大的改善。通过增加搅拌桨叶直径，改善160 m^3 工业发酵罐的混合状况，使生产水平提高了17%～30%。

利用头孢菌素C发酵过程积累的数据，建立BP神经网络预估模型，实现以发酵前期的菌浓和pH对效价的预测，将此模型应用于生产实际，分别通过倒种和改变培养基中碳源组成的方法，使头孢菌素C的合成水平分别提高了11.8 %和15.7%，表明模型具有较好的预测功能。

(储　炬)

参考文献

［1］ Lowe D A. Antibiotics// Ratledge C, Kristiansen B, Basic Biotechnology. 2nd Ed. England: Cambridge University Press, 2001:349-389.

［2］ Betina V. Antibiotics// Vladimir B. Bioactive Secondary Metabolite of Microorganisms. Amsterdam: Elsevier, 1994.

［3］ Berdy J. Adv Appl Microbiol, 1974,18:309.

［4］ Davies J J. Gen Microbiol, 1992,138:1553.

［5］ 张嗣良，储炬. 多尺度微生物过程优化. 北京：化学工业出版社，2003.

［6］ 储炬，李友荣. 现代工业发酵调控学. 北京：化学工业出版社，2001.

［7］ Sang Yup Lee, Dong-Yup Lee, Tae Yong Kim. Systems biotechnology for strain improvement. Trends in Biotechnology, 2005,23:349-358.

［8］ Zhang S L, Chu J, Zhuang Y P. Advances in Biochem. Eng and Biotechnol, 2004,87:97-150.

［9］ 冀志霞，储炬，庄英萍，张嗣良，等. 头孢菌素C发酵过程代谢特性的研究. 华东理工大学学报，2006,32(11):1275-1279,1309.

［10］ 万平，冀志霞，储炬，等. 菌丝形态分化与头孢菌素C合成的关系. 微生物学通报，2005,32(1):15-21.

41 维生素及相关化合物

41.1 维生素 C

41.1.1 性质和用途

维生素 C(Vitamin C, VC)又名 L-抗坏血酸，为己糖衍生物，其分子中第 2 位和第 3 位碳原子上的两个相邻烯醇式羟基易解离出氢离子而呈酸性。维生素 C 是可溶于水的无色结晶，在弱酸环境中稳定，碱性环境中极易被破坏，它极易被氧化成脱氢抗坏血酸，是较强的还原剂。维生素 C 氧化脱氢抗坏血酸的反应是可逆的，因此维生素 C 和脱氢抗坏血酸都具有维生素 C 的生物学活性。维生素 C 在碱性和中性环境中被氧化成 2,3-二酮古洛糖酸，2,3-二酮古洛糖酸进一步氧化成草酸和 L-苏阿糖酸，失去生物学活性。

维生素 C 是人体营养必需的维生素，除作为重要的医药产品用于治疗多种疾病外，也广泛用于食品、饲料及化妆品中。

41.1.2 生产方法

维生素 C 的生产可分为浓缩提取、化学合成和生物发酵。20 世纪 20—30 年代人们从柠檬、胡桃、野蔷薇、辣椒等生物组织中提取浓缩获得维生素 C，该方法成本高，产量有限，远远不能满足人们的需求。1933 年，Reichstein 等建立了从 D-葡萄糖出发，以化学方法和一步发酵法合成维生素 C 的莱氏法。该法经不断改进和完善，并得到广泛使用。60 年代以来，人们开始探索以微生物转化法取代莱氏法，筛选得到许多有价值的菌种，提出了山梨醇途径、山梨糖途径、L-艾杜糖途径、L-古洛糖酸途径、2-酮基-D-葡萄糖(2-KGA)途径、2,5-二酮基-D-葡萄糖(2,5-DKG)途径、2-酮基-L-古洛糖酸途径以及酵母发酵途径等多条反应路线，其中较有前途的方法包括二步发酵法、新二步发酵法和一步发酵法。

(1) 莱氏法　莱氏法合成路线见图 41-1。

$$\text{D-葡萄糖} \xrightarrow[\text{高压}]{H_2/\text{cat.}} \text{D-山梨醇} \xrightarrow[\text{[O]}]{\text{黑醋菌}} \text{L-山梨糖} \xrightarrow[H_2SO_4 \cdot SO_3]{CH_3COCH_3} \text{双丙酮-L-山梨糖} \xrightarrow[\text{NiSO}]{\text{NaOCl}}$$

$$\text{双丙酮-2-酮-L-古洛糖酸} \xrightarrow{H_3^+O} \text{酮-L-古洛糖酸} \xrightarrow{\text{化学转化}} \text{维生素 C}$$

图 41-1　VC 莱氏合成路线

D-山梨醇转化为 L-山梨糖的发酵菌株除弱氧化醋酸杆菌(*A. suboxydans*)、生黑葡萄糖酸杆菌(*Gluconobacter melanogenus*)外，恶臭醋酸杆菌(*A. rantens*)、醋酸化醋酸杆菌(*A. aceti*)和拟胶杆菌(*Bacterium xylinoides*)等也有此转化作用。此法存在工序繁多、劳动强度大等缺点。国内已采用我国自己发明的发酵法代替莱氏法生产 VC。

(2) 二步发酵法　目前，工业上生产 VC 多采用二步发酵法，此法是在 20 世纪 70 年代初研究成功，属我国首创。它是以生物氧化过程代替莱氏路线的部分纯化学过程。合成路线见图 41-2。

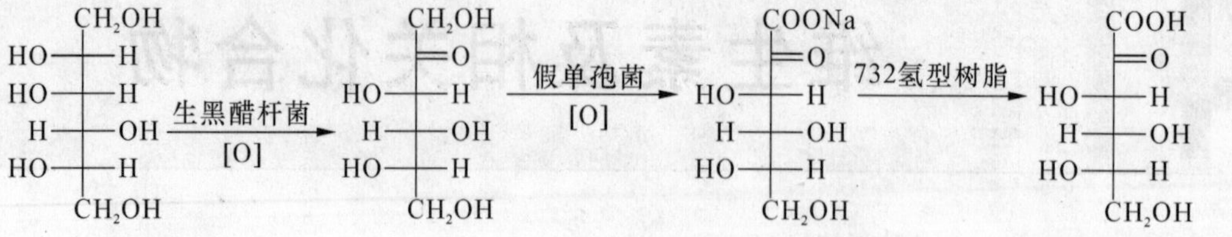

D-山梨醇　L-山梨糖　2-酮-L-古洛糖酸钠　2-酮-L-古洛糖酸(1)

图 41-2　VC 的二步发酵合成路线

该法不仅大大简化了莱氏法，省去了有毒化学药品的使用，而且其大都采用液体物料反应，为实现工业生产过程的机械化、连续化和自动化创造了条件。

生物新技术在维生素 C 二步发酵中的应用主要涉及细胞固定化、原生质体融合和基因工程技术。

（3）新二步发酵法　新二步发酵法是由日本园山高康等发明的，也称葡糖糖串联发酵法。其发酵路线见图 41-3。

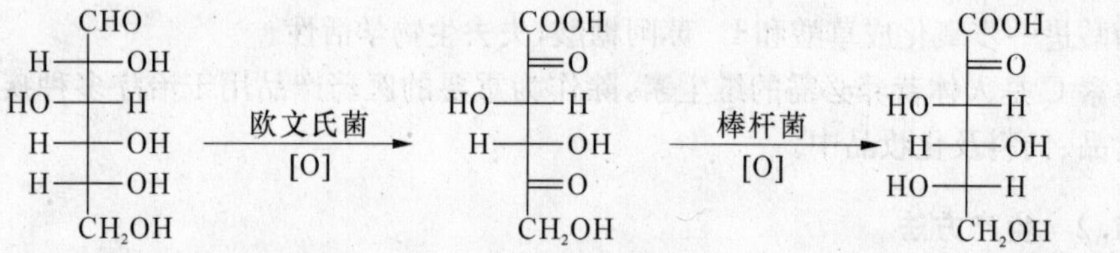

D-葡萄糖　2,5-二酮-D-葡萄糖酸　2-酮-L-古洛糖酸

图 41-3　VC 串联发酵路线

新二步发酵法省去了从 D-葡萄糖加氢生成 D-山梨醇的步骤，大大简化了莱氏法的工艺过程，原料方面也比二步发酵法有所简化，收率也较高。但该法在生产上还存在一些问题，如中间产物 2,5-二酮基-D-葡萄糖酸不稳定，再由此二酮基葡萄糖酸还原生成 2-KGA，因此效率较低，成本高。在反应条件、菌体处理、工艺设备估算等方面与工业化生产尚有一定的距离。

（4）一步发酵法　一步发酵法为由葡萄糖氧化直接生成 2-酮基-L-古洛糖酸途径。该路线比较简单，但能够实现此一步转化的菌株至今尚未在自然界中发现。人们尝试用基因工程手段获得一步发酵的生产菌株。例如，将欧文氏菌和棒状杆菌相关的特性结合于同一种微生物中，只需单菌一步发酵便可实现由葡萄糖到 2-KGA 的转化。目前一步发酵法距实际应用尚有距离。

（5）其他途径　其他的生产方法还有 L-艾杜糖酸途径和酵母菌发酵法。

41.1.3　展望

在维生素产业中 VC 的生产占有重要的地位。1979 年全世界 VC 产量为 21 000 吨，1983 年为 35 000 吨，1992 年为 70 000 吨，目前全世界 VC 的生产能力逾 11 万吨。我国现有的 VC 生产规模约占世界总规模的 1/3～1/2，其中 80％的产品用于出口，占国际市场份额的 30％。进一步利用生物高新技术改进 VC 生产工艺，提高生产效率，降低成本，增强该产品在国际市场的竞争力，已成为我国 VC 产业面临的一个紧迫而严峻的课题。

41.2 维生素 E

41.2.1 性质及用途

维生素 E(VE)为脂溶性维生素，是生育酚不同异构体的总称。自然界中存在四种生育酚，即 α，β，γ 和 δ-生育酚，它们的区别在于芳香环上甲基的位置和数目的不同。除生育酚外，在植物组织中还发现了少量的生育三酚，与生育酚的侧链是饱和的叶绿基不同，生育三酚的侧链是不饱和的咙牛儿基，生育三酚在植物中的确切功能现在还不清楚。维生素 E 外观呈金黄色或淡黄色黏稠油状液体，具有温和特殊的气味，遇空气及光易发生氧化而变成暗红色，可与丙酮、乙醚或植物油混溶，几乎不溶于水，为脂溶性抗氧化剂。

VE 自 1922 年被发现以来，一直是人们研究的热点，新的应用领域不断被发现。因其具有耐热性，在较高的温度下仍有较好的抗氧化效果，而且耐紫外线、耐放射性较强，用途十分广阔。在医药工业方面，VE 作为细胞内抗氧化剂，能抑制在各种细胞和器官内进行的氧化还原反应，特别能够保护细胞膜，使之免受不饱和脂类化合物过氧化产生的自由基的侵袭。在食品工业方面，作为食品抗氧化剂，添加 VE 可起到食品防腐保鲜的作用，VE 的沸点高、热稳定好，因此特别适合于需要加热保存的食品(如方便面、人造奶油、奶粉等)。VE 与卵磷脂配制成的抗氧化剂，不仅具有良好的抗氧化作用，而且对人体安全性高、无毒副作用。在饲料工业方面，VE 作为饲料添加剂，既是一种抗氧化剂，又是畜禽生长必需的生物催化剂，在畜禽免疫、疾病防治、改善肉质、增加畜禽的繁殖或产蛋率等方面起到重要的作用，目前 VE 是配合饲料中不可缺少的维生素之一。在化妆品方面，VE 有利于保护皮肤免受自由基损害。同时 VE 作抗氧化剂可以延长化妆品使用时间。近年来，许多的防晒品、护肤品、唇膏等美容用品的配方中均加入一定量的 VE，它能促进皮肤的新陈代谢和防止色素沉积，改善皮肤弹性，具有美容、护肤、防衰老等性能，已成为目前国际市场营养性系列化妆品的主流。另外，VE 可作为食品工业用塑料薄膜制品的抗氧化剂；VE 添加到感光材料中，能提高材料的应用性能；将 VE 作为橡胶助剂加入橡胶中，能减少橡胶加工中产生的致癌亚硝胺，而且对胶料的硫化特性无不良影响。

41.2.2 合成维生素 E 的生产现状

商品 VE 可分为天然 VE 和合成 VE 两类。世界合成 VE 的生产主要集中在西欧和日本。长期以来，世界 VE 市场基本被德国巴斯夫公司、瑞士罗氏公司、法国罗纳-普朗克公司和日本高砂香料公司垄断。合成 VE 的两个关键性原料为三甲基氢醌和异植物醇。

三甲基氢醌即 2,3,5-三甲基氢醌，又名 2,3,5-三甲基对苯二酚。工业化合成三甲基氢醌主要有 1,2,4-三甲苯及间甲酚两条路线。

异植物醇是由四个异戊二烯分子首尾相接而构成的双萜类的二十碳不饱和烯叔醇。异植物醇可由天然原料合成或由化学法合成。化学合成法有罗氏法、异丁烯-甲醛法、异戊二烯-格氏试剂法等，天然原料则选用松节油等。

41.2.3 天然维生素 E 的生产

天然维生素 E 是仅由光合生物合成一类脂溶性的强抗氧化剂。一般认为，它们主要在叶绿体中合成，对叶绿体的膜系统起着一定的稳定作用。天然维生素 E 是一组在苯环上有多个甲基，紧密相关的酚的苯并二氢吡喃衍生物。目前已分离出 8 种类似物质，它们的基本结构如图 41－4 所示。在天然存在的生育酚和三烯生育酚中，α－生育酚的生理活性最高（α，β，γ，δ－生育酚的相对活性分别为 100％，50％，10％和 3％，α－三烯生育酚约为 30％，而其他三烯生育酚为 10％左右），并被人体优先吸收和利用。

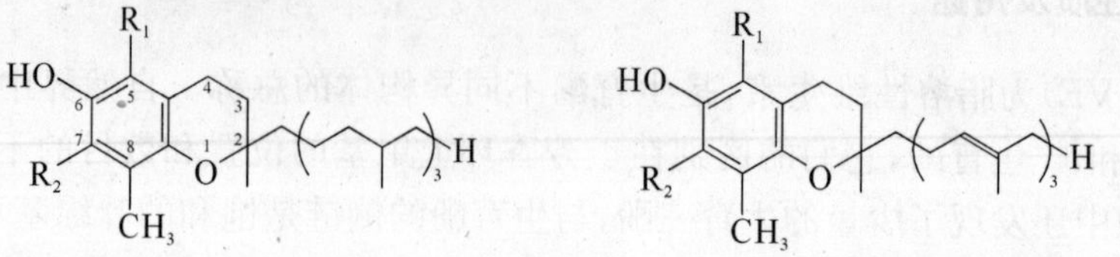

R_1	R_2		R_1	R_2	
H	H	δ－生育酚	H	H	δ－三烯生育酚
CH_3	H	β－生育酚	CH_3	H	β－三烯生育酚
H	CH_3	γ－生育酚	H	CH_3	γ－三烯生育酚
CH_3	CH_3	α－生育酚	CH_3	CH_3	α－三烯生育酚
	生育酚			三烯生育酚	

图 41－4 生育酚和三烯生育酚的基本结构

41.2.3.1 天然维生素 E（α－生育酚）的生物合成途径

在几种天然维生素 E 中，α－生育酚的生物合成途径研究得最为清楚。早在 20 世纪 60—70 年代，研究者就通过放射性同位素标记技术研究 α－生育酚的生物合成，到 80 年代已基本阐明高等植物 α－生育酚的生物合成途径及其在叶绿体中的合成位点。光合生物通过一系列的酶促反应合成 α－生育酚。

此合成途径的 7 个酶中，除了 2－甲基－6－叶绿醇质体醌甲基转移酶和生育酚环化酶外，有 5 个酶的基因已被克隆并进行了功能鉴定。这些基因的克隆将有利于人们将来在分子水平和生化水平上研究和生产维生素 E，实现在重要农作物上改变它们水平的目标。

41.2.3.2 天然维生素 E 主要存在形式

天然维生素 E 主要存在于各种植物原料中，油料种子、某些谷物、坚果和绿叶蔬菜中均有相当数量，但其在动物组织中含量极低。由于 VE 是脂溶性的，因此在种籽油或果肉油中一般均富含 VE，表 41－1 列出了几种主要食用油脂中维生素 E 含量及各种生育酚的分布情况。

表 41－1 几种主要食用油脂中生育酚含量及类型（mg/100 g 油脂）

	生育酚				生育三烯酚				总量
	α	β	γ	δ	α	β	γ	δ	
玉米油	22.3	3.2	79	2.6					107.1
豆油	10.0	0.8	2.5	26.1					99.4
棉籽油	38.1		38.7						77.6
向日葵油	59.9	1.5	3.8	0.7	2.5				68.4
菜籽油	18.4		38	1.2					57.6
红花籽油	36.7			1.0					37.7
花生油	13.9	3.0	18.9	1.8					37.6
芝麻油	1.2	0.6	24.4	3.2					29.4
橄榄油	16.2	0.9	1.0						18.7
椰子油	0.5			0.6	0.5	0.1	1.9		3.6
麦胚芽油	115.3	66.0			2.6	8.1			192.0

41.2.3.3 天然维生素E的提取

由于小麦胚芽油中天然维生素E的含量较高，因此可将此麦胚油直接用于营养补助食品中。但要制成维生素E含量超过250 mg/100 g的油，或是550 mg/g的油制剂，则需进行浓缩与精制。目前，天然VE提取的原料来源主要来自两种：①油脂脱臭馏出物中富集VE，在脱臭时随高真空、高温的蒸汽带出了很多的物质，其中含有较多的VE；②从油脂碱炼的皂脚中提取，因为皂化时生成的胶体吸附了大量的不皂化物，其中包括VE。下面介绍几种VE的提取、浓缩及纯化技术。

(1) 从皂脚中提取　从小麦胚芽油皂脚中以0.5 mol/L NaOH乙醇液进行补充皂化，用极性溶剂甲醇、乙醇或丙酮萃取，得不皂化物溶液，经冷冻后分离出蜡及部分甾醇，溶液经活性炭脱色得到含量为10%～15%的浓缩维生素E，若再经分子蒸馏可得浓度更高的生育酚。

(2) 从脱臭馏出物中提取　在大豆油馏出物(生育酚含量约为15%～17%)中加入5倍量的甲醇使之溶解，用浓硫酸作催化剂，加热回流使之酯化，中和后将甲醇溶液冷却至1℃～2℃，有时可达-5℃～-8℃，过滤除去甾醇结晶，滤液除去溶剂后在1.33～0.133 Pa下进行分子蒸馏，将脂肪酸酯类与生育酚的浓缩物分开，按次序反复进行分子蒸馏，则可得到较高浓度的生育酚浓缩物。

脱臭馏出物用CO_2，N_2蒸馏以除去低沸点杂质，残余物经碱处理后用真空蒸馏或阳离子交换树脂作选择性处理，可得提纯的生育酚而用于食品添加剂及药物中。

100 g含生育酚的豆油浓缩物(含生育酚60.6%)溶于己烷后，用NaOH/甲醇处理得水相，其中含有生育酚和极少量的己烷，分离水相，用醋酸中和并加入水，得到一个富含生育酚的己烷相，除去己烷便可得到含生育酚81.6%的产品。

41.2.3.4 酶化-萃取组合工艺

国外公布了一系列提取天然维生素E的专利，按提取工艺可归纳为萃取、蒸馏、吸附、化学处理和组合(前四类工艺中两种或两种以上的组合)五大类。为获得较高纯度的天然维生素E浓缩物，同时避免用昂贵的设备，采用酶化-萃取组合工艺可得到良好的提取效率。

原料选用豆油脱臭馏出物，酶用解脂假丝酵母脂肪酶(以下简称脂肪酶)，比例是原料：脂肪酶：离子水=100：5～6：150(质量比)。先将脂肪酶与离子水一起加入反应釜中，在20℃～30℃搅拌1 h。然后加入原料，反应温度控制在35℃～39℃，且搅拌反应5 h左右，得到酶化后物料。

在常温下，将酶化后物料与萃取剂加入混合-澄清萃取器中萃取，得到产品。萃取剂为苯甲醇含量为10%～15%(体积分数)的无水乙醇与苯甲醇混合溶剂。酶化后物料：萃取剂=1：1。

41.3 β-胡萝卜素

41.3.1 性质与用途

在自然界中类胡萝卜素(carotenoid)有六百多种，多是四十碳的碳水化合物，广泛存在于动植物及微生物中，是从黄色到红色的重要色素。类胡萝卜素在植物中的生理作用是吸收光能和淬灭多余的光能。有四十余种类胡萝卜素可被人体利用，尤其是β-胡萝卜素。

β-胡萝卜素的分子式为 $C_{40}H_{56}$，相对分子质量为 536.88，为深红紫至暗红色、有光泽的斜六面体或板状微结晶的晶体或结晶性粉末，有轻微异臭或异味。其稀溶液呈橙黄色至黄色，浓度增大时带橙色，因溶液的极性可稍带红色。遇氧、热及光不稳定，在弱碱下较稳定。不溶于水、丙二醇、甘油、酸和碱，溶于二硫化碳、苯、氯仿、已烷及植物油，几乎不溶于甲醇和乙醇。在人和动物的肠黏膜及肝脏中，1 分子的 β-胡萝卜素在 15 ═15′碳原子位置，通过加氧酶的催化作用，分裂为两分子的视黄醛，经还原形成两分子的视黄醇(即 VA)。

β-胡萝卜素不仅具有维生素 A 前体的性能，还具有重要的临床价值：①肿瘤预防。摄入 β-胡萝卜素越多，患有各种肿瘤的机会就越少；②抑制致癌因素。它可控制细胞间信息传递，和终止单线氧损伤 DNA；③预防心血管疾病并延缓疾病的进程；④降低慢性肝炎的炎症与纤维化程度；⑤因能改变各种免疫指标而用来治疗艾滋病；⑥β-胡萝卜素缺乏将导致人体角膜上皮脱落、增厚和角质化，使角膜变浑浊，轻者会发生夜盲症，重者会造成角膜溃疡，晶体脱落以至失明，常见的症状是导致从弱视到失明。

41.3.2 生产方法

目前 β-胡萝卜素的生产方法主要有化学合成法，从天然植物及盐藻中提取法和微生物发酵法。

国外人工合成 β-胡萝卜素已经实现了工业化，并且规模逐年增加。如 BASF 公司在 20 世纪 70 年代生产规模就达 300 吨/年，近几年又扩大生产规模。我国合成 β-胡萝卜素工业化报道较少。维生素 A 三苯基磷盐活性大，极易氧化，一般合成后立即使用以免氧化失效。Wittig 反应热水洗涤的废液中含有毒的氧化三苯膦，工业化生产必须考虑环境污染问题，最好能回收利用。

自然界中许多植物细胞都能合成 β-胡萝卜素。作为一种与蛋白质结合的辅助色素，β-胡萝卜素既参与植物光合作用的采光系统，也参与其光合反应系统，并保护植物细胞免受强光辐射损伤。植物细胞中合成 β-胡萝卜素的路线一般是：植物细胞中的碳水化合物、蛋白质和脂质代谢后经丙酮酸形成乙酰辅酶 A 和乙酰乙酰辅酶 A，二者合成为 3-羟基-3-甲基-戊二酸单酰辅酶 A，继而还原为 3-甲基-3,5-二羟基戊酸化合物(MVA, Mevalonate)。MVA 是植物细胞中普遍存在的类异戊二烯化合物(Isoprenoids)的前体，由 MVA 形成重要中间体异戊烯二磷酸酯(IDP, Isopentenyl diphosphate)，逐步加合为 C_{10} 的 GDP (Geranyldiphosphate)、C_{15} 的 FDP(Farnesyl diphosphate)、C_{20} 的 GGDP(geranyl geranyl diphosphate)和 C_{40} 的八氢番茄红素(Phytoene)。八氢番茄红素逐步脱氢为六氢番茄红素(Phytofloene)，ζ-胡萝卜素、链孢红素(Neurosporene)和番茄红素(Lycopene)。番茄红素逐步环化为 γ-胡萝卜素、β-胡萝卜素。上述路径中每一步反应都有相应的酶参与。在实验室中用从植物的叶、花及果实中提取的质体(叶绿体)可将异戊烯二磷酸酯(IDP)转化为类胡萝卜素。

天然 β-胡萝卜素主要从海洋生物盐藻中提取。盐藻是一种重要的盐田与盐湖生物，它是生命力极强的、大小为 5～20 μm 的椭球形单细胞植物，可在高盐度水体中生存，甚至在氯化钠结晶已经析出的情况下仍然能够生存。观察到一些盐藻品系在－20℃以下依然存活。通常条件下盐藻中 β-胡萝卜素的含量并不理想。在诱导条件(高光照、高盐度、底物中缺氮或硫)下，盐藻细胞中 β-胡萝卜素大量积累。植物 β-胡萝卜素生物合成一般路线中有两个重要的环节：一是 HMG-CoA(3-羟基-3-甲基-戊二酸单酰辅酶 A)的合成与还原，另一个是八氢番茄红素的合成。因此，在当地的自然光和环境温度条件下，非粗放型盐藻户外养殖应该注意以下几点：①在养殖的适当时期实行诱导，以便增加 β-胡萝卜素的积累；②养殖液不宜循环使用；③养殖液不宜静止。

利用化学合成法生产 β-胡萝卜素的技术较为成熟，但由于人们崇尚天然和绿色食品，化学品的市场售价远不及天然品高，近年来各国都已转向天然产品的开发。从植物原料中可提取天然 β-胡萝卜素，但受条件和产率限制而难以大量生产。随着食品生物技术的迅速发展，国内外均把利用生物技术合成天然 β-胡萝卜素作为主攻方向。

通过转基因技术提高 β-胡萝卜素生物合成量越来越受到关注。2000 年的金色水稻轰动了世界，它是利用了类胡萝卜素生物合成途径中的 3 个基因：*PSY* 基因(来自水仙花、八氢番茄红素脱氢酶，来自微生物 *Erwinia uredovora*)和 *LycB* 基因(来自水仙花属)。将它们与 35S 启动子相连，通过根癌农杆菌转化水稻，金色水稻所用的 3 个基因的来源不同，背景复杂。它相当于将类胡萝卜素生物合成途径转移到水稻中。就目前的转基因技术和手段而言，同时转入多个基因比转入两个基因或一个基因需要消耗更多的时间。而且，植物的各个器官大多数都存在不同表达程度的类胡萝卜素生物合成途径，有时转入一个基因即能获得良好的效果。通过研究发现，类胡萝卜素生物合成途径中不同的基因对类胡萝卜素生物合成所起的作用不同。研究者从药用黄花龙胆花瓣中分离出了 5 个类胡萝卜素生物合成途径中的重要基因，这 5 个基因编码的生物合成酶位于类胡萝卜素合成途径中生成 α-胡萝卜素和 β-胡萝卜素的上游。对它们的分析和利用有利于更广泛地利用胡萝卜素生物合成为人类服务，背景相对单一。

微生物合成的 β-胡萝卜素为胞内产物，生产时需经破壁提取方能获得产品(做饲料添加剂时可直接使用菌体)。一般是在发酵培养结束后，收集菌体，脱水后用有机溶剂萃取，萃取液经浓缩、低温结晶和精制即制成不同含量的油溶产品或水溶性粉剂。三孢布拉霉(*Blakeslea trispora*)是目前生产 β-胡萝卜素的较佳菌株，许多文献报道了该菌独特的代谢过程。发酵培养基必须具备一定的黏度，添加植物油对其产 β-胡萝卜素有促进作用，发酵期间添加表面活性剂和抗氧化剂能提高 β-胡萝卜素的产量。很少量的各种结构类似物(如 β-紫罗兰酮及其代用品)对合成 β-胡萝卜素的关键酶有促进效果。采用该菌的两性菌株混合培养时能使 β-胡萝卜素增产，其原因在于两性菌株之间交配产生对 β-胡萝卜素生物合成有促进作用的物质——三孢酸(Trisporicacids)。据报道，硫胺素(VB_1)、紫罗酮可分别提高耻垢分支杆菌和三孢布拉霉的胡萝卜素产量，在三孢布拉霉发酵培养基中加入合适的表面活性剂，β-胡萝卜素产量可提高 14 倍。除丝状真菌三孢布拉霉外，红酵母生物合成 β-胡萝卜素也是研究的热点。

41.4 虾青素

41.4.1 虾青素的结构与性质

虾青素(Astaxanthin, 3,3′-二羟基-β,β′-胡萝卜-4,4′-二酮)，属于酮式类胡萝卜素，分子式为 $C_{40}H_{52}O_4$，相对分子质量为 596.86。1933 年，R. Kuhn 等从虾、蟹中提取到紫红色的结晶，将其命名为卵酯。但其后于 1938 年发现它不是酯，而是一种与虾红素有密切关系的新的类胡萝卜素，随即将其命名为虾青素，并确定了化学结构(图 41-5)。

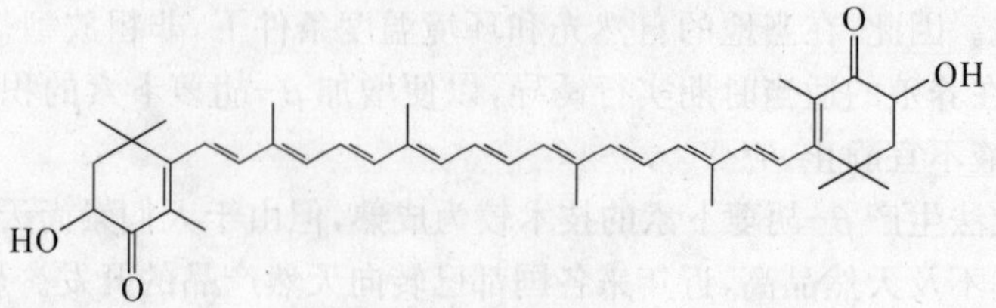

图 41-5 虾青素的结构

纯虾青素是紫色针状结晶体，具有光泽，熔点为 216℃，不溶于水，可溶于氯仿、吡啶中，微溶于石油醚、乙醇、甲醇等大多数有机溶剂。虾青素的化学结构是由 4 个异戊二烯单位以共轭双键型式联结，两端又有 2 个异戊烯单位组成的六节环结构。虾青素的吸收光谱由共轭双键结构决定，在丙酮溶剂中的最大吸收峰为 480 nm，在氯仿溶剂中的最大吸收峰为 489 nm，在乙醇溶剂中的最大吸收峰为 478 nm。虾青素的化学结构中含有一个长的共轭不饱和双键系统，很容易受光、热、氧化物等的作用而被破坏。

41.4.2 虾青素的生理功能和应用

(1) 作为抗氧化剂 虾青素具有很强的抗氧化性能，可降低脂质过氧化作用，保护蛋黄中磷脂酰胆碱脂质免受过氧化基团氧化，整合进膜系统的虾青素表现出对脂质体的保护作用。通过小白鼠试验，虾青素保护由于维生素 E 缺乏的体内线粒体免受 Fe^{2+} 催化引起的脂质过氧化，强烈抑制由于维生素 E 缺乏引起的细胞内磷脂成分的改变，在体内和体外均表现出强烈的抗氧化作用。因此，虾青素可用作抗衰老的药品和保健食品。

(2) 作为抗癌变预防治疗剂 许多专家研究了天然类胡萝卜素的生理生化功能，发现虾青素具有很强的抗癌作用。它能抑制由黄曲霉素 B_1(AFB_1)、α-苯芘(BaP)、二乙基亚硝酸(DEN)、α-硝基丙烷、N-丁基-N-(4-羟丁基)-亚硝胺和环磷酰胺等引起的致突变作用，因此，虾青素能有效地预防肝癌、口腔肿瘤、膀胱癌等肿瘤的发生。利用虾青素可开发成抗肿瘤的治疗和预防药物。

(3) 作为防晒剂 虾青素能有效清除体内由紫外线照射产生的自由基，调节降低这些由于光化学引起的伤害，对紫外线引起的皮肤癌有很好的预防和治疗效果。将虾青素与化妆品复配，可形成新的具有防晒功能的日用化妆品。

(4) 作为眼病的治疗剂和预防剂 糖尿病是人类的多发病。据统计，仅在我国已有 5 000 万糖尿病病人，近几年发病率呈明显上升趋势。糖尿病发展到后期会引起眼睛的病变，重则引起失明。据最近研究表明，虾青素可明显降低糖尿病眼病的发病率，也可预防由于其他原因引起的眼病的发生，因此，虾青素可作为治疗糖尿病的辅助药物，预防眼病的保健药物。

(5) 增强免疫功能 虾青素能显著促进胸腺依赖抗原(Th-Ag)刺激下 Th 克隆细胞介导的抗体产生能力，增加分泌 IgM 和 IgG 的细胞数。补充虾青素可部分恢复对 Th-Ag 反应时的抗体产生，有助于恢复老龄动物的免疫能力，增强动物的免疫功能。

(6) 作为饲料添加剂 虾青素能沉积在动物的肌肉和皮肤上，使得动物的肌肉和皮肤呈红色。如鲑鳟鱼和鲟鱼食用了红发夫酵母的发酵培养菌体后，鱼皮和肌肉中由于积累了虾青素而呈红色，增加了鲑鳟鱼和鲟鱼的食用美感，也增加了食用功效，同时增加了鱼类的抗病能力，在市场上大受欢迎。鸡、鸭等家禽食用了含有虾青素的食物后，虾青素可积累在蛋黄中，使蛋黄的颜色加深，提高了禽蛋的市场售价。因此，虾青素是一种具有特殊功能的饲料添加剂，对养殖业有积极的促进作用。

(7) 作为食品着色剂和化妆品着色剂 虾青素作为脂溶性色素，具有艳丽的红色和强的抗氧化性能。在食品工业中，不仅能有效地起到保鲜、保色、保味、保质等作用，而且能够为多类食品着色，增加食品的色泽美感。在化妆品中，虾青素既可作为抗衰老防晒的化妆品，同时还可作为长时间保持的着色剂，如唇膏、口红等。

41.4.3 虾青素的生产

虾青素的生产目前主要有三种方法：合成法、提取法和发酵法。

41.4.3.1 合成法

虾青素是类胡萝卜素合成的终点，由 β-胡萝卜素转变为虾青素需加上 2 个酮基和羟基。人工化学合成比较困难，而且大多为顺式结构。美国食品和药品管理局(FDA)仅批准反式结构的虾青素用作水产养殖的添加剂。因此，人工合成的反式虾青素价格昂贵(现国际市场价约 2 000 美元/kg)，限制了其广泛应用。合成法目前只有瑞士罗氏公司采用，产品主要用于饲料工业。商品名为加丽素红(Carophyllpink)，含量 5%～10%，前体物质为 *S*-3-乙酸基-4-氧代-β-紫罗酮，先合成顺式虾青素，最后采用生物催化生成反式虾青素。

41.4.3.2 提取法

虾青素的提取主要是从水产品加工工业的废弃物中提取，国外每年有 1 000 万吨的甲壳纲水产品的废弃物。据报道，美国采用聚合剂从螯虾的废弃物中提取虾青素、虾青素酯和虾红素，其产率高达 153 μg/g 废弃物。这些物质或以游离的形式存在，或与蛋白质、脂类等结合，其提取率为类胡萝卜素总量的 90%以上。近年来，挪威海洋渔业工业采用青贮法处理废弃物的技术，经青贮处理后，虾青素回收率提高 10%，纯度也大大提高。动物饲喂实验证明，用青贮技术处理的废弃物饲喂红鳟鱼，虾青素的消化吸收率和在肌肉中的累积率均有很大的提高。

41.4.3.3 发酵法

研究发现，能产虾青素的微生物有：绿藻类、发夫酵母属、黏红酵母属和两株同化烃类的细菌。

(1) 培养藻类生产虾青素 在许多产虾青素的藻类中，雨生红球藻(*Haematococcus pluvialis*)是重要的虾青素产生菌，曾被认为是一种很有虾青素工业化生产前景的微藻。

雨生红球藻是一种微型单细胞绿藻，具有特殊的生物学性质，其生活史呈现多样性，具有游动细胞、游动孢子、不动细胞及不动孢子四种形态。在弱光、氮磷丰富的环境中主要以绿色的游动细胞形式存在，其生长旺盛，细胞内含有少量虾青素；而在不利于生存的条件(高光照、高温、高盐和营养盐饥饿)下，则以不动孢子(厚壁孢子)形式存在，此时，藻细胞中常因含有大量虾青素而呈现红色。传统观点认为，累积虾青素主要在厚壁孢子阶段进行。然而，近年的研究表明，雨生红球藻对虾青素的积累并不依赖于细胞分裂的停止、厚壁孢子的形成以及细胞运动能力的丧失，虾青素的积累可以发生在红球藻营养生长期内，且其游动细胞能以与厚壁孢子同样快速、大量地合成虾青素。

根据雨生红球藻的不同存在形式，一般将虾青素的生产分成微藻培养和虾青素积累两个阶段。前一阶段主要进行雨生红球藻的培养，使其高密度生长。其第一阶段的生产模式有两种，即分批培养和半连续培养。第二阶段是通过设置诸如高光照、高温、高盐、营养盐饥饿等一系列胁迫手段，促使雨生红球藻在恶劣的生存环境下转变为厚壁孢子，以达到积累虾青素的目的。在这两个阶段中，微藻所需的营养及环境条件不同，国内外研究主要集中在对这两个阶段的条件选择和控制上。

(2) 利用红发夫酵母生产虾青素 红发夫酵母(*Phaffia rhodozyma*)于 1970 年在美国

的阿拉斯加的高山和日本北海道一带山区落叶树的渗出液中分离得到。

红发夫酵母分类上属于杂担子菌纲。与其他酵母相似,红发夫酵母能够利用多种碳源进行发酵,如葡萄糖、纤维二糖、麦芽糖、木糖、乳糖和甘油等。为了降低成本,许多研究人员都尝试采用廉价的碳源来进行发酵,如甘蔗糖蜜、泥炭水解液、葡萄汁、玉米粉碎加工后的副产品、木材的酶水解溶液等。红发夫酵母发酵所需温度相对较低,适宜的生长温度为 20℃～28℃,关于最适 pH,不同的研究者的结论不同,一般认为在 5.0～6.9 之间。红发夫酵母在好氧发酵过程中产酸,释放 CO_2 并同时合成虾青素。发酵液中的氧含量对其生长和虾青素的合成有显著的影响,在限氧情况下虾青素合成量显著下降;而在有氧条件下,虾青素的产量随供氧量的提高而增加。

红发夫酵母的发酵与雨生红球藻培养相似。目前的主要发酵技术有:分批发酵、连续补料(流加)发酵、间歇补料发酵和两步补料发酵等。

41.4.4 虾青素的生物合成途径和基因工程菌的构建

由于虾青素是一种次生类胡萝卜素,其生物合成步骤较多且较复杂。最初对类胡萝卜素合成途径的研究是从细菌和海洋细菌开始的。Armstrong 首先对 *R. capsulatus* 的类胡萝卜素合成路线进行了研究,后来,Misawa 和 Hundle 又分别对 *E. uredobora* 及其合成过程进行了分析。从上述已发表的研究报告来看,微生物合成类胡萝卜素(包括虾青素)都是先合成胡萝卜素,再由胡萝卜素合成类胡萝卜素。因此综合起来,虾青素的生物合成途径可分为两个阶段,第一阶段是合成 β-胡萝卜素;第二阶段是 β-胡萝卜素经氧化(酮基化)和羟基化形成虾青素。

第一阶段即 β-胡萝卜素的合成过程中,红发夫酵母与雨生红球藻的主要差别就是 β-胡萝卜素合成关键物质异戊烯焦磷酸(IPP)的合成途径不同。第二阶段由 β-胡萝卜素合成虾青素的过程中,合成路线也分为两条。

目前,编码虾青素合成路线中的 27 种不同的酶的一百五十多个基因已经从细菌、植物、藻类和真菌的细胞中克隆出来,这为采用代谢工程技术构建工程菌种和优化虾青素合成代谢网络提供了基础。现在,许多研究者采用基因重组技术将虾青素的合成基因克隆到原来不能合成虾青素的大肠杆菌和酵母的细胞中,使其能够生成虾青素但这些转基因工程菌由于细胞内合成虾青素的前体物质的库容量有限,因而类胡萝卜素含量非常低。

41.4.5 展望

随着医药保健工业、食品工业、水产养殖业等迅速发展,市场对虾青素的需求必将越来越大。但目前国内虾青素的研究开发刚刚起步,还没有生产虾青素的工厂企业,市场尚无产品供应,而国外仅欧美每年的需求额就达到十几亿美元。加快研究与开发微生物各虾青素产品具有非常广阔的前景。利用遗传改良的方法提高红发夫酵母细胞内虾青素的含量,得到稳定高产菌株,改进发酵工艺提高虾青素的产量,用先进的生物分离技术获得虾青素产品,是将微生物法生产虾青素推向产业化必须要做的工作。

41.5 辅酶 Q_{10}

41.5.1 结构及性质

辅酶 Q_{10}(UbiQuinone－10, Coenzyme Q_{10}, CoQ_{10}),又称泛醌(以下简称 CoQ_{10}),其分子

式为 $C_{59}H_{90}O_4$，相对分子质量为 863。结构式如下：

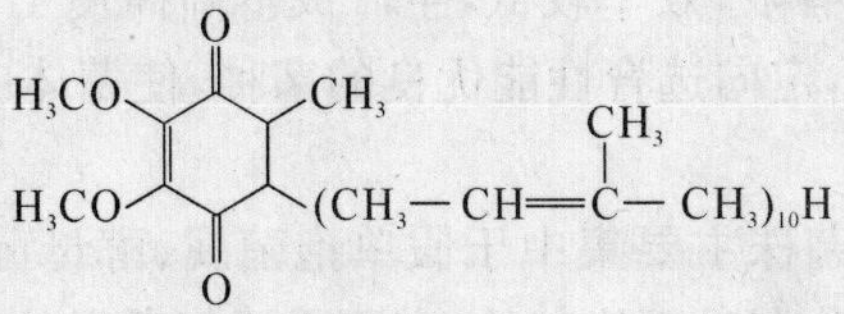

CoQ_{10} 是一种脂溶性醌类化合物，在室温下呈橙黄色结晶体，无臭无味，具有长的类异戊二烯基侧链，因而易溶于氯仿、苯、四氯化碳，溶于丙酮、石油醚及乙醚，微溶于乙醇，不溶于水和甲醇，熔点为 48℃～50℃，相对分子质量为 863.4，在光照条件下易分解成微红色，对温度和湿度较稳定；在动植物、微生物等细胞体内与线粒体内膜相结合，是生物体呼吸链中重要的递氢体。研究表明，还原态的 CoQ_{10} 和异戊二烯单体全为反式结构的 CoQ_{10}，比氧化态的 CoQ_{10} 和异戊二烯单体全为顺式结构的 CoQ_{10} 具有更高的活性和药理作用。

41.5.2 功能及应用

(1) 在生物体细胞呼吸和能量代谢中的作用　生物体中的能量代谢主要在线粒体中进行，而辅酶 Q 存在于线粒体内膜上；是有氧呼吸链的不可或缺的电子递氢体，也是限速反应的关键性物质，同时又是线粒体氧化磷酸化反应中几种重要酶的辅助成分，又能阻止 ATP 合成代谢所需物质的减少。辅酶 Q_{10} 是代谢激活剂，能激活细胞呼吸，因此辅酶 Q_{10} 在细胞能量生成、增强生物体活力方面可作为一种潜在的功能性药物或保健食品添加剂。

(2) 增强人体免疫力功能　老鼠服用了辅酶 Q_{10} 能提高机体免疫细胞杀死细菌的活力，并提高抗体反应；辅酶 Q_{10} 能增加白细胞的数量，增加胸腺活力，激发免疫球蛋白和抗体数量增加。因此辅酶 Q_{10} 作为机体非特异性免疫增强剂在提高机体免疫力等方面可作为一种较好的治疗药物。

(3) 清除自由基和抗氧化功能　辅酶 Q_{10} 能阻止脂和蛋白质的过氧化，清除自由基。辅酶 Q_{10} 通过氧化型和还原型结构之间的变化，能加强细胞内膜抵抗外界氧化因子的损坏，在生物体某些部位其作用效果与维生素 E 相类似，而在阻止低密度脂氧化方面比维生素 E、胡萝卜素及番茄红素更有效。辅酶 Q_{10} 同时又是维生素 E 的增效剂，其活力再生类似于维生素 C 的作用，是唯一的一种天然存在的、在人体内能再生的(转化成活性形式的)脂溶性抗氧化剂。

由于辅酶具有自由基清除剂和抗氧化功能，因此在人体抗衰老、保健美容方面具有重要的应用价值。Pentapham 公司已推出了 Liogaard 含角鲨饿按烷和辅酶 Q_{10} 作为氧自由基清除剂的化妆品原料。NIVEA 公司的新一代护肤品也以含有辅酶 Q_{10} 成分为主打卖点。

(4) 治疗心血管疾病的应用　辅酶 Q_{10} 在治疗心脏病人时，能延缓心衰的发展，降低病死率，延长病人寿命和提高患者生命质量；由于辅酶 Q_{10} 改进心肌代谢，可治疗由冠状动脉窄化所造成的胸腔痛，加强心脏跳动之功能；辅酶 Q_{10} 还能增强心脏对缺氧的忍耐力，有望开发作为特殊用途的保健药品。

41.5.3 生产现状

由于 CoQ_{10} 用途广泛，有较大的国际、国内市场，其开发和利用已成为研究的热点。目前 CoQ_{10} 生产方法仍主要采用提取法和化学合成法。国外多用微生物发酵法，尤其是日本早在 1977 年就实现了微生物发酵法工业生产 CoQ_{10}。利用微生物发酵生产 CoQ_{10} 有几个基本优点:①发酵产物为天然品,生物活性好,易被人体吸收;②没有原材料的制约,可通过规模放大提高生产能力。但因其含量有限,效率较低,生产成本高而使工业化受到一定限制。如能选择合适的菌株进行遗传改造,定向选育性能优良的菌种,使菌体中 CoQ_{10} 的含量提高,生产成本就会大幅度下降。

目前已报道的产 CoQ_{10} 菌株主要集中于假单孢菌属、酵母菌属、光合细菌属及副球菌属等。且 CoQ_{10} 在微生物体内分布是不均匀的,在不需要氧呼吸的细胞中 CoQ_{10} 的产量较低,如革兰氏阳性菌。而革兰氏阴性菌细胞中 CoQ_{10} 产量则相对较高。随着生物体内 CoQ_{10} 的合成途径的阐明及酶工程、基因工程的应用,一些经过基因改造的 CoQ_{10} 生产菌株被应用到生产当中。

(王　普)

参考文献

[1] 宋友礼. 水溶性维生素微生物合成法进展. 中国医药工业杂志,1995,26(6):278-282.

[2] 王毅武,尹光琳. 维生素 C 发酵新工艺中 2-氧代-L-古洛糖酸发酵液絮凝处理研究. 中国医药工业杂志,1997,28(6):243-288.

[3] 陈策实,尹光琳. 从 D-葡萄糖一步发酵生产维生素 C 前体-2-酮基-L-古龙酸研究进展. 生物工程进展,2000,20(5):51.

[4] 黄筱声. 天然维生素 E 与人体健康粮食与油脂,2001,9:35-36.

[5] 蒋明义. 植物内源维生素 E 的抗氧化作用. 生物学通报,1993,28(9):9-10.

[6] 庄惠如,卢海声,陈必链,等. 雨生红球藻营养细胞的虾青素累积. 水生生物学报,2001(7):376-379.

[7] Barbera E, Tomas X, Moya M J, et al. Significance tests in the study of the specific growth-rate of Haematococcus Lacustris-influence of carbon source and light-intensity. J of Fermentation and Bioengineering, 1993,76:403-405.

[8] Vaquez M, Martin A M. Optimization of Phaffia rhodozyma continuous culture through response surface methodology. Biotechnol Bioeng, 1998,57:314-320.

[9] Yamane Y, Higashida K, Nakashimada Y. Influence of oxygen and glucose on primary metabolism and astaxanthin production by Phaffia rhodozyma in batch and fed-batch cultures: kinetic and stoichiometric analisis. Appl Environ Microbial, 1997,63:4471-4478.

[10] Vazquez M, Santos V, ParajóJ C. Fed-batch cultures of Phaffia rhodozyma in xylose containing media made from wood hydrolysates. Food Biotechnol, 1998,12(122):43-55.

[11] Littarru G P, Energy and Defense. Casa Editrice Scientifica Internazionale, 1994:1-91.

[12] 王根华,钱和. 辅酶 Q_{10} 及其保健功能. 江苏食品与发酵,2002,109(2):16-17.

[13] 袁静,魏泓. 微生物发酵生产辅酶 Q_{10} 的研究进展. 氨基酸和生物资源,2004,26(1):53-56.

[14] WU Z F, WENG P F. Advances of Coenzyme Q_{10} function studies. Journal of Ningbo Uni-versity, 2001,14(2):305-309.

[15] Kainou T, Okada K, Suzuki K, et al. Dimer formation of octapreny diphosphate synthase is essential for chainlength determination of ubiquinone. Biol Chem, 2001,276:7876-7883.

[16] 吴祖芳,陈坚. 放射型根瘤菌 *WSH2601* 生产辅酶 Q_{10} 的摇瓶发酵条件. 无锡轻工大学学报,2003,22(1):65-69.

[17] 张延静,袁其朋,梁浩. 产辅酶 Q_{10} 酵母的发酵条件研究. 微生物学通报,2003,20(6):65-69.

[18] 王根华,钱和. 发酵条件对豌豆根瘤菌细胞生长和辅酶 Q_{10} 合成的影响. 无锡轻工大学学报,2003,22(3):101-103.

42 微生物酶制剂

1894 年日本的高峰让吉用麸皮培养米曲霉，从中提取淀粉酶作为消化剂。20 世纪 20 年代，法国人 Biodin 和 Effront 在德国设厂，用枯草杆菌生产 α-淀粉酶，用于面部退浆，为微生物酶的工业生产奠定了基础。第二次世界大战后，日本人用深层发酵法生产 α-淀粉酶，开始了微生物酶工业化大规模生产。20 世纪 50 年代，糖化酶用于葡萄糖生产；60 年代中期，碱性蛋白酶用于洗涤剂，使微生物酶制剂的生产真正进入了大规模生产阶段。后来，固定化技术的应用和基因工程技术的发展，进一步拓宽了酶的应用领域，促进了酶制剂工业的快速发展。到目前为止，工业上大量生产的酶制剂已经有几十种。

42.1 微生物酶制剂的生物合成及调节

42.1.1 微生物酶的生物合成

到目前为止，除了具有催化活性的核酸类酶外，已知的近三千种酶都是蛋白质。酶蛋白的生物合成是以 mRNA 为模板，以氨基酸为底物，在核糖体上通过各种 tRNA、酶和辅助因子的作用，合成多肽链的过程，称为翻译。在大肠杆菌细胞内，翻译过程可分为 4 步。

(1) 氨基酸活化与转运　由 ATP 提供能量，氨基酸在氨酰-tRNA 合成酶的作用下，与特定的 tRNA 结合，生成氨酰-tRNA。对原核生物而言，肽链合成的第一个氨基酸都是甲硫氨酸。这个阶段需要氨基酸活化酶、镁离子等许多因子的参与，其发生部位为细胞质。

(2) 肽链合成的起始　肽链合成的起始阶段是在 GTP 核起始因子的参与下，核糖体 30S 亚基、fMet-$tRNA^F$、mRNA 和 50S 亚基结合，组成起始复合物的过程。这一阶段包括 5 个步骤：①30S 亚基与起始因子 IF_3 结合；②30S 亚基与 mRNA 结合，形成 30S-IF_3-mRNA 复合物；③fMet-$tRNA^F$ 与起始因子 IF_2 以及 GTP 结合；④在起始因子 IF_1 的参与下，fMet-$tRNA^F$-IF_2-GTP 与 30S-IF_3-mRNA 结合生成 30S 起始复合物，在此 30S 起始复合物中，fMet-$tRNA^F$ 正好位于 mRNA 的起始密码子 AUG 上；⑤50S 亚基与上述 30S 起始复合物结合，形成具有完整结构的 70S 核糖体。在此过程中，同时放出 IF_1，IF_2，IF_3，并使 GTP 水解生成 GDP 和 Pi。在此 70S 核糖体形成时，fMet-$tRNA^F$ 位于 70S 核糖体的"P"位(肽酰基位)，而它的"A"位(氨酰基位)是空位。

(3) 肽链的延伸　在延伸因子的参与下，与 mRNA 上密码子对应的氨酰- tRNA 进入 70S 核糖体之中的"A"位。通过肽键合成酶的作用，P 位上的 fMet-$tRNA^F$ 与 A 位上的氨酰-tRNA(aa1-tRNA)以肽键结合，形成肽酰-tRNA。接着，mRNA 和核糖体作相对移动，A 位上的肽酰-tRNA 转至 P 位，而原来的 P 位上的 $tRNA^F$ 游离出去。然后，根据 mRNA 上的密码编排，下一个氨酰-tRNA 进入 A 位，再重复上述步骤，使肽链不断延伸，直至终止密码子为止。

(4) 肽链合成的终止　随着肽链的延伸，mRNA 与 70S 核糖体不断地作相对移动。当 mRNA 分子中的终止密码子(UAA，UAG，UGA)移动到核糖体 A 位时，没有相应的氨酰-tRNA 进入，此时释放因子进入 A 位，并与终止密码子结合，已合成的完整肽链被释放出来。随之 70S 核糖体解离成为 30S 亚基和 50S 亚基，可重新用于下一次肽链的合成。

新合成的肽链释放出来后，还需经过加工才能形成完整的空间结构的酶或蛋白质。加工过程首先需经过肽脱甲酰酶的作用，把甲酰甲硫氨酸残基上的甲酰基除去。有时还需在氨肽酶的作用下，从肽链的 N 端切除一个或数个氨基酸残基，然后折叠卷曲成完整的空间结构。

42.1.2　酶蛋白生物合成的调节

生物体为了适应环境的变化，使代谢过程有条不紊地进行，需要根据各种条件的变化，对各种酶的生物合成进行调节控制，包括转录水平的调控、翻译水平的调控、酶降解的调控等。其中基因转录水平的调控对酶的生物合成是最为重要的，可分为三种调控方式：分解代谢物阻遏作用、酶合成的诱导作用以及酶合成的反馈阻遏作用。具体内容请参阅《现代生物工艺学》(上册)第 5 章。

42.1.3　微生物的生长与产酶

微生物生长期与产酶有一定关系，不同微生物的产酶期不同。如果微生物菌种变异或培养基改变，其产酶期也可能发生变动。有些菌株的 α-淀粉酶活性在菌体生长达到最大值时最高；有些菌株(如枯草杆菌和嗜热脂肪芽孢杆菌)在对数生长期 α-淀粉酶活性最高；对糖的分解代谢产物阻遏很敏感的菌株，在糖未耗尽和达到生长停滞期之前不会大量形成 α-淀粉酶。工业上用粗酶原料生产 α-淀粉酶时，酶在停止期大量形成，酶活性随菌体自溶而增加。枯草杆菌 BF-7658 的 α-淀粉酶活性在衰退期最高。通过分析比较细胞生长与酶产生的关系，可以把酶生物合成的模式分为 4 种类型，即同步合成型、延续合成型、中期合成型和滞后合成型。

胞外蛋白酶的产生与芽孢的形成也有密切关系，因而芽孢杆菌合成胞外蛋白酶的能力比其他微生物强。一般地，不能形成芽孢的突变株不能合成大量碱性蛋白酶，丧失了形成蛋白酶的能力的突变株不能形成芽孢。但是，α-淀粉酶的产生与芽孢形成无直接关系。

42.2　微生物酶制剂生产菌种及选育

42.2.1　产酶微生物的筛选

不同的环境中栖息着不同的微生物群，它们具有不同的酶种类。土壤是微生物丰富的宝库，1 g 土壤中蕴藏着亿万个微生物，是分离不同微生物酶的重要来源。

(1) 采样　根据酶的种类、性质有的放矢地采集土样来分离菌种，才可以达到事半功倍的效果。根据资源生态学原理，可遵循以下原则：①为了获得在特殊条件下作用的酶的产生菌,一般到具有这种特殊条件的地点采样。好气性细菌、放线菌、霉菌常栖息在通气良好的土壤中,霉菌、酵母常栖息在带酸性的土壤中,从盐碱地、温泉、海边土壤分别可分离出耐碱性、嗜碱性、耐热性、耐盐性的菌种。②从具有酶作用底物的特殊场所采集。例如,到长期堆积有腐烂纤维的地点或天然场所采样,一般就能分离到产纤维素酶的菌;而要获得产脂肪酶的菌株,通常要到油脂厂、乳品厂等周围的环境取样。为了避免所分离的菌株的雷同,也可到人迹稀少的地区采集土样。

(2) 初筛　通常是将分离出的菌种移植在一定组成的培养基上,用固定培养基或液体培养基进行培养,再测定培养物的酶活力。为了提高工作效率,在初筛阶段最好就同菌种分离相结合,例如筛选 α-淀粉酶生产菌时,可向平板分离培养基添加适量的可溶性淀粉(0.1%~0.5%),若生成的菌落周围产生透明的水解圈则表明有 α-淀粉酶产生。水解圈直径越大,说明产酶能力越强。

(3) 复筛　为了从初筛得到的微生物中筛选高产菌株,需要对每一个菌株,用接近于生产的培养条件进行复筛。复筛时一般选用 1~2 种培养基,在固定培养条件下对每一个菌株进行复筛。菌株多时对每一个菌株做一份试验,从中择优汰劣。在复筛时,如剩下的菌株已经不多,可以增加重复份数,一个菌株同时做 3~5 份培养测定,以增加其精确性,经过多次重复,筛选出稳定的高产菌株。

42.2.2 微生物酶制剂生产菌种的特性

任何微生物都能在一定条件下合成某些酶,但是并不是所有的微生物都能用于酶的发酵生产。一般来说,能用于酶发酵生产的微生物必须具备如下条件:①酶的产量高。只有具备了高产的特性,微生物才有较好的开发利用价值。高产菌株可以通过筛选、诱变或采用基因工程、细胞工程等技术而获得。②容易培养和管理。要求产酶的微生物生长繁殖快,并且适应性较强,易于控制,便于管理。③营养要求低,最好是选择能利用廉价的农副产品作为营养物的菌种,以利于降低生产成本。④产酶稳定性好。在通常的生产条件下,能够稳定地用于生产,不易退化。⑤便于酶的分离纯化。发酵结束后,产酶的微生物细胞及其他杂质易于和酶分离。⑥安全可靠。微生物细胞及其代谢物安全无毒,不会影响生产人员和环境安全,也不会对酶的应用产生其他不良影响。

42.2.3 酶制剂生产菌种的选育

菌种改良主要有 4 个目的:①提高产酶能力;②减少或消灭共存的不需要的酶;③改变生产菌株的代谢,使目的酶成为组成型酶,以减少诱导剂用量;④消除分解代谢及终产物对微生物的阻遏作用。

自然界分离的野生型菌株的产酶能力均较低,很少适合工业生产,现在工业上应用的菌种几乎都是经过选育的变异株。在人工诱变、原生质体融合、DNA 重组等育种方法中,目前仍以人工诱变育种为主。通过物理方法处理(如紫外线、X 射线、$^{60}Co\gamma$ 射线等)和化学药品(如甲基磺酸乙酯、亚硝基胍、亚硝酸等)诱变处理,选育无孢子突变株、药物抗性突变株、组成型突变株、解除分解代谢阻遏或产物反馈阻遏突变株等手段进行定向筛选,是目前酶制剂生产中广泛应用的常规育种方案。虽然已经使用了 40 年,但至今仍是工业菌种改良最常用、最有效的方法。在产酶菌种改良上,诱变育种技术甚至能使产酶能力提高 200 倍,见表 42-1。

表 42-1 酶制剂生产菌突变株及其产酶能力

酶	菌 株	诱 变 剂	标 记	产酶能力
α-淀粉酶	BF-7658-K211	X射线、γ射线、激光	—	提高 200%
	BF-7658-209-8a-5	UV、NTG	—	提高 140%(500 U/mL)
耐高温 α-淀粉酶	地衣芽孢杆菌 A. 4041	UV、NTG、γ射线、EMS	Arg^-、Met^-、Rif^r、Cys^r、Amp^r	提高 200 倍
糖化酶	台湾根酶 R-B-59136	UV、NTG	—	提高 16 倍
	黑曲霉 UV-11-B11	UV	抗杀霉素	提高 190%以上(8 000 U/mL)
	黑曲霉 UV-11-P10	NTG	色浅,比母株浅	提高 200%以上(15 000 U/mL)
β-淀粉酶	蜡状芽孢杆菌突变株 153	UV、NTG	Rif^r	提高 100 倍以上(16 000 U/mL)
果胶酶	黑曲霉 Ch-8501	EMS、$^{60}Co\gamma$ 射线	—	提高 8.8 倍
脂肪酶	假丝酵母 415	UV、NTG	—	提高 6~8 倍(10 000~16 000 U/mL)
碱性蛋白酶	嗜碱短杆菌 B45 SMJ-P	NTG	Rif^r	提高近 40 倍(18 000 U/mL)
	地衣芽孢杆菌 2709-PH4-18	NTG、UV、γ射线,DES	—	提高 2 倍(20 000 U/mL)

42.2.4 酶制剂生产的常用微生物

由于微生物具有种类多、繁殖快、容易培养、代谢能力强等特点,现在大多数酶都采用微生物细胞进行发酵生产。以下为常用于酶制剂生产的微生物。

(1) 枯草杆菌 枯草杆菌是应用最广泛的产酶微生物之一。细胞成杆状,大小为(0.7~0.8) μm×(2~3) μm,单个,无荚膜,周生鞭毛,运动,革兰氏染色阳性。菌落粗糙,不透明,呈白色或微带黄色。此菌可用于生产 α-淀粉酶、蛋白酶、β-葡聚糖酶、碱性磷酸酶等。

(2) 大肠杆菌 大肠杆菌细胞呈杆状,大小为 0.5 μm×(1.0~3.0) μm,革兰氏染色阴性,无芽孢,菌落从白色到黄白色,光滑闪光,扩展。大肠杆菌可产生许多种酶,如谷氨酸脱羧酶,用于测定谷氨酸含量或生产 γ-氨基丁酸;β-半乳糖苷酶,用于分解乳糖;限制性内切核酸酶、DNA 聚合酶、DNA 连接酶、外切核酸酶等。这些酶一般都属于胞内酶,需经过细胞破碎才能分离得到。

(3) 黑曲霉 黑曲霉的菌丝体由具横隔的分支菌丝构成,菌丛黑褐色,顶囊球形,小梗双层,分生孢子球型,平滑或粗糙。黑曲霉可用于生产多种酶,如糖化酶、α-淀粉酶、酸性蛋白酶、果胶酶、葡萄糖氧化酶、过氧化氢酶、核糖核酸酶、脂肪酶、纤维素酶、橙皮苷酶、柚苷酶等。

(4) 米曲霉　米曲霉的菌丛一般为黄绿色，后变为黄褐色，分生孢子头呈放射状，顶囊球形或瓶形，小梗一般为单层，分生孢子球型，平滑少数有刺，分生孢子梗长为 2 mm 左右，粗糙。米曲霉可用于生产糖化酶、蛋白酶、氨基酰化酶、磷酸二酯酶、核酸酶 P1、果胶酶等。

另外还有木霉、根霉、毛霉、链霉菌等。

42.3　微生物酶的生产

42.3.1　高产菌株的选育

菌种是工业发酵生产酶制剂的重要条件。优良的菌种不仅能提高酶制剂产量和发酵原料的利用率，而且还与增加品种、缩短生产周期、改进发酵和提炼工艺条件等密切相关。目前，优良菌种的获得有三条途径：①从自然界分离筛选；②用物理或化学方法诱变；③用基因重组或细胞融合技术改良。然而不管是诱变，还是用基因工程方法都必须有微生物作材料，而微生物来源于自然界，因此微生物的分离筛选是一切工作的基础。

42.3.2　微生物酶制剂生产的发酵技术

优良的生产菌株只是酶生产的先决条件，要有效地进行生产还必须探索菌株产酶的最适培养条件。首先要合理选择培养方法、培养基、培养温度、pH 和通气量等。在工业生产中还要摸索一系列工程和工艺条件，如培养基的灭菌方式、种子培养条件、发酵罐的型式、通气条件、搅拌速度、温度和 pH 调节控制等。还要研究酶的分离提纯技术和制备工艺，这些条件的综合结果将决定酶生产本身的经济效益。

(1) 原料　利用微生物生产酶制剂的主要原料为碳源和氮源，此外还有无机盐、生长因子和促进剂等。

(2) 培养方法　培养方法有固体培养法和液体培养法两种。

固体培养法亦称麸曲培养法，该法是利用麸皮或米糠为主要原料，另外还需添加其他谷糠、豆饼等，加水拌成含水适度的半固态物料作为培养基。目前我国酿造业用的糖化曲，普遍采用固体培养法。固体培养法根据所用设备和通气方法又可分为：浅盘法、转桶法、厚层通气法三种。固体培养法设备简陋、劳动强度大，而且因麸皮的热传导性差，微生物大量繁殖时积蓄的热量不能迅速散发，造成培养基温度过高，抑制微生物繁殖。此外，培养过程中对温度、pH 的变化、细胞增殖、培养基原料消耗和成分变化等的检测十分困难，不能进行有效调节，这些都是固体培养法的不足之处。

液体培养法是利用液体培养进行微生物的生长繁殖和产酶。根据通气(供氧)方法的不同，又分为液体表面培养和液体深层培养两种，其中深层通气培养是目前应用最广的方法。有些微生物，特别是细菌类，若培养时间过长，容易发生菌体自溶，虽然还在继续产生或分泌酶，但自溶会给酶的分离纯化带来困难。所以用液体培养法生产酶类，其最适培养基的组成、培养温度、时间等各种培养条件的掌握、控制随菌和酶的种类不同而千变万化，尚无一个共同的规律，需要进行个别研究探索。

(3) 影响酶产量的一些因素　菌种的产酶性能是决定发酵效果的重要因素，但是发酵工艺条件对产酶的影响也是十分明显的。除培养基组分外，其他如温度、pH、通气、搅拌、泡沫、湿度、诱导剂和阻遏剂等，必须配合恰当，才能得到良好的效果。

42.3.3 微生物酶制剂的提取

把酶从菌体中或培养液中提取出来，并使之达到与使用目的相适应的纯度，这是酶提取和精制的任务。用途不同，对酶的质量要求也不同，其生产方法亦有明显不同。工业生产的酶有两种剂型——液体制剂和粉剂。

(1) 发酵液的预处理及过滤　预处理的目的主要有三：一是改变悬浮液中固体粒子的物理特性，如提高硬度，加大颗粒尺寸，改变其表面类型等；二是使某些可溶的胶黏物质变成不可溶；三是改变液体的某些物理性质，如降低黏度和密度。

微生物发酵液的分离、过滤常采用的设备是转鼓式真空吸滤机、离心沉降分离机和板框压滤机。放线菌发酵液一般比霉菌发酵液难过滤，目前采用自动排渣的离心沉降分离机或自动板框压滤机。枯草杆菌酶的发酵液是一个难过滤的典型实例：由于菌体自溶，核酸、蛋白质及其他有机黏性物质造成的混浊物，如不经过适当的预处理就直接过滤或离心沉降，不但速度慢，也得不到澄清的酶液。现在的处理方法是，在发酵液中加絮凝剂或凝固剂，这样可有效地改变悬浮粒子的分散状况。常用的絮凝剂有聚丙烯酰胺、右旋糖酐和聚谷氨酸等。

(2) 酶液的脱色　有些经过过滤的酶液，色泽较深，需经过适当程度的脱色。工业上廉价的脱色剂是活性炭，用量通常为 0.1%～1.5%。目前工业上大规模使用脱色树脂(如Duolite SO30)进行脱色，国内生产的几种脱色树脂效果都较好。

(3) 盐析法　盐析法是酶制剂工业中常用方法之一，$MgSO_4$、$(NH_4)_2SO_4$、Na_2SO_4 是常用的盐析剂，其中用得最多的是$(NH_4)_2SO_4$，因为它的溶解度在较低温度下仍相当大，这点很重要，因为不少酶在低温下才稳定。盐析法的优点是在常温下不会造成酶的失活，若分级沉淀应用得当，杂质也较少，适用于多种酶沉淀。

(4) 有机溶剂法　用有机溶剂沉淀蛋白质及用分级沉淀法纯化蛋白质已有悠久的历史。其沉淀蛋白质的能力为丙酮＞异丙醇＞乙醇＞甲醇。当然上述顺序不是一成不变的，因为还要受温度、pH、离子强度等因素的影响。丙酮的沉淀能力最好，但挥发损失多，价格较贵，所以工业上通常采用乙醇作为沉淀剂。

(5) 喷雾干燥直接制备粉末酶制剂　喷雾干燥是一种干燥手段，但它有很大的局限性，尤其药用酶制剂都很难过温度这一关。喷雾干燥用于菌体干燥，而药用酶常用冷冻干燥。

除上述方法外，工业上提取酶制剂的方法还有丹宁沉淀法、白土活性氧化铝吸附法、pH或加热沉淀法、蛋白质表面变性法等。

42.3.4 酶的纯化

酶的纯化是一个十分复杂的工艺过程，不同的酶，其纯化工艺可有很大的不同。评价一个纯化工艺的好坏，主要看两个指标，一是酶比活，二是总活力回收。当然要二者兼得是很难的，重要的是如何将有关方法有机地结合在一起。目前的状况是经验多于理论。因此，只要大胆实践，应该说是可以找到一种理想工艺的。目前，国内外纯化酶的方法很多，如盐析法、有机溶剂沉淀法、选择性变性法、柱层析法、电泳法和超滤法等，本章重点讨论酶在纯化过程中遇到的一些技术难点。

42.3.4.1 杂质的去除

酶提取液中，除所需酶外，还含有大量的杂蛋白、多糖、脂类和核酸等，为了进一步纯化，必须先将它们一一去除。

(1) pH 和加热沉淀法　利用蛋白质酸碱变性性质的差别可以通过调 pH 和等电点去除某些杂蛋白，也可利用不同蛋白质对热稳定的差异，将酶液加热到一定温度，使杂蛋白变性而沉淀，超氧化物歧化酶就是利用这个特点，加热到 65℃、10 min，去除大量的杂蛋白。

(2) 蛋白质表面变性法　利用蛋白质表面变性性质的差别也可去除杂蛋白。例如制备过氧化氢酶时，加入氯仿和乙醇进行震荡，可以去除杂蛋白。

(3) 选择性变性法　利用蛋白质稳定性的不同去除杂蛋白，如对胰蛋白酶、细胞色素 C 等少数特别稳定的酶，甚至可用 2.5%三氯乙酸处理，这时其他杂蛋白都变性而沉淀，而胰蛋白酶和细胞色素 C 仍留在溶液中。

(4) 将酶与底物结合，用加热法去除杂蛋白　近来发现，酶和底物结合或与竞争性抑制剂结合后，稳定性大大提高，这样就可用加热法去除杂蛋白。

42.3.4.2　脱盐和浓缩

酶的提纯以及酶的性质研究中，常常需要脱盐。最常用的脱盐方法是透析和凝胶过滤。

酶的浓缩方法很多，有冷冻干燥、离子交换、超滤、凝胶吸水、聚乙二醇吸水等。

42.3.4.3　酶的结晶

把酶提纯到一定纯度以后(通常纯度应达 50%以上)，可使其结晶，虽然结晶的酶不一定能成为均一的证据，但伴随着结晶的形成，酶的纯度经常有一定程度的提高。从这个意义上讲，酶的结晶既是提纯的结果，也是提纯的手段。此外，为研究蛋白质空间结构提供 X 射线衍射样品，也是酶结晶的重要目标之一。

蛋白质分子多数处于含水的环境中，蛋白质分子与水分子结晶形成稳定的水合物。当蛋白质的浓度非常高的时候，溶液中就没有足够可以与蛋白质结合的水分子用于形成水合物，在蛋白质分子之间也没有足够的水分子可以把它们充分隔开，于是蛋白质就以无定形沉淀或结晶的形式从溶液中析出。

酶的结晶方法主要是缓慢地改变酶蛋白的溶解度，使其略处于过饱和状态。改变酶溶解度的方法很多，一般新样品往往要使用几种方法才能得到结晶。主要的方法有盐析法、有机溶剂法、复合结晶法、透析平衡法和等电点法。

在进行酶的结晶时，要选择一定条件与相应的结晶方法配合。这不仅为了能够得到结晶，也是为了保证不引起酶活力丧失。影响酶结晶因素很多，下列几个条件尤为重要：酶的纯度、酶的浓度、温度、时间、pH、金属离子、晶种、结晶器皿处理。

42.3.5　酶工业化生产实例

这里以 L-天冬酰胺酶和 α-淀粉酶为例，简要介绍酶的工业化生产。

L-天冬酰胺酶是酰胺基水解酶，是大肠杆菌菌体中提取分离的酶类药物，用于治疗白血病。

自然界中，天冬酰胺酶广泛存在于动植物及微生物中，动物体内的天冬酰胺酶主要存在于哺乳动物和鸟类的胰、肝、肾、脾和肺中。

天冬酰胺酶呈白色粉末状，微有湿性，溶于水，不溶于丙酮、氯仿、乙醚和甲醇。水溶液 20℃贮存 7 d，5℃贮存 14 d 均不减少酶的活力。干品 50℃、15 min 酶活力降低 30%，60℃、1 h 内失活。最适 pH 为 8.5，最适温度为 37℃。

L-天冬酰胺酶的产生菌是霉菌和细菌，故可作制造酶的原料。

大肠杆菌能产生 2 种天冬酰胺酶，采用大肠杆菌发酵的技术路线如下所示。

大肠杆菌 →（菌种培养）肉汤培养基，37℃、48 h→ 肉汤菌种 →（种子培养）玉米浆，37℃、4～8 h→ 种子菌种 →（发酵罐培养）玉米浆，37℃、6～8 h→ 发酵液 →（压滤、风干）丙酮→

干菌体 →（提取）硼酸缓冲液，pH8、37℃→ 提取液 →（沉淀）HAc，pH4.2～4.4→ 干粗酶 →（热处理）甘氨酸，60℃、30 min→ 酶溶液 →（精制）聚乙二醇，不同 pH 处理→ 无热原溶液

→（冻干）无菌分装→ L-天冬酰胺酶冻干剂

蔗糖溶液提取纯化工艺　向菌体细胞中加入 5 倍体积的蔗糖溶液（蔗糖 40%，溶菌酶 200 mg/L，EDTA 10 mmol/L，pH 7.5），在 30℃振荡 2 h，8 000 r/min 离心 30 min，收取上层酶液，再加入$(NH_4)_2SO_4$，至 55%饱和度，调 pH 至 7.0，室温搅拌 1 h，离心除去沉淀。取上清液加入$(NH_4)_2SO_4$ 至 90%饱和度，离心收集沉淀。将沉淀用 50 mmol/L、pH 7.0 的磷酸缓冲液溶解并透析。透析后的酶液，通过预先用 10 mmol/L、pH 7.6 的磷酸缓冲液平衡的 DEAE-纤维素层析柱（1 cm×30 cm），用 30 mmol/L 的磷酸缓冲液洗脱，流速为 40 mL/h，收集天冬酰胺酶活性组分，再调整 pH 4.8，通过预先用 50 mmol/L、pH 4.9 的磷酸缓冲液平衡的 CM-纤维素层析柱（1 cm×8 cm），用 50 mmol/L、pH5.2 的磷酸缓冲液洗脱，收集酶活性组分，冷冻干燥，即得 L-天冬酰胺酶冻干粉，总收率为 31%，比活为 220 U/mg 蛋白。

α-淀粉酶（即 α-1,4 葡聚糖-4-葡萄糖水解酶，EC 3.2.1.1）为内切酶，可从淀粉分子内部切开 α-1,4-键而生成糊精和还原糖。产物的末端葡萄糖残基 C1 原子为 α-构型，故称 α-淀粉酶。

α-淀粉酶是一种金属酶，酶分子中含 Ca^{2+}。除根霉与地衣芽孢杆菌 α-淀粉酶外，Ca^{2+} 为保持酶活性和稳定性所必需。其他二价碱土金属（Sr^{2+}、Ba^{2+}、Mg^{2+} 等）也有使无 Ca^{2+} 的 α-淀粉酶恢复活性的能力。

微生物 α-淀粉酶可分为液化型和糖化型两种。工业生产 α-淀粉酶常用的菌种有枯草杆菌、解淀粉芽孢杆菌、地衣芽孢杆菌和米曲霉等。微生物 α-淀粉酶可以用固体培养也可以用液体深层培养法生产。芽孢杆菌 α-淀粉酶通常适合于液体深层培养，而米曲霉则用固体培养法更为适合。但芽孢杆菌易于退化和遭受噬菌体感染而降低产酶能力。

现以我国产量最大、用途最广的一种液化型 α-淀粉酶——枯草杆菌 BF-7658α-淀粉酶为例，介绍其生产工艺。它的生产工艺流程见图 42-1。

α-淀粉酶的生产受分解代谢阻遏调节，因此碳源种类与 α-淀粉酶的形成有着密切关系。容易利用的碳源，例如葡萄糖、果糖、蔗糖等只能促进细胞的呼吸和生长，而不利于 α-淀粉酶的生产，代谢愈快的糖对 α-淀粉酶生产的抑制愈严重。大多数工厂使用淀粉或玉米粉为碳源，这不仅可避免分解代谢阻遏物，还具有诱导作用。

氮源不仅是细胞生长的氮素来源，而且是合成 α-淀粉酶的重要原料。豆饼粉、花生饼粉都是良好的氮源，也可以将米糠或玉米浆作为氮源兼维生素的来源，并补充适量的无机氮源。以玉米与豆饼粉为碳氮源时，二者的比例对于枯草杆菌 BF-7658 生物合成 α-淀粉酶有明显的影响。当总固形物为 13%～14%以上时，玉米与豆饼粉之比以（8∶5）～（9∶5）为宜。

磷酸盐对细菌 α-淀粉酶的生产非常重要。添加超过菌体生长需要的磷酸盐，能显著增加枯草杆菌 α-淀粉酶的产量。Ca^{2+} 有助于维持 α-淀粉酶活性的需要，微量金属元素例如 Mn^{2+}、Zn^{2+}、Fe^{2+}、Na^{+} 有刺激产酶的作用，但这些元素在工业原料中的含量已经能满足细菌生长及产酶的需要，一般不需另外添加。

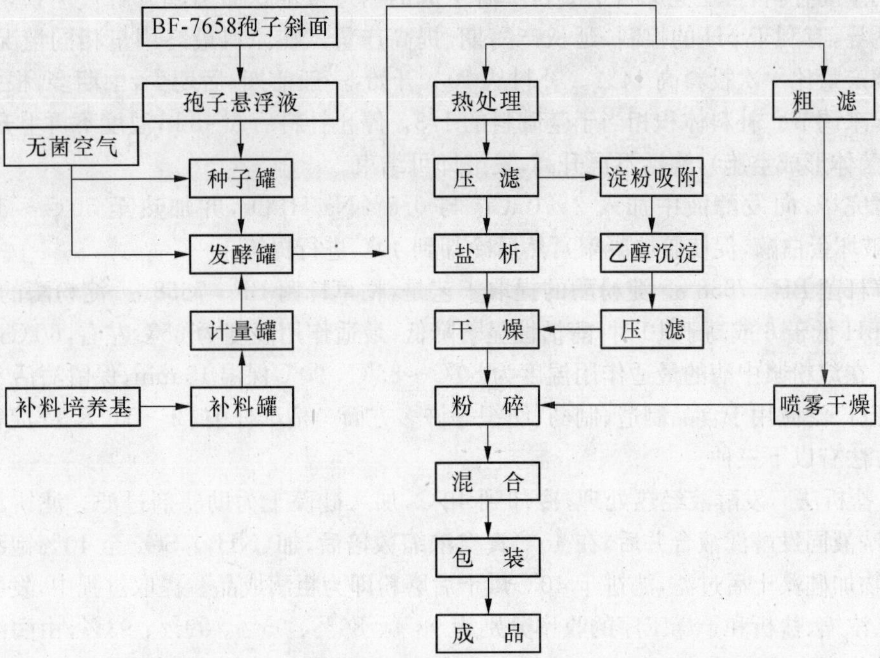

图 42-1 枯草杆菌 BF—7658α-淀粉酶生产工艺流程

此外,在发酵培养基中添加一定量的表面活性剂(如 Tween80、Triton100 和 SDS)以改善细胞膜的通透性或诱导酶的生成,在一定条件下可以显著地促进淀粉酶的生产。

枯草杆菌 BF-7658 α-淀粉酶的发酵工艺如下所示。

(1) 种子培养　枯草杆菌 BF-7658 呈短杆状,革兰氏阳性,两端钝圆,单独或成链状,在肉汁表面可生成菌膜,在淀粉培养基上菌落呈乳白色,表面光滑湿润,略有光泽无皱纹,有黏稠性,用碘液显色,菌落周围呈透明圈。

将保藏的枯草杆菌 BF-7658 的试管斜面种子接种到马铃薯茄子瓶斜面(20%马铃薯煎出汁加 $MgSO_4 \cdot 9H_2O$ 5 mg/L,琼脂 2%,pH 6.7～7.0),37℃培养 3 d(使之形成芽孢以提高种子的稳定性),然后接入到 500 L 的种子罐,37℃搅拌(300 r/min),通风培养 12～14 h。此时菌体生长进入对数生长期(镜检细胞密集,粗壮整齐,大多数细胞单独存在,少数呈链状,发酵液 pH 6.3～6.8,酶活 5～10 U/mL),再接种到发酵罐。

(2) 培养条件　枯草杆菌 BF-7658 α-淀粉酶的发酵温度为 37℃左右。当搅拌转速为 200 r/min 时,0～12 h 通气量为 1∶0.67,12 h 至发酵结束通气量为 1∶(1.0～1.33),发酵周期为 40～48 h。

枯草杆菌一般在 35℃～37℃培养为宜,液体深层培养与固体培养对温度的敏感性不同。在固体培养条件下,枯草杆菌 BF-7658 在 37℃培养时 α-淀粉酶达到高峰的时间比在 35℃培养的时间缩短 24 h,而在 30℃培养则酶活性仅及前者一半。液体培养时,温度升高到 40℃以上,对产酶不利。

枯草杆菌 BF-7658 以豆饼麸皮培养基发酵生产 α-淀粉酶时,适宜的 pH 为 5.5～6.5,超出此范围,酶活甚低。培养基的 pH 也可以通过补料来调节。枯草杆菌 BF-7658 在产酶期间,多次补加碳氮源能将 pH 保持在 6.3～6.6,而且能促进产酶。当 pH 降到 6.5 以下,菌形粗壮时,补料量可酌减;当 pH 高于 6.5 时,细胞出现衰老,补料量酌情增加。

采用中间补料，可避免原料中淀粉降解生成的糖过量堆积而引起分解代谢物阻遏，有利于酶的诱导，有利于 pH 的控制，延长产酶期，提高产量。在原料最终用量相同情况下，中间补料的酶产量比一次投料高 14%。补料从 10 h 开始，一般前期、后期少，中期多，根据菌体的生长情况来调节。补料体积相当于基础料的 1/3。停止补料后 6～8 h，温度不再上升，菌体衰老(80%菌体形成空胞)，酶活不再升高，发酵即可结束。

发酵完毕，向发酵液中加入 2% $CaCl_2$ 与 0.8% Na_2HPO_4，并加热至 50℃～55℃维持 30 min(破坏蛋白酶，促使胶体凝聚)，然后冷却到 40℃进行提炼。

枯草杆菌 BF－7658 α－淀粉酶的提取工艺是，枯草杆菌 BF－7658 α－淀粉酶的最适 pH 为 6.5，pH 低于 6 或高于 10 时，酶活性显著降低；最适作用温度为 65℃左右，60℃以下稳定性较好。在淀粉浆中酶的最适作用温度为 80℃～85℃，90℃保温 15 min，保留酶活 87%。目前，该酶已广泛应用于食品制造、制药、纺织等许多方面。枯草杆菌 BF－7658 α－淀粉酶常用的提取方法有以下三种。

(1) 盐析法　发酵液经热处理，冷却到 40℃，加入硅藻土为助滤剂过滤。滤饼加 2.5 倍水洗涤，洗液同发酵滤液合并后，在 45℃真空浓缩数倍后，加 $(NH_4)_2SO_4$ 至 40%饱和度。盐析，沉淀物加硅藻土后过滤，滤饼于 40℃烘干后磨粉即为粗酶成品。提取过程中，发酵液热处理、过滤、浓缩、盐析和干燥工序的收率分别为 93%、86%、95%、99%、93%，由酶液到粉状酶制剂的收率为 70%左右。

(2) 乙醇淀粉吸附法　由于 α－淀粉酶的发酵液很难过滤，常采用絮凝的方法进行预处理。在发酵液中加入 Na_2HPO_4、$CaCl_2$ 和 NaCl，使其终浓度分别达 1%、1% 和 0.5%，在 pH 6.3～6.5、65℃维持 15～30 min 以促进絮凝，同时钝化共存的蛋白酶。然后迅速冷却到 30℃，压滤除渣。酶液在低温下经刮板薄膜蒸发器浓缩到含固形物 35%～40%，加入与其干物等量的淀粉，然后在搅拌的同时缓缓加入 2 倍量的 10℃～15℃的乙醇，使终浓度达 60%左右，继续搅拌数分钟，静止数小时，待沉淀完全离心分离，沉淀物于 50℃热风干燥后磨粉，酶的收率约为 60%。

(3) 喷雾干燥法　将 BF－7658 α－淀粉酶的发酵液粗滤后直接采用喷雾干燥法干燥，收率可达到 90%左右，但制品中含杂质较多，有臭味，妨碍应用，同时蒸汽消耗量大，易吸湿。

(袁勤生)

43 生物催化与生物转化

43.1 概述

酶是由生物体产生的具有催化功能的蛋白质。所谓生物催化剂指的就是酶，生物催化即为酶催化。应用酶或微生物细胞进行的合成技术被称为生物转化，它们在迅速发展的化合物合成和转化方面扮演着越来越重要的角色，微生物酶转化技术应用得更广泛。现代科学技术正在日新月异地发展，以微生物酶为主的生物合成和生物转化在医药、农业、食品、环境保护和治理、精细化学品生产等领域展现出美好的前景。

生物催化和生物转化可为我们提供许多常规化学方法不能或不易合成化合物的合成方法，并具有以下几个特点。

(1) 专一性强　对于复杂结构的天然生物分子来说，利用常规方法存在利用率低、反应专一性差、副反应多等缺点。而生物转化可弥补此类缺点。生物催化和生物转化的实质就是利用特定酶或微生物或细胞进行特异性的催化反应，因此具有高度的专一性。天然产物大多是手性化合物，在制备手性药物时可采用化学不对称合成或拆分技术，酶转化已在实际应用中显示出巨大的优势。

(2) 反应的温和性　酶是生物催化剂，其化学本质是蛋白质，不能忍受高温、高压或强酸、强碱等剧烈条件的作用，所以大部分酶的催化反应是在常温常压下进行的。这样的反应条件十分利于酶的应用，特别给工业生产带来方便，这不仅可大大改善工作人员的劳动条件，还可减少环境污染，成为绿色化工的范例。

(3) 副产物少、产量高　目前已知生物转化具有多种生物转化能力，如羟基化、酯化、氧化、糖基化和乙酰化等，生物转化强调外源底物与目标产物之间通过一步反应完成(如固定化技术)，其实质是一种酶催化反应，它可以代替几步化学反应，而且反应专一性强，副产物少，因此其得率往往比化学合成的高。

(4) 可以进行化学方法难以进行的反应　生物转化可针对某一化合物的特定反应，而化学方法却难以进行。例如有些甾体化合物的羟基化反应，如果存在羟化酶，反应就容易进行，这种酶在微生物或植物中容易得到。至今已阐明微生物和植物细胞几乎对甾体各位置都能进行专一反应，因为这种酶广泛存在于自然界中。

43.2 生物转化中的关键技术

生物转化技术的实施与许多关键技术有关，如高产菌株的选育，对新酶和高产菌株的筛选是一种挑战。有好菌种才会有高收率。又如固定化细胞技术、有机相酶反应技术，它们是实现高效的关键性技术。再如生物反应器的选择、设计，双水相反应体系的应用，反应条件的优化及计算机控制等，都是实施生物转化高产优质的条件和保证。下面介绍几种生物转化中的关键技术。

43.2.1 高产菌株的选育

43.2.1.1 菌株来源

任何发酵生产都必须进行菌种选育。菌株筛选是实现转化的关键步骤,菌种性能的优劣、产量高低,直接影响微生物转化生产的成本,在想获得一种新的酶制剂时,要建立一种行之有效的合理的筛选方法也是非常困难的。一般来说,筛选策略中有三个必须的而且是非常重要的阶段:①设计筛选过程并确定所需酶活性的类型;②决定从哪一类型微生物中进行筛选;③设计一种合适的、方便且敏感的检测方法,能够筛选到尽可能多的微生物。

基于上述考虑,对酶转化生产菌有以下几点要求:①产酶量高,这是最基本、最重要的条件。②不是病原菌,同时在系统发育上与病原菌无关,不产生毒素及其他生理活性物质,特别是医药、食品用酶要求更严。③酶的转化菌要稳定,传代过程中,不易变异、退化,不易感染噬菌体。④最好分泌胞外酶,产量高且易纯化。⑤能利用廉价原料,营养要求低,对培养基要求不苛刻,发酵周期短,易于培养。

生产菌可从菌种保藏机构和有关研究部门获得,但主要由自然界采集、分离、筛选和遗传育种而获得。自然界是产酶菌种的主要来源,土壤、深海、南北极、温泉、火山、森林、边远地区都是菌种采集地。

微生物酶的来源主要有市场供应的酶库、研究人员自己采集的微生物菌株、微生物保藏库、基因克隆库等,这些资源是筛选新酶的物质基础。每一种被用来筛选新酶的资源都各有利弊,归纳在表 43-1 中。值得注意的是,采用传统的从微生物培养物中筛选新酶的方法,只有那些在实验室条件下作为纯培养物生长的微生物能够被利用,而自然界中大约 95%的微生物菌种不能在实验室里培养。因而,绝大多数环境微生物的生理学潜力不能用传统的筛选方法进行开发。

表 43-1 酶的来源及比较

来 源	优 点	缺 点
市场(ThermoGen, Amano, Toyobo, Sigma, Deversa, *Roche* Molecular Biochemicals, Biocatalysts)	方便易得,大量供应;最快的解决办法;一般经过许多用户的验证	到目前为止,只有有限的酶可供使用;一般对遗传工程不适用
培养物资源(国际培养物库,专有库)	新的没被发现的催化剂来源	需要克隆以优化酶的表达;发现胞内表达的酶受限制;保存收藏物既昂贵又困难
克隆库(专有资源)	新的没被发现的催化剂来源;经常能够发现没在原始宿主中表达的酶;一般更容易进入大生产;更容易进行目的基因工程	需要保持大的文库;许多蛋白质在克隆宿主中不表达
来自非培养物的克隆库(专有资源)	与克隆库有同样的优点,而新的没被发现的催化剂资源尚未用其他方法培养	克隆库的全部缺点;文库可能过于冗长;表达进化上远离的基因可能有困难

43.2.1.2 酶的筛选

(1) 筛选与选择 分析检测大的菌种收藏库或克隆库等大容量的资源，工作量大，也容易漏检。因此，需要开发选择性的、高效的筛选技术，以便发现理想的酶。首先需要决定的是用筛选的方法还是选择性的方法去鉴别酶。成功的筛选或选择方法都是基于对目标酶的理解而精心设计的。筛选方法更容易建立，更方便可用，而且经常可以给出定量的结果，但是需要分析选择性方法可在诱变实验中观察相当大量的突变体，因此可以允许相当高的通量，因为只有目标活性的集落才能在选择性条件下生长。然而，一旦这类方法建立起来，就可以通过互补表达用于基因克隆。当筛选修饰的酶时，如定向进化项目，选择性方法就显得尤其重要。

如果在合理的时间里不能建立一种选择性的方法，强有力的筛选方法也是很有用的。最方便的是基于培养平板的筛选方法，可以迅速直观地鉴别出阳性集落或噬菌斑。一般情况下，沉淀显色反应是最理想的鉴别技术，因为可以非常直观地看到活性集落。这种颜色变化是底物和生色物质在酶催化过程中产生的，并在原位沉淀，如果不发生扩散，活性集落很容易鉴别。如果不能建立沉淀方法，经常要用更加复杂的可溶的液相底物体系。

(2) 底物选择 在寻找新酶时，最重要的是尽可能地建立与目的物相似的筛选条件，通量和其他因素也需要考虑在内。从最理想的角度来看，实际的目标底物是最好的筛选分子，虽然这经常是难以实现的。在实际的筛选操作中，常常使用底物的相似物来代替实际的目标底物。在这种情况下，底物相似物的性质与真实的目标底物越接近，就越有可能发现令人感兴趣的酶。

(3) 筛选准则 设立适当的筛选准则也是极为重要的。在筛选的过程中，筛选准则会影响什么样的备选物被选择出来以及被鉴别的酶的物理学性质和动力学性质。如果采用的筛选准则不合适，筛选到的能够转化特殊底物的酶很可能在经济上不合理，或者不可能进行工业放大。这些准则包括 pH、温度、缓冲液、盐、辅助溶剂和其他影响分析的条件，需要尽可能地接近或模拟最终实际应用的情况。

(4) 平板与液相分析系统 虽然做起来更困难、更耗费时间，基于平板的筛选或选择还是非常理想的，因为在集落随机排列的情况下，一个平板上就可以观察到大约 1 000～10 000 个集落。然后，潜在的可能的备选物即可被分离出来作进一步的定性，这种方法最具适应性，在筛选中也容易使用。为了开发固相筛选系统，人们需要良好的观察阳性结果的分析方法。通常使用的是以可沉淀底物、酸碱度分析为基础的比色分析方法。

如果不能用固相平板进行分析，则最好采用简化的液相分析方法。若酶的底物是可溶性的，采用这些分析方法通常比简单的比色平板分析定量更准确。由于已经建立了许多液相分析、平板分析处理技术，所以基于液相的系统更易于实现自动化。液相处理系统要求被筛选的集落排列在微孔板上。与平板系统相比，这种方法即便是使用高度自动化的系统，其通量也有限。现在有些研究人员使用流式细胞仪分析法系统地检测微生物中发生的各个反应。这种技术可以分析各个细胞而不必事先培养集落并采用手动或机械的方法移入微孔板的各个孔中。

随着酶的数量增加和需要扫描越来越大的文库，在筛选中能够增加通量的方法日益变得重要了。一般有两种常用的方法：分级筛选和高通量筛选。

43.2.2 固定化细胞转化技术

固定化细胞转化技术自 20 世纪 70 年代问世以来，已经广泛应用于工业、农业、医学、环境保护、能源开发以及理论研究等方面,并取得了丰硕的成果。利用固定化细胞转化技术,省去了破碎细胞提取胞内酶的过程,完整细胞得到固定后,酶活损失较少,活性回收率高,并且保持了细胞内原有的多酶体系,对于一些需要多步催化的反应过程一步即可完成。被固定的微生物细胞可以是处于生长状态或休眠状态的活细胞,也可以是死亡的细胞(但胞内酶的活力仍存在)。

在微生物转化过程研究最多的是固定化活细胞包埋技术。常用的包埋材料有聚丙烯酰胺(PAA)、聚氨基甲酸乙酯(PU)、海藻酸盐凝胶、二氧基硅氧烷、葡聚糖凝胶、聚乙烯醇(PVA)等。

43.2.3 双水相转化技术

双水相转化技术早期主要用于生物分子和细胞的分离与纯化。这是由于生物产品(如蛋白质和酶)往往是胞内产品,需要经细胞破碎后才能提取、纯化,细胞颗粒尺寸的变化给固 液分离带来了困难,另外这些产品的活性和功能对 pH、温度和离子强度等环境特别敏感,为了克服这些缺点,出现了双水相技术。近年来,该技术开始应用于微生物转化过程,为生物催化过程引入了一种全新的反应体系。

双水相技术的核心是成相介质的选择以及介质浓度的控制,它直接影响底物和产物在两相中的分配。双水相体系基本上可以分为两大类:高聚物-高聚物体系和高聚物-小分子物质体系。高聚物-高聚物体系是较常用的,典型的例子如在水溶液中的聚乙二醇(PEG)和葡聚糖,当它们浓度达到一定时,溶液变浑浊,静止后形成两个液层,上层富集了PEG,下层则是葡聚糖。Flygare 等以聚乙二醇、葡聚糖及 Brij35 组成的双水相体系,利用分支杆菌(*Mycobacterium sp.*)进行胆固醇侧链降解制备雄甾-4-烯-3,17-二酮(AD)和雄甾-1,4-二烯-3,17-二酮(ADD),上层聚乙二醇富集了菌体,使得菌体具有较高的转化活力,转化速率可达到 1.0 mg/(g·h)。

43.2.4 有机介质中的微生物转化

自从 Buckland 第一次利用有机溶剂四氯化碳(CCl_4)为介质,采用诺卡菌(*Nocardia* sp.)将胆甾醇转化为胆甾烯酮以来,在有机介质中进行微生物转化成为近几年在该领域的研究热点。因为在有机体系中可以有效地将产物及时分离出来,底物相应得到补充,从而消除底物和产物的抑制作用,提高转化率。此外,由于一些底物或前体在水相中的溶解度很小,通过用有机相作为介质可以大大提高其溶解度,即增加了底物或前体的加入浓度,在一定程度上也提高了转化率。

一般来说,在有机介质中进行微生物转化的过程中,有机溶剂与水形成两相体系。包括有机介质(水不溶性)-发酵液和有机介质(水不溶性)-缓冲液两种类型。Boren 等在辛烷-发酵液(1:1)组成的两相体系中,将醋酸雄烯通过脱氢黄杆菌(*Flavobacterium dehydrogenans*)转化为4-雄烯-3,17-二酮,结果发现利用发酵液作为第二相有利于微生物转化进行,转化率可高达98%,产物形成速率约是纯水介质的6倍,这是因为在发酵液中辅酶容易再生。孙小梅等应用聚山梨酯-80(吐温-80)-磷酸钾体系进行微生物转化,利用棒状杆菌将丙烯腈转化为丙烯酰胺,也实现了较高的转化率。但是,由于有机介质自身的特点,对菌体和酶的活力影响很大,甚至微生物转化过程有一定的毒害作用,其作用机理还有待进一步研究。因此,在选择有机介质参与微生物转化时,必须慎重考虑选择有机溶剂的种类和浓度。

除此之外，有机溶剂跟水混合在一起还可以形成一种特殊的体系——微乳液。微乳液是一种热动力学比较稳定、光学透明、宏观均匀但微观不均匀的混合液，它可以提供一些微生物转化过程所需要的大量的油/水界面，同时也可促进水难溶性底物的溶解。

43.2.5 生物反应器的应用

对于任何一个非常有应用前景，小试阶段取得成功的微生物转化反应来说，要实现其工业化规模生产，进行生物反应器研究是非常必要的。例如丙烯腈通过棒状杆菌转化为丙烯酰胺的过程中，先后对搅拌式反应器、填充式反应器、密集多相流反应器以及膜反应器的应用进行研究。应用膜生物反应器进行丙烯酰胺的微生物转化可以使得连续化生产成为可能，减少了杂质和丙烯酰胺的聚合体，提高了转化液的纯度，减轻了下游精制工序的压力，从而提高了产品质量和转化率。

此外，随着两相生物转化技术的发展，人们对两相生物反应器的开发液逐步加强。两相生物反应器对于一些水溶性较差或水不溶性的底物的微生物转化，如酯的合成及水解、甾类化合物的微生物转化具有很大的吸引力。因为大多两相反应器都结合了产物的萃取，有利于克服产物的抑制作用，提高转化率。另外，一些有机介质（如四氟化碳）可以作为氧的载体，因此对于那些需氧较大的微生物转化反应来说，就可以满足对氧的需求。

43.2.6 核磁共振、质谱技术在微生物转化中的应用

随着分析测试技术的迅速发展，核磁共振、质谱等在微生物转化过程中也得到了广泛的运用。核磁共振技术在20世纪70年代首次应用于生物催化过程，经过几十年的研究，现已成为微生物转化反应中一个稳定的在线检测工具，尤其是^{1}H NMR检测可以给出较多的动力学数据和底物特异性的信息。Reisig等对质谱技术在微生物转化过程中的应用进行了系统的研究，认为质谱技术可用于下列几种情况：①背景环境较为复杂的微生物转化；②产物缺乏适当的发色团或助色团；③可能出现几个异构体产物；④产率较低；⑤反应需定量等。

总之，微生物转化是微生物学、生物学、化学、遗传工程、过程工程科学等学科的交叉领域，其目标就是通过采用微生物生产人类所需要的化学品、医药、能源等。因此在这些学科上的任何发展都会对微生物转化产生重大的影响。除了上述新技术的应用外，在增加底物溶解度、强化传质过程、提高过程转化率方面也取得了一定的效果，还有原生质体转化技术、超临界流体技术、磁场效应等也成功地用于微生物转化过程，并取得了很好的效果。相信随着各学科的迅速发展和研究的深入，可以为微生物转化提供更为广阔的发展空间。

43.3 生物转化技术的应用

43.3.1 微生物转化在甾体药物生产中的应用

43.3.1.1 微生物转化甾体合成的重要反应

甾体上羟化对化学合成来说非常困难，化学法除了能在甾体C-17位上导入羟基外，其他位置都很难导入。

微生物的甾体转化反应中最重要的是羟基化反应，它能非常专一地选择甾体某个碳位置上，将某个空间位置上的氢取代氧化成原来空间构型的羟基。微生物羟化酶的特点主要有两

个:①它是个双功能氧化酶,能利用分子状态的氧;②需要一个与 NADPH 依赖性的脱氢酶相连接的电子转移系统细胞色素 P450 作为末端氧化酶。

(1) C-9α 位羟基化　C-9α 位羟化是在甾体药物合成中一个关键中间步骤,不仅涉及甾体边链的选择性降解,而且是皮质激素合成中一个关键中间体,这是由于 C-9 位上导入羟基后容易在 C-19 和 C-20 之间引入双键,然后进一步形成 C-11β-羟基或导入氟原子。例如甾体合成中重要中间体 9α-羟基-4-雄甾烯-3,17-双酮和 9α-羟基-3-氧化娠烷-4,17-双烯-20-羧酸的制取(图 43-1)。

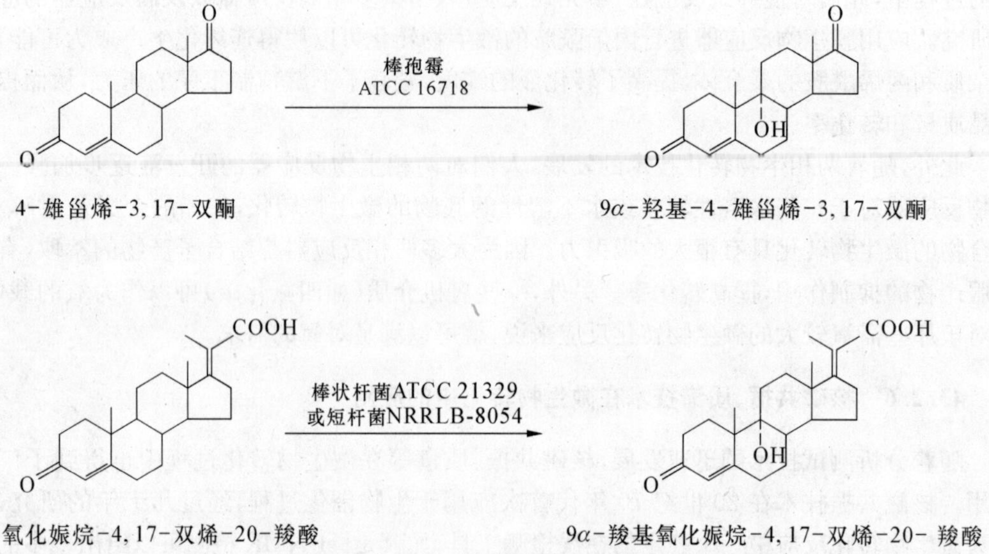

图 43-1　C-9α 位羟基化反应制取甾体合成重要中间体

(2) 11α 位、11β 位和 16α 位羟基化　11α 位、11β 位和 16α 位羟基化反应通过高产低成本的微生物转化,广泛应用在甾醇工业中。其他对于工业开发具有潜在价值的有 9α-羟基化和 14α-羟基化。

9α-羟基-4-雄甾烯-3,17-二酮是一种有用的中间体,它可以很容易地通过脱氢转化为 9,11-脱氢系统。例如 9-卤化的肾上腺皮质类脂醇和 11-酮结构可以不经过传统的 11-羟基化反应合成。利用微生物转化能够产生这种中间体。有专利报道,漆斑菌(*Myrobacterium fortuitum*)利用含有 β-谷甾醇、菜油甾醇和豆甾醇的固醇混合物能够发酵生产这种化合物,在发酵末期用吸附剂把底物从培养基中分离出来。

有文献报道,微生物能够将 3β-羟基-5α-氢-孕烷转化为 9α-羟基-4-烯-3-酮的衍生物。一种从土壤中分离出来的野生型的红球菌(*Rhodococcus*, *sp.*)菌株在转化 5α-H-胆固醇(0.5～3.0 g/L)时,能够合成相应的 4-烯-3-酮和 9α-羟基-4-烯-3-酮的类似物。后者作为转化的终产物主要依赖于 D 环的功能化。

43.3.1.2　甾体边链的微生物降解

利用微生物进行甾体边链降解在工业上的重要性仅次于甾体的羟基化。以前生产甾体激素类药物主要采用天然原料薯蓣皂素,另外豆甾醇因为其具有 C-32 位不饱和双键,易于化学降解,也被作为合成甾体类药物的起始原料。而另外一些甾醇如胆固醇、谷甾醇、菜籽甾醇等因 C-17 侧链的饱和性,利用化学手段难以降解,长期以来被当作废物处理。微生物选择性降解甾体边链技术的发展使这些廉价易得的甾醇的充分利用成为可能。自 20 世纪 80

年代以来,微生物降解甾醇生成 C-17-酮甾体技术得到充分发展,并在工业上得到广泛的应用。

在一般情况下,微生物对甾体的降解既包括甾体边链的降解,又包括甾体母核的降解。含有 3β-羟基-Δ^5 结构的甾醇首先被氧化为 3-酮-Δ^4 化合物,随所用微生物的不同,3-酮-Δ^4 化合物经 9α-羟化及 C-1,2 脱氢或先经 C-1,2 脱氢,再经 9α-羟化得到化合物 S,化合物 S 再经 A 环芳香化及 B 环开裂,最终导致甾体母核降解。

甾体边链降解过程类似于脂肪酸 β-氧化。

43.3.1.3 固定化微生物细胞在甾体转化中的应用

微生物转化甾体除了需要专一性的酶外,还需要辅酶。细胞的固定化能很好地解决这一问题。如用聚丙烯胺把节杆菌包埋成球状,能够把氢化可的松转化为强的松,在转化第 200 次时,转化率仍为 95%。其收率也超过发酵时游离细胞转化的水平,具备了大规模生产的条件。

Dutta 等报道应用经活化的曲霉(*Aspegillus ochraceus* TS)的固定化分生孢子进行黄体酮的 11α-羟化。固定化细胞和经活化以后的固定化细胞的半衰期分别为 14 d 和 12 d,产率分别为 187 mmol/g 分生孢子和 416 mmol/g 分生孢子,在固定化及活化过程中分生孢子的 pH 和温度保持不变。

Houng 等发展了一种新的细胞固定化技术。将聚合脲包在藻酸钙表面形成一薄层,有利于底物在凝胶上的分布。这种固定化的曲霉细胞在乙酸乙酯-水相培养基里能使底物浓度从 10 g/L 提高到 80 g/L,并且使转化率直线上升,其底物浓度比未使用聚合脲的固定化细胞提高了 6 倍以上,而且这种反应可以在温和的条件下进行,适合工业生产。常用的固定化微生物细胞对甾体转化的应用见表 43-2。

表 43-2 固定化细胞在甾体转化中的应用

固定化微生物	反 应	底 物	产 物
简单节杆菌	脱氢	氢化可的松	强的松
球形分支杆菌	脱氢	氢化可的松	强的松
球形分支杆菌	脱氢	莱希斯坦化合物 S	11α-去氧强的松
新月弯胞霉	羟化	莱希斯坦化合物 S	氢化可的松
新月弯胞霉	二羟化	11α-脱氧皮甾体酮	氢化可的松
红皮分支杆菌	脱氢、氧化	胆甾醇	$\Delta\alpha$-胆甾烯酮
红皮诺卡菌	脱氢	$\Delta\alpha$-雄烯-α-3,17α-二酮	$\Delta\alpha$-雄二烯-α-3,17α-二酮
睾丸酮假单孢菌	脱氢	11α-去氧强的松	11α-去氧强的松

43.3.2 微生物转化在氨基酸生产中的应用

据统计,全世界的氨基酸需求量以每年 5%~10%的比例增长,年总产量达 120 万吨以上,医药工业上的用途大约占 15%左右。2000 年世界氨基酸产值已达 45 亿美元,占生物技术市场的 7%,国内的氨基酸产值可达 40 亿元,占全国发酵产业总产值的 12%。

氨基酸生产方法很多,如提取法(蛋白质水解法)、化学合成法、发酵法(生物合成法)和生物转化法,其中后两种是目前最主要的方法。

(1) 微生物合成法　所有微生物在培养时都能产生氨基酸，主要用于细胞生长所必需的蛋白质合成。在野生型微生物中，细胞中合成的各种氨基酸含量由于受负反馈调节而保持在最佳水平，积累的量很少，因此不能直接用于工业发酵。如果要从一种野生型微生物出发获得氨基酸的工业化生产菌种，就必须对该微生物的代谢途径进行研究，进而对其遗传基因进行改造。遗传基因的改造可以采用传统的诱变育种方法，也能应用现代的基因重组技术，这两种方法都已广泛地用于氨基酸高产菌株的选育。

(2) 微生物转化法(酶法)　酶法是 20 世纪 70 年代以后才兴起的生产方法，为发酵工程的发展注入了活力，它是利用生物酶催化的立体专一性反应，从底物生产光学活性的氨基酸。利用水解酶、氨基酸裂解酶、以吡哆醛 5′-磷酸作为辅酶的酶，以及以 NAD^+ 为辅酶的 L-氨基酸脱氢酶等都能用于酶法合成氨基酸。反应大多在水溶液中进行，条件温和，选择性高，底物浓度高，转化率高，副产物少，生产工艺简单，分离精制容易。随着基因工程技术的迅速发展，有关酶的产量和活性显著提高，加上固定化技术和生物反应器研究成果的配合，使酶法生产氨基酸的技术取得了重大的进展。产量较大的有丙氨酸、天冬氨酸、色氨酸等。4 种氨基酸技术各具特色，而且都在不断改进和发展。

在氨基酸的酶法生产中，近年来用到了一种新的酶系——海因酶(hydantoinase)系。这是一种很有价值的酶系，被收录到 EC 命名体系中，称为环酰胺酶(EC 3.5.2)，又因它与二氢嘧啶酶的性质很相似，也被称为二氢嘧啶酶(EC 3.5.2.2)。它可以催化生产光学纯 L-氨基酸或 D-氨基酸，催化海因或 5-取代海因的水解反应，能可逆性地裂解海因上的环。随着应用于农药、医药和食品中的光学活性氨基酸的广泛发展，海因酶法成为一种很有发展前途的生物转化方法。海因酶法的优势在于：①生产天然、非天然 α-氨基酸或 β-氨基酸；②底物易合成，产率高；③底物选择范围广，产物热稳定性好；④反应条件温和，消旋底物不需拆分就可转化为 L-氨基酸；⑤酶开环水解和底物消旋同时进行。

43.3.3　微生物转化在高分子中的应用

近年来，功能高分子材料得到了迅速发展，出现了许多新品种，在高技术中获得了广泛的应用。因此，高分子材料已成为材料科学与工程学中的一个重要分支。功能高分子材料一般指除了具有一定的力学性能外，还具有诸如导电性、光敏性、化学性、催化性、生物相容性等特定功能的高分子材料。功能高分子材料涉及的范围广泛、品种繁多，迄今未见有统一的分类。一般按其功能和应用特点进行分类，参见表 43-3。

表 43-3　功能高分子材料的种类及应用

功能特点		种类	应用举例
化学	离子交换	离子交换树脂	水净化分离
	催化	高分子催化剂	化工
	反应性	高分子试剂	高分子反应、农药
	吸附	螯合树脂、絮凝剂、高吸水树脂	稀有金属处理、水处理
光	光化学反应	感光树脂	印刷、微电子
	偏光	高分子液晶	显示、连接器
	光电	光致变色高分子、发光高分子	显示、录像
	光传导	光导纤维	通讯、显示

（续表）

功能特点		种类	应用举例
电磁	导电	导电、超导电高分子材料	电极、电磁材料
	光电	光导电高分子材料	电子照相、光电子
	力电	压电高分子材料	开关材料
	热电	热电高分子材料	显示、测量
	磁性	塑料磁石、磁性橡胶、光磁材料	显示、记录、存储中子吸收
其他	分离	高分子分离膜	海水淡化
	生物	医用高分子材料、高分子药物	医疗
	仿生	仿生高分子材料	生物医学工程
	声	声功能高分子材料	建筑

自从 Klibanov 首次证明了酶在有机溶剂中能催化酯化作用和酯交换反应后，生物酶在化学反应中的应用变得十分活跃。通过非生物途径，在孤立酶催化下进行的高分子合成反应，合成某些具有特殊单体结构的新型高分子，是一个比较新的研究领域。酶作为高分子聚合反应的催化剂，具有催化活性高、选择性好及副反应少等许多显著的优点，日益受到人们的青睐。

43.3.4 非水相酶催化技术在化工生产中的应用

(1) 手性化合物的合成与拆分　微生物转化已经广泛应用在合成手性化合物领域。生物合成手性化合物的方法主要有两类：一类是外消旋体拆分为两个光活性对映体；另一类是以外消旋或手性前体为底物，通过酶催化得到不对称的光活性产物。Snell 等利用红球菌(*Rhodococcus*) AJ270 中的腈水合酶对消旋布洛芬酰胺进行拆分，该酶对 *S*-布洛芬酰胺的选择性强，水解速度快，可得到 *S*-布洛芬。甾体激素的微生物转化是在手性合成研究中应用较早和较成功的例子，通过常规的化学方法很难氧化非活泼的碳氢键，而微生物氧化却很容易做到这一点。例如黑根霉(*Rhizopus nigricanss*)的羟化酶能使黄体酮(1-1)转化为 11α-羟基黄体酮(1-2)，如图 43-2 所示。

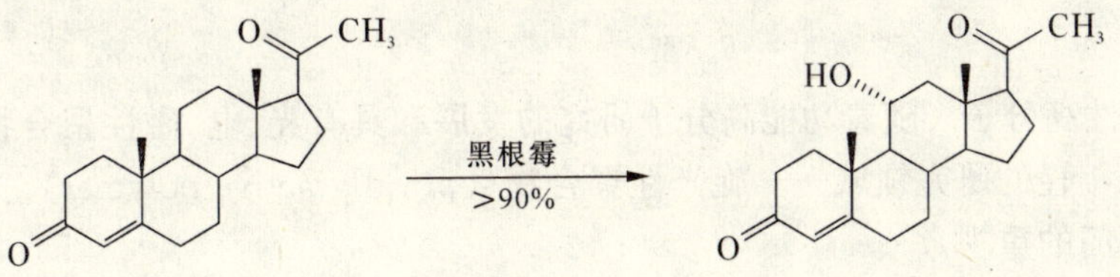

1-1　　1-2

图 43-2　手性甾体化合物的微生物转化

左旋多巴是 L-酪氨酸的衍生物 3,4-二羟基苯丙氨酸，用于治疗帕金森病。日本学者 A. Yamamoto 等通过静态细胞生物转化方法，将草生欧文氏菌(*Erwinia herbicola*)悬浮于缓冲液，就可以将邻苯二酚(儿茶酚)、丙酮酸和氨缩合成左旋多巴，该生产工艺已经获得专利(图 43-3)。

台湾的 Tsai 对有机溶剂中脂肪酶(CCL)催化的酯化反应进行了研究，实验证实在 80% 异辛烷与 20% 甲苯组成的有机溶剂中，酶促反应可大大提高 *S*-布洛芬的产率(图 43-4)。

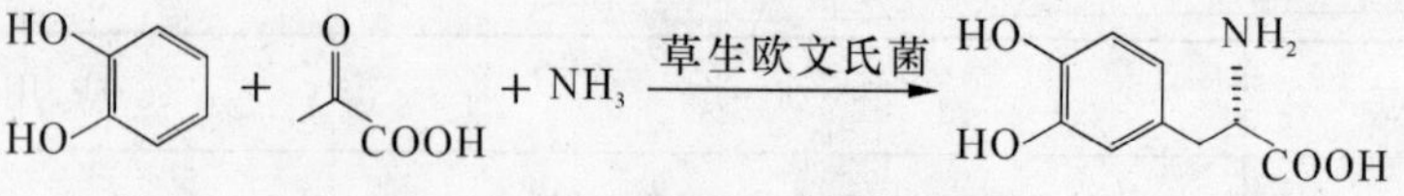

图 43-3 微生物转化法制备左旋多巴

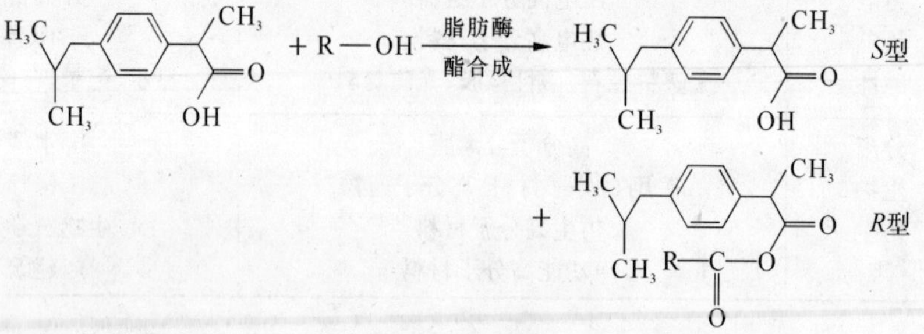

图 43-4 布洛芬的酶法拆分

5-羟色胺(5-HT)是一种涉及各种精神病、神经系统紊乱,如焦虑、精神分裂症和抑郁症的一种重要神经递质。

现有一些药物的毒性就在于它不能选择性地与 5-HT 受体反应(已发现至少 7 种 5-HT受体)。事实上,那些具有立体化学结构的药物在很大程度上能影响其与受体结合的亲和力的选择性,其中一种新的 5-HT 拮抗物 MDL 就很好地显示了这一特性。*R*-MDL 在体内的活力是 *S*-MDL 的 100 倍以上,是以前 5-HT 拮抗物酮色林活力的 150 倍,更为重要的是 *R*-MDL 对 5-HT2 显示了极高的选择性。

在制备 MDL 的过程中,第一次成功地在酶法拆分时实施了同位素标记。其中一个主要手性中间体的拆分如下:

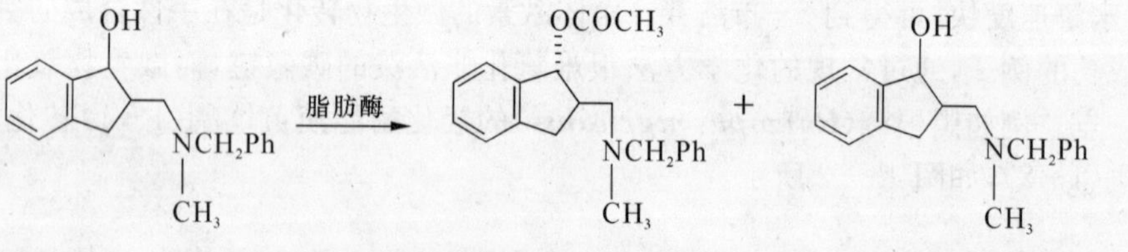

R, *R*型　　　　*S*, *S*型

(2) 旋光性高分子　随着功能高分子研究的发展和具有光、电、磁性聚合物的陆续发现,一个古老而又年轻的研究领域——旋光性聚合物(optically active polymer)正越来越受到学术界和产业部门的重视。

旋光性聚合物由于在其分子中存在着构象上的不对称因素,与其具有相应结构的非旋光聚合物相比,两者在分子识别和组装上具有明显的区别,从而使两者在熔点、溶解性、结晶特性上存在着较大的差异,但其内在规律尚未明确。另外,在其他光、电、磁等物理特性方面也具有一定的差异,尚待深入研究。

利用水解酶在非水介质中可以合成多种手性聚合物。

(3) 功能高分子的合成　近年来,对功能高分子新材料的需求极大地促进了功能高分子合成方法的飞速发展,其中酶法在功能高分子合成中的影响以其高选择性、高效性和常温、常压等特点显示了某些不可比拟的优势。在生物体中无论是单细胞的微生物,还是复杂生物体中的酶分子,都能够高选择性地合成多糖、蛋白质以及核酶等生物大分子。近十年酶催化功能高分子的合成已取得突破性进展,人们利用酶催化反应的底物专一性、区域选择性和立体专一性,成功地合成了手性中间体、可生物降解材料、光电材料等许多性能优良的高分子新材料。

可生物降解高分子是指在一定条件下,能被生物体侵蚀或代谢而降解的材料。可生物降解高分子材料在各个领域的应用前景非常广阔,见表 43-4。

表 43-4 可生物降解高分子的应用

领域	应用	领域	应用
医疗	外科手术的缝合线,肘钉等	工业	无污染,可生物降解的包装材料
	伤口涂料		除锈剂,抗真菌剂的载体
	人造血管制品	农业	可降解的农用地膜
	控制药物的释放体系		肥料、杀虫剂、除草剂的释放控制材料
	骨骼替代品		

用酶法合成可生物降解高分子材料,实际上得益于非水酶学的发展。酶在有机介质中表现出了与其在水溶液中不同的性质,并具有催化一些特殊反应的能力。

用酶促合成法开发的可生物降解高分子材料主要包括聚酯类、聚糖类、聚酰胺类等等。

聚酯类可生物降解高分子的酶促合成。聚酯类高分子具有良好的可生物降解性,而且它们的单体非常易得。

另外,微生物转化技术还可用于生产精细化工产品的酶,并且在中药研究中也有广泛的应用。

(袁勤生)

44 基因工程菌高密度培养技术

44.1 重组大肠杆菌高密度培养策略

自 DNA 重组技术诞生以来，作为现代生物技术核心的基因工程技术得到了飞速的发展。1982 年美国 Lilly 公司首先将重组胰岛素投放市场，标志着世界上第一个基因工程药物诞生了。近几十年来的研究已使大肠杆菌成为重组蛋白表达的重要系统之一，其主要特点有：容易培养、遗传背景清楚、可用于基因工程的载体较为丰富。

高密度、高产率和高浓度培养是近几年发酵工业的目标和方向，可达到降低生产成本，提高生产效率的目的。重组大肠杆菌的高密度培养是增加重组蛋白产率的最有效的方法。在排除所有发酵条件限制的情况下，Riesenberg 从理论上计算大肠杆菌发酵所能达到的最高菌体密度为 400 g 干细胞/L，而 Markl 等则认为最高的细胞密度为 200 g 干细胞/L，此时发酵液中 25%以上是长为 3 μm、宽为 1 μm 的大肠杆菌。与常规低密度培养相比，高密度高表达培养具有以下优点：①使单位体积的生产能力提高几倍甚至几十倍；②减小设备体积，有利于保证基因工程的安全性；③对下游纯化有利，能减少纯化设备和纯化步骤。

重组大肠杆菌高密度培养与表达系统（宿主菌与表达载体）、培养基、培养方式和过程控制策略等密切相关，以下分别介绍。

44.1.1 大肠杆菌表达系统常用表达载体

很多外源蛋白在细胞体内重组表达水平很低，为了实现高水平表达，需要将外源基因克隆到强启动子的下游，通过诱导达到外源蛋白的高效表达。如果启动子能够严紧控制（关与开），则能尽可能使重组细胞最大限度地调节基因的表达。为此，科学家们已开发了一系列适用于外源基因转录启动的启动子（Promoter，P）。广泛应用的天然启动子有 P_{lac}、P_{trp} 等，也有一些人工的杂合强启动子如 P_{tac}、P_LP_R 等。P_LP_R 由 P_L 和 P_R 杂合而成，是一个经典的温度诱导型的强启动子。

P_{tac}启动子是目前普遍采用的强启动子。P_{tac}是由色氨酸启动子（P_{trp}）基因的-35 区和 lac*UV5* 启动子（P_{lac}）－10 区核苷酸序列杂合而成的，受 LacⅠ蛋白的阻遏调节。P_{tac}启动效率分别是 P_{trp}的 3 倍和后者 P_{lac}的 5 倍。当诱导物 IPTG 存在时，LacⅠ阻遏蛋白失活，从而 P_{tac}启动子启动。在一定条件下启动子 P_{tac}表达量与 IPTG 浓度成正比，但是不同外源蛋白表达时，外源蛋白表达浓度与 IPTG 的浓度也不完全成正比，甚至有数量级上的差异。采用 P_{tac}来表达外源基因时，也存在一些潜在的问题：①*lac*Ⅰ需要与调节基因克隆在同一质粒上，因为如果 *lac*Ⅰ位于染色体上或在另外质粒上，则有可能产生不足量的 LacⅠ阻遏蛋白来完全阻遏 P_{tac}；②在IPTG 诱导时需在不同的 IPTG 浓度下测定细胞的存活率，因为 DNA 结合蛋白的过量表达可能导致蛋白以包涵体形式累积，或者抑制细胞生长；③即使

lac I 能完全阻遏启动子启动，外源蛋白表达时也有 P_{tac}启动子部分表达。如果启动子泄漏表达，将会引起新的问题（如调控表达的非严谨性），因此有必要将外源基因克隆到另外一个更高严紧控制的表达载体上。

P_{BAD}或 P_{ARA}是大肠杆菌阿拉伯糖启动子。当外源基因克隆在 P_{BAD}启动子下游后，则外源基因表达受 AraC 激活子控制，可正向或负向调控。当 L-阿拉伯糖不存在时，AraC 二聚物接触 araBAD 操纵子的 O_2 和 I_1 半位点形成一个 200 个碱基的 DNA 环来阻止启动子的转录；当 L-阿拉伯糖存在时，AraC 与 L-阿拉伯糖形成复合物的转化调节因子，并使复合蛋白从 O_2 位点释放，而连接 I_1 位点邻近的 I_2 位点，从而释放 DNA 环并启动外源基因转录（图 44-1）。L-阿拉伯糖诱导 P_{ARA}启动表达，而受葡萄糖明显抑制。pBAD 表达系统主要用于调控蛋白的生产以使外源蛋白表达水平最高，并提高其在大肠杆菌细胞内的折叠性和可溶性。

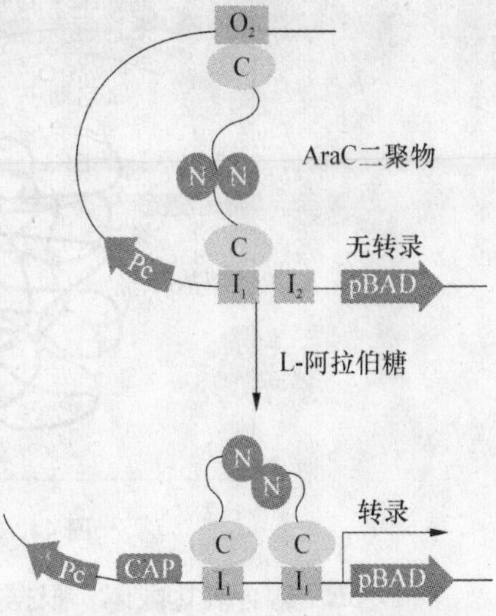

图 44-1 pBAD 启动子调控原理

目前广泛应用于外源蛋白表达启动控制的启动子是来源于噬菌体的启动子（如 P_L、P_{T7}）。它受宿主细胞内 RNA 聚合酶结合启动子来启动调节外源基因的转录，而受 cI 阻遏蛋白调节。温度敏感的 cI857 阻遏蛋白受培养温度调控，如 30℃时cI857阻遏蛋白起作用抑制外源基因表达，而当温度升高到 42℃时，cI857 阻遏蛋白失活，外源基因表达启动。此外，也可将野生型 cI 基因克隆在其他调控启动子（如 P_{LAC}）的下游，从而通过 IPTG 诱导外源基因表达。

另外，外源基因也可克隆在编码 RNA 聚合酶的噬菌体启动子下游。很多噬菌体能够产生识别启动子序列的特异 RNA 聚合酶，目前有三个常用的噬菌体特异的 RNA/启动子系统，如 T7、SP6 和 T3。除了识别特异的启动子外，该系统能够引起下游基因的高效转录，从而使外源蛋白高效表达，但是如果外源蛋白过度表达有时也对宿主细胞有毒害作用。因此，为了避免 RNA 聚合酶的毒害作用，只是在外源基因表达时诱导 RNA 聚合酶的表达。例如，噬菌体 RNA 聚合酶能够自身克隆在调控启动子的后面，或聚合酶克隆到噬菌体缺陷的细胞内。目前商业应用较广的 pET 表达载体采用了该启动子。

pET 是 NOVAGEN 公司开发的应用广泛的外源蛋白大肠杆菌表达系统，是由 Studier 和他的研究小组以 T7 启动子为基础开发的强启动子表达载体。目前 NOVAGEN 公司开发的 pET 系统有 42 个不同用途的 pET 载体和 15 个与不同载体配套的宿主菌株，至今已成功表达了上千种外源蛋白。在 pET 载体中，目的基因克隆在强细菌噬菌体 T7 转录和翻译信号核苷酸序列之后，通过宿主菌细胞内形成有 T7 RNA 聚合酶与启动子 T7 序列相结合而诱导外源基因的表达（图44-2）。

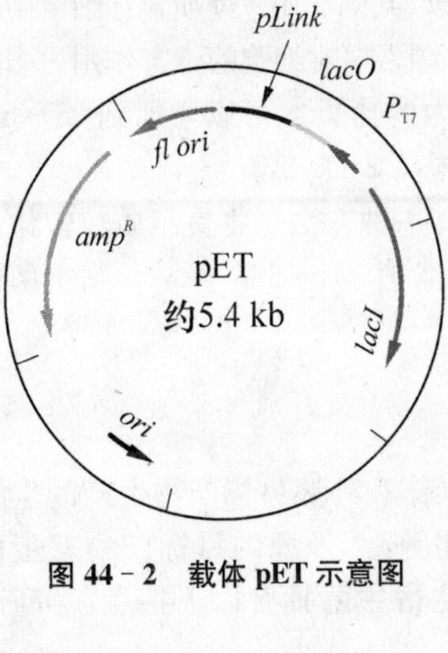

图 44-2 载体 pET 示意图

pET 系统载体表达原理：pET 载体是利用大肠杆菌 T7 噬菌体转录系统进行表达的载体，其表达原理如图 44-3

所示。

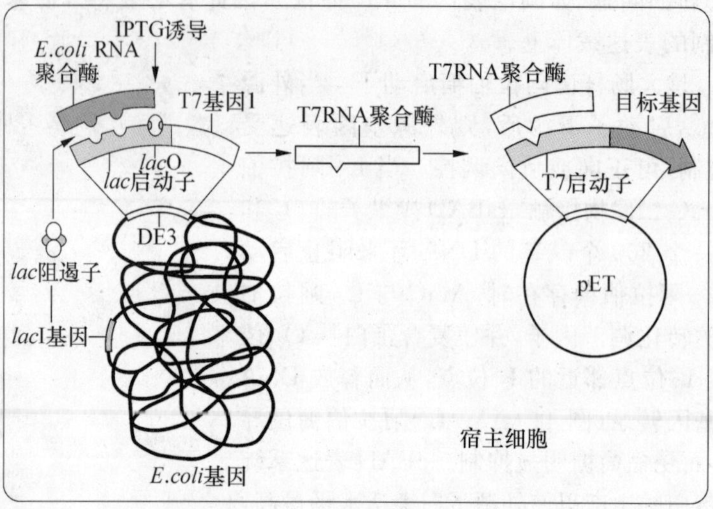

图 44-3　pET 系统载体表达原理示意图

(1) pET 融合表达载体　根据重组蛋白是否可溶性表达，选择带有不同标记的载体。一般在大肠杆菌中不带有标记的外源蛋白均以不溶的包涵体形式表达。为了使外源蛋白融合表达可有以下策略：

① 与一个高度可溶的多肽融合一起表达。如谷胱甘肽 S 转移酶(Glutathione S transferase, GST)、硫氧还蛋白(Thioredoxin, Trx)和 N 利用底物 A(Nutilization substance A, NusA)。

② 转入一个酶催化二硫键的形成，如硫氧还蛋白，DsbA，DsbC 等。

③ 插入一个定位到周质的信号序列等。

不同载体提供不同的标记，有的同时带有多个。如果不想在目的蛋白的 N 端带有任何其他氨基酸序列，则可以用 *Nde* Ⅰ直接从起始密码子后插入外源基因序列，或者在得到表达产物后利用蛋白氨基酸的酶切位点把多余的氨基酸序列切除。

(2) pETcoco 高稳定载体　一般 pET 载体是先在不含 DE3 片断的菌株中进行克隆筛选，确定为阳性克隆后再转化到表达菌株，如 BL21(DE3)中通过 IPTG 诱导进行表达。pETcoco 载体引入了低拷贝控制元件，F 附加体上的 *ori*S 和 *rep*E 元件与 *par*ABC 共同作用下使质粒在细菌中保持单拷贝，这样可以使质粒在细菌细胞内稳定存在，又可以减少外源蛋白对细胞的毒害作用。当需要大量表达时加入树胶醛醣诱导 *trf*A 基因表达，质粒在细胞内的拷贝数可以增加到 25～50。pETcoco 载体同时兼容了 DE3 调控模型，在加入 IPTG 后表达量提高 2 500 倍。

在保证质粒稳定性这一点上除了 pETcoco 的方法外，还有一种方法是将重组质粒转化到含 T7 RNA 聚合酶抑制剂的 T7 溶菌酶表达基因的菌株中，在含有 pLysS 的 pLysE 宿主菌内重组质粒的背景表达被进一步抑制，质粒可以更稳定地存在。

44.1.2　表达宿主菌

表达宿主菌(expression host)是指一类活的能进行遗传操作和外源目标产物生产的生物体(如细菌、病毒、酵母、昆虫、培养的细胞、转基因植物和动物等)。外源的目标产物有蛋白质、酶、化合物、多糖、抗体等。与基因扩增的宿主菌相比，表达宿主菌具有以下特点：①高产性能，即具有短时间内大量表达(生产)外源目标产物的能力；②相对于目标表达产物，宿主具有较低的蛋白酶分泌能力，尤其相对于易变不稳定的重组蛋白来说更为重要；③具有方便高效的遗传操作能力(包括成熟的重组载体构建技术、转化技术、重组子筛选技术等)，利于快速构建、筛选稳定的重组菌；④具有在廉价的培养基上高密度生长的性能；⑤具有环境友好的特点。此外，所用宿主菌最好可以自由使用，无专利限制。

目前，适于广泛应用的大肠杆菌宿主菌主要有 Novagen 公司、Invitrogen 公司和 Stratagen 公司等提供的适于不同载体和蛋白表达的宿主菌。

44.1.3 培养基

重组大肠杆菌培养的培养基主要有两种：一是复合培养基，如 LB 培养基；另外一种为全合成培养基(如 M9)，主要由葡萄糖、铵盐、微量元素和生长因子等组成。为了实现高密度发酵，必须满足细胞旺盛生长和产物表达需要的营养物质，而在培养基中具体碳源或氮源浓度超过细胞所能忍受的阈值，则产生抑制细胞正常代谢的效应。如葡萄糖浓度高于 50 g/L，可能发生细胞的基质抑制作用。因此，碳源、氮源、碳氮比、微量元素等合理优化与设计是高密度培养的重要内容。当营养物质的浓度超过下列特定值之后，大肠杆菌工程菌的生长将会受到抑制：葡萄糖(50 g/L)、氨(3 g/L)、铁(1.15 g/L)、镁(8.7 g/L)、磷(10 g/L)、锌(0.03 g/L)。因此，高密度培养往往采用补料-分批发酵的培养方式进行，以保证提供细胞代谢的营养物质，又不产生培养基的抑制作用。

44.1.3.1 培养基设计原则

大肠杆菌高密度发酵时控制细胞在碳源限制的条件下生长，碳源的细胞得率系数最高，而在氮源限制环境中生长的细胞，有大量的糖原等多聚物累积于细胞中，同时形成大量有机酸等中间代谢产物。碳源首选为葡萄糖，因葡萄糖为发酵性碳源且价格低廉，但其代谢易形成乙酸，因此对易形成乙酸的菌株可采用非发酵性碳源(甘油)来替代。对采用 IPTG 诱导外源基因启动的重组菌，则在诱导阶段可用乳糖既作碳源又作诱导剂使用。

重组工程菌高密度培养基设计原则有以下几点：①使用最稀培养基以便精确设计营养成分与细菌生长之间的定量关系，同时避免任何不利于细菌生长的营养限制性因素；②利用碳源限制的方法直接阻断细菌对数生长期间抑制性代谢产物的合成；③依据细菌细胞的元素组成确定培养基各成分的精确配比，维持细菌以合适的比生长速率生长，减少培养过程中溶解氧需求，避免或减少乙酸的产生。

44.1.3.2 碳氮比优化

马文峰等分别采用复合培养基(LB)和合成基本培养基(MM)培养重组 DH5a/pBV220ApoA 表达 ApoA-I_{Milano}蛋白。在采用复合培养基时，以初始葡萄糖浓度 3 g/L 在5 L 罐上进行了一系列碳氮比的实验，补料阶段菌体生长及目的蛋白表达所需的碳、氮源以一定的比例根据发酵液中的残糖浓度控制流加，发酵结果如图 44-4 所示。C∶N 为2∶1时最利于重组菌生长和 ApoA-I_{Milano}表达，在此优化的碳氮比条件下，细胞光密度(OD_{600})达 25，目的蛋白表达率达 45%左右，比对照提高了 12.5%的表达率，细胞光密度也提高了 28.2%。比较 C∶N 为 2∶1 和 3.5∶1 条件下的比生长速率(μ)、底物比代谢速率(Q_S)和重组蛋白比形成速率(Q_P)发现 C∶N=4∶1 时诱导 1 h 后 μ，Q_S，Q_P 均明显低于 C∶N 为 2∶1 时各值(图 44-5)，说明不适当的碳氮比可严重影响细胞生长和产物的表达。

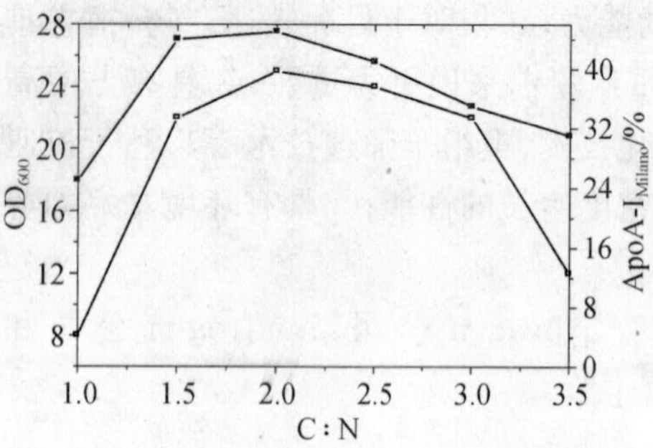

图 44-4 批发酵培养基中 C∶N 对菌体的生长及 $ApoA\text{-}I_{Milano}$ 表达的影响

□OD_{600} ■$ApoA\text{-}I_{Milano}$

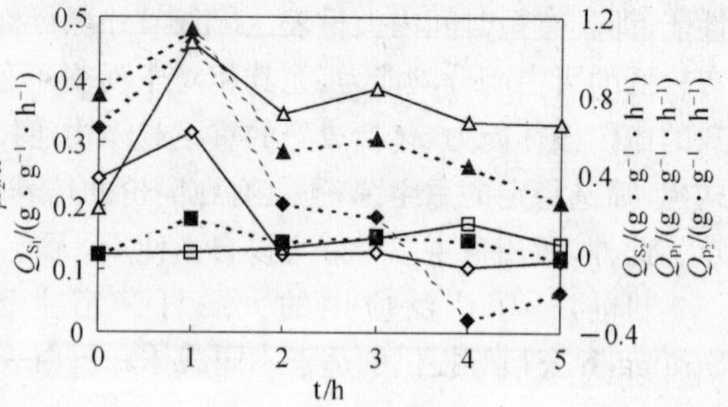

图 44-5 不同 C∶N 时诱导阶段 μ, Q_S, Q_P 比较

◇μ_1；◆μ_2；△Q_{S_1}；▲Q_{S_2}；□Q_{P_1}；■Q_{P_2}（下标 1 为 C∶N＝2∶1，下标 2 为 C∶N＝4∶1）

而以全合成培养基(MM)培养时，最合适细胞生长和重组 $ApoA\text{-}I_{Milano}$ 蛋白表达的碳氮比为 7.6∶1.0。

44.1.3.3 无机盐和氨基酸

在补料分批发酵时，除了在基础培养基中加入适量的无机盐和氨基酸外，还需要在补料培养基中加入适量的无机盐，如 K^+、Cu^{2+}、Co^{2+}、Mn^{2+}、Zn^{2+} 等。$CaCl_2$、$FeSO_4$、$MgSO_4$ 等与细胞外产物合成的动力学平衡有关，Ca^{2+} 还与钙调蛋白的作用有关，而 Mg^{2+} 则除了对细胞代谢途径中的激酶起促进作用，还是外源基因复制、转录一些聚合酶的关键辅助因子。在无机盐中，磷酸盐也是细胞高密度生长必不可少的，它既能为核酸等物质提供磷源，也是细胞形成细胞膜的主要物质。

44.1.4 培养条件控制

44.1.4.1 温度

温度是一个重要的环境参数，其对基因表达的调控作用可发生在复制、转录、翻译或低分子合成等水平，尤其对于温敏型启动子(如 P_L、P_R)的基因工程菌。热诱导的程序(模式)对提高外源蛋白表达量也是至关重要的，常规热诱导一般有如下两种模式：①生长阶段控制温度为 30℃或 37℃，到细胞密度达到一定值时快速升温至 42℃恒温诱导；②生长阶段控制温度为 30℃或 37℃，细胞密度达到一定程度时升温至 42℃诱导一段时间后又降低温度至大肠杆菌的最适生长温度(37℃～39℃)。

不同温度诱导模式对外源蛋白表达和细胞生长产生迥然不同的结果。

44.1.4.2 pH

大肠杆菌生长的最适 pH 为 7.0～7.2。培养环境 pH 的变化会改变细胞内的 pH，影响营养底物的吸收和细胞内的代谢反应速率，从而影响重组细胞的生长和外源蛋白的表达水平。*E. coli* 培养时 pH 下降的原因有：利用葡萄糖发酵时产生的有机酸(如乙酸、柠檬酸等)可引起发酵液的 pH 降低；细胞代谢糖释放的 CO_2 溶解于发酵液内与 H_2O 作用生成的碳酸也会导致发酵液的 pH 降低；另外，细胞代谢生理酸性盐(如 $(NH_4)_2SO_4$)时，因 NH_4^+ 代谢形成 H_2SO_4 使 pH 下降等。培养液 pH 升高的原因也有多种：碳氮比不合适，氮源过多引起氨基氮释放，使 pH 上升；生长初期细胞生长产生的蛋白酶水解培养基中蛋白胨生成 NH_4^+，使 pH 上升；生理碱性物质形成也会使 pH 上升。

重组大肠杆菌发酵时，通常细胞生长与外源蛋白表达时的最适 pH 不一致，细胞生长的 pH 一般为 7.0～7.2，而外源蛋白表达的最适 pH 可能是 6.7～7.0，也可能控制在 7.2～7.6 较好。根据作者的培养经验，可认为：①在大肠杆菌表达阶段控制 pH 在 6.7～7.0，可提高包涵体中目的蛋白的形成；②在高密度发酵时控制 pH 为 7.4～7.6，可明显提高外源蛋白的表达水平。

pH 的控制方式主要有酸碱调节和底物糖浓度控制两种。

44.1.4.3 溶解氧浓度

由于大肠杆菌是高耗氧细菌，溶解氧(Dissolved Oxygen, DO)浓度是高密度发酵过程中关键因素之一。氧作为初级营养物质，细胞的生长代谢过程需要氧气的参与，同时对重组大肠杆菌外源蛋白表达的次级作用如代谢流改变、蛋白质氧化作用、DNA 氧化作用、质粒复制和重组质粒的稳定性有明显的影响作用。

培养过程中随着细胞密度的增加，单位体积重组细胞的摄氧率(OUR)增加，发酵罐内溶解氧水平(DO)逐渐下降，低于临界氧浓度时则限制细胞生长。提高溶解氧浓度的方法有：加大通气、通纯氧、提高罐压、提高转速等，但通纯氧加大了成本和增加了不安全因素，很少在工业上使用。因此，可尝试通过基因工程方法克隆透明颤菌血红蛋白基因(*vgb*)整合到大肠杆菌染色体上，解决大肠杆菌高密度发酵过程中高耗氧问题。

44.1.4.4 二氧化碳

高密度发酵过程中，二氧化碳的呼吸是微生物的重要代谢活动。很多研究结果表明，高 CO_2 浓度对大部分微生物(如细菌、酵母和真菌等)都有毒害作用，但不同微生物种类对 CO_2 的耐受程度显著不同。一般发酵液中溶解 7.04%的 CO_2 可抑制细胞的生长，高于 4%生长下降，发酵液中 CO_2 的溶解度应控制在 1%～3%。另外，CO_2 对细胞的毒性与细胞的生理状态和培养环境条件有关，也与细胞是生长阶段还是外源蛋白表达阶段有关。由于发酵液中 CO_2 和 HCO_3^- 占有相对的比例，因此在发酵过程中发酵液中 CO_2 浓度可通过 pH 控制。但在高密度培养时，由于大量的 CO_2 产生，通过 pH 控制培养液中 CO_2 浓度是不足的。减少二氧化碳对细胞的影响主要有两种方法：①加大空气流量，通过无菌空气带走更多的二氧化碳，但是这种方式可能增加供氧的成本，也有造成逃液的可能；②适时补加油或泡敌，消泡后，泡沫中的二氧化碳释放随空气一起带到发酵罐外。

44.1.5 高密度培养减少副产物形成策略

在发酵过程中，由于细胞代谢葡萄糖形成大量的乙酸、异丁酸、乙醇等副产物，对细胞生长和蛋白表达产生影响的主要是乙酸。乙酸的抑制作用一般认为是作为 H^+/ATP 泵的去偶合剂使质子泵驱动力下降，从而影响 ATP 的合成。

44.1.5.1 高密度培养减少乙酸形成策略

乙酸在培养基中的大量累积对细胞生长和外源蛋白表达产生严重的影响，为了减少乙酸在大肠杆菌细胞内累积，通常有以下策略：

① 采用控制葡萄糖流加速率来限制。

② 采用代谢工程的方法减少碳源流向乙酸累积的途径代谢流。

③ 对细胞中葡萄糖运输能力进行基因改造以达到在有氧发酵时减少乙酸的形成。

44.1.5.2 透析培养

随着合成培养基和碳源流加控制策略的发展，透析培养(dialysis culture)可以避免有害副产物的积累对细胞生长和蛋白表达的影响。大肠杆菌流加培养的细胞密度通过优化过程控制可达 150 g/L，对细胞生长的抑制物去除则可进一步提高细胞的培养密度。超滤和微滤是用来去除发酵液中的有害物质而截留微生物细胞的重要手段，透析膜最适合替代过滤膜，使细胞代谢中间产物通过扩散作用而去除，从而使细胞从补进来的营养物质中(如维生素、氨基酸和氮源等)获得新的养分。由于各营养物质的流动是通过透析膜两边的浓度梯度来实现的，因此，堵塞膜孔的现象少有发生，但是微滤或超滤过程中高液压流体经过膜时，易导致膜污染和膜孔堵塞，从而引起液体流速的锐减。

透析发酵罐首先由 Märkl 发明并由瑞士的比奥(Bioengineering)公司生产，其由两个套在一起的圆柱体组成，从而分成了两室，内外室由透析膜分开。透析发酵法已成功应用于大肠杆菌、哺乳动物细胞和一些极端微生物的高密度培养。

44.1.6 高密度培养策略

培养方式是微生物培养实现工艺调控策略的过程操作方式，主要分为分批培养、补料-分批培养和连续培养等。为了实现高密度发酵目的，一般采用补料-分批培养方式，既能满足高密度发酵时对营养源的需求，又能减少生长抑制物的形成，同时还通过控制补料来调控重组细胞的生长速率和外源蛋白的表达速率。

重组大肠杆菌高密度培养补料策略(表 44－1)通常有以下四种。

表 44－1 大肠杆菌高密度流加培养策略

培养技术	基础培养基	碳源	细胞密度/(g·L^{-1})
补料-分批培养			
	半合成培养基	葡萄糖	54
1. 细胞指数生长	酵母膏培养基		
	合成培养基	固体葡萄糖	134
	合成培养基	葡萄糖 柠檬酸	104
	合成培养基	甘油	148
		葡萄糖	128
2. 碳源限制细胞线性生长	酵母膏和蛋白水解物	甘油	84
3. 低线性生长维持乙酸浓度接近于零	合成基本培养基	低葡萄糖 甘油	145
透析发酵			
1. 膜透析反应器	抗完全培养基	甘油	174
2. 营养分开补料	抗基础培养基	甘油分开	190
	抗缓冲盐溶液	甘油流加	150

① 通过补碳源(如葡萄糖、甘油或乳糖等)来控制细胞比生长速率(μ)和外源蛋白表达比速率(Q_P)。细胞比生长速率是表征细胞生长的重要生理参数，如在最优的比生长速率下，可获得最高的葡萄糖对细胞的得率系数($Y_{X/S}$)，但是由于乙酸的形成速率也与细胞比生长速率有关，因此需要通过补料策略来减少乙酸形成，同时尽量获得较高的细胞得率。

② 通过控制 pH 来进行补料的策略。由于碳源(如葡萄糖)代谢时形成大量的有机酸而

使 pH 下降，当葡萄糖不足时因中间产物有机酸的代谢引起 pH 上升，因此可通过控制碳源(如葡萄糖)流加速率来实现高密度发酵，减少副产物的形成。

③ 通过维持溶解氧浓度(DO)进行流加补料。在一定操作条件下，DO 值反映了细胞代谢强度的大小，其与细胞浓度、碳源和氮源的浓度有关。有大量文献报道，通过补料来维持高密度发酵时 DO 的浓度。由于 DO 只是发酵液中的环境变量，有时无法真实反映细胞代谢活动，建议采用控制 DO 和测定单位体积发酵液中细胞单位时间氧代谢速率(OUR)更科学。

④ 如果采用复合培养基进行高密度发酵时，可通过采用在线监控细胞呼吸熵(RQ)来实现高密度培养和外源蛋白的高水平表达。

以上策略也可综合使用来实现大肠杆菌的高密度培养。

44.2 重组毕赤酵母高密度培养技术

甲醇营养型毕赤酵母(Methylotrophic yeast *Pichia pastoris*)以其强劲的生长和独特的特性，已由美国 Invitrogen 公司开发成外源蛋白科学研究和商业生产的重组表达系统。自从 1987 年 Gregg 等首次用巴斯德毕赤酵母(*Pichia pastoris*)作为宿主菌表达重组乙型肝炎表面抗原(HBsAg)以来，至 2000 年已成功地表达了 223 个外源蛋白，其中细菌蛋白 17 种、真菌蛋白 21 种、原生动物蛋白 6 种、植物蛋白 28 种、无脊椎动物蛋白 14 种、脊椎动物蛋白 46 种，重组人蛋白 80 种和病毒蛋白 11 种、大部分可开发成医药产品。近年来，该系统每年表达近一百种新重组蛋白(酶)，已经被公认为外源分泌蛋白和胞内蛋白生产最优秀的表达系统之一。

与传统的酿酒酵母相比，重组毕赤酵母具有如下优点：

① 具有日益成熟的高密度发酵工艺。大规模工业化生产达到 100 g(干重)/L 以上高细胞密度，且发酵原料廉价。

② 具有甲醇精确调控的醇氧化酶(Alcohol Oxidase，AOX)启动子(P_{AOX})。它受甘油、葡萄糖和乙醇等碳源的阻遏，而受甲醇的精确诱导。

③ 外源蛋白分泌表达的高效性。目前信号肽序列有酿酒酵母 α-交配因子(α-mating factor)前 89 个氨基酸基因序列、酸性磷酸酶 1(PH01)中 21 个氨基酸残基的信号肽序列和间质金属蛋白酶(NMP)/间质金属蛋白酶组织抑制剂(TIMP)信号序列等，其可融合到外源蛋白的 N 端序列。据报道用酿酒酵母的交配因子信号序列可使甲醇营养型毕赤酵母分泌人血清白蛋白达 10 g/L 的水平。

④ 外源蛋白基因高遗传稳定性。由于外源目的蛋白载体以线性质粒整合到甲醇营养型毕赤酵母染色体上，随染色体的复制而复制，因此外源目的基因在世系传代中异常稳定，不易丢失。

⑤ 外源目的蛋白的高表达率。甲醇营养型毕赤酵母在甲醇诱导下迅速形成过氧化物酶体(Peroxisome)，它是一种合成储存蛋白质的区域化结构，可使表达的外源蛋白免受蛋白酶的降解，且不对细胞产生毒害，从而提高了目的蛋白的表达产量。

44.2.1 毕赤酵母的生物学特性

甲醇营养型毕赤酵母起初是菲利普石油公司为了生产家畜饲料单细胞蛋白(Single Cell Protein，SCP)而最早开发利用的，此后渐渐转移到用作表达外源蛋白的宿主系统上，毕赤酵母的生物学特性主要有以下几个方面。

(1) 甲醇可作为唯一碳源和能源　毕赤酵母细胞能够生长在葡萄糖、甘油、果糖、甲醇等有机碳源的液体和固体培养基上。当用葡萄糖时，其世代倍增时间为 1.5 h；而当用甲醇为唯一碳源和能源时，世代倍增时间为 6.0 h 左右。在液体发酵时可达到极高的细胞浓度(>130 g/L)和高细胞产率(>10 g/(L·h))。

(2) 生活史与酿酒酵母相似　毕赤酵母在固体培养基上生长形成白色或乳白色非鞭毛菌落，一般为多边出芽繁殖。在营养生长期以单细胞为主，但子细胞可进行同宗交配；营养不良时可诱导相互交配型细胞交配产生二倍体，该二倍体能在以后的生长中得以保持。营养不良时也可以诱导产生孢子，形成含有四个子囊孢子的子囊，这些子囊孢子可用作四分子分析或随机分析。

(3) 过氧化物酶体区域化　甲醇营养型酵母以甲醇为唯一碳源时，甲醇代谢的醇氧化酶(AOX)，二羟丙酮合成酶(DAS)和过氧化氢酶(catalase)被分拣到过氧化物酶体中形成区域化(图 44-6)。过氧化物酶体几乎占整个细胞体积的 80%，内含的蛋白主要为 AOX 和 DAS，其含量可达到总细胞蛋白的 60%～80%，而以葡萄糖、甘油或乙醇作为碳源时，醇氧化酶几乎不形成。

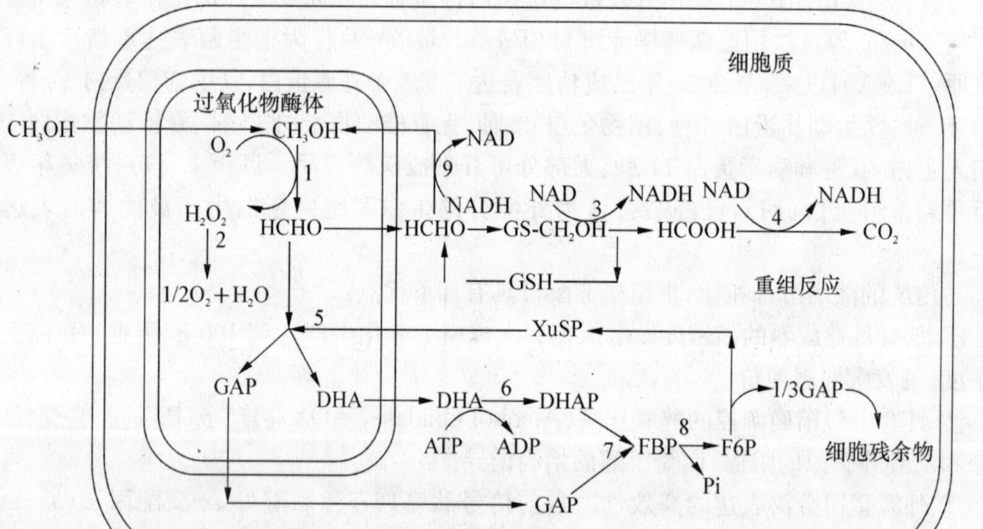

图 44-6　甲醇营养型酵母甲醇代谢途径及过氧化物酶体区域化

1—醇氧化酶；2—过氧化氢酶；3—甲醛脱氢酶；4—甲酸脱氢酶；5—二羟丙酮合成酶；6—二羟丙酮激酶；7—果糖-1,6-二磷酸醛缩酶；8—果糖 1,6-二磷酸酶；9—甲醛还原酶

(4) 可对重组蛋白翻译后加工　重组蛋白在毕赤酵母细胞分泌过程中具有很好的翻译后加工能力，如前体蛋白的成熟、蛋白构象的正确折叠、适度的糖基化修饰，使所表达的外源蛋白结构与构象更接近于天然蛋白。此外，如果是糖蛋白，还经高尔基复合体对蛋白糖链剪切，使表达蛋白的外链不含 α-1,3-甘露糖，避免了像酿酒酵母一样的免疫原性问题，使表达的糖蛋白更适于治疗用途。

44.2.2　巴斯德毕赤酵母表达系统

巴斯德毕赤酵母是甲醇营养型酵母中的一类能够利用甲醇作为唯一碳源和能量来源的酵母菌。像其他酵母一样，在无性生长期主要以单倍体形式存在。当环境营养限制时，常诱导两个生理类型不同的接合型单倍体细胞交配，融合成双倍体。它之所以能够利用甲醇，是由于甲醇能诱导其染色体中2个AOX基因(*aox*1，*aox*2)表达甲醇代谢所需的醇氧化酶，其中AOX2编码的蛋白质与AOX1编码的蛋白质有97%的同源性和几乎相同的特异性催化活性。甲醇诱导形成的AOX1和AOX2，其含量可占细胞内总蛋白的35%～40%。但AOX1基因的启动子(P_{AOX1})受甲醇强烈诱导，而P_{AOX2}则很弱。当以葡萄糖、甘油或乙醇作为碳源时，AOX几乎不表达。进一步研究表明，AOX的表达是在转录水平调控的，其强诱导型启动子P_{AOX}能非常有效地控制外源基因的表达。因此，利用甲醇严紧调控AOX酶基因转录的特性，开发了重组毕赤酵母表达系统。

44.2.2.1 宿主菌

毕赤酵母的宿主菌主要有两类：一是原养型菌株(auxotrophic strain)，包括GS系列(如GS115和GS200等)和JC系列(如JC227和JC304等)；二是蛋白酶缺陷型菌株(protease-deficient strains)，包括KM71系列和SMD系列(如SMD1168等)，但从文献报道来看，使用较多的主要为GS115和SMD1168菌株，占90%以上，最近也有KM71H和X-33等菌株应用于重组蛋白的表达。

44.2.2.2 表达载体

(1) 表达载体 重组毕赤酵母表达系统所用的载体一般为穿梭质粒。载体均不含酵母复制原点，导入酵母体内的重组表达载体只有和酵母染色体上的同源区发生重组整合到染色体上，外源基因才能够稳定存在，整合位点一般位于*his*4区或*aox*1区。

重组毕赤酵母表达产物有胞内表达和胞外分泌型表达两种方式，这与表达载体的选择及其构建时是否带有信号肽有关。胞内表达适宜于在胞液中表达或不含S—S键的非糖基化蛋白，其较胞外分泌表达水平高，但产物纯化较为复杂。对于那些易于降解的不稳定蛋白或具有毒素活性及对宿主菌有毒害作用的蛋白，胞内表达可以将它们存储在甲醇酵母细胞内的特异细胞器——过氧化物酶体中。目前研究表明，胞内表达蛋白分选入过氧化物酶体主要与两种靶信号有关，即PTS1和PTS2。它们可与表达蛋白结合，帮助蛋白前体从原生质进入过氧化物酶体从而得到较好的保存。胞外分泌型表达蛋白被分泌到培养基中，这有助于形成糖基化的具天然构象重组蛋白，同时因毕赤酵母自身分泌的蛋白很少，因而非常利于下游纯化工作。

(2) 启动子 重组毕赤酵母载体构建时所用的启动子主要有以下几种：

① 醇氧化酶启动子(P_{AOX1})。甲醇作为诱导剂，同时也是细胞生长和外源蛋白表达所需的碳源和能源。

② 3-磷酸甘油醛脱氢酶启动子(P_{GAP})。一般用来构建组成型启动子，目前生产菌株构建极少采用此启动子。

③ 依赖于谷胱甘肽的甲醛脱氢酶(FLD1)启动子(P_{FLD1})。FLD1启动子可用作为唯一碳源的甲醇进行诱导也可以用作为氮源的$(NH_4)_2SO_4$进行诱导启动，属于强启动子。

④ 过氧化物酶体基质蛋白(PEX8)启动子和YPT1(GTPase)启动子。PEX8启动子能在细胞从葡萄糖培养转换到甲醇培养时较低水平但有效启动，而YPT1启动子能在碳源为葡萄糖或甲醇时进行低水平、组成型启动，相对来说它们属于弱启动子，目前应用相对较少。

44.2.2.3 毕赤酵母中表达的重组蛋白种类

重组表达蛋白可分以下几类：①蛋白酶类，如人溶菌酶、人胃促胰酶、葡萄糖苷酶等；②激素类，如胰岛素前体、人绒毛膜促性腺激素、鲤鱼生长激素等；③受体、抗体及单链抗体等生物活性蛋白；④抗原类，如乙型肝炎表面抗原、破伤风毒素片段 C、登革热病毒 E 蛋白等；⑤细胞因子类，如肿瘤坏死因子、表皮生长因子、血管生成抑制因子等；⑥酶制剂类，如植酸酶、米曲霉脂肪酶等；⑦病毒蛋白类，如乙型脑炎病毒 E 蛋白、伪狂犬病病毒 Ea 株 gE 蛋白、猪繁殖与呼吸综合征病毒 ORF6 蛋白等。据文献报道，*P. pastoris* 表达的重组蛋白最高表达量分别达 22 g/L(胞内)和 14.8 g/L(分泌)，许多重组蛋白已成为正式产品进入了市场。

44.2.3 毕赤酵母表达系统对外源蛋白表达的影响

外源蛋白在毕赤酵母中的表达影响因素很多，它不仅受基因特性、整合位点、mRNA5′端和 5′非翻译区(UTR)、cDNA 的 AT 含量、翻译起始区和信号肽等外源基因特性的影响，也受宿主菌、甲醇利用表型、蛋白酶、蛋白后加工(如糖基化)及培养条件的影响。

44.2.3.1 外源基因特性

外源基因的密码子主要在翻译水平上影响基因的表达效率。巴斯德毕赤酵母有其偏爱的密码子，如果外源基因中含有毕赤酵母基因编码的稀有密码子，则在翻译过程中可能产生限制效应而影响表达。

外源基因编码重组蛋白的自身理化特性也影响其表达和分泌。由于蛋白质在内质网和高尔基体中被加工修饰后的去向由蛋白质自身特点决定，一般不具分泌特性的蛋白很难实现高效分泌。因此外源蛋白的空间构象/糖基化位点、水溶特性、氨基酸组成等都影响毕赤酵母对其分泌以及蛋白酶对其降解特性。

44.2.3.2 重组毕赤酵母甲醇利用表型及对重组蛋白表达的影响

重组毕赤酵母表型根据代谢甲醇速率可分为 Mut^+、Mut^s 和 Mut^- 三种。这三种表型实质是由重组载体在毕赤酵母内的重组方式决定的。毕赤酵母内外源基因重组方式通常有三种：一是双交换，发生在染色体 AOX1 位点和表达载体的 P_{AOX1} 及转录终止区。含 P_{AOX1}、外源基因和转录终止区的表达单元置换染色体上有完整功能的 *aox*1 基因，产生的表达菌株基因型为 His^+Mut^S($aox1^-aox2^+$)。由于 *aox*1 基因被置换，只能靠微弱转录能力的 *aox*2 基因，因此甲醇的利用率很低，但它表达外源基因的效率高。二是 AOX1 单位点互换，发生在染色体 AOX1 位点和表达载体的 AOX1 区。外源基因的表达盒插在 AOX1 基因的上游或下游，这一过程可重复发生，即可获得更多拷贝的表达盒插入基因组内，AOX1 基因仍然有活性，产生的基因型是 $His^+ Mut^+$($aox1^+ aox2^+$)，这种 $His^+ Mut^+$ 转化子仍然利用甲醇。三是 *his*4 单位点置换。发生在染色体 *his*4 位点和表达载体的 *his*4 位点，使得一个或多个表达盒插入在 *his*4 位点，产生的基因型也是 $His^+ Mut^+$($aox1^+ aox2^+$)。此外，也有 *his*4 双交换，结果为 $His^- Mut^+$($aox1^+ aox2^+$)。

由于 *aox*1 替换与否，导致细胞代谢甲醇的速率明显不同，当重组毕赤酵母表型为 Mut^+ 型时，在甲醇诱导下能产生大量的 AOX1 酶，从而细胞代谢甲醇能力旺盛，通过甲醇完全氧化途径能为细胞提供大量的能量并形成 CO_2。而 Mut^S 型，则因 *aox*1 结构基因的缺失，无法表达 AOX1 酶，只能通过 *aox*2 基因表达的 AOX2 酶来代谢甲醇，其活性只有 AOX1 的十分之一。因此细胞代谢甲醇速率很慢，一般只有 Mut^+ 型的四分之一，甚至更小。Mut^S 细胞对氧的要求亦较低，生长也较慢，如果是胞内表达，应尽量用 Mut^S 型。

不同甲醇利用表型重组毕赤酵母培养过程中细胞外源蛋白表达强度、底物比消耗速率、比生长速率、外源蛋白表达比速率和有害副产物形成等方面呈现不同的表现方式。

44.2.3.3 基因拷贝数对外源蛋白表达的影响

基因剂量对外源目的蛋白表达有重要的影响。许多试验表明外源目的蛋白表达量的一个拷贝足够外源蛋白的高效表达，再增加表达拷贝数对外源蛋白表达量并无显著影响。也有些实验表明拷贝数的增加对外源蛋白的表达会有负效应。因此，基因剂量对外源蛋白表达水平既有正效应，也有负效应，但是各自影响机理不尽相同。

44.2.3.4 mRNA 中 5′-和 3′- UTR 序列

mRNA 中 5′-和 3′- UTR(Untranslation Region)序列和启动密码子 AUG，A+T 组成等都对外源蛋白的表达有重要的影响。

对于外源蛋白的最适表达，使 5′- UTR 尽可能与 AOX1 - mRNA 的序列保持一致。在 5′- UTR 中尽量避免 AUG 序列能确保 mRNA 从实际翻译起始位点的有效翻译。AUG 周围的 mRNA 次级结构可以调整使得 AUG 如 RNA 折叠方法预计的一样具有相对自由的次级结构，这样可以通过重新设计带有可替换编码子序列的起始部分来完成。另外，许多高 A+T 含量的基因常会由于提前终止而不能有效转录，譬如在毕赤酵母中不能表达的 HIV ENV 蛋白在啤酒酵母中却表达良好。因此，可以通过调整高 A+T 含量区的核苷酸组成来避免提前终止的发生。采用这种方法来构建高效表达破伤风毒素片断 C(Tenanus toxin fragment C)、灭蚊毒素(mosquitocidal toxins)、BSP1 和 BSP2 等的菌株都已成功。

44.2.4 外源蛋白高密度表达发酵策略

高密度发酵是基因工程菌提高外源蛋白表达率的重要策略之一，能极大地提高在市场上的竞争力。山根恒夫认为酵母细胞在发酵液中理论最大密度为 280 g/L(DCW)，在工业发酵时细胞浓度达到 30 g/L 则认为是高密度发酵，目前发酵过程中一般认为酵母细胞密度为 100～200 g/L 则为高密度发酵。

为了实现高密度发酵，除了基因工程菌本身的表达性质外，还必须给予基因工程菌生长、产物表达的最适环境条件，如培养基组成、培养温度、pH、适宜的溶解氧、适当的比生长速率以及营养物质的合理流加等。高密度发酵是当今基因工程菌发酵的重要发展方向，但存在如下矛盾。

(1) 供氧与需氧的矛盾　由于高密度发酵中细胞密度大，单位发酵液体积中细胞在单位的氧消耗速率(OUR)较大，因而存在供氧与需氧的矛盾。为了防止溶解氧浓度低于细胞生长的临界水平，有以下几种措施：①提高供氧能力，即增加发酵罐的氧传递速率(OTR)，如增大搅拌功率、提高空气流量等；②控制细胞耗氧速率，即通过流加补料措施控制细胞比生长速率，逐渐增大耗氧速率，但补料速率不能过快而使 OUR 陡增。

(2) 代谢抑制产物的产生　酵母菌在好氧发酵时，由于供氧不足、比生长速率过大或碳源供给速率大于细胞代谢速率，很容易产生乙醇、乙酸等代谢副产物，这些物质对细胞生长和外源蛋白的表达均有抑制作用。另外，CO_2 对菌体生长的影响也是一个不可忽视的问题，一般发酵液中溶解 7.04%CO_2 就会导致酵母菌生长的抑制；高于 4%，细胞生长速率将会降低。发酵液中 CO_2 的溶解浓度应控制在 1%～3%，但大规模发酵罐中，CO_2 的影响将会成为一个突出的问题，由于 CO_2 的分压是发酵液高度的函数，在罐压为 0.2 kg/cm^2 时，10 m 高的罐底 CO_2 分压是罐顶 CO_2 分压的 2 倍。

(3) 发酵液流变学的改变　一般发酵液视为拟均相，而在高密度发酵时，不能忽视菌体细胞所占的体积，表现为气、液、固三相。另外，高密度发酵液的黏度也会大幅度增加，表现为非牛顿型流体，对氧的传递和营养物质的传递都产生较大的影响。

甲醇营养型毕赤酵母表达外源蛋白发酵一般有两个阶段，即酵母细胞营养生长阶段和外源蛋白表达阶段。酵母细胞生长阶段主要目的是达到一定的细胞浓度，蛋白表达阶段由于毕赤酵母具有以甲醇作为唯一碳源和能源的特性，且外源基因就插入在能够利用甲醇的 AOX 基因中，当甘油用完时补入甲醇诱导 AOX 基因产生醇氧化酶来利用甲醇，同时启动启动子(P_{AOX})下游外源基因的转录。

由于重组蛋白表达浓度在一定范围内与细胞生物量呈正相关，因此高密度发酵是实现重组蛋白高产的重要方法。通过控制毕赤酵母的发酵环境条件如 pH、温度、溶解氧浓度等和补料策略(甘油流加策略和甲醇策略等)，提高重组蛋白表达水平。

44.2.4.1 pH 控制

毕赤酵母能在较宽 pH 范围(3.0～7.0)内生长，虽然 pH 对细胞生长影响较小，但对重组蛋白表达则影响很大。当 pH 低于 2.2 时菌体停止生长，最适生长 pH 为 4.8～5.5。一般细胞生长阶段 pH 控制在 5.0 左右，而诱导表达阶段 pH 控制在 6.0。

对 pH 有不同的控制方法。如设定 pH 通过氨水闭环控制 pH，而氨水中的铵离子作为氮源来使用。笔者对重组毕赤酵母表达人血清白蛋白恒化培养结果表明：氨水主要用作氮源构成细胞组成物质，比例为 30%～45%，而用于重组目的蛋白氮源物质比例只占 0.3%～1.5%。在重组毕赤酵母细胞生长阶段，通过在线测定氨水流加累积量和细胞浓度发现，氨水流加量与细胞浓度呈正比，在蛋白表达阶段外源蛋白表达浓度与氨水流加量也成正比，说明通过在线测定氨水流加速率即可反映细胞代谢氮源的强度和重组蛋白表达强度。另外，可通过碱水如 5 mol/L NaOH 来闭环控制 pH，但需要与碳源同时流加一定量的氮源(如硫酸铵、蛋白胨等)。

44.2.4.2 温度控制

温度对 *P. pastoris* 菌体的生长和发酵的影响是各种因素综合表现的结果。*P. pastoris* 斜面培养及种子培养的温度通常为 28℃～30℃，28℃是酵母菌体生长的最适温度，而在表达外源蛋白时温度应适当调整，如表达重组人血清白蛋白时最好为 28℃。如果温度过高，细胞生长和表达外源蛋白将受到抑制，并且色素增加；超过 32℃，表达水平急剧下降，甚至会导致细胞死亡。如果温度过低，由于培养是散热的，因而培养开支增大，且操作的复杂性增加。温度对 *P. pastoris* 发酵产物的活性、发酵液的物理性质(溶解氧量、基质的分解吸收速率等)及生物合成方向等也都有影响。从酶动力学角度看，温度升高，反应速率加大，生长代谢加快，生产期提前；但温度过高，又会使酶失去活性，温度越高，细胞易于衰老，发酵周期缩短，影响产物的产量。

变温发酵是毕赤酵母发酵提高外源蛋白表达水平的重要策略之一，主要方法是在细胞生长阶段维持 30℃高温，而在蛋白表达阶段进行适当降温培养。

因此，降温培养提高表达水平的机理是：①低温减少了蛋白酶的降解效应；②由于低细胞死亡率引起较少的蛋白酶释放到培养液中从而减小蛋白酶的降解作用；③较高的 AOX 酶活增大了重组蛋白的合成速率；④增加了重组酶翻译后加工(如蛋白折叠途径)的能力；⑤增加细胞膜稳定性，提高细胞的活率。

44.2.4.3 溶解氧浓度控制

毕赤酵母是好氧微生物，它的生长代谢过程需要氧气的参与，充足的氧气是其高效表达所必需的。在高密度培养过程中要求 DO 在 25%～60%之间。当 DO 过低时，毕赤酵母便会产生乙醇或乙酸，抑制外源蛋白的表达。然而随着细胞密度的增加，转速和通气量增加到生物反应器一定的限度时，便需要通入氧气，甚至完全通入氧气以维持所需的DO值。

毕赤酵母高密度培养经典的溶解氧控制方法是溶解氧"Spike"法。当毕赤酵母生长在碳源足够浓度条件下，细胞需要代谢最大量的氧，从而导致DO越来越小。当底物碳源耗竭时，DO值在短时间内(1～2 min)上升至80%以上。当补加碳源时，由于碳源代谢DO再次下降，细胞代谢途径再次变得活跃；当碳源不足时，DO值将再次急剧增大。利用这个特性，根据在线DO变化可以设计简单的补糖控制策略以实现高密度培养。

另外一种溶解氧控制方法是恒溶氧(DO-stat)培养策略，即根据溶解氧水平进行碳源补料速率的控制。其遵循的两个原则是：①在不能完全减少底物(碳源)累积浓度最小的情况下实现最高细胞密度发酵；②在蛋白表达阶段维持高活性细胞状态足够长的培养时间。恒溶氧策略需要严格控制碳源底物补料速率来实现细胞浓度的增加，提高诱导阶段的甲醇诱导效率。在甘油补料阶段，采用甘油速率逐渐下降的策略既可以实现细胞高密度培养又可以提高细胞生长速率而无甘油对细胞的抑制作用；在甲醇诱导阶段，甲醇补料速率则显著影响外源基因的表达。

44.2.4.4 补料策略

实现高密度发酵除以上培养环境条件外，还有一个重要策略是补料。通常有恒速流加补料、变速流加补料和指数流加补料等。在恒速流加补料中，主要是以作为限制性基质的碳源来进行恒速补料，相对于发酵罐中的细胞来说，营养物质浓度逐渐降低，总细胞浓度在培养过程中是线性增加的；变速或梯度增加流加速度补料是可以在高细胞密度的情况下加入更多的营养物质促进细胞的生长，并对产物的表达有利；指数流加技术是一个简单而又有效的补料技术，它能够使发酵罐内的基质维持较低的水平，大大减少代谢有害中间产物的生成，菌体浓度以一定的比生长速率呈指数形式增加，还可以通过控制流加的速率控制细胞的比生长速率，使菌体稳定生长的同时有利于外源蛋白的表达，该技术已广泛应用于重组菌的高密度发酵生产外源蛋白表达(表44-2)。

表44-2 高密度发酵补料策略

补料控制	补料技术	操作
非反馈补料	恒速流加	按预先设定恒定的营养物质补料速率，细胞比生长速率逐渐下降，菌体密度呈线性下降
	变速流加	在培养过程中流加速率不断增加(梯度、阶段、线性)，细胞比生长速率在不断改变
	指数流加	流加速率呈指数增加，比生长速率为恒定，菌体密度呈指数增加
反馈补料	恒pH法	在线基质浓度，通过pH的变化，推测细胞的生长状态，调节流加基质速率使pH恒定
	恒DO法	以DO为反馈指标，根据溶解氧的变化调整碳源的流加速率
	OD法	通过检测菌体的浓度，拟合营养的利用情况，调整碳源的加入速率
	CER法	通过在线二氧化碳的释放速率，估计碳源的利用情况，调整碳源流加速率
	DO-stat法	通过控制溶解氧、搅拌和补料速率，维持恒定的溶解氧，控制减少有机酸等中间副产物的生成
	RQ法	根据在线尾气数据计算的RQ值进行估算菌体利用底物情况，调整基质补加速率

(1) 通过补料速率控制比生长速率　在以AOX酶启动子控制的基因工程菌毕赤酵母表

达外源蛋白培养过程中，甲醇被用作外源蛋白表达的诱导物和细胞生长的碳源与能源。由于高浓度的甲醇(大于5 g/L)常对细胞有毒害作用，而低浓度的甲醇常不足以高效启动AOX的转录，所以精确的甲醇浓度调控不仅能有效维持外源基因在AOX酶启动子控制下的诱导，还能防止甲醇的积累对细胞的毒害作用，更为重要的是能控制细胞的比生长速率。

(2) 通过控制细胞成活率提高表达水平　提高毕赤酵母细胞的存活率是高水平外源蛋白表达的重要策略。

(3) 通过多种补料策略组合提高表达水平　由于毕赤酵母发酵过程系统的复杂性和时变性，单一的流加补料控制策略有时难以实现高水平表达，为此在外源蛋白表达阶段需要多种方法进行组合，如采用甲醇/甘油交替补料、甲醇/甘油(或山梨醇等)混合补料等方式。

(4) 氨基酸、无机盐等流加控制　毕赤酵母表达重组外源蛋白时，加入适量的酪蛋白氨基酸水解物或氨基酸可以提高表达效率。如在培养基中加入0.1%His对提高HSA表达量是十分有效的，这是因为HSA中含His较多，补加His只增加其表达量，不提高酵母细胞的生长产量；His阻止了蛋白酶对人血清白蛋白外源蛋白的酶解；His也显著地减少了色素的含量。

毕赤酵母生长及表达时所需的无机盐有Fe^{2+}(Fe^{3+})、Cu^{2+}、Zn^{2+}、Mg^{2+}、Mn^{2+}、Ca^{2+}等，这些离子对表达外源蛋白尤其重要，一旦失去Ca^{2+}等离子，重组外源蛋白表达量将显著减少，甚至于毕赤酵母的生长都受到极大的影响。

44.2.5 毕赤酵母外源蛋白降解机理及其控制策略

44.2.5.1 毕赤酵母蛋白酶系及其作用机理

外源蛋白不论是胞内表达或分泌表达均面临着降解问题，这是影响蛋白高质量高水平表达的一个重要因素。毕赤酵母能根据细胞生长环境(碳源的改变以及细胞或细胞器的胁迫)来调整自身酶系，以合成与降解不同的蛋白，其中液泡是蛋白质降解最主要的场所，另一降解场所是细胞基质蛋白酶体。外源蛋白胞外降解受培养基中胞外蛋白酶、细胞外膜结合蛋白酶和细胞自噬或裂解释放的胞内蛋白酶作用，而胞内蛋白的降解则主要受胞内蛋白酶作用，主要包括降解蛋白质前体产生活性蛋白，切除转运出膜后的蛋白质信号肽，调控蛋白失活，降解变异或不需要的蛋白质，以及提供营养、前体和能量等。毕赤酵母胞外蛋白酶分泌较少，其生理作用主要是降解部分蛋白质提供氨基酸和多肽等营养物质。

(1) 毕赤酵母细胞蛋白酶种类　根据蛋白酶的分泌和作用地点，毕赤酵母的胞内蛋白酶可以分为三种类别，即液泡蛋白酶，细胞基质蛋白酶体以及定位于分泌途径的蛋白酶(表44-3)。

表44-3 毕赤酵母液泡蛋白酶和位于分泌途径蛋白酶

酶		种类	编码基因	相对分子质量
液泡	PrA	天冬氨酸类	*PEP*4	42
	PrB	丝氨酸类	*PRB*1	32
	CpY	丝氨酸类	*PRC*1	61
	CpS	金属蛋白酶 Metallo - Zn^{2+}	*CPS*1	73～77
	ApI	金属蛋白酶 Metallo - Zn^{2+}	*LAP*4	640
	ApCo	金属蛋白酶 Metallo - Co^{2+}	*DAP*2	100

（续表）

酶		种　类	编码基因	相对分子质量
定位于分泌途径的蛋白酶	DPAP-B	丝氨酸类	*SEC*11	
	Kex2 蛋白酶	丝氨酸类	*KEX*2	
	Kex1 羧肽酶	丝氨酸类	*KEX*1	
	DPAP-A	丝氨酸类	*STE*13	
	酵母天冬酰胺蛋白酶 Ⅲ	天冬氨酸类	*YAP*3	

(2) 蛋白酶作用机理　在毕赤酵母生长和表达外源蛋白过程中，由于碳源从葡萄糖或甘油到甲醇的改变，甲醇代谢酶系（AOX、FAD、DHAS等）和过氧化氢体逐步积累；同时，相应的蛋白酶也产生了。由于细胞器胁迫的影响，过氧化氢体一部分在基质中自噬降解，大部分过氧化氢体转运到液泡中分解。

酵母液泡位于基质中，一方面是维持胞内 pH 和盐离子平衡、储藏盐离子的功能；另一方面，由于液泡中含有大量非特异性的水解酶，较宽底物范围的内生和异源蛋白酶，液泡是降解蛋白甚至细胞器的一个重要场所，大约 80% 的蛋白在液泡中降解。液泡内蛋白酶有以下几种：蛋白酶 A（proteinase A，PrA）、蛋白酶 B（proteinase B，PrB）、羧肽酶 Y（carboxypeptidases Y，CpY）、羧肽酶 S（carboxypeptidases S，CpS）、氨肽酶 I（aminopeptidases I，ApI）、氨肽酶 Co（aminopeptidase Co，ApCo）和二肽氨肽酶 B（Dipeptidyl aminopeptidase B，DPAP-B）。酵母液泡中的各种蛋白酶量随着发酵过程中营养条件的改变发生变化，如发酵过程中的饥饿胁迫、碳源改变、热和 pH 变化及有毒有害产物的形成等。分泌到胞外的重组蛋白降解有可能是由于蛋白酶的过量表达而部分分泌到胞外和高密度培养时细胞自溶造成膜破裂而释放出蛋白酶两种因素引起的。

毕赤酵母中位于与细胞膜结合的胞内蛋白酶类可分为蛋白质水解酶（内切酶）和多肽外切酶，由蛋白酶、羧肽酶和氨肽酶类组成。所有的蛋白酶都是由其蛋白酶前体经过酶切活化而成，按照其作用活性位点又分为四类：丝氨酸类蛋白酶、金属蛋白酶、半胱氨酸类蛋白酶和天冬氨酸类蛋白酶。丝氨酸类蛋白酶最适 pH 比较高，又叫碱性蛋白酶，而天冬氨酸类蛋白酶需要低的 pH 范围，又叫酸性蛋白酶。

在发酵过程中，由于高密度细胞的影响以及部分细胞的裂解，液泡中的蛋白酶常释放到培养基中，导致目的蛋白降解。由于蛋白水解酶浓度随着培养基中外源蛋白的浓度的升高而升高，对外源蛋白产生降解作用，因此，防止蛋白水解酶的水解作用，提高外源蛋白的稳定性，减少外源蛋白的损失，也就相对提高了外源蛋白的产量。

44.2.5.2　毕赤酵母表达外源蛋白的降解防止策略

重组蛋白降解是酵母表达系统共有的一个缺陷。降解不仅能引起目的蛋白的产率下降，降解形成的片断还能造成分离纯化极大困难，导致产品收率大大下降，产品纯度低，蛋白的比活性降低。重组表达蛋白发生降解的不同程度往往是发酵培养条件和发酵控制方式不同所致。尽管降解程度有所不同，但引起蛋白降解的直接原因是酵母细胞自身产生的各种蛋白酶作用。

为避免蛋白酶的降解，已进行了大量的研究试验，如菌株的基因改造、培养条件优化控制和蛋白酶抑制剂添加等，具体的策略有：在分子水平改造毕赤酵母表达宿主或蛋白质结构修饰，培养条件优化，添加蛋白酶抑制剂。

44.2.6　重组蛋白高密度表达胁迫作用

重组外源蛋白在微生物宿主表达系统（如大肠杆菌、芽孢杆菌、酵母等）中的高效表达或生产主要与微生物细胞的生理状态、培养环境密切相关。这种生理状态和培养环境是人为设计调控的，因此也分别称为代谢胁迫作用和环境胁迫作用。在很多情况下，重组细胞代谢生理条件和遗传因素限制明显影响蛋白的高效表达，这些限制因素包括外源表达基因密码的偏爱性、基因拷贝数、启动子转录效率、翻译信号、分泌信号肽的转运效率、内质网和高尔基体内蛋白的加工和折叠、分泌，以及蛋白降解速率等。通常以上影响因素可能是单独起限制作用，也可能是相互结合起作用。对于具体表达系统来说，瓶颈限制因素可能与具体的“菌株-蛋白性质”组合有关。

44.2.6.1　代谢胁迫作用

重组细胞内代谢胁迫作用主要有蛋白折叠与分泌的内质网胁迫、外源蛋白降解和细胞凋亡等胁迫作用。泛素是细胞内抗胁迫作用的有效因子之一，它与分子伴侣一样保护初始非折叠蛋白或预折叠蛋白在内质网内折叠。很多实验证明泛素对环境变化（如高温、饥饿）和氨基酸类似物、DNA 损伤剂、镉和有毒底物抵抗有重要的作用。泛素抗胁迫作用大概有以下几种机理：①在受胁迫时细胞通过泛素系统增加蛋白错误和损伤蛋白的降解；②游离泛素可能在蛋白分泌通过内质网膜转运时是一个非共价结合合成蛋白而保持非折叠构象，因此很可能起分子伴侣的作用。

44.2.6.2　环境胁迫作用

环境胁迫作用诱导细胞内基因群进入碳水化合物代谢、能量形成、脂肪酸代谢、蛋白质折叠与降解和细胞胁迫（热休克蛋白、去反应氧分子毒害、DNA 损伤修复等）应激反应形成，但是胁迫作用阻遏了与细胞生长过程、RNA 代谢、核酸代谢和核糖体蛋白有关的基因。大部分环境胁迫作用导致基因表达改变的暂时响应，直到细胞再次恢复适应新环境为止，通常在基因组表达方式上只有少数变化。当初始胁迫响应被启动后，细胞总是寻求适应新环境条件的新生理状态。至今很少有关工业发酵酵母细胞环境胁迫响应的报道，通常在工业化发酵过程中很少有剧烈的环境改变，大多数只是温度、pH、渗透压长期未优化的胁迫作用。环境胁迫作用主要与发酵策略的设计有关。

（郭美锦）

参 考 文 献

［1］ Riesenberg, Guthke R. High-cell-density cultivation of microorganisms. Appl Microbiol Biotechnol, 1999, 51:422－430.

［2］ Markl H, Zenneck C, Dubech A, et al. Appl Microbio Biotechnol, 1993, 39:48－52.

［3］ 张惠展. 基因工程概论. 上海：华东理工大学出版社，2004：156－180.

［4］ 马文峰，丁满生，郭美锦，等. 重组人载脂蛋白 ApoA－Ⅰ表达条件的优化. 微生物学通报，2004，31(6)：27－32.

［5］ Song Zhaolei, Pan Qiuhui, Hong An, et al. Cloning and high expression of hbEGF with a new strategy. Acta Genetica Sinaca, 2002, 29(1):84－89.

[6] Sears I B, O'Connor J, Rossanese O W, et al. A versatile set of vectors for constitutive and regulated gene expression in *Pichia pastoris*. Yeast, 1998, 14: 783 - 790.

[7] Macauley-Patrick S, Fazenda M L, McNeil B, et al. Heterologous protein production using the *Pichia pastoris* expression system. Yeast, 2005, 22(4): 249 - 270.

[8] Wagner S L, Siegel R S, Vedvick T S, et al. High-level expression, purification and characterization of Kunitz-type protease inhibitor domain of protease nexin-2/amyloid - beta-protein precursor. Biochem Biophys Res Commun, 1992, 186: 1138 - 1145.

[9] 山根恒夫. 生化反应工程. 周斌，编译. 陕西：西北大学出版社，1992：241 - 242.

[10] 郭美锦，储炬，庄英萍，等. 基于氧碳平衡的重组巴氏毕赤酵母碳源代谢分析. 化工学报，2003，54(12)：1724 - 1728.

45 废物生物处理技术

随着工业生产的发展，环境污染问题已越来越受到人们的关注。用生物的技术来处理废水、废气等已成为废物处理的一个重要手段。本章着重介绍废水厌氧、需氧的生化处理技术。

45.1 废水厌氧处理过程与反应器

45.1.1 概述

厌氧生物处理过程又称厌氧消化，是在厌氧条件下由多种微生物共同作用，使有机物分解并生成 CH_4 和 CO_2 的过程。这种过程广泛地存在于自然界，直至 1881 年法国报道了罗伊斯·莫拉斯(Louis Mouras)发明的"自动净化器"(automatic scavenger)，人类才开始了利用厌氧消化处理废水的历史，至今已有一百多年。

1979 年布利安特(Bryant)等提出了厌氧消化的三阶段理论，认为厌氧消化过程是按以下步骤进行的。

第一阶段可称为水解、发酵阶段，复杂有机物在微生物作用下进行水解和发酵。例如，多糖先水解为单糖，再通过酵解途径进一步发酵成乙醇和脂肪酸；蛋白质则先水解为氨基酸，再经脱氨基作用产生脂肪酸和氨。

第二阶段称为产氢、产乙酸阶段，是由一类专门的细菌(产氢、产乙酸细菌)，将丙酸、丁酸等脂肪酸和乙醇等转化为乙酸、H_2 和 CO_2。

第三阶段称为产甲烷阶段，由产甲烷细菌利用乙酸、H_2 和 CO_2，产生 CH_4。研究表明，厌氧生物处理过程中约有 70%CH_4 来自乙酸的分解，其余少量则来自 H_2 和 CO_2 的合成。

至今，三阶段理论已被公认为是对厌氧生物处理过程较全面和较准确的描述。

与好氧生物处理相比，厌氧生物处理的主要特征是：

① 能量需求大大降低，还可产生能量。这是因为厌氧生物处理不要求供给氧气，相反却能生产出含有 50%～70%甲烷的沼气，含有较高的热值(21 000～25 000 kJ/m^3)，可以用作能源。为去除 1 kg COD，好氧生物处理一般需消耗 0.5～1.0 kW·h 电能，而厌氧生物处理每去除 1 kg COD 约能产生 3.5 kW·h 电能。

② 污泥产量极小。这是因为厌氧微生物的增殖速率比好氧微生物低得多。一般地，厌氧消化中产酸细菌的产率为 0.15～0.34，产甲烷细菌为 0.03 左右，混合菌群的产率约为 0.17；而好氧微生物的产率为 0.25～0.6(kg VSS/kg COD)。因此，好氧生物处理的污泥产量为 250～600 g VSS/kg COD(去除)，而厌氧生物处理的污泥产量仅为 200～180 g VSS/kg COD(去除)。

③ 对温度、pH 等环境因素更为敏感。厌氧细菌可分为高温菌和中温菌两大类，其适宜的温度范围分别为 55℃左右和 35℃左右。如温度降至 10℃以下，厌氧微生物的活动能力将

非常低下。而好氧微生物对温度的适应能力较强，在5℃以上均能较好地发挥作用，产甲烷菌的最适pH范围也较好氧菌小。

④ 处理后废水有机物浓度高于好氧处理。

⑤ 厌氧微生物可对好氧微生物不能降解的一些有机物进行降解（或部分降解）。

⑥ 处理过程的反应较复杂。厌氧消化是由多种不同性质、不同功能的微生物协同工作的一个连续过程，远比好氧生物处理中的微生物过程复杂。

厌氧消化微生物主要有发酵细菌（产酸细菌），包括梭菌属（*Clostridium*）、拟杆菌属（*Bacteroides*）、丁酸弧菌属（*Butyrivibrio*）、真细菌属（*Eubacterium*）和双歧杆菌属（*Bifidobacterium*）等；产氢、产乙酸细菌，包括互营单胞菌属（*Syntrophomonas*）、互营杆菌属（*Syntrophobocter*）、梭园属（*Clostridium*）和暗杆菌属（*Pelobacter*）等；产甲烷细菌，大致可分为两类：一类主要利用乙酸产生甲烷，另一类数量较少，利用氢和CO_2的合成生成甲烷。也有极少量的细菌，既能利用乙酸，也能利用氢。

厌氧消化技术已具有百年以上的悠久历史，但是，由于厌氧消化的运行条件如温度等均未得到良好的控制，初级的厌氧处理设备均需很长的停留时间，出水水质也较差。化粪池和双层沉淀池曾在美、德、法等国得到较大的推广，并沿用至今。在我国的很多大小城市中，目前也仍有不少化粪池在运行。

1955年，Schroepter参考活性污泥法流程开发了厌氧接触法。它采用二次沉淀池和污泥回流系统，使厌氧消化池中生物量浓度得以提高，污泥龄得以延长，因此停留时间大大缩短，处理能力大大提高。它最先被应用于食品包装废水的处理，取得了很好的效果。厌氧接触法的诞生标志着厌氧消化工艺的发展进入了一个更新的阶段。

20世纪70年代以来，随着能源问题的突出，发展高效节能的废水处理工艺的要求愈加迫切。运用20世纪50年代得到的一些厌氧处理经验和厌氧处理所涉及的微生物学、生物化学和生化工程的最新研究成果，许多国家大力开展了废水厌氧处理技术的研究，在国际上出现了一批称为“第二代废水厌氧处理反应器”，其中典型的有：厌氧滤池（AF，Young和McCarty，1972）、上流式厌氧污泥床反应器（UASB，Lettinga，1979）、厌氧附着膜膨胀床（AAFEB，Jewell，1980）和下行式固定膜反应器（DSFF）、厌氧流化床（AFB）等。这些高效厌氧消化反应器的共同特点是保持很高浓度的生物量，通过不同的方式，使生物量在反应器中停留很长时间。

近年来，厌氧消化工艺经过不断的研究、实践，取得了很大的发展和进步，其应用范围越来越广，主要包括：用于城市废水处理厂污泥的稳定化处理；用于高浓度有机工业废水的处理；与好氧过程串联配合使用，用于城市废水的处理，包括去除有机物、除磷、脱氮；用于含难降解有机物的工业废水的处理。

45.1.2　废水厌氧生物处理的反应器

早期的厌氧生物处理重点是解决城市污水污泥的处置问题。1895年，英国的Cameron创造了一种类似Mouras自动净化器的构筑物，被命名为化粪池。此后不久，Travis提出了一种将污水沉淀和污泥消化分别在上下两层进行的双层构筑物。1904年德国的Imhoff又加以改进，使之成为双层沉淀池（隐化池）。1927年，Ruhrver-band在专用的消化池中采用污泥加热装置，使得这种消化池得以推广。这一工艺至今在排水工程中处理小流量污水时还占有一定的地位。进入20世纪30年代，人们对厌氧处理系统的接种物和pH控制等方面有了更深入的了解，因此大规模专用的、带加热装置的城市污水污泥消化系统迅速地发展起来，并得到了广泛的推广和应用。此外，1950 年 Morgan 和 Torpey 的研究成果也促进了高效、可加温和搅拌的消化池的发展，导致了厌氧消化池中搅拌装置的广泛应用。上述这些反应器后来被统称为第一代反应器。

20 世纪 70 年代初，世界性的石油危机爆发，能源价格飞涨，并且环境污染问题的严重性已为人们所认识。厌氧消化由于可以甲烷的形式回收废水中的有机物能量，而且处理过程的能耗又小，因此引起世界各国研究者的浓厚兴趣。国际上出现了一批称为"第二代废水厌氧处理反应器"的反应器，其中典型的有：厌氧滤池（AF）、升流式厌氧污泥床反应器（UASB）、厌氧附着膜膨胀床（AAFEB）和下行式固定膜反应器（DSFF）、厌氧流化床（AFB）等。图 45－1 为第二代反应器的结构示意图。

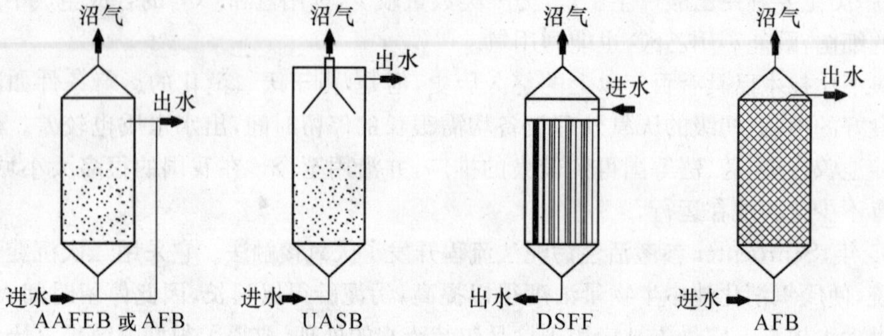

图 45－1　第二代废水厌氧处理反应器的结构示意图

由于第二代厌氧反应器解决了厌氧微生物生长缓慢（厌氧过程本身的特点）和生物量易被液体洗出（传统消化池的弱点）等不利于反应器高效运行的关键问题，因此，它们具有一些突出的优点：①具有高的有机负荷和水力负荷，因而反应器的容积比传统装置减小 90%以上；②在不利条件（低温、冲击负荷、存在抑制物等）下仍具有很高的稳定性；③反应器建造简单，结构紧凑，投资小，占地面积小，适合于各种规模并可作为运行单元被结合在整体的处理技术中；④处理低浓度废水的高效性已具备与好氧处理竞争的能力；⑤通常几乎不需要操作和管理费用，是能源净生产过程。

高效厌氧处理反应器除了满足污泥和进水停留时间相分离外，还应满足的第二个条件是使进水和污泥之间维持良好的接触状态。为此，在反应器设计过程中，首先应该确保反应器中布水的均匀性，因为这样才可以最大限度地避免短流现象的发生。要达到这一目的，除了作好布水系统的设计外，还可采用塔式反应器结构或采用出水回流而获得良好的搅拌强度。从另一方面讲，厌氧反应器中液体的混合还依赖于进水的混合和产气的扰动两方面。但是当进水无法采用高的水力和有机负荷的情况（例如反应器在低温条件下，或反应器的启动初期只能采用低负荷运行时）下，由于污泥床内的混合效果太差，常常出现短流现象，使得 UASB 反应器的处理效果不尽人意。正是为了解决这一问题，20 世纪 90 年代初以内循环式反应器（Internal Cyclic Reactor，IC）、厌氧膨胀颗粒污泥床（Expanded Granular Sludge Blanket，EGSB）和升流式厌氧流化床（Upflow Fluided Bed，UFB）为典型代表的第三代厌氧反应器相继出现。下面以厌氧膨胀颗粒污泥床（Expanded Granular Sludge Bed，EGSB）反应器为例，介绍第三代厌氧反应器的情况。

大量的研究和工程实践表明，在处理中等浓度废水的工业规模 UASB 反应器中，混合状况和效果难以达到最佳，而且反应器中存在死体积，使得处理效能下降。为提高污泥和废水的混合程度，充分利用反应器的容积，需要更好的布水系统或操作方式。理论上分析可以发现，高效的布水装置、单位面积内设置更多的布水孔和反应器中废水很高的表面上升流速都是解决这些问题的办法。由此出现了高径比很大、出水回流的膨胀颗粒污泥床反应器。

(1) EGSB反应器的结构和特点　20世纪80年代后期，荷兰 Wageningen 农业大学首先进行了 EGSB 反应器的研究。EGSB反应器的设计思想是，在设有性能良好的布水系统的条件下，通过部分出水回流、采用大的高径比提高反应器中液体的上升流速（>2.5 m/h），从而使颗粒污泥床膨胀，消除死区，保证污泥和废水相互接触得更好。因此，EGSB实际是改进型的UASB反应器，但其运行方式与UASB有明显的不同。图45-2为EGSB的示意图。EGSB反应器的特点是：①上升流速（v_{up}）大（2.5～6 m/h），有机负荷率高（约为40 g COD/(L·d)）；②反应器高径比大，可以承受更高的水力负荷，污泥床处于膨胀状态；③反应器设有出水回流系统，更适合于处理低浓度的废水以及含有悬浮性固体和有毒物质的废水；④以颗粒污泥接种，颗粒污泥活性高，沉降性能好，粒径较大，强度较好；⑤由于 v_{up} 大，有利于污泥与废水间充分混合、接触，因而在低温、处理低浓度有机废水时有明显的优势。

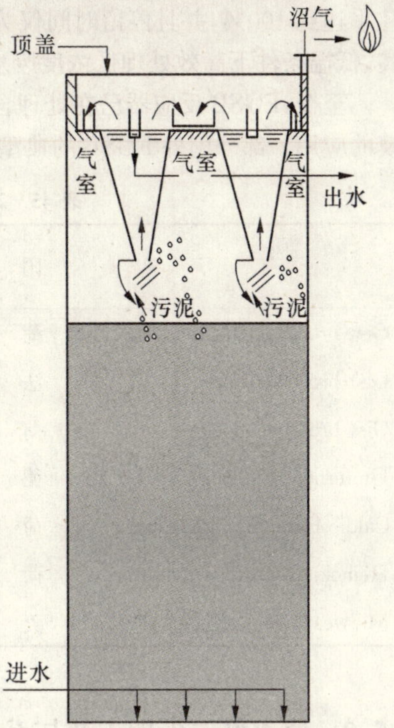

图45-2　EGSB的示意图

(2) UASB和EGSB反应器中颗粒污泥性质比较　由于EGSB反应器通常以UASB反应器中的颗粒污泥作为接种污泥，EGSB反应器启动完成后，其颗粒污泥性质发生明显的变化。

不同基质中颗粒污泥的比产甲烷活性可在一定程度上反映颗粒污泥中微生物组成上的差异。表45-1中列出了分别以甲酸、乙酸、丙酸、丁酸、戊酸、乳酸、葡萄糖等为基质测定UASB和EGSB反应器及不同状态（新鲜和长期放置后）厌氧颗粒污泥的比产甲烷活性。

表45-1　不同基质中颗粒污泥的比产甲烷活性

污泥来源	最大比产甲烷活性/[mL CH_4/(g VSS·d)]						
	葡萄糖	甲酸	乙酸	丙酸	丁酸	戊酸	乳酸
UASB(N)	200.3	344.4	59.0	66.6	35.8	22.6	79.1
EGSB(N)	315.6	191.1	65.5	106.7	55.5	23.5	68.1
UASB(O)	135.3	280.6	44.6	L	L	L	L
EGSB(O)	210.4	145.6	50.1	L	L	L	L

注：N代表新鲜颗粒污泥；O代表放置3月以上的颗粒污泥；L表示活性极低。

从表45-1可以看出，在诸多基质中，EGSB反应器中的颗粒污泥比产甲烷活性均高于UASB反应器中的颗粒污泥。

(3) EGSB反应器的运行和应用　最初的EGSB反应器是由一个高为2 m、直径为9 cm

的实验室规模的UASB反应器改建而成的。当时，由于反应器是在低负荷和高进水浓度下运行的，故反应器中上升流速的增加并未显示出优点。但是，进一步的实验发现，高上升流速使EGSB反应器在低温条件下处理低浓度废水的效果比通常厌氧反应器有明显提高。例如，在10℃～13℃，EGSB反应器处理低浓度酸化废水（进水COD 600～900 mg/L）时，COD去除率几乎达到100%，并且停留时间仅为2 h，OLR达到10～13 g COD/(L·d)。以后的研究证实，低温条件下高效处理低浓度废水是EGSB反应器的重要优点。

至今，EGSB反应器已在处理含有易降解溶解性化合物的工业废水方面得到了许多大规模的应用。部分国外EGSB的典型应用工程如表45-2所示。

表45-2 部分国外EGSB的典型应用工程

工厂	国家	废水种类	时间/年	设计负荷 /[kg COD/(m^3·d)]	体积/m^3
Gist-brocades，Delft	荷兰	面包酵母/抗生素	1984	26	2×380
Gist-brocades，Prouvy	法国	面包酵母	1984	28	2×125
Gist-brocades，Delft	荷兰	面包酵母/抗生素	1985	26	2×380
Uniferm，Monhein	德国	面包酵母	1985	28	125
Caldic Europort，Rozenburg	荷兰	化学品	1992	10.4	275
Heineken，Zoeterwoude	荷兰	酿造	1992	19.2	780
Midwest Grain product，Pekin ill	美国	淀粉	1993	15.5	1 750

45.2 废水好氧处理工艺与系统

45.2.1 悬浮生长型好氧生物处理的典型工艺

废水生物处理是一种在生物反应器水平上模拟水体自净作用的强化过程。其基本原理是利用微生物分解有机物，同时合成自身细胞（即活性污泥）的过程。从生物工程角度来说，它是目前工业化规模最大的发酵工程。根据微生物在反应器中存在的形式和供氧方式，好氧生物处理工艺可分为悬浮生长型的活性污泥法和附着生长型的生物膜法。

活性污泥法是世界各国普遍采用的传统废水生物处理工艺，其在防治水环境污染中已经发挥了重要的作用。近一个世纪以来，一方面社会的发展不断产生关于废水处理工艺的新课题；另一方面，科学技术的飞速发展推动了废水处理理论的研究。自20世纪80年代以来，废水生物处理新工艺新技术的研究、开发和应用，已在全世界范围内得到了长足的发展，并出现了许多新型的废水生物处理技术，有的已显示出了良好的应用和发展前景。它们的共同特点是高效、稳定，并具有对污染物去除的多功能性。

45.2.1.1 活性污泥法反应过程的理论基础

活性污泥法是一种应用最广的废水好氧生物处理技术，其基本流程如图45-3所示。它是由曝气池、二次沉淀池、曝气系统（含空气或氧气的加压设备、管道系统和空气扩散装置）以及污泥回流系统等组成的。曝气池与二次沉淀池是活性污泥系统的基本处理构筑物。由初次沉淀池流出的废水与从二次沉淀池底部回流的活性污泥同时进入曝气池，其混合体称为混合液。在曝气的作用下，混合液得到足够的溶解氧并使活性污泥和废水充分接触，废水中的可溶性有机污染物为活性污泥所吸附并为存活在活性污泥上的微生物群体所分解，使废水得到净化。在二次沉淀池内，活性污泥与已被净化的废水(称为处理水)分离，处理水排放，活性污泥在污泥区内进行浓缩，并以较高的浓度回流到曝气池中。由于活性污泥不断地增长，部分污泥作为剩余污泥从系统中排出，也可以送往初次沉淀池，提高初沉效果。

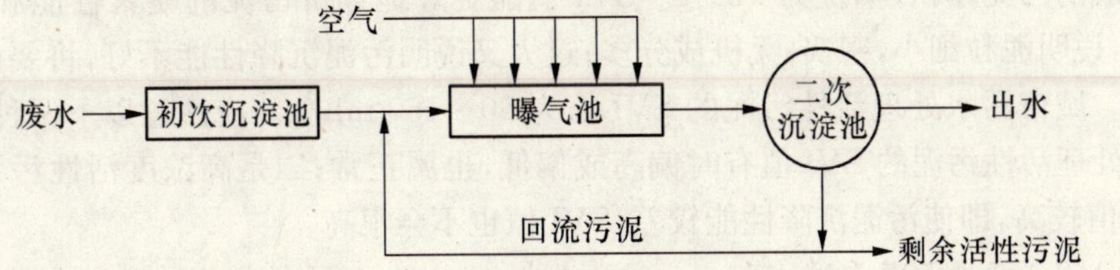

图 45-3 活性污泥法的基本流程

活性污泥处理系统有效运行的基本条件是：①废水中含有足够的可溶性易降解有机物，作为微生物生理活动所必需的营养物质；②混合液含有足够的溶解氧；③活性污泥在池内呈悬浮状态，能够充分地与废水相接触；④活性污泥连续回流，及时地排除剩余污泥，使混合液保持一定浓度的活性污泥；⑤没有对微生物有毒害作用的物质进入。

组成活性污泥的微生物主要有细菌、原生动物、真菌和微小后生动物等。

发育良好的活性污泥在外观上呈黄褐色的絮绒颗粒状，也称生物絮凝体，其粒径一般为 0.02～0.2 mm，具有较大的表面积，大体上为 20～100 cm^2/mL，含水率在 99%以上，相对密度为 1.002～1.006，因含水率不同而异。

活性污泥的固体物质含量仅占 1%以下。固体物质由 4 部分组成：①活细胞(Ma)，在活性污泥中具有活性的那部分；②微生物内源代谢的残留物(Me)，这部分物质无活性，且难于生物降解；③由原废水夹入，难以生物降解的有机物(Mi)；④由原废水夹入，附着在活性污泥上的无机物质(Mii)。前三类为有机物质，一般占固体成分的 75%～85%。

活性污泥的数量和各项性能的评价可用下列指标表示。

(1) 混合液悬浮固体浓度(MLSS) 这项指标表示活性污泥在曝气池内的浓度。包括活性污泥组成的各种物质，即

$$MLSS = Ma + Me + Mi + Mii \tag{45-1}$$

具有活性的微生物(Ma)只占其中的一部分，因此用 MLSS 表示活性污泥浓度误差较大。但考虑到在一定条件下，MLSS 中活性微生物量所占比例较为固定，因此，目前仍普遍以 MLSS 值作为表示活性污泥微生物量的相对指标，其单位用 mg/L 或 g/m^3 表示。

(2) 混合液挥发性悬浮固体浓度(MLVSS) 这项指标表示有机悬浮固体的浓度(单位为 mg/L 或 g/m^3)，即

$$MLVSS = Ma + Me + Mi \tag{45-2}$$

这项指标能够比较准确地表示微生物的数量，但其中仍包括非活性微生物(Me)和惰性物质(Mi)。因此，仍是活性污泥微生物量的相对指标。在条件一定时，MLVSS/MLSS 比值较稳定，对城市污水的活性污泥，其值为 0.75～0.85。

(3) 污泥沉降比(SV) 污泥沉降比是指将曝气池流出来的混合液在量筒中静置 30 min，

其沉淀污泥与原混合液的体积比,以百分数表示。正常的活性污泥经 30 min 静沉,可以接近它的标准密度。该指标能够相对地反映污泥浓度和污泥的凝聚、沉降性能,用以控制污泥的排放量和早期膨胀。本指标测定方法简单易行。处理城市污水活性污泥的沉降比介于20%～30%。

(4) 污泥容积指数(SVI) 污泥容积指数是指曝气池出口处混合液经 30 min 静沉,1 g干污泥所形成的污泥体积,单位为 mL/g。SVI 值能更好地评价污泥的凝聚性能和沉降性能。其值过小,说明泥粒细小,密实,无机成分多;过大又说明污泥沉降性能不好,将要或已经发生膨胀现象。城市污水处理活性污泥的 SVI 值为 50～150 mL/g。应注意以下两种情况:一是工业废水处理活性污泥的 SVI 值有时偏高或偏低,也属正常;二是高浓度活性污泥法系统中的 MLSS 值较高,即使污泥沉降性能较差,SVI 值也不会很高。

45.2.1.2 活性污泥系统

活性污泥处理系统历经几十年的发展和革新,至今已成为相当完整、充实的废水生物处理体系,表现在已有多种流态和池型的反应器——曝气池;多种各具特点的运行方式和系统;多种适应不同要求的曝气装置和充氧方式。

根据混合液在曝气池内的流态,曝气池可分为推流式和完全混合式两种。

(1) 推流式曝气池 该曝气池表面呈长方形,废水从池首端进入,在曝气和水力的推动下,混合液均衡地向前流动,并从池尾端流出。从池首端到尾端,混合液内影响活性污泥净化功能的各种因素,如 F/M 值、活性污泥微生物的组成和数量、基质的组成和数量等都在连续地变化,有机物降解速率、耗氧速率也连续地变化。

推流式曝气池的优点有:①在曝气池任何两个断面都存在有机基质的浓度梯度,因此存在着基质降解动力,BOD 降解菌为优势菌,可避免产生污泥膨胀现象;②运行灵活可采用多种运行方式;③运行适当能够增加净化功能,如脱氮、除磷等。

推流式曝气池一段呈廊道形,为了避免短路,廊道长宽比一般不小于 5∶1。

(2) 完全混合式曝气池 废水进入池后,即与池内原有混合液充分混合。池内混合液的组成、F/M 值以及活性污泥微生物的数量等参数是完全均匀一致的,有机物降解速率、耗氧速率都是不变的,而且在池内各部位都是相同的。微生物在池内的增殖速率不变,在增殖曲线上的位置是一个点,而不是一个区段。

完全混合曝气池的特点有:①由于池内混合液对废水起到了稀释的作用,因此,它能够承受高浓度的废水,对冲击负荷有一定的适应能力;②需氧要求全池相同,能够节省动力;③可使曝气池与沉淀池合建,不需单独设置污泥回流系统,易于运行管理。

活性污泥的运行方式主要有传统活性污泥法、完全混合活性污泥法、阶段曝气活性污泥法、吸附-再生活性污泥法、延时曝气活性污泥法、高负荷活性污泥法以及纯氧曝气活性污泥法等。

45.2.2 附着生长型好氧生物处理的典型工艺

生物膜法是和活性污泥法并列的一类废水好氧生物处理技术,又称固定膜法。它是土壤自净过程的人工化和强化,主要用于去除废水中溶解的和胶体中的有机污染物。采用这种方法的构筑物有生物滤池、生物转盘、生物接触氧化池和生物流化床等。

(1) 生物滤池 生物滤池由滤床(池体与滤料)、布水装置和排水系统三部分组成。

20 世纪 30—40 年代前普通生物滤池常常是方形、矩形的,但自从创造了旋转布水器后,新设计的普通生物滤池大多采用圆形，高负荷生物滤池通常都为圆形。池壁可筑成带有孔洞或不带孔洞的两种。有孔洞的池壁有利于滤料内部通风，但在冬季易受低气温的影响。为防止风力对池表面均匀布水的影响，池壁高度一般应高出滤料至少 0.5 m。必要时，池体应考虑采暖、防冻和防蝇措施，如加盖等。图 45-4 是高负荷生物滤池的构造示意图。

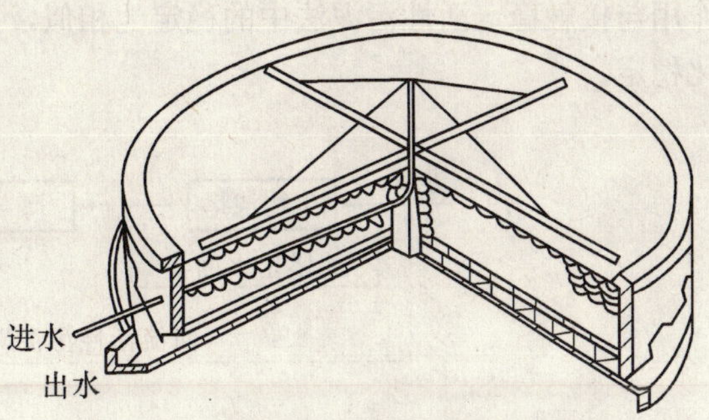

图 45-4 高负荷生物滤池的构造示意图

普通生物滤池的滤床高度通常为 1.5～2.0 m，自然通风。高负荷生物滤池的滤床，以碎石为填料时，高度为 0.9～2.0 m；以塑料滤料为填料时，高度为 2～4 m。塔式生物滤池高度通常为 8～12 m，也有的高达 30 m，直径一般为 0.5～30 m。塔式滤池应分段设置支撑滤料的格栅，分段承担滤料的重量。每段应设置观察孔、测温孔、取样孔及人孔，并建筑相应的平台。平台上下用扶梯连接，便于操作人员上下观察和取样分析。

滤料是生物膜赖以生长的载体。理想的滤料应具备的特性包括：①能为微生物的栖息提供大量的表面积；②能使废水以液膜状均匀分布于其表面；③有足够大的孔隙率，使生物膜能随水通过孔隙流到池底，并保证滤池通风良好；④适合于生物膜的形成及黏附，且既不被微生物分解，又不抑制微生物的生长；⑤有较好的机械强度，不易变形与破碎。

在普通生物滤池中，一般采用实心拳状滤料，如碎石、卵石、炉渣等。工作层滤料的粒径为 25～40 mm，承托层滤料的粒径为 70～100 mm。同一层滤料的粒径要尽量均匀一致，以提供较大的孔隙率。当滤料的孔隙率在 45%左右时，滤料的比表面积一般为 65～100 m^2/m^3。滤料的粒径愈小，比表面积就愈大，处理能力就可以提高。但粒径过小，孔隙率降低，滤层易被生物膜所堵塞。

在高负荷生物滤池滤料中，滤料粒径较大，一般为 40～100 mm，孔隙率较大，能够防止堵塞和提高通风能力。其中工作层滤料的粒径为 40～70 mm，承托层为 70～100 mm。滤料采用卵石、石英石、花岗石等，但以表面光滑的卵石为好。近年来已开始应用塑料滤料，有聚氯乙烯、聚苯乙烯、聚丙烯等制成的波纹板式、斜管式和蜂窝式塑料滤料等，目前还在不断发展，开发出新的塑料滤料。这些滤料质轻，强度高，耐腐蚀，比表面积和孔隙率都较大，主要缺点是价格较高，初期投资较大。

在塔式生物滤池滤料中，一般采用质轻、比表面积大和孔隙率大的人工合成滤料。

布水装置的目的是将废水均匀地喷洒在滤料上。普通生物滤池常采用固定式布水装置。该装置包括投配池、配水管网和喷嘴三个部分。高负荷滤池和塔式滤池则常用旋转布水器，它由进水竖管和可转动的布水横管组成。排水系统处于滤床的底部，其作用是收集、排出处理后的废水以及保证滤床通风。它由渗水顶板、集水沟和排水渠组成。排水系统的形状与池体相对应。

活性生物滤池（Activated Biofilter，ABF）是由生物滤塔和曝气池串联组成的新的二段生物处理工艺，其流程见图 45-5。从图中可见，存在两个回流系统：一是滤塔出水的回流系统；二是曝气池后的二次沉淀池污泥回流到滤塔的回流系统。因而 ABF 系统不完全是通常的生物滤塔和曝气池的二段串联系统，而是一种混合系统。对生物滤塔来讲，进水的废水不仅与生物膜接触反应，同时还与活性污泥接触反应，类似生物接触法。对曝气池来讲，生物滤塔的作用与接触稳定活性污泥法中的稳定池相似，污泥在进入曝气池之前先在生物滤塔内进行氧化稳定。

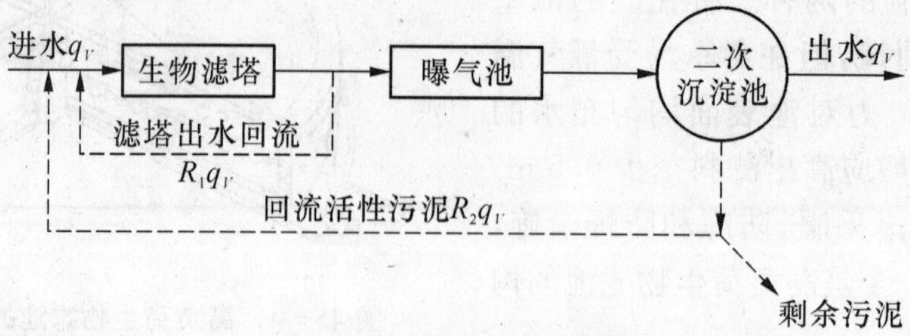

图 45-5　ABF 系统流程图

(2) 生物转盘　生物转盘的基本构成如图 45-6 所示。在转盘中心轴上固定着一排等间距的质量小、强度高、厚度薄、防腐蚀的圆形盘片，也可以是蜂窝体。约 40%转盘面积浸渍于半圆筒形的接触反应槽中，驱动装置以 18 m/min 左右的周速低速转动。系统组成有 1 轴 1 段、1 轴多段和多轴多段等形式。1 轴多段和多轴多段具有推流效果，不仅适用于 BOD 去除，而且适用于硝化、脱氮等处理。以 BOD 去除为目标的城市废水的二级处理，一般采用 4 段式，设计上要注意的是第 1 段污染负荷最大，供氧能力不足时会发生恶臭，其对策是增大初段的转盘面积，一般可在初段槽内设 2 组轴或增加轴的长度，以增加盘片面积，也可采用多段进水，以减轻初段负荷。以硝化或脱氮为目标的转盘一般也多采用 4 段式。

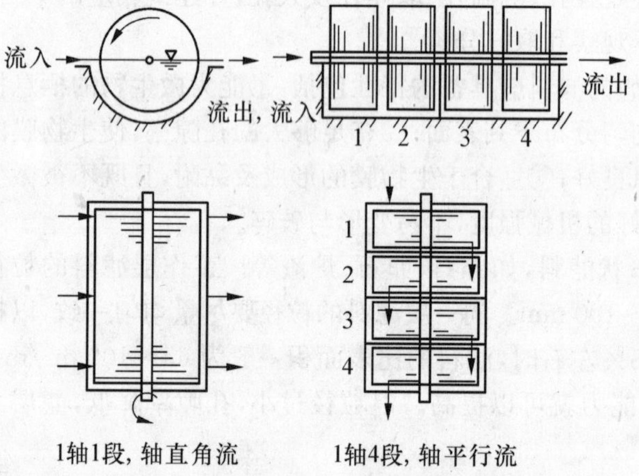

图 45-6　生物转盘法的基本构成

生物转盘法具有以下各项主要特征：

① 节能。因附着在生物膜外侧的水膜可将空气中的氧带入水中，故接触槽中不需曝气。转盘缓慢转动搅拌槽中的水流，使悬浮物不产生沉淀，也不需要回流污泥，故运行的动力费用为活性污泥法的 1/2～1/3。当入流废水的 BOD_5 为 2 000 mg/L 时，去除 1 kg BOD_5 耗电 0.7 kW·h。

② 生物量多，净化率高，适应性强。生物转盘法的净化功能是以转盘上所附着生长的微生物群作为基础的。对于多段式生物转盘，在处理城市废水的初段转盘上生物量可达 194 g/m^2，换算成 MLVSS 相当于 4 000～6 000 mg/L，高浓度的生物量是生物转盘短时间接触反应能获得较高净化率的原因。

③ 生物膜微生物的食物链长，污泥产量小，为活性污泥法的 1/2。

④ 维护管理简单，功能稳定可靠，没有噪声，不产生滤池蝇，正确的设计不会产生恶臭与发泡。

⑤ 转盘顶上需要有覆盖，以防暴雨时冲刷生物膜，寒冷地区宜建在室内。一般所需的场地面积比活性污泥法大，建设投资也高于活性污泥法。

⑥ 生物转盘还可与初次沉淀池、曝气池和二次沉淀池合建，使一池多用，提高处理水水质。

45.3 废气的生物处理

45.3.1 概述

随着现代工业的快速发展，特别是随着有机合成工业和石油化工工业的迅速发展，进入大气环境中的污染物日益增多，这些物质主要有硫化氢、硫醇类、硫醚类、氨、胺类、吲哚类、硝基化合物、烃类、醛类、脂肪酸类、醇类、酚类、酯类以及有机卤系衍生物等。它们往往带有恶臭，不仅对人体和各种感官有刺激作用，而且具有一定的毒性，有些会产生“三致”效应，对人体和环境产生极大的危害，不仅影响生态环境质量，而且许多有机污染物具有一定的致癌性，日益引起人们的广泛关注。因此，各国纷纷寻求有效的废气控制和净化技术，对于高浓度废气大多采用吸收法、吸附法、焚烧法、氧化法等物理化学法处理，而对于低浓度废气（$<3\ mg/m^3$）的净化处理难度较大。生物处理法具有高效、费用低、设备简单、无二次污染等特点，特别在处理生物降解性好的废气时显示出明显的优越性。

生物处理废气的原理主要是将气态污染物转移到液相或固体表面的液膜中，然后利用有孔的、潮湿的介质上聚集的活性微生物的代谢过程，将废气中各种有机物降解为无害的无机物（CO_2 和 H_2O）或转变为组成自身的细胞。对于生物化学法净化处理有机废气的机理研究，虽然人们已做了许多工作，但至今仍然没有统一的理论。目前在世界上公认影响较大的是荷兰学者 Ottengraf 依据传统的气体吸收双膜理论提出的生物膜理论。

按照生物膜理论，生物法净化处理有机废气一般要经历以下几个步骤：①废气中的污染物首先同水接触并溶解于水中（即由气膜扩散进入液膜）；②溶解于液膜中的污染物在浓度差的推动下进一步扩散到生物膜（图 45-7），然后被其中的微生物捕获并吸收；③进入微生物体内的有机污染物在其自身的代谢过程中作为能源和营养物质被分解，经生物化学反应最终转化成无害的化合物。

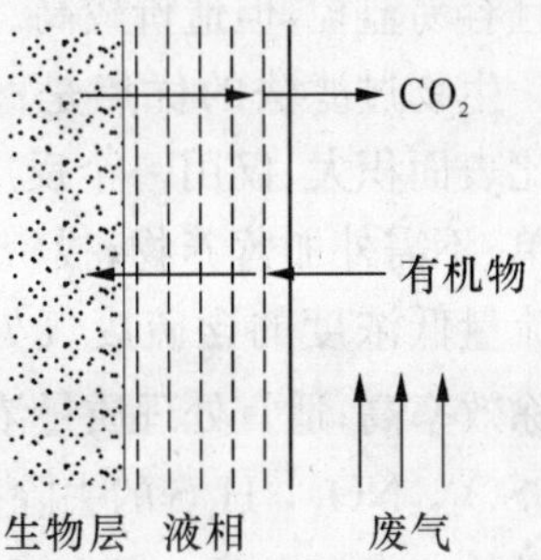

图 45-7 生物法净化有机废气过程示意图

45.3.2 废气生物处理的反应器

（1）生物洗涤器　生物洗涤法本质上是一个悬浮活性污泥处理系统，由一个吸收室和一个再生池构成，其工艺流程见图 45-8。用生物洗涤法处理废气的设备称为生物洗涤器，它由一个装有惰性填料的传质洗涤器和生物降解反应器（再生反应器）组成，两者的容积比为 1.5～2.0，出水需设二沉池。在生物洗涤器中，生物悬浮液（循环液）自吸收室顶部喷淋而下，废气从吸收器底部进入，与生物悬浮液接触后溶于液相中，使废气中的污染物转移至液相，实现传质过程。吸收了废气中的有机物的生物悬浮液流入再生反应器中，通入空气充氧再生。被吸收的有机物通过微生物氧化作用，最终被再生池中的微生物降解而去除，再生池出水进入二沉池进行泥水分离，上清液排出，污泥回流。再生池的部分流出液再次循环流入吸收器中，以提高污染物的去除率。

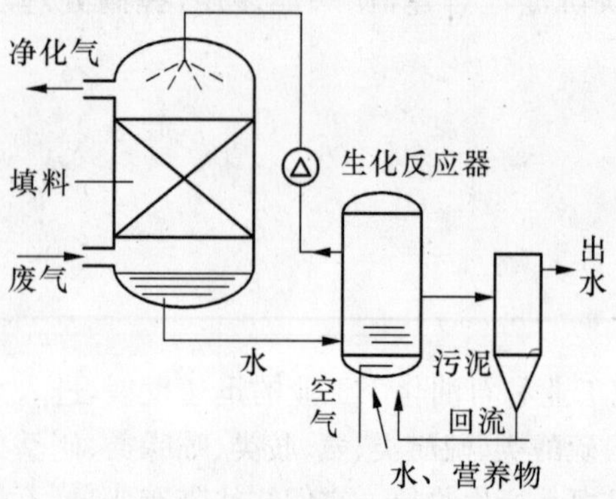

图 45-8 废气生物洗涤法处理的工艺流程图

最常用的生物悬浮液是活性污泥悬浮液，但其处理后再生的时间较长，需要几个小时。由于吸收和再生所需的时间不同，因此，生物悬浮液的再生是在同一个反应器中进行，还是在另一个反应器中完成，取决于生物悬浮液的活性强度和再生能力。洗涤器中气、液、相的接触方法除液相喷淋法，还可采用气相鼓泡法，这取决于吸收过程中何者为控制步骤。若气相阻力较大则用喷淋法，反之液相阻力较大时可用鼓泡法。

生物洗涤器的特点是：水相和生物相均循环流动，生物为悬浮状态，洗涤器中有一定生物量和生物降解作用。与生物滤池相比，其优点是反应条件易控制，压降小，填料不易堵塞；但设备多，需外加营养物，成本较大，填料比表面积小，限制了微溶化合物的应用范围，要求亨利系数小于 0.01，处理化合物浓度小于 5 000 mg/m^3。

(2) 生物滤池 生物滤池(Biofilter)是一种装有生物填料的滤池，其流程见图 45-9。生物滤池有单滤床开放式、多滤床封闭式等形式。与开放式单滤床生物滤池相比，封闭式生物滤池对维护的要求低，占地少，受气候影响小且容易监控，但造价较高。

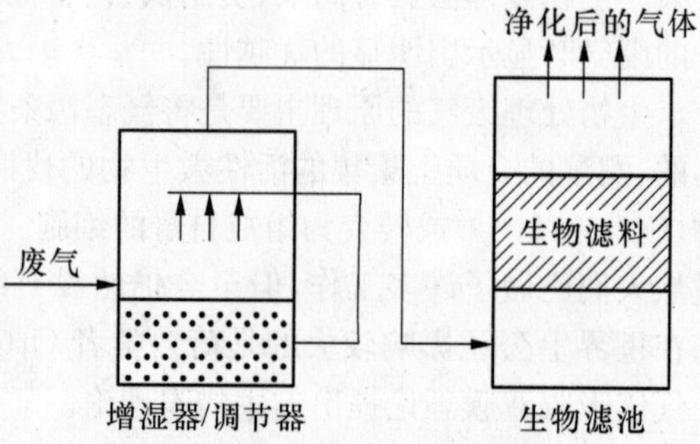

图 45-9 生物滤池工艺流程示意图

生物过滤法的优点是：无水相、生物膜固定比表面积大、仅用一个反应器、设备少、操作简单、不需外加营养物、投资运行费用低；对于大流量低浓度的含硫废气处理效率高；VOCs 去除效率高；适宜处理质量浓度小于1 000 mg·m^{-3}、亨利系数小于 10 的有机物；对醛、有机酸、SO_2，NO_X，H_2S 的去除率可达 99%；能耗小，设备少，不需外加营养物；基本没有或只有少量的二次污染等。但土壤滤池占地面积大；基质浓度高时会导致生物量增长过快而堵塞滤料，影响传质效果；滤床体积大，需要废气停留足够长的时间；反应条件与操作过程不易控制，pH 主要通过在装滤料时投配适当的固体缓冲剂控制，一旦缓冲剂用完，则需要更新或再生滤料；基质浓度高时，因生物量增长快而易堵塞滤料，影响传质效果。

（陈 坚、华兆哲）

参考文献

[1] 陈坚. 环境生物技术. 北京：中国轻工业出版社，2001.
[2] 严煦世. 水和废水技术研究. 北京：中国建筑工业出版社，1992.
[3] 耿安朝，等. 废水生物处理发展与实践. 沈阳：东北大学出版社，1997.
[4] 钱易，等. 现代废水处理新技术. 北京：中国科学技术出版社，1993.
[5] 陈国喜，等. SBR 生化系统的应用及其发展. 环境科学进展，1998，6(2)：35-39.
[6] 王东海，等. 处理难降解有机物的新型 SBR 反应器的发展. 环境科学进展，1999，7(6)：38-39.

[7] 刘喜光,等. SBR法工艺的几个硬件技术研究. 工业水处理,1997,17(5):3-5.
[8] 钱易,等. 环境工程设计手册(废水卷). 北京:高等教育出版社,1992.
[9] 任洪强,陈坚,伦世仪. 生产性VASB反应器快速启动过程. 中国沼气,2000,18(3):17-20.
[10] Ren Hongqiang, Chen Jian, et al. Study on the characteristics of granular sludge bed in EGSB Reaetor. the First China-Japan Chemical Engineering Conference, 2000:64-67.
[11] George R Z, Peter de B. the biobed EGSB system covers shortcomings of the VASB reactor in the chemical industry. Water Science & Technology, 1997.
[12] 潘桂珉,金红航,赵秀岩. 废气生物处理. 哈尔滨建筑大学学报,1996,29(2):61-67.
[13] 章志权. 工业废气控制与利用. 北京:化学工业出版社,1993.
[14] 王家德,陈建孟,唐翔宇. 有机废气的生物处理概述. 上海环境科学,1998,17(4):21-24.
[15] 汪印,史长东,鲁树成,等. 有机废气生物处理进展,2001,18(2):73-76.
[16] 郝吉明,马广大. 大气污染控制工程. 北京:高等教育出版社,1998.
[17] 苑宏英,郭静. 工业废气的生物处理方法. 天津城市建设学院学报,2002,8(3):176-178.

46 质量保证与质量控制

46.1 质量定义，控制，保证

生物技术产物的整个过程需要进行质量控制，这样做对产品的质量才有保证。这不仅是为了符合国家与国际对药品与食品质量制定的质量标准，也是为了满足人们的保健需求。Byrant (1999) 对质量保证与质量控制作了专题论述。下面就此作扼要介绍。

所谓质量是泛指医药、食品等产物必须符合各种条例的规定，要符合人们的需求。对医药行业来说，这种对质量的要求包括符合政府的标准，如美国 FDA 对食品与药品制定的 GMP 标准，并且建立一整套规章制度来确保生产过程直到产品的包装、出售完全符合那些规定。

质量控制是指“用于满足产品质量指标的操作技术与手段”。这是国际标准化组织(ISO 9000)的定义(ISO—International Standardization Organization，是设在瑞士日内瓦的制定国际标准的机构)，其涉及的范畴是除了电气与电子以外的所有产品。标准制定所需的试验研究通常是由质量控制试验室完成的。

质量保证的 ISO 9000 定义是“所有能保证满足产品与服务质量要求的有计划的和系统的措施”。质量保证部门对研究与发展，制造与质量控制等活动实行监督作用。在药品生产质量管理规范(GMPs)中，其功能为质量控制作用。质量保证的基本目标是让产品的制造符合其计划用途。其原则是：①产品的设计与制造必须是有质量保证，安全和有效的；②可以在终产物中进行质量监测与试验；③生产过程的每一个步骤都得到控制，以最大的可能使终产物符合所有质量与设计上的详细指标。

46.2 化学品、药物及其生产

商品有机化学品是由化学合成、重组 DNA 技术、发酵、酶反应、从天然材料提炼或这些过程的联合生产的。当这些化学品被作为药物产物的组成时，它们被称为主体药物化学成分(PBCs)或活性药物成分(APIs)。

药物被定义为由官方药典记载的，用于诊断、治疗、减轻、处理、预防人或其他动物的疾病，影响其身体结构或功能的商品。按照美国的法律，任何一种用作药物或其一个组成的化学品都称之为药品。

无论是一种化学品或药品，其生产都是分批完成的。其实，一种产品的生产很像做糕点。做一批糕点需要正确地按配比将原材料逐个过秤，然后将它们用不同方式处理，如混合、匀浆、反应、颗粒化、磨粉、压缩成所需形状，等等。记录规定的糕点批号，将其装进适当的容器中，贴上新的标签。该容器可再用纸板箱包装，然后将其折板封住。药片、药丸胶囊等的制造程序也大致和糕点一样。

化学品的生产虽然是通过一系列的化学或生物过程完成的，但通常都是以同样的方式分批进行的。例如，用发酵方法生产一种典型的抗生素，便从种子的制备开始，将保存的种子小心地移种到含有各种养分的生长培养基中使其生长。然后逐步放大，最后一级的种子移种到发酵罐。生产菌种生产出所需的代谢产物，将经提取纯化得到的产物包装贴上标签。

制造过程中存在5项要素：标签、包装材料、原材料、中间过程和最终产品。其中任一项出现问题都会严重影响产品的质量控制功能。质量保证与控制就是用来记录与控制这5项要素的手段。前三项通常是向制造商购买的，是用于制造和包装成为半成品与产品的。以下着重介绍后三项要素。

(1) 原材料　原材料是指生产过程中用到的溶剂、化学品、生物材料、养分等。其分类可以是：按其有无生理作用分成有活性的与无活性的；根据其化学成分分为有机和无机的；它们可以呈液体、固体或气体状；也可以按其来源分类，如化学合成的、动物、植物或矿物。在评估微生物的性质时这些分类是很有用的。

原材料无论是液体、固体或气体状都必须经纯化后才能用于生产。虽然生产的微量化学品的纯度在制造过程的每一步是受到监控的可以保证的，但大规模生产的化学品因生产厂家、制造、运输、包装、储存方法，甚至批号的不同，其质量也有差异。必须认识到过程中应用的水也是一种原料，是许多细菌的来源，因此要受到严密关注。肠胃外使用的产品在生产过程中，对水的纯度要求非常讲究。其他产品对水的纯度的要求则低一些。在药物的生产中有时也用到气体。有些产品的生产需在氮气的保护下进行，以免被氧化。

原材料的生产涉及进料的固体、液体的储存与分配系统，气体蒸馏系统的测试与监督。目标是尽可能做到全生产过程同参考标准相似，且成本较合理。

无论哪一种形式的原料都需要由质量控制部门经过取样、测试，合格后才允许生产部门使用。许多供应商常规提供的原料一贯是高质量的，这样就可以减少取样与测试的数量和次数，甚至以卖方提供的分析凭据代替。同样，原料的质量总是按其规范确定，通过测试确定其标识，验明内含成分、质量和纯度。

许多标准手册都会提供常用原料的信息，包括材料的名称、化学成分、描述和详细规格，以及原料的性质、浓度、质量和纯度的测定方法。官方的手册包括各国的药典，食品、化学品法典等。

(2) 生产环节　生产环节(in-process items)是指任何一项未完成，而需进一步加工或包装的生产过程。不计医疗用的气体，一般只有四种状态的生产环节：液体(和溶液)、液-液乳化作用、固-液悬浮与纯粹固体。

制药用液体的生产环节如下：将原料称好，准确量取溶剂，按配制方法的顺序加入原料。制备溶液需搅拌，控制温度、pH和其他变量，使溶液保持稳定，不会分解。但液-液乳化作用需专门指导，并留意两相的分离。固-液悬浮液(如软膏和霜)也是如此。粉剂和片剂比液体更为复杂，一般需经混合、润湿、颗粒化、研磨、干燥和压缩等操作。所有类型的无菌产品需在无菌的环境，经批准的灭菌步骤，在严格的微生物控制条件下操作。

在包装前，所有生产过程中的半成品是散装储存的。溶液和液体常装在储罐里，散装的粉末和片剂一般封存在密闭的筒里。质量监督步骤和项目同原材料的相似，只是有时间限制，不能长时间储存不用。

(3) 成品,包装,标识　药物成品是指零售商卖给顾客的药品。它是以各种剂型装在箱包或密闭系统中的。化学成品通常以粉末或液体形式装在适当的容器中。药物成品的剂型包括片剂、胶囊、药粉、液体、软膏、霜和栓剂。通常它们被装在瓶、缸、小瓶、安培瓶、注射管、管子、筒或小包里,成品化学品被装进塑料或金属圆桶、大的搬运箱中用散货船或槽车运输。

片剂、粉剂和液体的包装方法可以完全用手工进行。无论是手工或自动包装,其流程如下:物料称重或数数,装入容器中,封闭容器,贴上标签,容器再放进搬运箱中。在现代企业中常用部分或完全自动化的包装线包装。自动化系统中的人工操作仅限于将包装材料放入进料斗中,例如,瓶子和瓶盖、散装成品(如片剂或液体)。高速包装线是复杂而又高效的。工业机器人的应用最先进入此领域。

在任何新的产物或包装材料进入此包装线前需要进行清场核查。材料的清单或包装标签和对需要组装的成分有详细规定。准备好包装线、打印批号、失效日期,经核对后便可开机。生产过程中需定时检验样品的装量,由质检试验室抽样检验成品是否符合成品出厂指标。质量监督步骤和项目同原材料的相似,只是包装成品要有完整的核查记录,由附加的试验室测试予以证实。成品的主控文件应记载详细的规格、方法和取样步骤,且每一批的数据记录在案。

标签(label)是指在容器,即消费者收到的容器表面上显示的书面印刷文字或图形标记,而标识(labeling)则包含所有同产品在一起的书面的印刷文字或图形记载。因此,标识包含标签,而标签不涵盖标识。标签与容器中的产物必须完全相符,故需要严格控制,以免产品混淆而危害病人,特别是瓶上的标签不能出错。

标签的质量检查随标签种类的不同有极大的差异。如对包装内药品用的标签的质量检查就非常详细、严格;对包装材料(如纸板箱、装运箱)的标签的质量检查(其表示仅限于名称、标识号码等),其严格程度就略差一些。

包装材料是指用于包装产品的任何物质,包括中间容器和封盖、干燥剂、棉花、容器内的人造丝旋管、硬纸盒、箱子和装运箱。一般地,包装材料是按其成分,用于确保其质量的测试方法分类的。其基本分类如下:瓶子(玻璃或塑料的)、瓶盖(金属或塑料的)、造纸原料、造纸板的原料、塑料零件、塑料膜、金属箔、金属或纤维圆筒、金属罐头、管子、小瓶、缸、喷雾容器与可携带的箱子。

在评估包装材料时可以采用已知的统计学方法。照例用定量方法取样、检验和测试其常见的缺陷或特性。质检部门必须考虑包装材料的最终结构及其组成材料的结构。换句话说,一个瓶子和瓶盖可以分开鉴定是合格的,但灌装药水后也可能是漏水的。所有包装材料最终均按主控文件的要求测试,从而确定批准或拒绝生产部门使用该材料。

46.3　文件,条例

质量保证与控制需要采用各类文件,其中包括一般的方法、主控文件和分批记录。Bryant 列举了 30 个化学品和药物生产与质量控制所需的基本文件,见表 46-1,并附上简单的说明。

表 46－1 化学品和药物生产与质量控制所需的文件

序 号	项 目	简 单 说 明
1	别名	产物的各种名称:学名,俗名,商品名,编码等
2	分批生产记录	完整的生产过程记录
3	分批包装记录	完整的包装过程记录
4	材料清单	用于终包装产品的所有材料
5	分析证书	分批进行的测试,详细规格与结果
6	处置凭证	已处置的不合格产品的凭证
7	处置	授权文件用于鉴定产品的合格、不合格、保证、重做等
8	流程图	产物生产过程的简易流程图
9	一般安全操作须知	安全操作具体指导书(如戴手套,易燃材料的操作)
10	主控生产指导	预先批准的产物生产工艺
11	主控包装指导	预先批准的产物包装方法
12	保证报告	所有材料得到保证的报告
13	重新取样报告	重新取样的请求
14	接受报告	从公司或部门的收货记录
15	取样频率	预先批准的取样频率的文件
16	取样步骤	分派取样的要求
17	取样报告	已经取样的报告
18	标准操作步骤(SOPs)	有关设备、设施与人事等的操作步骤汇编,以及根据批文的产品制造方法
19	标签的详细规格	预先批准的标签与标识的详细规格
20	包装的详细规格	预先批准的包装材料的详细规格
21	原材料的详细规格	预先批准的原材料的详细规格
22	半成品的详细规格	预先批准的半成品的详细规格
23	终产品的详细规格	预先批准的终产品的详细规格
24	粘贴物	在物品上粘贴的标记物,用于表示“接受”、“拒绝”、“保证”
25	稳定性	证明产品稳定性的文件
26	测试频率	预先批准的关于测试频率,如每批或每 5 批的文件
27	测试方法	测试分析方法
28	清洁的验证	清洁步骤的验证
29	方法的验证	分析方法的验证
30	过程的验证	制造过程的验证

(李友荣)

参 考 文 献

[1] Byrant R. Quality assurance and quality control//Demain A L, Davies J E. Manual of Industrial Microbiology and Biotechnology. 2nd ed. Washington DC: Am Soc for Microbiology, 1999:339－435.

内容提要

生物工艺学，又称生物技术，近年来发展迅猛，新技术、新概念、新思维层出不穷。为了跟上时代步伐，作者对原有的《生物工艺学》作了较大的改进，主要加强原理的阐述，并以系统生物学中各种组学的概念，从整体去分析生物过程的原理，利用多尺度的理论与多参数关联分析方法去解决过程的实际问题。

本书分为上、下两册，下册含生化工程原理和实际生产技术范例研究两篇，共22章，除了介绍生物反应器及其操作特性，培养基灭菌与空气除菌，氧的传递与混合等生化工程原理外，同时选取若干典型生产过程具体案例。本书适合有关生物(工程)技术专业的本科生、研究生和研究生产单位的技术人员使用。